注册公用设备工程师资格考试辅导教材

专业基础 精讲精练

给水排水专业

冯萃敏●主编

中国电力出版社

CHINA ELECTRIC POWER PRESS

内 容 提 要

本书紧扣注册公用设备工程师给水排水专业基础部分最新考试大纲，由北京建筑大学相关课程教学和培训经验丰富的专家编写，具有较强的指导性和实用性。本书包括水文学和水文地质、水处理微生物学、水力学、水泵及水泵站、水分析化学和工程测量 6 章，每章附有考试大纲、复习题和复习题答案与提示，书的最后还附有一套模拟试题及其参考答案与提示，以提高考生复习备考的效率。

本书可作为参加 2025 年注册公用设备工程师给水排水专业基础考试的复习教材，也可作为高等院校给水排水科学与工程及相关专业师生的参考用书。

图书在版编目（CIP）数据

2025 注册公用设备工程师资格考试辅导教材. 专业基础精讲精练. 给水排水专业/冯萃敏主编. —
北京：中国电力出版社，2025.4. —— ISBN 978 - 7 - 5198 - 9909 - 7

Ⅰ. TU99

中国国家版本馆 CIP 数据核字第 2025KK8548 号

出版发行：中国电力出版社
地　　址：北京市东城区北京站西街 19 号（邮政编码 100005）
网　　址：http://www.cepp.sgcc.com.cn
责任编辑：未翠霞（010 - 63412611）
责任校对：黄　蓓　郝军燕
装帧设计：张俊霞
责任印制：杨晓东

印　　刷：廊坊市文峰档案印务有限公司
版　　次：2025 年 4 月第一版
印　　次：2025 年 4 月北京第一次印刷
开　　本：787 毫米×1092 毫米　16 开本
印　　张：18.5
字　　数：459 千字
定　　价：76.00 元

前　言

本书是按照《注册公用设备工程师执业资格制度暂行规定》和《勘察设计注册工程师制度总体框架实施规划》的规定，以最新的全国勘察设计注册公用设备工程师给水排水专业基础考试大纲为依据，组织富有教学和培训经验的相关教师编写的。

本书包括水文学和水文地质、水处理微生物学、水力学、水泵及水泵站、水分析化学和工程测量6章内容。考试大纲中要求的职业法规部分未包含在本书中，读者可参照相关的法律、规范和标准文件。本书章次及编写人员如下：

第1章　水文学和水文地质　　　侯立柱、张思聪
第2章　水处理微生物学　　　　曹亚莉
第3章　水力学　　　　　　　　王文海
第4章　水泵及水泵站　　　　　冯萃敏
第5章　水分析化学　　　　　　岳冠华
第6章　工程测量　　　　　　　陆　立

本书在2024年版的基础上，参考2005年以来的历年考试真题，按照考试大纲要求对本书内容进行了高度的提炼和归纳，并针对各知识点精选了复习题，同时参照历年考点精心设计了模拟试题，附有参考答案与提示，且对易错易混知识点做了明确标识和重点分析。全书编写时注重精确、精准与精练，有利于考生在较短时间内对各知识点迅速梳理、高效复习。

本书可作为注册公用设备工程师给水排水工程专业基础考试的复习教材，也可作为高等院校给水排水科学与工程以及相关专业教师和学生的参考用书。

感谢北京建筑大学、中国地质大学、清华大学师生对本书编写工作的支持！

感谢龙莹洁、张艳秋、黄华、李劲草、杨举、李莹、陈晓燕、张晓霞、邓大鹏、姚仁达、钱宏亮、宋春刚、陈雪如、邸文正、尹晓星、刘丹丹、米楠、谢寒、王晓彤、张欣蕊、杨童童、蔡志文、郭栋、梁建雄、金纪玥、葛俊男、吴新楷、安鑫悦、曹艳丹、郭子玉、蔡紫鹏、刘炫圻、庆杉、冯国军、刘冬雨、王琬、王婷、李芬芬、冉强三、魏瞳、朱娜、徐震、罗嘉铖、李靖、杨潍琪、余泓颖、关赛锐等对本书编写工作提供的帮助。

感谢广大读者对本书的长期关注和支持！感谢热心读者对本书修改提出的建议！

由于时间仓促，本书在编写过程中难免有疏漏之处，恳请读者指正，有关本书的任何疑问及建议，欢迎添加微信号17701325402进行讨论，也可发邮件至编者邮箱：feng-cuimin
@sohu.com。

编　者

2025年3月

目　　录

第1章　水文学和水文地质

考试大纲
    1.1　水文学基本概念：河川径流　流域水量平衡　泥沙测算
    1.2　径流：设计枯水流量和水位　设计洪水流量和水位
    1.3　设计洪水：暴雨公式　洪峰流量
    1.4　地下水储存：地质构造　地下水形成　地下水储存　地下水循环
    1.5　地下水运动：地下水流向井稳定运动　地下水流向井不稳定运动
    1.6　地下水的分布特征：河谷冲积层地下水　沙漠地区地下水　山区丘陵区地下水
    1.7　地下水资源评价：储量计算　开采量评价

1.1　水文学基本概念

地球上的水以液态、固态和气态的形式分布于海洋、陆地、大气和生物机体中，这些水体构成了地球的水圈。水圈中的各种水体在太阳的辐射下不断地蒸发或散发变成水汽进入大气，并随气流的运动输送到各地，在一定条件下凝结形成降水。降落的雨水，一部分被植物截留蒸发。落到地面的雨水，一部分渗入地下，另一部分形成地面径流沿江河回归海洋。渗入地下的水，有的被土壤或植物根系吸收，然后通过蒸发或散发返回大气；有的渗透到较深的土层形成地下水，并以泉水或地下水流的形式渗入河流回归海洋。水圈中的各种水体在太阳辐射和地心引力的作用下，通过蒸发、水汽输送、凝结、降水、下渗、地面和地下径流等环节，不断发生相态转变和周而复始的运动过程，称为水文循环，也称为水循环。水文循环是地球上最重要、最活跃的物质循环之一。水是良好的溶剂，水流具有携带能力，因此，自然界中许多物质以水为载体，参与各种物质的循环。研究水文循环的目的在于认识它的基本规律，揭示其内在联系，这对合理开发和利用水资源，抗御洪旱灾害，改造利用自然和保护自然都有十分重要的意义。

1.1.1　河川径流

1. 河流的形成与基本特征

降落到地面的水，除下渗、蒸发等损失外，在重力的作用下沿着一定的方向和路径流动，这种水流称为地面径流。地面径流长期侵蚀地面，冲成沟壑，形成溪流，最后汇集成河流。河流不仅接纳地面径流，也接受地下径流。

一条河流沿水流方向，自高向低可分为河源、上游、中游、下游和河口五段。河源是河流的发源地，多为泉水、溪涧、冰川、湖泊或沼泽等。上游紧接河源，多处于深山峡谷中，坡陡流急，河谷下切强烈，常有急滩或瀑布。中游河段坡度渐缓，下切力减弱，旁切力加强，河槽变宽，两岸常有滩地，冲淤变化不明显，河床较稳定。下游是河流的最下段，一般处于平原区，河槽宽阔，河床坡度和流速都较小，淤积明显，浅滩和河湾较多。河口是河流的终点，即河流注入海洋或内陆湖泊的地方，这一段因流速骤减，泥沙大量淤积，往往形成三角洲。注入海洋的河流，称为外流河，如长江、黄河等；注入内陆湖泊或消失于沙漠中的河流，称为内流河或内陆河，如新疆的塔里木河和青海的格尔木河等。

河流基本特征可以用河流的长度（自河源沿主河道至河口的距离称为河流长度）、河流断面（河流断面有纵断面和横断面之分。垂直于水流方向的断面称为横断面，断面内通过水流的部分称为过水断面；沿河流方向各个断面最大水深点的连线称为深泓线，沿深泓线的断面称为河流的纵断面，其反映了河床的沿程变化）、河道纵比降（任意河段两端水面或河底的高差 Δh 称为落差）等来表示。

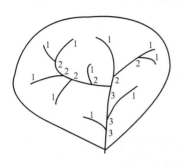

图 1-1　水系

1~3—河流的级别

2. 水系

脉络相通的干流及其全部支流所构成的系统称为水系、河系或河网，如图 1-1 所示。水系中直接流入海洋、湖泊的河流称为干流，流入干流的河流称为支流。为了区别干支流，常常采用斯特拉勒（Strahler）河流分级法进行分级：直接发源于河源的小河流为一级河流；两条同级别的河流汇合而成的河流级别比原来高一级；两条不同级别的河流汇合而成的河流的级别为两条河流中的较高者。以此类推至干流，干流是水系中最高级别的河流。

1.1.2　流域

1. 流域的概念

汇集地表水和地下水的区域（或汇集地面集水区和地下集水区的区域）称为流域，即分水线包围的区域。分水线有地面、地下之分。当地面分水线与地下分水线相重合，称为闭合流域，否则称为非闭合流域，如图 1-2 所示。在实际工作中，除具有石灰岩溶洞等特殊地质情况外，一般流域多按闭合流域考虑。流域是相对于某一出口断面而言的，当不指明断面时，流域即指河口断面以上区域。

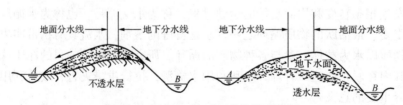

图 1-2　流域地面和地下分水线示意图

2. 流域基本特征

可以用以下参数来描述流域的基本特征：

（1）流域面积。流域分水线包围区域的平面投影面积，称为流域面积，记为 F，以"km^2"计。

（2）河网密度。流域内河流干、支流总长度与流域面积的比值称为河网密度，记为 K_D，以"km^{-1}"计。

（3）流域的长度和平均宽度。流域长度就是流域轴长。以流域出口为中心向河源方向做一组不同半径的同心圆，在每个圆与流域分水线相交处作割线，各割线中点连线的长度即为流域的长度，记为 L，以"km"计。流域面积与流域长度之比 $B = F/L$ 称为流域平均宽度，以"km"计。

（4）流域形状系数。流域平均宽度 B 与流域长度 L 之比称为流域形状系数。流域形状系数在一定程度上以定量的方式反映流域的形状。

（5）流域的平均高度和平均坡度。

（6）流域自然地理特征。流域的地理位置，以流域所处的经纬度来表示，可间接地反映流域气候和地理环境。

流域的气候特征，包括降水、蒸发、湿度、气温、气压、风速等要素。这些要素决定流域的水文特征。

流域的下垫面条件，指流域的地形、地质构造、土壤和岩石性质、植被、湖泊、沼泽等情况，对流域汇流有重要影响。

3. 流域的水量平衡

根据质量守恒定律，对于任一地区在给定时段内输入的水量与输出的水量之差，必等于区域内蓄水量的变化，这就是水量平衡原理，它是水文学的基本原理。将水量平衡原理应用于某一个流域可表示为

$$I - O = \Delta W \tag{1-1}$$

式中　I——给定时段内输入该流域的总水量；

$\quad\quad O$——给定时段内输出该流域的总水量；

$\quad\quad \Delta W$——给定时段流域蓄水量的变化值，可正可负。

式（1-1）为水量平衡方程的通用形式，对于不同的情况，需要具体分析其输入和输出量的组成，给出具体的水量平衡方程式。对于一定时段内流域的水量平衡方程可表达为

$$P + E_1 + RS_1 + RG_1 + S_1 = E_0 + RS_0 + RG_0 + q + S_2 \tag{1-2}$$

进入某流域的水量有降水量 P、凝结量 E_1、地面径流入流量 RS_1、地下径流入流量 RG_1；流出的水量有总蒸发量 E_0、地面径流流出量 RS_0、地下径流流出量 RG_0、时段内引用水量 q；S_1 和 S_2 分别表示流域初始蓄水量和时段末流域蓄水量。式中各项均以"mm"计。

若该流域为闭合流域，不存在地面和地下径流的流入，则

$$RS_1 = 0 , \quad RG_1 = 0$$

并令 $R = RS_0 + RG_0$，表示流域出口断面总径流量，$E = E_0 - E_1$ 表示净蒸散发量，$\Delta S = S_2 - S_1$ 表示时段内该流域的蓄水变量，并设 $q = 0$，则闭合流域水量平衡方程为

$$P - E - R = \Delta S \tag{1-3}$$

对多年平均情况，式（1-3）中蓄水变量多年平均值趋于零，因而水量平衡方程可简化为

$$\bar{P} = \bar{R} + \bar{E} \tag{1-4}$$

式中　$\bar{P}$、$\bar{R}$、$\bar{E}$——流域多年平均降水量、多年平均径流量和多年平均蒸散发量。

1.1.3　泥沙测算

河道中水流携带的泥沙叫河流泥沙。河流泥沙给修建水利工程带来不少问题和危害，我国的河流泥沙问题十分严重。为了解决泥沙问题，必须对河流泥沙特性和运动规律进行研究。

河流中的泥沙，按其运动形式可大致分为悬移质、推移质和河床质三种类型。悬移质泥

沙悬浮于水中并随之运动；推移质泥沙受水流冲击沿河底移动或滚动；河床质泥沙指相对静止而停留在河床上的泥沙。三者之间没有一定的界限，随水流条件变化可以相互转化。当水流挟沙能力增加时，原为推移质甚至河床质泥沙颗粒，可能从河底被掀起而成为悬移质；反之，悬移质也有可能成为推移质甚至河床质泥沙。一般工程上，主要估计悬移质输沙量和推移质输沙量。

表示输沙特性的指标有含沙量 ρ、输沙率 Q_S 和输沙量 W_S 等。单位体积的浑水内所含泥沙量，称为含沙量，单位为 kg/m^3。单位时间流过河流某断面的泥沙量，称为输沙率，单位为 kg/s。年输沙量是从泥沙观测资料整编的日平均输沙率得来的。将全年逐日平均输沙率之和除以全年的天数，即得年平均输沙率，再乘以全年秒数，即得年输沙量。

当某断面具有长期实测泥沙资料时，可以直接计算它的多年平均值；当某断面的泥沙资料短缺时，则需设法将短期资料加以展延；当资料缺乏时，则用间接方法进行估算。断面的多年平均年输沙总量，等于多年平均悬移质年输沙量与多年平均推移质年输沙量之和。多年平均悬移质年输沙量的实测资料较多，可按泥沙实测资料充分、不足和缺乏三种情况进行计算；而多年平均推移质年输沙量实测资料较少，且精度不高，常按它与悬移质年输沙量的关系估算。

（1）多年平均悬移质年输沙量。

1）具有长期实测泥沙资料情况。当设计断面具有长期实测流量及悬移质含沙量资料时，可直接用这些资料算出各年的悬移质年输沙量，然后用式（1-5）计算多年平均悬移质年输沙量，即

$$\overline{W}_S = \frac{1}{n} \sum_{i=1}^{n} W_{Si} \tag{1-5}$$

式中　$\overline{W}_S$——多年平均悬移质年输沙量（kg）；

　　　W_{Si}——第 i 年的悬移质年输沙量（kg）；

　　　n——实测泥沙资料的年数。

2）实测泥沙资料不足情况。当设计断面的悬移质输沙量资料不足时，可根据资料的具体情况采用不同的处理方法。若某断面具有长期年径流量资料和短期同步悬移质年输沙量资料系列，且足以建立相关关系时，可利用这种相关关系，由长期年径流量资料插补延长悬移质年输沙量资料系列，然后按式（1-5）求其多年平均年输沙量。若当地汛期降雨侵蚀作用强烈或平行观测年数较短，上述年相关关系并不密切，则可建立汛期径流量与悬移质年输沙量的相关关系，由各年汛期径流量插补延长悬移质年输沙量资料系列。

当设计断面的上游或下游观测站有长系列输沙量资料时，如两测站间无支流汇入，河槽情况无显著变化，自然地理条件大致相同，也可建立设计断面与上游（或下游）观测站悬移质年输沙量相关关系，如相关关系较好，即可用其插补展延系列。

如设计断面悬移质实测资料系列很短，只有两三年，不足以进行相关分析时，则可粗略地假定各年悬移质年输沙量与相应的年径流量的比值的平均值为常数，于是多年平均悬移质年输沙量 $\overline{W}_S(t)$ 可按下式来推求，即

$$\overline{W}_S = \alpha_S \overline{Q} \tag{1-6}$$

式中 $\overline{Q}$——多年平均年径流量（或多年平均汛期径流量）（m^3）；

α_S——实测各年的悬移质年输沙量与年径流量（或年汛期径流量）之比值的平均值。

3）缺乏实测泥沙资料的情况。当缺乏实测悬移质资料时，其多年平均年输沙量只能采用下述粗略方法进行估算。

a. 侵蚀模数分区图：输沙量不能完全反映流域地表侵蚀的程度，更不能与其他流域的侵蚀程度相比较。因为流域有大有小，若它们出口断面所测得的输沙量相等，则小的流域被侵蚀程度一定比大的流域严重。因此，为了比较不同流域表面侵蚀情况，判断流域被侵蚀的程度，必须研究流域单位面积的输沙量，这个数值称为侵蚀模数。多年平均悬移质侵蚀模数可由式（1-7）计算而得

$$\overline{M}_S = \frac{\overline{W}_S}{F} \tag{1-7}$$

式中 $\overline{M}_S$——多年平均悬移质侵蚀模数（t/km^2）；

F——流域面积（km^2）；

$\overline{W}_S$——多年平均悬移质年输沙量（t）。

在我国各省的水文手册中，一般均有多年平均悬移质侵蚀模数分区图。设计流域的多年平均悬移质侵蚀模数可以从图上所在的分区查出，将查出的数值乘以设计断面以上的流域面积，即为设计断面多年平均悬移质年输沙量。必须指出，下垫面因素对河流泥沙径流的特征值影响很大。采用分区图算得的成果必然是很粗略的，而且这种分区图多是按大、中河流的观测站资料绘制出来的，应用于小流域时，还应考虑设计流域下垫面的特点，以及小河流含沙量与大中河流含沙量的关系加以适当修正。

b. 沙量平衡法：设 $\overline{W}_{S上}$ 和 $\overline{W}_{S下}$ 分别为某河干流上游站和下游站的多年平均年输沙量，$\overline{W}_{S支}$ 和 $\overline{W}_{S区}$ 分别为上下游两站间较大支流断面和除去较大支流以外的区间多年平均年输沙量，ΔS 表示上、下游两站间河岸的冲刷量（为正值）或淤积量（为负值），则可写出沙量平衡方程式为

$$\overline{W}_{S下} = \overline{W}_{S上} + \overline{W}_{S支} + \overline{W}_{S区} \pm \Delta S \tag{1-8}$$

当上下游或支流中的任一测站为缺乏资料的设计站，而其他两站具有较长期的观测资料时，即可应用式（1-8）推求设计站的多年平均年输沙量。$\overline{W}_{S区}$ 和 ΔS 可由历年资料估计，如数量不大也可忽略不计。

c. 经验公式法：当完全没有实测资料，而且以上的方法都不能应用时，可由式（1-9）进行粗估，即

$$\overline{\rho} = 10^4 \alpha \sqrt{J} \tag{1-9}$$

式中 $\overline{\rho}$——多年平均含沙量（g/m^3）；

J——河流平均比降；

α——侵蚀系数，它与流域的冲刷程度有关，可参考下列数值：冲刷剧烈的区域 $\alpha = 6 \sim 8$，冲刷中等的区域 $\alpha = 4 \sim 6$，冲刷轻微的区域 $\alpha = 1 \sim 2$，冲刷极轻的区域 $\alpha = 0.5 \sim 1$。

（2）多年平均推移质年输沙量。许多山区河流坡度较陡，加之山石破碎，水土流失严

重，推移质来量往往很大，故对推移质数量的估计必须重视。

由于推移质的采样和测验工作尚存在许多问题，它的实测资料比悬移质更为缺乏，因此，推移质的估算不宜单以一种方法为准，应采用多种方法估算，经过分析比较，给出合理的结果。

具有多年推移质资料时，其算术平均值即为多年平均推移质年输沙量。当缺乏实测推移质资料时，目前采用的方法都不太成熟，其中一种方法称为系数法，可供参考。该法考虑推移质输沙量与悬移质输沙量之间具有一定的比例关系，此关系在一定的地区和河道水文地理条件相当稳定的情况下，可用系数法式（1-10）计算，即

$$\overline{W}_b = \beta \overline{W}_s \tag{1-10}$$

式中　$\overline{W}_b$——多年平均推移质年输沙量（t）；

　　　$\overline{W}_s$——多年平均悬移质年输沙量（t）；

　　　β——推移质输沙量与悬移质输沙量的比值。

β值根据相似河流已有短期的实测资料估计，在一般情况下也可参考下列数值：平原地区河流 $\beta = 0.01 \sim 0.05$，丘陵地区河流 $\beta = 0.05 \sim 0.15$，山区河流 $\beta = 0.15 \sim 0.30$。

另一种方法是从已建水库淤积资料中，根据泥沙的颗粒级配，推算出推移质的数量。一般的方法是把悬移质级配中大于97%的粒径作为推移质粒径的下限，直接估算推移质输沙量。

此外，为了探索推移质变化规律及推移质输沙率的计算，国内外不少学者从实验室的试验研究结果中，提出推移质输沙率的计算公式，促进了推移质泥沙研究工作的开展，但受实验室条件以及某些推理或假设的限制，计算结果往往不能反映天然河流的实际情况，说明推移质输沙率的计算仍是一个很重要而又亟待研究解决的问题。

1.2　径流

径流是指降水后除直接蒸发、植物截留、渗入地下、填充洼地外，沿流域的地面和地下不同路径向河流、湖泊、沼泽和海洋汇集的降水。其中，沿着地面流动的水流称为地面径流或地表径流；沿土壤岩石孔隙流动的水流称为地下径流；它们汇集到河流后，在重力作用下沿河槽流动的水流称为河川径流。

径流过程是地球上水文循环中的重要部分。在水文循环过程中，陆地上降水的34%转化为地面径流和地下径流汇入海洋。

1.2.1　径流的形成过程

流域内自降雨开始到水流汇集到流域出口断面的整个过程，称为径流形成过程。径流的形成是一个相当复杂的过程，为了便于分析，一般把它概括为产流过程和汇流过程两个阶段。

1. 产流过程

降落到流域内的雨水，一部分会损失掉，剩下的部分会形成径流。降雨扣除损失后的雨量称为净雨。显然，净雨和它形成的径流在数量上是相等的，但两者的过程却完全不同：净雨是径流的来源，而径流则是净雨汇流的结果；净雨止于降雨结束时，而径流却要滞后一段时间。我们把降雨扣除损失产生净雨的过程称为产流过程，净雨量也称为产流量。降雨不能产生径流的那部分降雨量则称为损失量。

降雨过程中一部分滞留在植物枝叶上的水量，称为植物截留；落到地面的雨水将向土中下渗，当降雨强度小于下渗强度时，雨水将全部渗入土中；当降雨强度大于下渗强度时，雨水按下渗能力下渗，超出下渗的雨水称为超渗雨。超渗雨会形成地面积水，它积蓄于地面上的坑洼，称为填洼。填洼水量最终消耗于蒸发和下渗。随着降雨持续进行，满足了填洼的地方开始产生地面径流。形成地面径流的净雨，称为地面净雨。下渗到土中的水分，首先被土壤吸收，使包气带土壤含水量不断增加，当达到田间持水量后，下渗则趋于稳定。继续下渗的雨水，沿着土壤孔隙流动，一部分会从坡侧土壤孔隙流出，注入河槽形成径流，称为壤中流或表层流。另一部分会继续向深处下渗，到达地下水面后，以地下水的形式补给河流，称为地下径流。形成地下径流的净雨称为地下净雨，它包括浅层地下水（潜水）和深层地下水（承压水）。

2. 汇流过程

净雨沿坡面从地面和地下汇入河网，然后再沿着河网汇集到流域出口断面，这一完整的过程称为流域汇流过程。前者称为坡地汇流，后者称为河网汇流。

（1）坡地汇流过程。坡地汇流分为三种情况：一是超渗雨满足了填洼后产生的地面净雨沿坡面流到附近河网的过程，称为坡面漫流。地面净雨经坡面漫流注入河网，形成地面径流。大雨时产生的地面径流是构成河流流量的主要来源。二是表层流沿坡面表层土壤孔隙流入河网，形成表层流径流。表层流流动比地面径流慢，到达河槽也较迟，但对历时较长的暴雨，数量可能很大，也可成为河流流量的主要组成部分，实际工作中常把表层流归入地面径流。三是地下净雨向下渗透到地下潜水面或浅层地下水体后，沿水力坡度最大的方向流入河网，称为坡地地下汇流。深层地下水汇流很慢，所以降雨以后，地下水流可以维持很长时间，较大河流可以终年不断，是河川的基本径流，所以常称为基流。

（2）河网汇流过程。各种成分径流经坡地汇流注入河网，从支流到干流，从上游向下游，最后流出流域出口断面，这个过程称为河网汇流或河槽集流过程。坡地水流进入河网后，使河槽水量增加，水位升高，这就是河流洪水的涨水阶段。在涨水阶段，由于河槽储蓄一部分水量，所以对任一河段，如无旁侧入流，下断面流量总小于上断面流量。随降雨和坡地漫流量的逐渐减少直至完全停止，河槽水量减少，水位降低，这就是退水阶段。这种现象称为河槽调蓄作用。

一次降雨过程，经植物截留、下渗、填洼、蒸发等损失后，进入河网的水量显然比降雨量少，且经过坡地汇流和河网汇流，使出口断面的径流过程远比降雨过程变化缓慢，历时变长，时间滞后。

1.2.2 径流的表示方法和度量单位

河川径流在一年内和多年期间的变化特性，称为径流情势，前者称为年内变化或年内分配，后者称为年际变化。河川径流情势常用流量、径流量、径流深、径流模数、径流系数等参数来表示。

1. 流量

单位时间内通过河流某一断面的水量称为流量，记为 Q，以"m^3/s"计。流量随时间的变化过程，用流量过程线 $Q-t$ 表示，流量过程线的最高点称为洪峰流量，简称洪峰，记为 Q_m。

水文中常用的流量，还有日平均流量、月平均流量、年平均流量、多年平均流量及指定

7

时段的平均流量。

2. 径流量

径流量指在时段 T 内通过河流某一断面的总水量，记为 W，以 "m^3" "万 m^3" 等计。径流量与流量的关系为

$$W = \int_{t_1}^{t_2} Q(t)\,\mathrm{d}t = \overline{Q}T \tag{1-11}$$

式中 $Q(t)$——t 时刻的流量（m^3/s）；

T——计算时段，$T = t_2 - t_1$（s）；

$\overline{Q}$——计算时段内的平均流量（m^3/s）。

3. 径流深

将径流量平铺在整个流域面积上所得的水层深度称为径流深，记为 R，以 "mm" 计，按式（1-12）计算。

$$R = \frac{W}{1000F} = \frac{\overline{Q}T}{1000F} \tag{1-12}$$

式中 F——流域面积（km^2），其余的变量意义同上。

4. 径流模数

流域出口断面流量与流域面积之比值称为径流模数，记为 M，以 "$m^3/(s \cdot km^2)$" 计。按式（1-13）计算。

$$M = \frac{Q}{F} \tag{1-13}$$

5. 径流系数

某一时段的径流深 R 与相应时段内流域平均降雨深度 P 之比值称为径流系数，记为 α

$$\alpha = \frac{R}{P} \tag{1-14}$$

1.2.3   设计年径流

1. 设计年径流分析计算的目的和内容

（1）年径流分析计算的目的。年径流分析计算是水资源利用工程中最重要的工作之一；设计年径流是衡量工程规模和确定水资源利用程度的重要指标。

水资源利用工程包括水库蓄水工程、供水工程、水力发电工程和航运工程等，其设计标准用保证率表示，反映对水利资源利用的保证程度，即工程规划设计的既定目标不被破坏的年数占运行年数的百分比。推求不同保证率的年径流量及其分配过程，就是设计年径流分析计算的主要目的。水资源利用程度，在分析枯水径流和时段最小流量时，还可用破坏率，即破坏年数占运行年数的百分比来表示。事实上，保证率和破坏率是事物的两个方面，互为补充，并可进行简单的换算。设保证概率为 P，破坏概率为 q，则 $P = 1 - q$。

（2）年径流分析计算的内容。

1）基本资料信息的搜集和审查。进行年径流分析的基本资料和信息的搜集，包括设计

流域和参证流域的自然地理概况、流域河道特征、有明显人类活动影响的工程措施、水文气象资料以及前人分析的有关成果。其中水文资料，特别是径流资料为搜集的重点。对搜集到的水文资料，应对资料的可靠性做出评定。

2）年径流量的频率分析计算。对年径流系列较长且较完整的资料，可直接用它进行频率分析，确定所需的设计年径流量。对资料短缺的流域，应尽量设法延长其径流系列或用间接方法，经过合理的论证和修正、移用参证流域的设计成果。

3）对设计年径流的时程进行分配。在设计年径流量确定以后，参照本流域或参照流域代表年的径流分配过程，确定年径流在年内的分配过程。

4）对成果进行合理性的检查。包括检查、分析、计算的主要环节，与以往已有设计成果和地区性综合成果进行对比等手段，对设计成果的合理性做出论证。

2. 有较长资料时设计年径流频率分析计算

所谓较长年径流系列是指设计代表站断面或参证流域断面有实测径流系列，其长度不小于规范规定的年数，即应不小于20年。如实测系列小于20年，应设法将系列加以延长或设法予以插补。

（1）年径流系列的一致性和代表性分析。

1）资料可靠性的审查。径流资料是通过测验和整编取得的。因此可靠性审查应从审查测验方法、测验成果、整编方法和整编结果着手。资料可靠性的审查包括水位资料的审查、水位流量关系曲线的审查和水量平衡的审查。

2）年径流系列的一致性分析。应用数理统计法进行年径流的分析计算时，一个重要的前提是年径流系列应具有一致性，即组成该系列的流量资料，都是在同样的气候条件、同样的下垫面条件和同一测流断面上获得的。其中气候条件变化极为缓慢，一般可以认为不变。人类活动则会影响下垫面的变化，是影响资料一致性的主要原因，需要重点进行考虑。测量断面位置有时可能发生变动，当对径流量产生影响时，需改正至同一断面的数值。因此，在工程水文中，很多情况下需要考虑人类活动的影响，特别是在年径流分析计算中，若资料的一致性差，则需要考虑径流的还原计算，把全部系列建立在同一基础上。

3）年径流系列的代表性分析。年径流系列的代表性，是指该样本对年径流总体的接近程度，如果接近程度较高，则系列的代表性较好。样本对总体代表性的高低，可通过对二者统计参数的比较加以判断。但总体分布是未知的，则无法直接进行对比，只能根据人们对径流规律的认识以及与更长径流、降水等系列对比，进行合理性分析与判断。常用的方法如将样本系列与更长系列参证变量进行比较。参证变量是指与设计断面径流关系密切的水文气象要素，如水文相似区内其他测站观测期更长，并被论证有较好代表性的年径流或年降水系列。设参证变量的系列长度为 N，设计代表站年径流系列长度为 n，且 n 为两者的同步观测期。如果参证变量的 N 年统计特征（主要是均值和变差系数）与其自身 n 年的统计特征接近，说明参证变量的 n 年系列在 N 年系列中具有较好的代表性。又因设计断面年径流与参证变量有较密切的关系，从而也间接说明设计断面 n 年的年径流系列也具有较好的代表性。

（2）年径流的频率分析。水文要素频率分析的通用方法，一般采用适线法。经验表明，我国大多数河流的年径流频率分析，可以采用皮尔逊-Ⅲ（以下简称 P-Ⅲ）型频率分布曲线，但规范同时指出，经分析论证也可采用其他线型。P-Ⅲ型年径流频率曲线有三个参数，

其中均值 $\bar{x}$ 一般直接采用矩法计算值；变差系数 C_V 可先用矩法估算，并根据适线拟合最优的准则进行调整；偏态系数 C_S 一般不进行计算，而直接采用 C_V 的倍比，我国绝大多数河流可采用 $C_S = (2 \sim 3) C_V$。

3. 资料短缺时设计年径流的频率分析计算

径流资料短缺的情况可分为两种：一种是设计代表站只有短系列径流实测资料（$n < 20$ 年），其长度不能满足规范的要求；另一种是设计断面附近完全没有径流实测资料。对于前一种情况，工作重点是设法展延径流系列的长度；对于后一种情况，主要是利用年径流统计参数的地理分布规律，间接地进行年径流估算。

（1）有较短年径流系列时设计年径流频率分析计算。本法的关键是展延年径流系列的长度。方法的实质是寻求与设计断面径流有密切关系并有较长观测系列的参证变量，通过设计断面年径流与其参证变量的相关关系，将设计断面年径流系列适当地加以延长至规范要求的长度。当年径流系列适当延长以后，其频率分析方法与上述的完全一样。

（2）缺乏实测径流资料时设计年径流量的估算。在这种情况下，只能利用一些间接的方法，对其设计径流量进行估算。采用这类方法的前提是设计流域所在的区域内，有水文特征值的综合分析成果，或在水文相似区内有径流系列较长的参证站可以利用。

1）参数等值线图法：我国已绘制了全国和分省（区）的水文特征值等值线图和表，其中年径流深等值线图及 C_V 等值线图，可供中小流域设计年径流量估算时直接采用。年径流的 C_S 值，一般采用 C_V 的倍比。按照规范规定，一般可采用 $C_S = (2 \sim 3) C_V$。在确定了年径流的三个参数均值、C_V 和 C_S 后，便可借助于查用 P-Ⅲ型频率曲线表，绘制出设计年径流的频率曲线，以确定设计频率的年径流值。

2）经验公式法：年径流的地区综合，也常以经验公式表示。这类公式主要是与年径流的影响因素建立关系。例如，多年径流均值的经验式有

$$\overline{Q} = b_1 A n_1 \tag{1-15}$$

或

$$\overline{Q} = b_2 A n_2 \overline{P}^m \tag{1-16}$$

式中　　　　$\overline{Q}$——多年平均径流量（m^3/s）；

　　　　　　A——流域面积（km^2）；

　　　　　　$\overline{P}$——多年平均降水量（mm）；

b_1、b_2、n_1、n_2、m——参数，通过实测资料分析确定，或按已有分析成果确定。

不同设计频率的年平均流量 Q_P，也可以建立类似的关系，只是其参数的确定各有不同。

3）水文比拟法：水文比拟法是无资料流域移置（经过修正）水文相似区内相似流域的实测水文特征值的常用方法，特别适用于年径流的分析估算。

本法的要点是：将参证站的径流特征值，经过适当的修正后移用于设计断面。进行修正的参变量，常用流域面积和多年平均降水量，其中流域面积为主要参变量，二者应比较接近，通常以不超过 15% 为宜；如径流的相似性较好，也可以适当放宽上述限制。当设计流域无降水资料时，也可不采用降水参变量。年径流均值可用式（1-17）表示。

$$\overline{Q} = K_1 K_2 \overline{Q}_c \tag{1-17}$$

式中　$\overline{Q}$、$\overline{Q}_c$——设计流域和参证流域的多年平均径流量（m^3/s）；

K_1、K_2——流域面积和年降水量的修正系数，$K_1 = A/A_c$，$K_2 = \overline{P}/\overline{P_c}$，其中，$A$、$A_c$ 分别为设计流域和参证流域的流域面积（km^2），$\overline{P}$、$\overline{P_c}$ 分别为设计流域和参证流域的多年平均降水量（mm）。

年径流的变差系数 C_V 值可以直接采用，一般无须进行修正，C_S 取用$(2 \sim 3)C_V$。

如果参证站已有年径流分析成果，也可以用下列公式，将参证站的设计年径流直接移用于设计流域，即

$$Q_P = K_1 K_2 Q_{P,C} \tag{1-18}$$

式中　下标 P——频率。

4. 设计年径流的时程分配

河川年径流的时程分配，一般按其各月的径流分配比来表示。

（1）代表年的选择。在工程水文中，常采用按比例缩放代表年径流过程线的方法，来确定设计年径流的时程分配。代表年法比较直观和简便，采用较广泛。代表年的选择原则有：

1）根据设计标准，查年径流频率曲线，确定设计年径流量 W_P 或 $\overline{Q_P}$。为了检验工程在不同来水年份的运行情况，常选出丰、平、枯三个年份（如频率 $P = 20\%$、50%、80% 或 $P = 25\%$、50%、75%）作为代表年。

2）在实测年径流资料 $W_{实}$（或 $\overline{Q_{实}}$）中，选出年径流量接近 W_P（或 $\overline{Q_P}$）的年份。这种年份有时可能不止一个，可选出供水期径流较小的年份为代表年。对灌溉工程，选取灌溉需水季节径流比较枯的年份；对水电工程，则选取枯水期较长、径流 Q 较枯的年份。

（2）年径流时程分配计算。当代表年选定以后，统计出实测年径流 $W_{实}$（或 $\overline{Q_{实}}$），并求出设计年径流 W_P（或 $\overline{Q_P}$）与实测年径流的比例系数 K。

$$K = W_P/W_{实} \tag{1-19a}$$

或

$$K = \overline{Q_P}/\overline{Q_{实}} \tag{1-19b}$$

用此系数乘以代表年各月的实测径流过程，即得设计年径流的按月时程分配。

评价一项水资源利用工程的性能和效益，最严密的办法是将全部年、月径流资料，按工程运行设计进行全面的操作运算，以检验有多少年份设计任务不被破坏，从而较准确地评定出工程的保证率或破坏率。显然，这种方法较之上述两种方法更为客观和完善。它的缺点是计算较繁琐，特别是当年、月径流系列较长时，工作量很大，手工操作比较困难。但是，由于电子计算机的迅速推广和普及，上述困难不难克服。因而全系列法越来越受重视并被广泛采用。

1.2.4　设计枯水流量分析计算

枯水流量也称最小流量，是河川径流的一种特殊形态。枯水流量往往制约着城市的发展规模、灌溉面积、通航的容量和时间，同时，也是决定水电站保证出力的重要因素。按设计时段的长短以日、旬、月最小流量对水资源利用工程的规划设计关系最大。时段枯水流量与时段径流在分析方法上没有本质区别，主要在选样方法上有所不同。时段径流在时序上往往是固定的，而枯水流量则在一年中选其最小值，在时序上是变动的。

1. 有实测水文资料时的枯水流量计算

当设计代表站有长系列实测径流资料时，可按年最小选样原则，选取一年中最小的时段

径流量，组成样本系列。

枯水流量常采用不足概率 q，即以小于或等于该径流的概率来表示，它与年最大选样的概率 P 的关系为 $q=1-P$。因此在系列排队时按由小到大排列。除此之外，年枯水流量频率曲线的绘制与时段径流频率曲线的绘制基本相同，也常采用 $P\text{-}\mathrm{III}$ 型频率曲线适线。

2. 短缺水文资料时的枯水流量估算

当设计断面短缺径流资料时，设计枯水流量主要借助于参证站延长系列或成果移置。例如，当设计站只有少数几年资料，与参证站的相似性较好时，也可建立较好的枯水流量相关关系。在这种情况下，甚至可以不进行设计站的径流系列延长和频率分析，而直接移用参证站的频率分析成果，经上述相关关系，转化为本站相应频率的设计枯水流量。

1.3 设计洪水

1.3.1 由流量资料推求设计洪水

1. 概述

设计洪水包括设计洪峰流量、不同时段设计洪量及设计洪水过程线三个要素。推求设计洪水的方法有两种类型，即由流量资料推求设计洪水和由暴雨资料推求设计洪水。当必须采用可能最大洪水作为非常运用洪水标准时，则由水文气象资料推求可能最大暴雨，然后计算可能最大洪水。这里主要介绍前两种计算方法。

设计洪水是指水利水电工程规划、设计中所指定的各种设计标准的洪水。合理分析计算设计洪水，是水利水电工程规划设计中首先要解决的问题。

如何选择对设计的水工建筑物较为合适的洪水作为依据，涉及标准问题，称为设计标准。确定设计标准是一个非常复杂的问题，国际上尚无统一的设计标准。我国 1978 年颁发了《水利水电枢纽工程等级划分及设计标准（山区、丘陵区部分）（试行）》（SDJ 12—1978）（已作废），通过多年工程实践经验，结合我国国情，水利部又会同有关部门于 2014 年修订了《防洪标准》（GB 50201—2014）作为强制性国家标准，自 2015 年 5 月 1 日起施行。从中可以根据工程规模、效益和在国民经济中的重要性，将水利水电枢纽工程分为五等，而水利水电枢纽工程的水工建筑物，根据其所属枢纽工程的等别、作用和重要性分为五级，设计时根据建筑物级别选定不同频率作为防洪标准。水利水电工程建筑物防洪标准分为正常运用和非常运用两种。按正常运用洪水标准算出的洪水称为设计洪水。当河流发生比设计洪水更大的洪水时，选定一个非常运用洪水标准进行计算，算出的洪水称为非常运用洪水或校核洪水。

2. 设计洪峰流量及设计洪量的推求

计算步骤如下：

（1）资料的审查。需要审查资料的可靠性、一致性和代表性。

（2）样本选取。根据有关规定，应采用年最大值原则选取洪水系列，即从资料中逐年选取一个最大流量和固定时段的最大洪水总量，组成洪峰流量和洪量系列。固定时段一般采用 1d、3d、5d、7d、15d、30d。

（3）特大洪水的处理。特大洪水是指实测系列和调查到的历史洪水中，比一般洪水大得多的稀遇洪水。但是在实测洪水系列中，若有大于历史洪水或数值相当大的洪水，也作为特大洪水。洪水系列（洪峰或洪量）有两种情况：一是系列中没有特大洪水值，在频率计算时，各项数值直接按大小次序统一排位，各项之间没有空位，序数 m 是连序的，称为连序系列；二是系列中有特大洪水值，特大洪水值的重现期 N 必然大于实测系列年数，而在 $(N-n)$ 年内各年的洪水数值无法查得，它们之间存在一些空位，由大到小是不连续的，称为不连续系列。

特大洪水处理的关键是特大洪水重现期的确定和经验频率计算。所谓重现期是指某随机变量的取值在长时期内平均多少年出现一次，又称多少年一遇。连序系列中各项经验频率按式（1-20）估算。

$$P_m = \frac{m}{n+1} \qquad (1\text{-}20)$$

式中　P_m——实测系列第 m 项的经验频率；

　　　m——实测系列由大至小排列的序号；

　　　n——实测系列的年数。

不连序系列的经验频率，有两种估算方法（独立处理法和统一处理法），现仅介绍常用的一种方法，即独立处理法。

该方法把实测系列与特大值系列都看作是从总体中独立抽出的两个随机连序样本，各项洪水可分别在各个系列中进行排位，实测系列的经验频率仍按连序系列经验频率公式（1-20）计算。特大洪水系列的经验频率计算公式为

$$P_M = \frac{M}{N+1} \qquad (1\text{-}21)$$

式中　P_M——特大洪水第 M 序号的经验频率；

　　　M——特大洪水由大至小排列的序号；

　　　N——自最远的调查考证年份至今的年数。

当判断实测系列内含有特大洪水时，则应放到特大洪水系列中参与频率计算，但此特大洪水也应在实测系列中占序号。例如，实测资料为 30 年，其中有一个特大洪水，排序为第一，加入特大洪水系列后，一般洪水最大项仍然应排在第二位，其经验频率 $P_2 = 2/(30+1) = 0.0645$。

（4）频率曲线线型选择。样本系列各项的经验频率确定之后，就可以在概率格纸上确定经验频率点据的位置，通过点据中心，可以目估绘制出一条光滑的曲线，称为经验频率曲线。我国为了使设计工作规范化，自 20 世纪 60 年代以来，一直采用 P-Ⅲ型曲线，作为洪水频率计算的依据。

（5）频率曲线参数估计。在洪水频率计算中，我国规范统一规定采用适线法。

经验适线法是在经验频率点据和频率曲线线型确定之后，通过调整参数使曲线与经验频率点据配合得最好，此时的参数就是所求的曲线线型的参数，从而可以计算设计洪水值。适线法的原则是尽量照顾点群的趋势，使曲线通过点群中心，当经验点据与曲线线型不能全面拟合时，可侧重考虑上中部分的较大洪水点据，对调查考证期内为首的几次特大洪水，要做具体分析。一般说来，年代越久的历史特大洪水加入系列进行配线，对合理选定参数的作用越大，但这些资料本身的误差可能较大。因此，在适线时不宜机械地通过特大洪水点据，否则使曲线对其他点群偏离过大，但也不宜脱离特大洪水点据太远。

用适线法估计频率曲线的统计参数之前，一般采用矩法初步估计参数，对于不连序系列，假定 $n-l$ 年系列的均值和均方差与除去特大洪水后的 $N-\alpha$（α 为特大洪水的个数）年系列的相应值是相等的，即

$$\bar{x}_{N-\alpha}=\bar{x}_{n-l}, \ \sigma_{N-\alpha}=\sigma_{n-l}$$

在用矩法初估参数时，由此可以导出以下的参数计算公式

$$\bar{x}=\frac{1}{N}\left(\sum_{j=1}^{\alpha}x_j+\frac{N-\alpha}{n-l}\sum_{i=l+1}^{n}x_i\right) \tag{1-22}$$

$$C_V=\frac{1}{x}\sqrt{\frac{1}{N-1}\sum_{j=1}^{\alpha}(x_j-\bar{x})^2+\frac{N-\alpha}{n-l}\sum_{i=l+1}^{n}(x_i-\bar{x})^2} \tag{1-23}$$

式中　x_j——特大洪水，$j=1,2,\cdots,\alpha$；

　　　x_i——一般洪水，$i=l+1,l+2,\cdots,n$。

其余符号意义同前。对于 C_V 值一般取 $C_S=KC_V$。

（6）推求设计洪峰、洪量。根据上述方法计算的参数初估值，用适线法求出洪水频率曲线，然后在频率曲线上求得相应于设计频率的设计洪峰和各统计时段的设计洪量。

（7）设计洪水估计值的抽样误差。水文系列是一个无限总体，而实测洪水资料是有限样本，用有限样本估算总体的参数必然存在抽样误差，可以用均方差表示。经过数理统计分析，得出用 P-Ⅲ 型曲线配线法求得的 x_P 值，其均方差近似公式为

$$\sigma_{xP}=\frac{\bar{x}C_V}{\sqrt{n}}B \tag{1-24a}$$

或

$$\sigma'_{xP}=\frac{\sigma_{xP}}{x_P}\times100\%=\frac{C_V}{K_P\sqrt{n}}B\times100\% \ （相对误差） \tag{1-24b}$$

式中　K_P——指定频率 P 的模比系数；

　　　B——C_S 和 P 的函数，由已制成的诺谟图求出。

根据有关规定，对大型工程或重要的中型工程，用频率分析计算的校核标准洪水，应计算抽样误差。经综合分析检查后，如成果有偏小的可能，应加上安全修正值，一般不超过计算值的20%。

（8）计算成果的合理性检查（略）。

3. 设计洪水过程线的推求

设计洪水过程线是指具有某一设计标准的洪水过程线。目前仍采用放大典型洪水过程线的方法，使其洪峰流量和时段洪水总量的数值等于设计标准的频率值，即认为所得的过程线是待求的设计洪水过程线。放大典型洪水过程线时，根据工程和流域洪水特性，可选用同频率放大法或同倍比放大法。

（1）典型洪水过程线的选择。典型洪水过程线是放大的基础，从实测洪水资料中选择典型时，资料要可靠，同时应考虑符合下列条件：

1）选择峰高量大的洪水过程线，其洪水特征接近于设计条件下的稀遇洪水情况。

2）要求洪水过程线具有一定的代表性，即它的发生季节、地区组成、洪峰次数、峰量关系等能代表本流域上大洪水的特性。

3）从水库防洪安全着眼，选择对工程防洪运用较不利的大洪水典型，如峰形比较集中、主峰靠后的洪水过程。

（2）放大方法。目前采用的典型放大方法有峰量同频率控制方法（简称同频率放大法）和按峰或量同倍比控制方法（简称同倍比放大法）。

1）同频率放大法要求放大后的设计洪水过程线的洪峰和不同时段（1d，3d，…）的洪量均分别等于设计值。具体做法是先由频率计算求出设计的洪峰值 Q_{mP} 和不同时段的设计洪量值 W_{1P}，W_{3P}，…，并求典型过程线的洪峰 Q_{mD} 和不同时段的洪量 W_{1D}，W_{3D}，…，然后按洪峰最大 1d 洪量，最大 3d 洪量，……的顺序，采用以下不同倍比值分别将典型过程进行放大。

洪峰放大倍比为

$$R_{Qm} = \frac{Q_{mP}}{Q_{mD}} \qquad (1\text{-}25)$$

最大 1d 洪量放大倍比为

$$R_1 = \frac{W_{1P}}{W_{1D}} \qquad (1\text{-}26)$$

最大 3d 洪量中除最大 1d 以外，其余两天的放大倍比为

$$R_{3-1} = \frac{W_{3P} - W_{1P}}{W_{3D} - W_{1D}} \qquad (1\text{-}27)$$

其他时段洪量的倍比系数以此类推。

2）同倍比放大法是按洪峰或洪量同一个倍比放大典型洪水过程线的各纵坐标值，从而求得设计洪水过程线。因此，该方法的关键在于确定是以谁为主的放大倍比值。如果以洪峰控制，其放大倍比按式（1-25）计算。

如果以洪量控制，其放大倍比为

$$K_{Wt} = \frac{W_{tP}}{W_{tD}} \qquad (1\text{-}28)$$

式中　K_{Wt}——以洪量控制的放大系数；

　　　W_{tP}——控制时段 t 的设计洪量；

　　　W_{tD}——典型过程线在控制时段 t 的最大洪量。

在上述两种方法中，用同频率放大法求得的洪水过程线，适用于洪峰洪量均对水工建筑物防洪安全起控制作用的工程。用同倍比放大法计算简便，如按洪峰放大得到的设计洪水过程线，适用于洪峰流量起决定性的工程，如堤防、桥梁调节性能低的水库等；如按洪量放大得到的设计洪水过程线，适用于洪量起决定性的工程，如调节性能高的水库、分洪滞洪区等。

1.3.2　由暴雨资料推求设计洪水

1. 概述

我国大部分地区的洪水主要由暴雨形成。在实际工作中，中小流域常因流量资料不足无法直接用流量资料推求设计洪水，而暴雨资料一般较多，因此可用暴雨资料推求设计洪水。本节将着重介绍适用于不同流域的、由暴雨资料推求设计洪水的方法，以及小流域设计洪水计算的一些特殊方法。

设计面暴雨量是指设计断面以上流域的设计面暴雨量。一般有两种计算方法：当设计流域雨量站较多、分布较均匀、各站又有长期的同期资料、能求出比较可靠的流域平均雨量（面雨量）时，则可直接选取每年指定统计时段的最大面暴雨量，进行频率计算求得设计面暴雨量。这种方法常称为设计面暴雨量计算的直接法。另一种方法是当设计流域内雨量站稀少，或观测系列甚短，或同期观测资料很少甚至没有，无法直接求得设计面暴雨量时，只好用间接方法计算，也就是先求流域中心附近代表站的设计点暴雨量，然后通过暴雨的点面关系，求相应设计面暴雨量，本法称为设计面暴雨量计算的间接法。

2. 直接法推求设计面暴雨量

（1）暴雨资料的收集、审查与统计选样。

1）暴雨资料的收集。暴雨资料的主要来源是国家水文、气象部门所刊印的雨量站网观测资料，但也要注意收集有关部门专用雨量站观测资料。

2）暴雨资料的审查。暴雨资料应进行可靠性审查、暴雨资料的代表性分析和暴雨资料一致性审查。

3）统计选样。选定不同的统计时段，按独立选样的原则，统计逐年不同时段的年最大面雨量。对于大、中流域的暴雨统计时段，我国一般选取 1d、3d、7d、15d、30d。

（2）面雨量资料的插补展延。为提高面雨量资料的精度，需设法插补展延较短系列的多站面雨量资料。一般可用近期的多站平均雨量 $x_{多}$ 与同期少站平均雨量 $x_{少}$ 建立关系。若相关关系好，可利用相关性展延多站平均雨量作为流域面雨量。

（3）特大值的处理。实践证明，若在短期资料系列中，一旦出现一次罕见的特大暴雨，就可以使原频率计算成果完全改观。该特大值对统计参数 x、C_V 值影响很大，如果能够利用其他资料信息，正确估计出特大值的重现期，是可以提高系列代表性，起到展延系列的作用。特大值处理的关键是确定重现期。由于历史暴雨无法直接考证，特大暴雨的重现期只能通过对河流洪水调查并结合当地历史文献中有关灾情资料的记载来分析估计。一般认为，当流域面积较小时，流域平均雨量的重现期与相应洪水的重现期相近。

（4）面雨量频率计算。面雨量统计参数的估计，我国一般采用适线法。线型采用 P-Ⅲ 型。根据我国暴雨特性及实践经验，我国暴雨的 C_S 与 C_V 的比值，一般地区为 3.5 左右；在 $C_V > 0.6$ 的地区，约为 3.0；在 $C_V < 0.45$ 的地区，约为 4.0。

（5）设计面暴雨量计算成果的合理性检查。以上计算成果可从下列各方面进行检查，分析比较其是否合理，然后确定设计面暴雨量。

1）对各种历时的点面暴雨量统计参数，如均值、C_V 值等进行分析比较，而暴雨量的这些统计参数应随面积增大而逐渐减小。

2）将直接法计算的面暴雨量与间接法计算的结果进行比较。

3）将邻近地区已出现的特大暴雨的历时、面积、雨深资料与设计面暴雨量进行比较。

3. 间接法推求设计面暴雨量

（1）设计点暴雨量的计算。推求设计点暴雨量，此点最好在流域的形心处，如果流域形心处或附近有一观测资料系列较长的雨量站，则可利用该站的资料进行频率计算，推求设计暴雨量。实际上，往往长系列的雨量站不在流域中心或其附近，这时，可先求出流域内各观测站的设计点暴雨量，然后绘制设计暴雨量等值线图，用地理插值法推求流域中心站的设计暴雨量。进行点暴雨系列统计时，一般也采用定时段年最大法选样。暴雨时段长短的选取与面暴雨量情况一样。如样本系列中缺少大暴雨资料，则系列的代表性不足，频率计算成果的稳定性差，应尽可能地延长系列，可将气象一致区内的暴雨移置于设计地点，同时要估计特大暴雨的重现期，以便合理计算其经验频率，特大值处理方法同前。点设计暴雨频率计算及合理性检查也和面设计暴雨量相同。

在暴雨资料十分缺乏的地区，可利用各地区的水文手册中的各时段年最大暴雨量的均值及 C_V 等值线图，查找出流域中心处的均值及 C_V 值，然后取 C_S 为 C_V 的固定倍比，确定 C_S 值，最后由这三个统计参数对应的频率曲线推求出设计暴雨值。

（2）设计面暴雨量的计算。流域中心设计点暴雨量求得后，要用点面关系折算成设计面暴雨量。暴雨的点面关系在设计计算中，又有以下两种区别和用法：

1）定点定面关系。如流域中心或附近有长系列资料的雨量站，流域内有一定数量且分布比较均匀的其他雨量站资料时，可以用长系列站作为固定点，以设计流域作为固定面，根据同期观测资料，建立各时段暴雨的点面关系。即对于一次暴雨某种时段的固定点暴雨量，有一个相应的固定面暴雨量，则在定点定面条件下的点面折减系数 α_0 为

$$\alpha_0 = x_F / x_0 \tag{1-29}$$

式中　　x_F、x_0——某时段固定面及固定点的暴雨量。

将前面所求得的各时段设计点暴雨量，乘以相应的点面折减系数，即可得出各时段设计面暴雨量。

2）动点动面关系。该法是以暴雨中心点面关系代替定点定面关系，即以流域中心设计点暴雨量及地区综合的暴雨中心点面关系去求设计面暴雨量。这种暴雨中心点面关系（图1-3）是按照各次暴雨的中心与暴雨分布等值线图求得的，各次暴雨中心的位置和暴雨分布不尽相同，所以说是动点动面关系。

4. 设计暴雨时程分配的计算

设计暴雨时程分配的计算方法与设计年径流年内分配的计算和设计洪水过程线的计算方法相同，一般用典型暴雨同频率控制缩放。

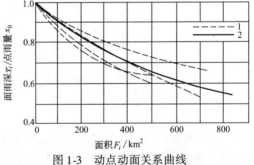

图1-3　动点动面关系曲线
1—各次实测暴雨；2—地区平均暴雨

（1）典型暴雨的选择。典型暴雨过程应在暴雨特性一致的气候区内选择有代表性的面雨量过程，若资料不足也可由点暴雨量过程来代替。所谓有代表性是指典型暴雨特征能够反映设计地区情况，符合设计要求，如该类型出现次数较多，分配形式接近多年平均和常遇情况，雨量大，强度也大，且对工程安全较不利的暴雨过程，如暴雨核心部分出现在后期，形成洪水的洪峰出现较迟，对水库安全影响较大。在缺乏资料时，可以引用各省（区）水文手册中按地区综合概化的典型雨型（一般以百分数表示）。

（2）缩放典型过程，计算设计暴雨的时程分配。选定了典型暴雨过程后，就可用同频率设计暴雨量控制方法，对典型暴雨分段进行缩放。不同时段控制放大时，控制时段划分不宜过细，一般取1d、3d、7d控制。对暴雨核心部分24h暴雨的时程分配，时段划分视流域大小及汇流计算所用的时段而定，一般取2h、3h、6h、12h、24h控制。

5. 小流域设计洪水计算的经验公式法

计算洪峰流量的地区经验公式是根据一个地区各河流的实测洪水和调查洪水资料，找出洪峰流量与流域特征、降雨特性之间的相互关系，建立的关系方程式。这些方程都是根据某一地区实测经验数据制订的，只适用于该地区，所以称为地区经验公式。

（1）单因素公式。目前，各地区使用的最简单的经验公式是以流域面积作为影响洪峰流量的主要因素，把其他因素用一个综合系数表示，其形式为

$$Q_{mP} = C_P F^n \tag{1-30}$$

式中　Q_{mP}——设计洪峰流量（m^3/s）；

　　　　F——流域面积（km^2）；

　　　　n——经验指数；

　　　　C_P——随地区和频率而变化的综合系数。

对于给定设计流域，可根据各省（区）的水文手册查出 C_P 及 n 值，并量出流域面积 F，从而算出 Q_{mP}。

（2）多因素公式。为了反映小流域上形成洪峰的各种特性，目前各地较多地采用多因素经验公式。公式的形式有

$$Q_{mP} = Ch_{24,P} F^n \tag{1-31}$$

$$Q_{mP} = Ch_{24,P}^\alpha f^\gamma F^n \tag{1-32}$$

$$Q_{mP} = Ch_{24,P}^\alpha J^\beta f^\gamma F^n \tag{1-33}$$

式中　　　f——流域形状系数，$f = F/L^2$；

　　　　　J——河道干流平均坡度；

　　　$h_{24,P}$——设计年最大24h净雨量（mm）；

α、β、γ、n——指数；

　　　　　C——综合系数。

以上指数、综合系数通过使用地区实测资料分析得出。

1.3.3 水文分析计算常用的数理统计方法

进行流域或地区水资源开发利用，首先要了解流域内未来河道的来水量，以便合理规划；进行水利工程规划设计，需弄清未来时期河流中可能的洪水量及其过程，以确定工程的规模。这种对未来长期的径流情势（属随机变量）的估计，只能依据其统计规律，利用数理统计的方法进行"概率预估"。所谓"概率预估"，就是分析水文随机变量出现超过某个数值的可能性的多少。

1. 随机变量

（1）定义及分类。它是指随机试验结果的一个数量。在水文学中，常用大写字母表示，记作 X，而随机变量的可能取值记作 x，即

$$X = x_1, \ X = x_2, \ \cdots, \ X = x_n \tag{1-34}$$

一般称之为随机系列或随机数列。随机变量分为以下两种：

1）离散型随机变量。随机变量仅取得区间内某些间断的离散值，则称为离散型随机变

量。如洪峰次数，只能取 0，1，2，…，不能取相邻两数值之间的任何值。

2）连续型随机变量。若随机变量可以取得一个有限区间内的任何数值，则称为连续型随机变量。如某河流断面的流量可以取 0 ~ ∞ 之间的任何实数值。

（2）随机变量的概率分布。对于离散型随机变量，随机变量取某一可能值的机会有的大有的小，即随机变量取值都有一定的概率与之相对应，可表示为

$$P(X = x_1) = P_1$$
$$P(X = x_2) = P_2$$
$$\vdots$$
$$P(X = x_n) = P_n \tag{1-35}$$

式中　P_1，P_2，…，P_n——随机变量 X 取值 x_1，x_2，…，x_n 时所对应的概率。

对于连续型随机变量，由于它的所有可能取值有无限个，水文学上习惯研究随机变量的取值大于或等于某个值的概率，表示为

$$P(X \geqslant x) \tag{1-36}$$

它是 x 的函数，称作随机变量 X 的分布函数，记作 $F(x)$，即

$$F(x) = P(X \geqslant x) \tag{1-37}$$

表示随机变量 X 大于或等于 x 的概率，其几何曲线称作随机变量的概率分布曲线（水文学上通常称累计频率曲线，简称频率曲线）。

概率密度函数：随机变量落在区间 $(x, x + \Delta x)$ 的概率与该区间长度的比值 $\dfrac{F(x) - F(x + \Delta x)}{\Delta x}$ 称作随机变量落在区间 $(x, x + \Delta x)$ 的平均概率。当 Δx 趋近于 0，取极限得

$$\lim_{\Delta x \to 0} \frac{F(x) - F(x + \Delta x)}{\Delta x} = -\lim_{\Delta x \to 0} \frac{F(x + \Delta x) - F(x)}{\Delta x} = -F'(x) = -f(x) \tag{1-38}$$

式中　$f(x)$——概率密度函数，简称密度函数。

而密度函数的几何曲线称作密度曲线。可见，随机变量的两个函数：密度函数 $f(x)$，反映随机变量 X 落入 dx 区间的平均概率；分布函数 $F(x)$，反映随机变量 X 超过某个值 x 的概率。这两个函数能完整地描述随机变量的分布规律。

2. 随机变量统计参数

在实际问题中，随机变量的分布函数不易确定，有时不一定需要用完整的形式来说明随机变量，而只要知道其主要特征就可以。随机变量的分布函数和密度函数中都包含一些参数（如均值、变差系数、偏态系数），这些参数能反映随机变量分布的特点：如分布的集中或分散，分布的对称或非对称性等。在统计学中用以表示随机变量这些分布特征的某些数值，称之为随机变量统计参数。主要有：

（1）反映位置特征参数——平均数/数学期望。对于离散型随机变量

$$\bar{x} = \sum_{i=1}^{n} x_i P_i \tag{1-39}$$

可见，离散型随机变量的平均数是以概率为权重的加权平均值。

对于连续型随机变量

$$E(x) = \int_a^b xf(x)\,\mathrm{d}x \qquad (1\text{-}40)$$

式中　a、b——随机变量 X 取值的上、下限。

数学期望或平均数代表整个随机变量的总水平的高低，其为分布的中心。

（2）反映离散特征参数。该参数可反映随机变量分布离散程度，即相对于随机变量平均值的差距的指标，通常有

标准差（均方差）

$$\sigma = \sqrt{E(x - \bar{x})^2} \qquad (1\text{-}41)$$

σ 值越大，分布越分散；σ 值越小，分布越集中。

变差系数（离差系数、离势系数），对于均值不同的两个系列，用均方差来比较其离散程度就不合适，需要采用均方差和均值的比来表示

$$C_V = \frac{\sigma}{E(x)} = \frac{\sigma}{\bar{x}} \qquad (1\text{-}42)$$

C_V 值越大，分布越分散；C_V 值越小，分布越集中。

（3）反映对称特征的参数——偏态系数（偏差系数）。

$$C_S = \frac{E(X - \bar{x})^3}{\sigma^3} \qquad (1\text{-}43)$$

当密度曲线对均值对称，$C_S = 0$。若不对称：$C_S > 0$，称为正偏；$C_S < 0$，称为负偏。

3. 水文中常用的概率分布曲线

（1）正态分布。正态分布具有如下形式的概率密度函数

$$f(x) = \frac{1}{\sigma\sqrt{2\pi}} \mathrm{e}^{-\frac{(x-\bar{x})^2}{2\sigma^2}}, \quad -\infty < x < \infty \qquad (1\text{-}44)$$

许多随机变量如水文测量误差、抽样误差等一般服从正态分布。

（2）P-Ⅲ型分布。P-Ⅲ型曲线是一条一端有限一端无限的不对称单峰曲线，概率密度函数为

$$f(x) = \frac{\beta^\alpha}{\Gamma(\alpha)}(x - a_0)^{\alpha-1}\mathrm{e}^{-\beta(x-a_0)} \qquad (1\text{-}45)$$

式中　$\Gamma(\alpha)$——α 的伽马函数，$\Gamma(\alpha) = \int_0^\infty x^{\alpha-1}\mathrm{e}^{-x}\,\mathrm{d}x$。

α，β，a_0 为三个参数，它们与上述的三个统计参数有一定的关系，其表达式为

$$\alpha = \frac{4}{C_S^2}, \; \beta = \frac{2}{\bar{x}C_V C_S}, \; a_0 = \bar{x}\left(1 - \frac{2C_V}{C_S}\right) \qquad (1\text{-}46)$$

可见，当以上三个参数确定后，P-Ⅲ型密度函数也完全确定。在水文计算中，一般要求出指定概率 P 所对应的随机变量的取值 x_P，即求出的 x_P 满足下述等式

$$P = P(X > x_P) = \int_{x_P}^{\infty} \frac{\beta^{\alpha}}{\Gamma(\alpha)} (x - a_0)^{\alpha - 1} e^{-\beta(x - a_0)} dx \qquad (1\text{-}47)$$

按上式计算相当复杂,故实际应用中,采用标准化变换。取标准变量(离均系数),$\Phi = (x - \bar{x}) \sqrt{x} C_V$,即 $x = \bar{x}(1 + \Phi C_V)$,代入式(1-47),$\alpha$,$\beta$,$a_0$ 以相应的 $\bar{x}$,C_V,C_S 关系式表示,简化后得 $P(\Phi \geq \Phi_P) = \int_{\Phi_P}^{\infty} f(\Phi, C_S) d\Phi$,被积函数含有参数 Φ,C_S,而 $\bar{x}$,C_V 包含在 $\Phi = (x - \bar{x}) \sqrt{x} C_V$ 中,实际应用上制成 $C_S\text{-}P\text{-}\Phi_P$ 对应关系的 $P\text{-}\mathrm{III}$ 型曲线离均系数 Φ 值表,见表1-1。因此,由给定的 C_S 及 P,则可查出 Φ_P,再由 $x_P = (\Phi_P C_V + 1) \bar{x}$,即得到指定概率 P 所对应随机变量的取值 x_P。

表 1-1 $\qquad\qquad$ **$C_S\text{-}P\text{-}\Phi_P$ 对应关系表**(仅列出部分数据)

C_S	$P(\%)$				
	0.01	0.1	1	10	50
0.0	3.72	3.09	2.33	1.28	0.00
0.1	3.94	3.23	2.40	1.29	-0.02
0.2	4.16	3.38	2.47	1.30	-0.03

【例 1-1】 已知某地年平均降雨量为 1000mm,$C_V = 0.5$,$C_S = 1.0$,若年降雨量符合 $P\text{-}\mathrm{III}$ 型分布,试求:$P = 1\%$ 的年降雨量。

解: 解法一:由 $C_S = 1.0$ 及 $P = 1\%$,查相应的 $P\text{-}\mathrm{III}$ 型曲线离均系数 Φ 值表得 $\Phi_P = 3.02$,则

$$x_P = (\Phi_P C_V + 1) \bar{x} = (3.02 \times 0.5 + 1) \times 1000 \text{mm} = 2510 \text{mm}$$

解法二:引入模比系数 $K_P = x_P \sqrt{x}$,由 $x_P = (\Phi_P C_V + 1) \bar{x}$ 可转换为 $K_P = (\Phi_P C_V + 1)$,由此建立的 $C_V\text{-}K_P\text{-}P$ 对应关系的 $P\text{-}\mathrm{III}$ 型曲线模比系数 K_P 值表。由 $C_V = 0.5$,$C_S = 1.0 = 2C_V$,$P = 1\%$,K_P 值查表得

$$K_P = 2.51, \quad x_{1\%} = K_P \bar{x} = 2.51 \times 1000 \text{mm} = 2510 \text{mm}$$

必须指出,水文随机变量究竟服从何种分布,目前还没有充足的论证。因为水文现象非常富余,目前所掌握的资料较少,难以从理论上推断其服从何种分布类型。不过,从现在掌握的资料来看,$P\text{-}\mathrm{III}$ 型比较符合水文随机变量的分布。

4. 随机变量系列统计参数的估计

水文随机变量的总体是无限的,这就需要在总体未知的情况下,靠抽出的样本(观测的系列)去估计总体参数。估算方法有矩法、适线法、极大似然法和权函数法等。这里介绍常用的矩法和适线法。

(1)矩法。若已知样本的随机系列为 $x_1, x_2, x_3, \cdots, x_n$,样本的三个统计参数可用式(1-48)~式(1-50)计算。

1)样本的算术平均值

$$\bar{x} = \frac{1}{n} \sum_{i=1}^{n} x_i \qquad (1\text{-}48)$$

2）样本的离差系数

$$C_{\mathrm{V}}' = \frac{S}{\overline{x}} = \sqrt{\frac{\sum\limits_{i=1}^{n}\left(\frac{x_i}{\overline{x}} - 1\right)^2}{n}} = \sqrt{\frac{1}{n}\sum\limits_{i=1}^{n}(K_i - 1)^2} \tag{1-49}$$

3）样本的偏态系数

$$C_{\mathrm{S}}' = \frac{\sum\limits_{i=1}^{n}(K_i - 1)^3}{nC_{\mathrm{V}}'^3} \tag{1-50}$$

但应注意，以上三个矩法公式求得的参数是根据样本参数求得的，故与相应的总体的参数是不相等的。根据统计学的证明可知，以上求得的样本平均值为总体平均数的无偏估计量，而 C_{V} 和 C_{S} 不是总体相应参数的无偏估计量，称为有偏估计量。故需要对参数 C_{V} 和 C_{S} 进行修正，使其变成无偏估计量，按下式进行修正：

C_{V} 无偏估计量计算修正式为

$$C_{\mathrm{V}} = C_{\mathrm{V}}'\sqrt{\frac{n}{n-1}} = \sqrt{\frac{\sum\limits_{i=1}^{n}(K_i - 1)^2}{n-1}} \tag{1-51}$$

C_{S} 无偏估计量计算修正式为

$$C_{\mathrm{S}} = C_{\mathrm{S}}'\frac{n^2}{(n-1)(n-2)} = \frac{\sum\limits_{i=1}^{n}(K_i - 1)^3}{nC_{\mathrm{V}}'^3}\frac{n^2}{(n-1)(n-2)} \approx \frac{\sum\limits_{i=1}^{n}(K_i - 1)^3}{(n-3)C_{\mathrm{V}}^3} \tag{1-52}$$

现行水文频率计算方法——配线法（适线法）是以经验频率点据为基础，在一定的适线准则下，求出与经验点据拟合最优的频率曲线参数，这是一种较好的参数估计方法，是我国估计洪水频率曲线统计参数的主要方法。

（2）适线法（配线法）。适线法的配线一般有以下5个步骤：

1）根据实测样本资料进行点绘［纵坐标为随机变量 $X = x$，横坐标为对应的经验频率 $P(X \geqslant x)$］，经验频率计算公式为

$$P = \frac{m}{n+1} \tag{1-53}$$

式中　P——大于或等于某一变量值 x 的经验频率；

　　　m——x 由大到小排列的序号，即在 n 次观测资料中出现大于或等于某一值 x 的次数。

2）假定一组参数 $\overline{x}$、C_{V}、C_{S}，可选用矩法的估值作为 $\overline{x}$、C_{V} 的初始值，一般不求 C_{S}，假定 $C_{\mathrm{S}} = KC_{\mathrm{V}}$，$K$ 为比例系数，可选 $K = 1.5, 2, 2.5, 3, \cdots$

3）选定线型，对于水文的随机变量，一般选 P-Ⅲ型。

4）根据选定的三个参数，由 P-Ⅲ型曲线离均系数值表或 P-Ⅲ型曲线模比系数 K_P 值表，求出 $x_P - P$ 的频率曲线，将其绘在有经验点据的同一张图上，看它们的配合好坏，若不理想，则修改有关的参数（主要调整 C_{V} 及 $K = C_{\mathrm{S}}/C_{\mathrm{V}}$），重复以上的步骤，重新配线。

5）根据配合的情况，选出一配合最佳的频率曲线作为采用曲线，则相应的参数作为总体参数的估值。

可见，适线法的实质是通过样本经验分布来推求总体分布，适线法的关键在于"最佳配

合"的判别。

1.4　地下水储存

1.4.1　地下水储存概述

1. 岩土中的空隙和水

地壳是由岩土构成的（岩石圈）。由于自然界各种地质营力的作用，岩土内部存在着各种各样的空隙，特别是地壳表层 1 ~ 2km 范围内，空隙分布尤为普遍。岩土中的空隙，即为地下水的储存场所和运移通道，因此空隙的大小、多少、连通状况和分布规律，对地下水的分布和运动有着重要影响。

将岩土中的空隙作为地下水储存场所与运移通道来研究时，可将空隙分为三大类，即松散岩土中的孔隙、坚硬岩石中的裂隙及可溶性岩石中的溶隙。

（1）孔隙。松散岩土是由大小不等的碎屑颗粒组成的。在颗粒或颗粒集合体之间普遍存在着孔状空隙，称为孔隙。

孔隙的多少用孔隙度表示。孔隙度是指单位体积岩土（包括孔隙在内）中孔隙体积所占比例，可以百分数或小数表示，即

$$n = \frac{V_n}{V} \times 100\% \tag{1-54}$$

或
$$n = \frac{V_n}{V} \tag{1-55}$$

式中　n——岩土的孔隙度；

　　　V——包括孔隙在内的岩土体积；

　　　V_n——岩土中孔隙的体积。

岩土孔隙度的大小主要取决于颗粒排列情况及颗粒分选程度。此外，颗粒的形状及颗粒胶结程度也影响孔隙度的大小。

自然条件下松散岩土的颗粒分选性越差，即颗粒大小越悬殊，孔隙度越小。这是因为大颗粒所形成的孔隙往往被细小颗粒所充填，从而大大降低了孔隙度。自然条件下，岩石颗粒形状往往呈不规则状。一般而言，组成岩石颗粒形状越不规则，棱角越明显，通常排列就越松散，孔隙度也越大。此外，疏松岩土有时会不同程度地被胶结物胶结充填，此时孔隙度也有所降低。常见岩土的孔隙度见表 1-2。

表 1-2			常见岩土的孔隙度			
岩土名称	孔隙度（%）	岩土名称	孔隙度（%）	岩土名称	孔隙度（%）	
黏土	45 ~ 55	均匀砂	30 ~ 40	砾石与砂	20 ~ 35	
粉土	40 ~ 50	细、中粒混合砂	30 ~ 35	砂粒	10 ~ 20	
中、粗粒混合砂	35 ~ 40	砾石	30 ~ 40	页岩	1 ~ 10	

（2）裂隙。固结的坚硬岩石，一般不存在或只保留少量的颗粒间的孔隙，而主要发育各种应力作用下岩石破裂后形成的裂缝状空隙，称为裂隙。

裂隙按其成因可分为风化裂隙、成岩裂隙、构造裂隙和卸荷裂隙，裂隙的性质及其发育规律与裂隙成因有密切关系。

裂隙的多少以裂隙率 η_f 表示，即

$$\eta_f = \frac{V_f}{V} \times 100\% \tag{1-56}$$

式中 V_f——岩石中裂隙的体积；

V——岩石总体积。

（3）溶隙。可溶性岩石（如岩盐、石膏、石灰岩等）在地表水和地下水长期溶蚀下会形成空洞，这种空隙称为溶隙（穴）。衡量溶隙多少的定量指标称岩溶率，以 K_K 表示，即

$$K_K = \frac{V_K}{V} \times 100\% \tag{1-57}$$

式中 V_K——岩石中溶隙的体积；

V——岩石总体积。

溶隙发育的规模悬殊，较之裂隙有很大的不均匀性。大的溶洞宽、高可达几十米乃至上百米，小的溶孔仅数毫米。因此，在岩溶发育地区，即使在相距极近的两处，其岩溶率也可能相差极大。

2. 水在岩石中的存在形式

地下水泛指存在于地表面以下的水体。地下水一部分储存于地壳岩土空隙中，另一部分存在于岩石"骨架"中（即矿物晶体内部或其间）。我们研究的重点是岩土空隙中的水。岩土空隙中的水按其形态分为液态水、气态水与固态水。

（1）液态水。根据水分子受力状况又可分为结合水、重力水和毛细水。

1）结合水。松散岩土颗粒表面及坚硬岩石空隙壁面均带有电荷，水分子又是偶极体，一端带正电，另一端带负电，由于静电引力作用，固相表面便具有吸附水分子的能力。根据库仑定律，电场强度与距离的二次方成反比 $\left(\boldsymbol{F} = k\dfrac{a_1 a_2}{r^2}\boldsymbol{e}_r\right)$，因此离固相表面越近的水分子，受到的静电引力越大，随着距离增大，吸引力渐渐减弱。受到固相表面的吸引力大于其自身重力的那部分水，称之为结合水，这部分水被静电引力束缚于固相表面，不能在自重作用下运动。最接近固相表面的结合水称强结合水（吸着水），其外层称弱结合水（薄膜水）。强结合水的厚度，一般认为相当于几个、几十个或上百个水分子的直径，所受的引力相当于1000MPa，排列紧密而规则，平均密度达2g/cm³ 左右，强结合水呈固态不能流动，不能被植物吸收，但可通过加热使之转化为气态水而移动。

弱结合水位于强结合水的外层，其厚度相当于几百或上千个水分子直径，由于受到固相表面的引力较弱，水分子排列不如强结合水规则和紧密，其能被植物吸收利用。

结合水区别于普通液态水的最大特征是其具有抗剪强度，即必须施加一定的外力才能使其发生变形和流动。

2）重力水。距离固相表面更远的水分子，重力对它们的影响大于固体表面对它的吸引力，因此能在重力作用下运移，这部分水就是重力水。重力水存在于较大的岩土空隙中，具有液态水的一般特征。

3）毛细水。松散岩土中细小孔隙通道可构成毛细管，在毛细力的作用下，地下水沿着细小孔隙上升到一定高度，这种既受重力又受毛细力作用的水，称为毛细水。毛细水广泛存

在于地下水面以上的包气带中。由于毛细力作用情况不同，毛细水存在以下几种形式：

①上升毛细水：由于毛细力作用，水从地下水面沿细小岩土空隙上升到一定高度，形成一个毛细水带，通常称为上升毛细水。因毛细水带中的毛细水有地下水面支持，故也称为支持毛细水。支持毛细水通常是越靠近地下水面含水率越大。

②悬着毛细水：在不受地下水补给的情况下，地表上层土壤由于降雨或灌水，靠毛细管作用所能保持的那一部分地表入渗水分，称为悬着毛细水。通常是悬着毛细水越靠近地表含水量越大，而且悬着毛细水所达到的深度，随地表水补给量的增加而加大。

毛细水在地下水与大气水、地表水相互转化过程中起着重要的作用和影响。

（2）气态水。气态水指以水蒸气状态存在于非饱和含水岩土空隙中的水。气态水可以随空气的流动而运移，但即使空气不流动，它也能从水汽压力（或绝对湿度）大的地方向小的地方迁移。气态水在一定温度、压力条件下可与液态水相互转化，两者之间保持动态平衡。当岩土空隙内水汽增多而达饱和时，或是当周围温度降至露点时，气态水即开始凝结形成液态水。气态水对岩土中水的重新分布有一定影响。

（3）固态水。当岩土温度低于0℃时，岩土空隙中的液态水即凝结为固态水，此时储存地下水的岩土称为冻土。

综上所述，岩土中存在的不同形式的水，除矿物结合水和吸着水不易转化外，其他各类型的水既可相互联系，又可相互转化。在剖面上可分为两个带：包气带和饱水带。地下水面以上包气带底部，有一个毛管水带。蒸发时薄膜水和毛管水转化为气态水逸出，重力水一部分转化为毛管水。降水或灌溉时，重力水下渗转化为薄膜水和毛管水或渗入饱水带。如果未到达饱水带，也可增加包气带土层的湿度。

3. 与水分储存运移有关的岩土性质

岩土空隙的大小和多少与水分的存在形式及储存和运移性能密切相关。在一个足够大的空隙中，从空隙壁面向外，依次分布着强结合水、弱结合水和重力水。空隙越大，重力水占的比例越大；反之，结合水占的比例就越大。因此，空隙大小和数量不同的岩土，其容纳、保持、释出和透过水的能力也有所不同。以下分述之：

（1）容水性。岩土能容纳一定水量的性能称为容水性，常用含水率指标表示容水状况，即

$$\theta = \frac{V_w}{V} \times 100\% \qquad (1-58a)$$

或

$$\theta_g = \frac{G_w}{G_S} \times 100\% \qquad (1-58b)$$

式中　θ——体积含水率；

　　V_w——含水体积；

　　V——包括孔隙在内的岩土总体积；

　　θ_g——质量含水率；

　　G_w——含水的质量；

　　G_S——干燥岩土的质量。

容水度，即指岩土完全饱水时所容纳的最大水体积与岩土总体积之比，是度量容水性的指标，可用小数或百分数表示。实际上，这时的岩土空隙已全部充满水，其含水率称为饱和含水率。容水度在数值上一般与孔隙度（裂隙率、岩溶率）相等。黏性土中，容水度可大于孔隙度。

此外，表征岩土容水状况的水分指标，还有饱和度和饱和差，前者是指含水体积与岩土空隙体积之比，在饱和含水率时，其饱和度应为1；后者是指饱和含水率与实际含水率之差。

（2）持水性。含水岩土在重力作用下释水时，由于固体颗粒表面的吸附力和毛细力的作用，使在其空隙中能保持一定水量的性能，称为持水性。

度量持水性的指标为持水度，即指饱水岩土在重力作用下，经过 2～3d 释水后，岩土空隙中尚能保持的水体积与岩土总体积之比，这时的岩土含水率也称为田间持水率。实际上，在释水 2～3d 后，岩土的含水率仍会继续降低，只是降低的速度渐趋缓慢而已。各种土壤的田间持水率见表1-3。

表1-3　　　　　　　　　　　　　　各种土壤的田间持水率

土　壤　类　别	田间持水率(%)	
	占　土　体	占　孔　隙
砂土	12～20	35～50
砂壤土	17～30	40～65
壤土	24～35	50～70
黏土	35～45	65～80
重黏土	45～55	75～85

（3）给水性。含水岩土在重力作用下能自由释出一定水量的性能，称为给水性。

度量给水性的指标为给水度，以 μ 表示，是指饱水岩土在重力作用下所释出的水体积与岩土总体积之比，在数值上它等于容水度减去持水度，也就是岩土的饱和含水率与田间持水率之差。

岩性包括空隙尺度和数量，对给水度的影响很大。粗颗粒松散岩土及具有较宽大裂隙和溶穴的坚硬岩石，在重力释水时，滞留于岩土空隙中的结合水与孔角毛细水的数量很少，即持水度很小，其给水度接近于容水度，即接近于孔隙度（裂隙率或溶隙率）。而对于黏土以及具有闭合裂隙的岩石，其持水度则接近于容水度，因此，其给水度很小。

对于均质的松散岩土，由于重力释水并非瞬时完成，所测得的给水度数值，往往与地下水位的下降速率有关，如下降速率大时，因释水滞后于地下水位下降缘故，其给水度测出值则偏小。对于非均质的层状岩土，由于细粒层会滞留悬着毛细水的缘故，其给水度值也偏小。

各种岩性土层的给水度 μ 值见表1-4。

表1-4　　　　　　　　　　　　　　各种岩性土层的给水度 μ 值

岩　性	给水度	岩　性	给水度	岩　性	给水度
黏土	0.02～0.035	黄土状粉质砂土	0.03～0.06	中砂	0.09～0.13
粉质黏土	0.03～0.045	粉砂	0.06～0.08	中粗砂	0.10～0.15
砂质粉土	0.035～0.06	细粉砂	0.07～0.10	粗砂	0.11～0.15
黄土	0.025～0.05	细砂	0.08～0.11	砂卵砾石	0.13～0.20
黄土状粉质黏土	0.02～0.05	中细砂	0.085～0.12		

（4）储水性。土壤是由空隙和骨架组成的，属于弹性-塑性体。当承压含水层上覆有一附加压力 σ 作用时，与之保持平衡的有含水层骨架对它的反作用力和承压水作用在隔水顶板上的水压力。当抽水后，承压水头下降了 ΔH，即承压水压力降低了 $r\Delta H$，则会发生如下的反应。

由于上覆的荷载没有变化，则原来由水压力承担的负荷 $r\Delta H$ 转移到由含水层的骨架来承担，即作用在骨架的力相应增加了 $r\Delta H$。从而导致骨架压缩变形，造成孔隙度减小，孔隙中一部分水被挤出。同时由于水压力的减小，作为弹塑性体的水体积会相应膨胀增大，多余的水则会释放出来。这二者综合释放水的现象称作弹性释放。如果发生相反的过程，岩土体又能储存部分的水，称弹性储存，统称为储水性。储水性的定量指标是储水率（弹性储存率），是指压力水头变化一个单位时，由于弹性（骨架压缩和水体膨胀）而从单位岩土体中释放或储存的水量，其量纲为 L^{-1}。

（5）透水性。岩土允许水体透过的性能称为透水性。岩土的透水性主要取决于岩土空隙的尺度、数量及连通性。空隙边缘至中心依次分布着结合水和重力水。结合水在一般条件下是不会运动的，而重力水的运动则由于结合水层对其产生的摩阻，以及重力水本身水质点之间的摩阻，使得重力水的流速从空隙边缘向空隙中心逐渐增大，在紧贴边缘处的重力水的流速趋于零。而中心处流速最大。这表明空隙直径越小，结合水所占据的无效空间越大，实际水流流动的断面相应越小。同时，空隙直径越小，水流所能达到的最大流速就越小，因此岩土的透水性也越差。

决定岩土透水性好坏的主要因素是空隙的大小，其次才是空隙的数量。度量岩土透水性的指标是渗透系数。渗透系数越大，表明岩土的透水性越强；反之，则越弱。

4. 含水层及隔水层

含水层是指能够透过并给出相当数量水的岩层。含水层不但储存水，而且水可以在其中运移。隔水层可以储存水但是不能透过和给出水，或透过和给出水的数量很小。

可见，划分含水层和隔水层的标志并不在于岩层是否含水，关键在于其所含水的性质。空隙细小的岩层，所含的几乎全是结合水，而结合水在通常条件下是不能运动的，这类岩层起着阻隔水通过的作用，所以构成隔水层，空隙较大的岩层，则含有重力水，在重力作用下能透过和给出水，即构成含水层。

含水层和隔水层的划分又是相对的，并不存在截然的界限。含水层和隔水层在一定条件下还可以相互转化。例如，在通常条件下，黏土层由于饱含结合水而不能透水和给水，起着隔水层的作用。但在较大水头差的作用下，部分结合水发生运动，也能透过和给出一定数量的水，在这种情况下再称其为隔水层便不恰当了。由隔水层转化为含水层在实际中是很普遍的，对于这类兼具隔水和透水性能的岩层，一般就称为弱透水层。

此外，当我们进行地下水资源评价或对地下水的运动、转化进行研究时，所注重的不仅仅是地下水的分布状况，更重要的还有地下水的动态特征。因此，对地下水的分布和运动按系统概念进行研究将更为全面和合理。从这个意义上说，储存地下水的岩土，不论其空隙属性是裂隙、溶隙或孔隙，都可称地下水含水系统，包括孔隙含水系统、裂隙含水系统和岩溶含水系统等。

1.4.2 不同埋藏条件下的地下水

地下水的埋藏条件，是指含水层在地质剖面中所处的部位及所受隔水层限制的情况。

在距地表以下一定深度存在着饱水的地下水面，而地下水面以上的岩土空隙为非饱和状态。地面以下、地下水位以上的岩土孔隙未被水饱和的地带，称为包气带，储存其中的水称包气带水；地下水面以下，岩石空隙全部为液态水所充满的地带，称为饱水带。饱水带中，由于含水层所受隔水层限制的状况不同，又分为潜水和承压水。

根据地下水的埋藏条件，地下水可分为以下几种：

1. 包气带水（含上层滞水）

地表以下地下水面以上的岩土层，在其空隙未被水分所充满时，空隙中仍包含着部分空气，该岩土层即称为包气带。包气带水泛指储存在包气带中的水，包括通称为土壤水的吸着水、薄膜水、毛细水、气态水和过路的重力渗入水，以及由特定条件所形成的属于重力水状态的上层滞水。上层滞水指在包气带中存在局部隔水层时，其上部可积聚具有自由水面的重力水，称之为上层滞水（图1-4）。有时也将包气带水称之为非饱和带水，包气带居于大气水、地表水和地下水相互转化交替的地带，包气带水是水转化的重要环节，研究包气带水的形成及运动规律，对于剖析水的转化机制及掌握浅层地下水的补排、均衡和动态规律具有重要意义。

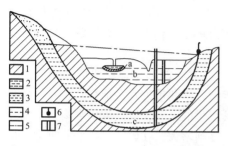

图 1-4　潜水、承压水及上层滞水
1—隔水层；2—透水层；3—饱和水部分；
4—潜水位；5—承压水侧压水位；
6—泉（上升泉）；7—水井
a—上层滞水；b—潜水；c—承压水

2. 潜水

（1）潜水的概念。潜水是地表以下埋藏在饱水带中第一个具有自由水面且有一定规模的重力水，如图1-4所示。潜水没有隔水顶板，或只具有局部的隔水顶板，潜水的自由水面称为潜水面。潜水面上任一点的高程为该点的潜水位，潜水面到地表的铅垂距离为潜水的埋藏深度。潜水在重力作用下由高处流向低处称为潜水流。在潜水流的渗透途径上，任意两点的水位差与该两点的水平距离之比，称为潜水流在该处的水力梯度。

（2）潜水的特征。潜水一般储存在第四系松散沉积物中，也可形成于裂隙性或可溶性基岩中。其基本特征是与大气水和地表水的联系密切，积极参与水循环。之所以产生此特征的根本原因是其埋藏位置浅，且上部又无连续的隔水层等条件所致。

潜水含水层的分布范围称潜水分布区，大气降水或地表水入渗补给潜水的地区称补给区。由于潜水含水层上面不存在连续的隔水层，可直接通过包气带与大气相通，所以在其全部分布范围内可以通过包气带接受大气降水、地表水或凝结水的补给。即在通常情况下，潜水的分布区与补给区基本一致。由于潜水埋藏位置一般较浅，大气降水与地表水入渗补给潜水的途径较短，故潜水易受污染。

潜水出流的地区称排泄区。潜水的排泄方式有两种：一种是潜水在重力作用下从水位高的地方向水位低的地方流动，当径流到达适当地形处，以泉、渗流等形式泄流出地表或流入地表水体，这便是径流排泄；另一种是通过包气带和植物蒸腾作用进入大气，这便是蒸发排泄。

潜水直接通过包气带，与大气圈水、地表水发生水力联系，所以气象、水文因素的变动对它的影响显著，其动态变化明显，丰水季节或丰水年份，潜水接受的补给量大于排泄量，潜水面上升，含水层厚度增大，埋藏深度变小；干旱季节或枯水年份则相反。

3. 承压水

（1）承压水的概念。承压水是充满于两个隔水层之间的含水层中具有静水压力的重力水，如图1-4所示。如未充满水则称为无压层间水。承压含水层有上下两个稳定的隔水层，上面的隔水层称隔水顶板，下面的称隔水底板。顶、底板之间的距离为含水层的厚度。当井穿透隔水顶板后，则承压含水层中的水由于其承压性将上升到含水层顶板以上某个高度后稳定下来，稳定水位高出含水层顶板面的垂直距离称承压水头（压力水头）。井内稳定水位的高程称承压水在该点的测压水位，也称承压水位，当承压水位高出地表，承压水将喷出地表，形成自流水。

（2）承压水的特征。承压性是承压水的一个重要特征。由于隔水顶板的存在，含水层分布范围内能明显区分出补给区、承压区和排泄区三个部分。含水层从出露位置较高的补给区获得补给，向另一侧排泄区排泄，当水进入中间承压区时，由于受到隔水顶板的限制，含水层充满水，水自身承受压力，并以一定压力作用于隔水顶板，压力越高，揭穿顶板后水位上升越高，即承压水头越大。承压水由于受到连续分布的隔水层的限制，它与大气水、地表水的联系较弱，主要通过含水层出露地表的补给区（该处的水实际上已转化为潜水）获得补给，并通过范围有限的排泄区进行径流排泄。当顶、底板为半隔水层时，它还可通过半隔水层从上部或下部含水层获得补给（称越流补给），或向上、下部含水层排泄（称越流排泄）。

由于受隔水层的限制，气候、水文因素的变动对承压水的影响较小，使得承压水参与水循环不如潜水积极，因此形成承压水动态较稳定的特征，使承压水资源不如潜水资源那样容易补充和恢复。但由于承压含水层厚度一般较大，往往具有良好的多年调节性。此外，由于承压水埋藏深度较大，且上部有隔水层的阻隔，故不易受地表水及大气降水的污染。但由于承压水参与水循环程度较弱，如一旦污染则不易自净。

1.5 地下水运动

1.5.1 地下水运动的基本方程

1. 渗流的概念

地下水运动一般是指地下水受重力、毛细力、分子吸力等综合作用，在多孔介质空隙中的渗透流动。

由于岩土空隙的形状、尺度和连通性不一，地下水在不同空隙中或同一空隙的不同部位，其运动状态是各不相同的。地下水的运动状态可区分为层流和紊流两种。前者乃是在运动过程中地下水的流线呈规则层状流动，后者则是流线相互混杂无规则的流动。

地下水的流态可用无量纲的雷诺（O. Reynolds）数来判别，其表达式为

$$Re = \frac{vd}{\nu} \tag{1-59}$$

式中　v——地下水的渗透速度；

　　　d——含水层颗粒的平均粒径；

　　　ν——地下水动力黏滞系数。

多数试验表明，由层流过渡到紊流时的临界雷诺数在 60～150 范围内。地下水在绝大多

数情况下，呈层流流态，只有在卵石层的大孔隙、宽大裂隙、溶洞以及抽水井附近当水力梯度很陡时，才出现素流的流态。

根据地下水运动要素（如水头 H、渗透速度 v、水力梯度 I、渗透流量 Q 等）随时间变化的特征，地下水运动还可分为稳定流运动和非稳定流运动。前者是指渗流场中任意点的运动要素变化与时间无关；后者则随时间而变化。

自然界的地下水运动始终处于非稳定流状态，而稳定流运动只是一种相对的、暂时的动平衡状态。只有在特定条件下，由于运动要素变化幅度小，方可近似地把非稳定流运动当成稳定流运动来处理。

描述地下水的运动规律的是达西定律，由达西定律和质量守恒原理，可以推导出地下水运动的基本方程，求解各种边界条件下的地下水运动基本方程，将有助于解决许多生产中所关切的问题。

2. 渗流的基本定律

（1）达西定律。达西定律是揭示水在多孔介质中渗流规律的实验规律。它表示水在单位时间内通过多孔介质的渗流量 Q 与介质渗流长度 l 成反比，与渗流介质的过水断面 A 及上、下两侧压管的水头差 Δh 成正比，即

$$Q = K \frac{\Delta h}{l} A \tag{1-60a}$$

式中　K——渗透系数。

改写式（1-60a），得

$$v = KI \tag{1-60b}$$

式中　I——水力梯度，$I = \dfrac{\Delta h}{l}$，即渗透路径中单位长度上的水头损失值；

　　　v——渗透速度，$v = \dfrac{Q}{A}$。

式（1-60b）表明，水在多孔介质中的渗透速度与水力梯度的一次方成正比，此即为著名的达西定律，也称线性渗透定律，它是研究渗流运动的理论基础。

该定律长期应用于地下水的层流运动研究中。自 20 世纪 40 年代开始，更多的实验证明，并非所有地下水层流运动都服从达西定律，有不满足达西定律的地下水层流运动存在。但大量野外实验证实，当水力梯度在 0.000 05 ~ 0.05 之间变动时，达西定律都是成立的。因此，达西定律的适用范围实际上还是相当广泛的。

在实际渗流场中使用达西公式，由于各点的渗透速度包括其大小和方向可能都不相同，为描述渗透速度分布与水头分布之间的关系，可建立达西定律的一般性表达式，即

$$v = -K \frac{\mathrm{d}h}{\mathrm{d}l} \tag{1-61}$$

式（1-60b）与式（1-61）中的渗透速度 v 实际上是一个假想的流速，因为地下水是在多孔介质的孔隙中流动，而不是在整个过水断面流动，因此，地下水在多孔介质孔隙中的真正平均实际流速为

$$v_{实} = \frac{Q}{nA} = \frac{v}{n} \tag{1-62a}$$

或 $$v = nv_{\text{实}} \tag{1-62b}$$

式中　n——岩土的空隙度；

　　　A——过水断面。

由于孔隙度 n 总是小于 1，所以渗透速度 v 永远小于实际平均流速 $v_{\text{实}}$。

（2）渗透系数。渗透系数 K 值的大小主要取决于组成含水层的颗粒大小及胶结密实程度。表 1-5 是不同岩性渗透系数的经验值。

表 1-5　　　　　　　　　　　　　　不同岩性渗透系数经验值

地层岩性	渗透系数 $K/(\text{m/d})$	地层岩性	渗透系数 $K/(\text{m/d})$	地层岩性	渗透系数 $K/(\text{m/d})$
重粉质黏土	<0.05	粉砂	1.0~5.0	砾石夹砂	75~150
轻粉质黏土	0.05~0.1	细砂	5.0~10.0	带粗砂的砾石	100~200
粉质黏土	0.1~0.25	中砂	10~35	漂砾石	200~500
黄土	0.25~0.5	粗砂	25~50	圆砾大漂石	200~1000
粉质砂土	0.5~1.0	极粗的砂	50~100		

1.5.2　地下水向井的运动

井是人类开发地下水的主要工程措施之一。以井的结构和含水层的关系，可将其分为完整井和非完整井。凡是水井打穿整个含水层，而且在整个含水层的厚度上都安置了滤水管的井，称为完整井；水井只打穿部分含水层，或者只在部分含水层中下安置了滤水管的井，则称为非完整井。

当水井开始抽水时，井中的水位迅速下降，井周围的地下水位也随之下降，整个水面形状同漏斗相似，称降落漏斗。井中心的水位下降值 S 称为降深，随着抽水继续进行，降深 S 加大，漏斗逐渐扩大，到相当一段时间后，涌水量 Q 稳定不变，S 不再下降，漏斗范围也不扩大，这时地下水向井的运动便是稳定流运动。从井中心到漏斗边缘的距离 R，称影响半径。

1. 地下水向井的稳定流运动

（1）地下水向潜水完整井的运动。假设隔水底板水平，含水层为均质、各向同性，延伸范围很大，假设过水断面为近似的圆柱形，如图 1-5 所示。

流量按裘布依公式计算

$$Q = 2K\pi rh \frac{\mathrm{d}h}{\mathrm{d}r} \tag{1-63}$$

分离变量，由 r_0 到 R 和由 h_0 到 H 积分，得

$$\frac{Q}{\pi K_0} \int_{r_0}^{R} \frac{\mathrm{d}r}{r} = 2 \int_{h_0}^{H} h\mathrm{d}h$$

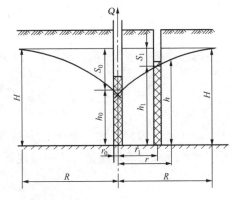

图 1-5　带观测井的潜水完整井

得 $$Q = \pi K \frac{H^2 - h_0^2}{\ln(R/r_0)} = 1.366K \frac{H^2 - h_0^2}{\lg(R/r_0)} \tag{1-64}$$

式中　Q——井的出水量（m^3/d）；

　　　K——渗透系数（m/d）；

H——含水层厚度（m）；

h_0——井中水位降落后的水层厚度（m）；

r_0——井的半径（m）；

R——影响半径（m）。

如果在抽水井附近有观测井的资料，如图 1-5 中的观测井 1，对式（1-63）用分离变量法，由 r_1 到 R 和由 h_1 到 H 积分 $\frac{Q}{\pi K}\int_{r_1}^{R}\frac{dr}{r}=2\int_{h_1}^{H}hdh$，得

$$Q=\pi K\frac{H^2-h_1^2}{\ln(R/r_1)}=1.366K\frac{H^2-h_1^2}{\lg(R/r_1)} \qquad (1\text{-}65)$$

联解式（1-64）及式（1-65），则可推求出 K 及 R。为了求得漏斗的浸润曲线，可由式（1-64）改变积分限，得到计算公式

$$h^2=\frac{Q}{\pi K}\ln\frac{r}{r_0}+h_0^2 \qquad (1\text{-}66)$$

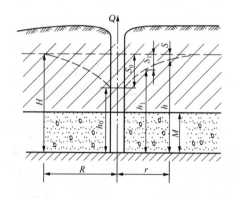

图 1-6 地下水向承压水完整井的运动

（2）地下水向承压水完整井的运动。假设含水层水平、均质、各向同性，含水层分布范围很大，抽水时降落漏斗为轴对称的，如图 1-6 所示，并假设过水断面可用垂直的圆柱面代替，这时井的涌水方程为

$$Q=2K\pi rM\frac{dh}{dr} \qquad (1\text{-}67)$$

分离变量后积分求得

$$Q=\frac{2\pi KM(H-h_0)}{\ln(R/r_0)} \qquad (1\text{-}68)$$

因为降深 $S_0=H-h_0$，所以式（1-68）可写为

$$Q=\frac{2\pi KMS_0}{\ln(R/r_0)}=2.73\frac{KMS_0}{\lg(R/r_0)} \qquad (1\text{-}69)$$

由式（1-69）可知，承压水完整井的流量同降深是一直线关系。同潜水完整井一样，可求得承压水完整井流量与任一点地下水位 h 的关系式

$$Q=2.73\frac{KM(h-h_0)}{\lg(r/r_0)}=2.73\frac{KM(S_0-S)}{\lg(r/r_0)} \qquad (1\text{-}70)$$

式中　r——任一点至抽水井中心的距离；

　　　S——与抽水井中心距离为 r 的任一点的压力水位降深。

在承压水完整井附近有观测井时，若观测井与抽水井的距离为 r_1，水位降深为 S_1，则可将 $r=r_1$，$S=S_1$ 代入式（1-70），从而可根据式（1-70）计算承压水完整井的出水量。由式（1-70）还可得到承压水完整井降落曲线的表达式，即

$$h = h_0 + \frac{Q}{2\pi KM} \ln \frac{r}{r_0} \qquad (1\text{-}71)$$

2. 地下水向井的非稳定流运动

前已述及,承压水井非稳定流抽水时,含水层将发生弹性变形而释出弹性水量。承压水完整井当以固定流量 Q 抽水时,若当单井在抽水前,承压水面假定为水平,水头为 H_0,井半径为 r 的条件下,则对于初始时刻 $t = 0$ 时,初始条件为 $H(r, 0) = H_0$(H_0 为抽水前的水位,为一常量),其边界条件为

$$\left. \begin{array}{l} \text{当 } r \to \infty \text{ 时,} H \to H_0 \\ \lim\limits_{r \to 0} \left(r \dfrac{\partial H}{\partial r} \right) = \dfrac{Q}{2\pi T} \end{array} \right\} \quad t > 0 \text{ 时} \qquad (1\text{-}72a)$$

在上述初始条件和边界条件下,得到非稳定流运动的泰斯(C. V. Theis)公式(推导从略)

$$S(r, t) = \frac{Q}{4\pi T} \int_u^\infty \frac{1}{u} \mathrm{e}^{-u} \mathrm{d}u = \frac{Q}{4\pi T} W(u) \qquad (1\text{-}72b)$$

$$u = \frac{r^2}{4\alpha t} = \frac{\mu_e r^2}{4Tt}$$

式中　$S(r, t)$——以固定流量 Q 抽水时与抽水井距离为 r 处任一时间 t 的水位降深值(m);

T——含水层的导水系数($\mathrm{m^2/d}$),$T = KM$;

u——井函数自变量;

α——压力(或水位)传导系数($\mathrm{m^2/d}$),$\alpha = \dfrac{T}{\mu_e}$;

μ_e——含水层的弹性释水系数;

$W(u)$——井函数(或指数积分函数),$W(u) = -0.5772 - \ln u - \displaystyle\sum_{n=1}^{\infty} (-1)^n \frac{u^n}{n \times n!}$。

对于井函数 $W(u)$ 值可通过查表求到。

泰斯公式在野外的地下水水文工作中应用得相当广泛,因为通过泰斯公式,可以根据非稳定流抽水资料,求出含水层的释水系数 μ_e、压力传导系数 α 及导水系数 T 值。当含水层厚度 M 已知时,还可确定渗透系数 K 值。另外,若当含水层参数 α 及 T 值已知时,即可预报距抽水井任意距离处在任意时刻 t 的水位。这些都是生产实践中极其关注的问题,也是地下水资源评价中最核心的问题之一。

1.6　地下水的分布特征

储存地下水的岩土称含水介质,按其性质可分为孔隙、裂隙和溶隙。据此,将储存于其中的地下水也相应分为孔隙水、裂隙水和岩溶水(喀斯特水)三类,它们各有自己的分布特征。

1.6.1　孔隙水

孔隙水主要储存于松散沉积物中。在不同沉积环境中形成的不同成因类型的沉积物,其地貌形态、地质结构、沉积颗粒粒度及分选性等均各具特点,使存在其中孔隙水的分布及与外界的联系程度也不同。

1. 洪积物中的地下水

洪积物是由山区集中洪流流出山口堆积而形成的，广泛分布于山间盆地和山前平原地带。在地貌上呈现以山口为顶点的扇形或锥形，称洪积扇或冲积锥。这种扇、锥越近山口坡度越陡，向外则渐趋平缓而没入平原之中。根据洪积扇组成物质的不同，可将洪积扇分为三带，如图1-7所示。

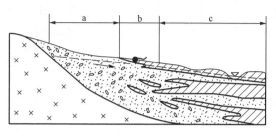

图1-7 洪积物的地下水分带示意图
1—基岩；2—砾石；3—砂；4—黏性土；
5—潜水水位；6—承压水侧压水位；7—下降泉
a—砂砾石带；b—粗粒沉积交错过渡带；c—黏性细土带

（1）砂砾石带。位于洪积扇上部，此带地形坡度陡，水动力条件强，沉积物多为砾石、卵石、漂砾等。此带直接接受大气降水和地表水补给，含水层厚度大，透水性强，潜水埋藏较深，也称为潜水深埋带。由于径流条件好，水交替强烈，蒸发作用微弱，溶滤强烈，故水质良好，矿化度低于1g/L。

（2）粗粒沉积交错过渡带。位于洪积扇的中下部，此带地形变缓，水动力条件渐弱，沉积颗粒逐渐变细，由砂砾、砂过渡为砂质粉土、粉质黏土，并在垂直方向上出现连续的黏土夹层。潜水径流不畅，往往形成壅水，地下水位上升，潜水面接近地表，故也称为潜水溢出带。由于出现了连续的黏性土夹层，故地下水既有上部潜水层，也有下部承压水层。同时，由于径流途径加长，蒸发增强，水分含盐量增加，故又称为盐分过渡带。

（3）黏性细土带。位于洪积扇下部，即扇的边缘没入平原的部分，沉积物颗粒更细，并有淤泥质沉积，由于地形更为平坦，地下水径流条件很差，该毛细上升高度常能达到地表，故潜水蒸发极为强烈，水运动主要表现为垂直交换。潜水矿化度增大，可超过3g/L，在干旱地区特别是内陆盆地，常发生土壤盐渍化。

综上所述，洪积物总的分布规律是：从山前到平原，地形坡度由陡变缓，岩性由粗变细，透水性由强变弱。含水层富水性由多变少，潜水埋深由大变小，矿化度由低变高。承压水水头由小变大。

2. 冲积物中的地下水

冲积物是由经常性的河流水流形成的沉积物，在河流的上、中、下游，由于各自的地形地貌条件和水动力等条件不同，形成的沉积物特征也不相同。

在山区，即河流的中上游，河流的水动力条件强，所以沉积物多为粗大的卵砾石或砂砾石，含水层分布范围不大，但透水性强，富水性好，水质也好，与河水的联系密切，是良好的含水层。由于地势高，山区的河流侵蚀作用强，河床常切入阶地含水层，雨季河水位高于潜水而补给后者，而枯水期地下水位高于河水位，则潜水向河流排泄，在枯水期的河水流量，实际上是地下水的排泄量，如图1-8所示。

河流下游平原地区，地形坡降变缓，河流流速变小，携带河砂的能力下降，由于沉积物堆积，河床变浅。丰水期洪水泛滥，溢出河床，流速减小，便在河床两侧堆积形成所谓"自然堤"，随着河床不断淤积，自然堤不断抬高，久之便形成所谓"地上河"。河床中沉积物以细粒为主，向外地势逐渐变低，依次沉积砂质粉土、粉质黏土、黏土等，我国黄河便是典型的地上河例子。平原地区一般是沉降带，形成的冲积物较厚，其中常储存有水量丰富、水质良好且易于开采的浅层淡水。

3. 湖积物中的地下水

湖积物属静水沉积，沉积物一般分选良好，层理细密，自岸边向湖心颗粒由粗变细。在湖岸区，由于湖浪的冲击和淘洗作用，形成沿湖岸分布的砂堤，由砂砾或砂构成，其中常埋藏有潜水。向湖心过渡，则以细粒淤泥质黏土沉积为主，其中夹有薄层细砂或中细砂的透镜体，其间可储存富水性较差的承压水，水质不好，有淤泥臭味，利用价值不大。在河流入湖口的三角洲沉积物中，由于颗粒较大，常含有水量较丰富的地下水，既有潜水，也有浅层承压水。

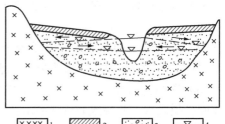

图 1-8　河流中上游阶地中的潜水区
1—基岩；2—粉质黏土；3—砂砾石；4—地下水位

4. 滨海沉积物中的地下水

由于海洋是一个巨大水体，在河流流入海洋处河水受阻，流速变缓，形成散流，其所携带的沉积物也依次沉积下来，并随着流速由河口向滨海深入降低，沉积物也逐渐变细，形成与洪积扇相似的三角洲沉积。滨海三角洲属海相与陆相的交错沉积，其中含水层岩性主要为细砂和粉细砂，富水性差，且受海水影响，含盐量高，一般不能用于供水，但有时滨海区深层可含有水量丰富、水质良好的承压水，埋藏深度一般在 $80 \sim 200\text{m}$。

5. 黄土中的地下水

在我国黄河流域中下游的甘肃、宁夏、陕西与山西等地，分布着巨厚的黄土层。华北、东北地区的山前丘陵和波状平原上，也有黄土类土的分布。黄土是不同地貌单元上第四系风成、洪积、冲积、湖积等多种成因的沉积物，以粉土颗粒为主，并发育有垂直的裂隙及孔洞、根管、虫穴等，故黄土又称大孔土。同时，由于这些垂直空隙的发育，使黄土在垂直方向上的渗透能力远较水平方向强。此外，由于黄土是干燥气候下的产物，所以见水后往往下沉，称黄土的湿陷性。

黄土地区一般为新构造运动上升区，侵蚀作用强烈，加之黄土厚度大，结构疏松，无连续的隔水层，所以地下水埋深较大，往往达几十米甚至一二百米。黄土高原降水量较小（平均仅 400mm 左右），且降水多以集中的暴雨出现，不利于降水入渗，有限的入渗水大部分又消耗于厚度很大的包气带，致使补给潜水的部分大为减少。由于上述气候、岩性和地貌等综合影响的结果，故黄土地区地下水源条件较差，较为缺水。黄土中含有可溶盐较多，加之分布区降水稀少，因此黄土中地下水含盐量一般较高。最干旱的北部地区，地下水矿化度为 $3 \sim 10\text{g/L}$；相对湿润的南部，矿化度多小于 1g/L。

6. 沙漠风沙层中的地下水

干旱缺水是沙漠地区的特点，但在特定的条件下，沙漠下面可以埋藏有丰富的地下水，我国沙漠分布面积占全国总面积的 1/9 左右。沙漠区风沙层中的地下水，主要是指埋藏在沙漠内部的地下水，即所谓风沙潜水。其形成与当地的气候、水文、地形、地质等因素有关。气候和水文条件决定着地下水的补给和排泄。地形和地质条件则影响地下水的储存和分布。

沙漠内风沙潜水的补给来源有以下几方面：

（1）地表水的入渗。距现代河流较近或处于洪水泛滥影响的地区，风沙潜水的补给来源，主要是河水和洪水渗入。水化学性质和矿化度与河水相似，一般矿化度较低，可作为饮用水源。

（2）大气降水的入渗。尽管沙漠地区年降水量很小，但冬春积雪的融化和夏季降雨，可以很快下渗储存于地下，成为风沙潜水的补给水源。

（3）凝结水的补给。一是空气中水汽的凝结，再就是土壤内部，因蒸发而生成的水汽在夜间冷凝成水，皆能成为风沙潜水补给源。

（4）沙丘下伏淡水含水层自下而上地补给。这种形式也是补给源之一，根据沙漠内风沙带水分布和埋藏特点，可分为以下几种类型：

1）河流两旁的潜水。沙漠内往往有少数河流，河流附近的漫滩和低阶地中的潜水，受河水的影响，埋藏浅，矿化度低。

2）湖盆边缘的潜水。沙漠地区的低洼地带，有少量湖泊分布，并可干涸。在湖泊边缘可埋藏有低矿化度的潜水。

3）沙漠边缘低洼处的潜水。在沙漠边缘低洼处，含水层接受延伸到沙漠中的河谷渗漏及融雪的入渗补给，形成潜水。

4）沙丘间洼地潜水。

1.6.2 裂隙水

1. 裂隙水的一般特征

坚硬的基岩在应力作用下形成各种裂隙，储存其间的水称为裂隙水。裂隙水具有与孔隙水不同的分布和运动特征。

（1）裂隙水的分布特征。由于裂隙在岩石中发育不均匀，从而导致储存其间水的分布不均匀。裂隙发育的地方透水性强，含水量多，反之，透水性弱，含水量也少。在松散岩层中，孔隙分布连续均匀，构成有统一水力联系、水量分布均匀的层状孔隙含水层。而对于坚硬基岩，一方面因裂隙率比孔隙率小，加之裂隙发育不均匀且具方向性，故裂隙水的分布形式既有层状，也有脉状。在裂隙发育密集均匀且开启性和连通性较好的情况下，裂隙水呈层状分布，并且具有良好的水力联系和统一的地下水面，称层状裂隙水。若裂隙发育不均匀，连通条件较差时，通常只在岩石中某些局部范围内连通而构成若干个互不联系或联系很差的脉状含水系统，各系统之间水力联系很差，往往又无统一的地下水位，则称为脉状裂隙水。同时，裂隙水的分布和富集受地质构造条件控制明显。

（2）裂隙水的运动特征。裂隙水运动状况复杂，在流动过程中水力联系呈明显的各向异性，往往顺着某个方向，裂隙发育程度好，沿此方向的导水性就强，而沿另一方向的裂隙基本不发育，导水性就弱。同时，裂隙的产状对裂隙水运动也具有明显的控制作用。裂隙水的运动速度一般不大，通常呈层流状态，但在一些宽大的裂隙中，在一定的水力梯度下，裂隙水流也可呈紊流状态。

2. 不同成因类型裂隙中的地下水

裂隙水的形成和分布受裂隙成因类型所控制，按储存地下水的裂隙成因，可将裂隙水划分为以下三类：

（1）风化裂隙水。长期暴露地表的岩石，在温度、水、空气、生物等风化外力作用下，其结构、构造、成分将发生变化，并逐渐疏松破碎，从而在岩石中形成裂隙，称风化裂隙。由于风化营力总是由地表向地下深处逐渐减弱，故风化作用也随深度加大而减弱。所形成的风化裂隙一般厚度在数米至几十米，裂隙较密集且均匀，风化带下，未风化或弱风化的母岩则构成隔水底板，故风化裂隙水大多为埋藏较浅的潜水，且成层分布，水力联系较好，具有统一的地下水面。

风化裂隙水的分布受气候、岩性及地形条件等诸多因素的影响。如在气候干燥而温差大的地区，岩石热胀冷缩及水的冻胀等物理风化作用强烈，有利于形成较大而开张的风化裂隙，含水量较大，但随着深度的增加含水量减少。地形条件对风化裂隙水的分布也有明显的影响。在山区，剥蚀作用强烈，风化壳往往发育不完全，厚度较小且分布不连续，地形坡度又较大，不利于汇水入渗，故风化裂隙水含量少。地形低缓、剥蚀作用微弱的地带，有利于风化壳的发育与保存，如地形条件也有利于汇集降水，则可形成规模较大的风化裂隙含水层。风化裂隙水分布广泛，埋藏浅，水质较好，易于开采。但固定的风化壳厚度有限，一般水量不大。

（2）成岩裂隙水。成岩裂隙指岩石在成岩过程中受内部应力作用而产生的原生裂隙，如沉积岩在固结过程中脱水收缩所形成的裂隙，以及岩浆岩冷却凝固时产生的裂隙均为成岩裂隙。各类岩石中，以喷出岩和侵入岩的成岩裂隙最具水文地质意义。如陆地喷溢的玄武岩在冷凝收缩时，由于内部张应力作用产生柱状裂隙，裂隙开张，发育均匀，连通性好，常构成储水丰富、导水畅通的层状裂隙含水层。

侵入岩中的成岩裂隙，则是在强大压力及冷凝收缩作用下形成的，裂隙的分布与岩体产状有密切关系，一般分布在侵入岩体与围岩的接触带，岩体边缘富水而中部则常常不含水，起隔水作用。当岩浆岩侵入强透水层时，如侵入体处于地下水流的下游，会起阻水作用，使地下水在强透水层及接触带中富集起来。

（3）构造裂隙水。构造裂隙是岩石在构造运动中受地应力作用而产生的。构造裂隙水在各类裂隙水中具有特殊的重要意义，这不仅是因为它分布广泛，还在于一定条件下能大量富集。

构造裂隙的发育和分布情况十分复杂，受岩性和构造应力的控制。根据裂隙性质，可将岩石分为塑性和脆性两大类。塑性岩石（如泥岩、页岩等）受力发生塑性变形，破坏以剪断为主，常形成闭合的细微裂隙而构成隔水层。脆性岩石（如块状石灰岩）受力时主要呈现弹性变性，破坏以拉断为主，形成的裂隙张开性好，延伸远，导水性能良好，常形成含水层。

岩石所受应力为张应力时，所形成的裂隙一般开张性好，为导水裂隙，而为剪应力时，则形成闭合严整的裂隙，多半不导水，岩层中应力集中部位，裂隙常较发育，如褶皱构造中背斜轴部。断层带附近均为应力集中部位，往往格外富水。导水断层具有特殊的水文地质意义，可同时起到储水空间、集水廊道与导水通道的作用。

1.6.3 岩溶水

1. 岩溶现象

岩溶又称喀斯特，它是可溶性岩石（主要指碳酸盐类岩石）在水的溶蚀作用下所形成的地表及地下各种地质现象的综合。典型的岩溶形态在地表有溶沟、溶槽、石林、落水洞、溶蚀漏斗等；在地下有溶孔、溶蚀裂隙、溶洞、溶蚀管道等。由于岩溶作用导致地表水渗漏，还有地下河的形成与发育以及地形地貌的影响等。例如：地表河流进入岩溶发育地区往往通过落水洞等垂直的吸水通道，潜入地下形成伏流。因此，在岩溶发育地区，地表往往缺乏完整的地表水系。

岩溶是在各种自然条件共同作用下发生和发展起来的，其中可溶的透水岩层和具有侵蚀性的水流是岩溶发育所必须具备的基本条件。除上述基本条件外，气候、地形、植被和覆盖层等条件对岩溶的发育也有很大的影响。

2. 岩溶水的特征

储存并运动于溶蚀洞隙中的地下水称岩溶水。它不仅是一种具有独立特征的地下水，同时也是一种地质营力，在流动过程中不断溶蚀其周围的介质，不断改变自身的储存条件和运动条件。所以，岩溶水在分布、径流、排泄和动态等方面，都具有与其他类型地下水不同的特征。

（1）岩溶水的分布特征。岩溶发育初期，与一般裂隙含水岩体相似。随着水流的作用，沿裂隙发生溶蚀，使裂隙逐渐扩大。宽大裂隙汇水量渐多，水流也畅通，溶蚀作用速度快，裂隙迅速扩展，这样，由于原有裂隙的差异，而产生所谓差异溶蚀作用，较宽大的裂隙扩展越快，通过的水量越大，进一步加强了溶蚀作用。在差异溶蚀过程中，汇集的水流会越来越集中，由汇水裂隙扩展形成地下管道，最终形成地下暗河，而细小闭合的裂隙，在岩溶发育过程中改变不大，富水极少，甚至无水，这就形成了岩溶水分布极不均匀的特征。

（2）岩溶水的补给特征。在孔隙、裂隙岩层地区，降水以渗流的形式补给地下水，速度缓慢，补给量小，一般入渗量仅占降水量的10%～30%，有的甚至不到5%。而在岩溶地区，除小部分降水沿裂隙缓慢地向地下入渗，绝大部分降水在地表汇集后，通过落水洞、溶斗等直接流入或灌入地下，在短时间内通过顺畅的地下通道，迅速补给岩溶水，补给量很大。如我国南方的岩溶地区，降水入渗量可达降水量的80%以上，所以，在岩溶地区往往雨过不见水，地表水十分缺乏。

（3）岩溶水的排泄特征。集中排泄是岩溶水排泄的最大特点。地下水河系化的结果，使成百甚至成千平方公里范围内的岩溶水，集中地通过地下河出口、泉或泉群进行排泄，流量可高达每秒几十甚至数百立方米。

（4）岩溶水的运动特征。岩溶空隙大小悬殊，在大洞穴中岩溶水流速高，呈紊流运动；而在断面较小的管路与裂隙中，水流则做层流运动。岩溶水可以是潜水，也可以是承压水，由于溶蚀管道断面沿流程变化很大，在大洞穴中岩溶水呈无压水流，有时甚至成为地下河流、湖泊；而在断面小的管路中，则形成有压水流。

（5）岩溶水的动态特征。岩溶水水位、水量变化幅度大，对降水反应明显。降水后，岩溶水迅速获得补给，水位抬高显著；雨止后，岩溶水沿顺畅的通道迅速排泄，水位降落也很明显，地下水位年变化幅度可达数十米乃至数百米，变化迅速而缺乏滞后。相应岩溶泉流量的季节变化也很大，最大流量与最小流量可相差百倍以上。

1.7　地下水资源评价

1.7.1　概述

水资源评价是进行国土整治、水利规划、农业区划及水资源合理开发利用和科学管理的基础工作。地下水是水资源的重要组成部分，进行地下水资源的评价是一项不可缺少的重要工作。

1.7.2 地下水资源的组成

地下水资源由三部分组成，即补给量、消耗量和储存量。

1. 补给量

补给量指单位时间内汇入含水层的水量，用"m^3/d"等单位表示。根据补给量形成条件的不同，分为天然补给量和人为补给量。

（1）天然补给量。指天然条件下进入含水层中的水量。又分为垂向补给和侧向补给。垂向补给一般是指大气降水的渗入补给和相邻含水层的越流补给。侧向补给是指经上游边界流入含水层中的水量，也称地下水天然径流量。

（2）人为补给量。指在人为活动影响下，含水层增加的水量。可分为由于开采引起的（称为开采补给量）和由于其他活动引起的（称为人工补给量）两种情况。开采补给量指在开采条件下，除了取出部分天然补给量，尚能夺取的额外补给量。人工的回灌补给和灌溉水渗漏补给均属人工补给量。

2. 消耗量（又称排泄量）

消耗量指单位时间内，从含水层中排出的水量，用"m^3/d"等单位表示。按消耗（排泄）的方式，分为天然消耗量和人为消耗量。

（1）天然消耗量。指天然状态下地下水的消耗量，包括含水层下游边界地下水的流出量、计算区内泉水溢出量、地下水转化为地表水量和排泄给相邻含水层的越流量。

（2）人为消耗量。指由于人类活动造成的地下水的消耗量。包括实际开采量与允许开采量。允许开采量即有保证的开采量，也称可开采量或可开采资源。

3. 储存量

储存量指地下水循环过程中，某个时期储存在含水层中的水量。按埋藏条件分为以下几种：

（1）容积储存量。指在大气压力条件下，含水层空隙中的重力水体积量。

（2）弹性储存量。开采时，在压力降低的条件下，从承压含水层中释放出来的重力水体积量。

储存量又可按其是否参与天然条件下水的转换分为以下几种：

（1）可变储存量（又称调节储量）。指潜水含水层最高水位与最低水位之间的重力水体积，单位为"m^3/a"。可变储存量的补给来源为水体的垂直下渗、越流补给和侧向流入。它可以转化为地下径流，也可因蒸发而排泄。开采时也可被利用，它在消耗之后，可以在补给期得到恢复，具有明显的季节性变化规律。天然条件下，补给量大于消耗量时，可变储存量增加，表现为正均衡；反之，表现为负均衡。因此，可变储存量是反映地下水补排关系及调节均衡的一项重要指标。

（2）不变储存量。指在可变储存量界面以下的，漫长的地质历史时期积累起来的不变水量。故又称永久储量或静储量。不变储存量具有流动和更换性质，但一般情况下，不作为开采资源。只在特殊情况下，可视部分不变储存量为可变储存量，以调节开采水量，保证应急供水。

综上所述，补给量、消耗量、储存量三者并非孤立存在，而是一个不断相互转化的统一体。

1.7.3 地下水资源量的计算

1. 储存量的计算

（1）容积储存量。

$$Q_{容} = \mu F H \tag{1-73}$$

式中　$Q_{容}$——容积储存量（m^3）；

μ——含水层的给水度；

F——含水层分布面积（m^2）；

H——含水层的厚度（m）。

（2）弹性储存量。

$$Q_{弹} = \mu_e F h \tag{1-74}$$

式中　$Q_{弹}$——弹性储存量（m^3）；

μ_e——弹性释水系数；

F——含水层分布面积（m^2）；

h——承压水的压力水头高度（m）。

（3）可变储存量（调节储量）。

$$Q_{调} = \mu F \Delta H \tag{1-75}$$

式中　$Q_{调}$——可变储存量（m^3）；

μ——含水层变幅内平均给水度；

F——含水层分布面积（m^2）；

ΔH——地下水位变幅（m）。

2. 补给量的计算

（1）垂直补给量的计算。

1）降水入渗补给量。

$$Q_{降} = \alpha P F \tag{1-76}$$

式中　$Q_{降}$——降水入渗量（m^3/a）；

α——降水入渗系数；

P——降水量（m/a）；

F——含水层分布面积（m^2）。

2）越流补给量。

$$Q_{越} = F \Delta H \frac{K'}{m'} \tag{1-77}$$

式中　$Q_{越}$——越流补给量（m^3/d 或 m^3/a）；

F——越流补给面积（m^2）；

ΔH——弱透水层上下水头差；

K'——开采层与补给层之间的弱透水层的垂直渗透系数（m/d）；

m'——弱透水层的厚度（m）。

3）灌溉水入渗补给量。

① 灌溉渠系渗漏补给量。

$$Q_渠 = (1 - \eta)Q \tag{1-78}$$

式中　$Q_渠$——灌溉渠系渗漏补给量（m^3/d）；

　　　Q——灌溉渠系引水量（m^3/d）；

　　　η——渠系有效利用系数，由现场观测确定或利用经验值。

② 田间灌溉水渗漏补给量。与降水入渗补给量的计算相似，用入渗系数乘以灌溉水量，再乘以灌溉面积。

（2）侧向补给量。

$$Q_侧 = KIF \tag{1-79}$$

式中　$Q_侧$——侧向补给量（m^3/d）；

　　　K——含水层平均渗透系数（m/d）；

　　　I——地下水水力坡度（垂直地下水等水位线流向的水力坡度）；

　　　F——过水断面面积（m^2）。

（3）河渠渗漏补给量。河道及斗渠以上大型渠道渗漏特征相似时，可用实测流量、经验系数及工程比拟等方法求之。

$$Q_{RC} = (Q_上 - Q_下)(1 - \lambda)\frac{L}{L'} \tag{1-80}$$

式中　Q_{RC}——河渠渗漏补给量（m^3/d）；

　$Q_上$、$Q_下$——河渠上、下游水文断面实测流量（m^3/d）；

　　　L'——两侧流断面之间的河渠长度（m）；

　　　L——计算河渠长度（m）；

　　　λ——修正系数，一般取 $0 \sim 0.2$。

（4）水库（湖泊）蓄水渗漏补给量。当水库等蓄水体的水位高于地下水时，对地下水产生渗漏补给，其计算方法可采用与河渠渗漏补给量相同的公式，也可采用式（1-81）计算。

$$Q_{库补} = Q_入 + P - E_0 - Q_出 \pm \Delta Q \tag{1-81}$$

式中　$Q_{库补}$——水库年蓄水渗漏补给量（m^3/a）；

　$Q_入$、$Q_出$——年内水库流入和流出水库的量（m^3/a）；

　　　P、E_0——湖库水面的年降雨量和年蒸发量（m^3/a）；

　　　ΔQ——水库年蓄水变化量（m^3/a）。

3. 天然消耗量的计算

（1）潜水蒸发量。

$$E = CE_0 \tag{1-82}$$

$$C = \left(1 - \frac{\Delta}{\Delta_0}\right)^n \tag{1-83}$$

式中 E——潜水蒸发量（m^3/d）；

　　E_0——水面蒸发量（m^3/d）；

　　C——潜水蒸发系数；

　　n——与土质有关的指数，$n = 1 \sim 3$；

　　Δ——潜水水位埋深（m）；

　　Δ_0——地下水蒸发极限深度（m），见表1-6。

表1-6 地下水蒸发极限深度值 （m）

岩　　性	潜水蒸发极限深度	岩　　性	潜水蒸发极限深度
粉质黏土	5.16	粉细砂	4.10
黄土质粉质黏土	5.10	砂砾石	2.38
砂质粉土	3.95		

将式（1-83）代入式（1-82）得

$$E = E_0 \left(1 - \frac{\Delta}{\Delta_0}\right)^n \qquad (1\text{-}84)$$

式（1-84）称柯夫达公式，适用于砂质粉土和粉质黏土。

由式（1-82）知

$$C = \frac{E}{E_0} \qquad (1\text{-}85)$$

即潜水蒸发系数等于潜水蒸发量与水面蒸发量的比值，见表1-7。

表1-7 潜 水 蒸 发 系 数 （%）

岩性	潜水水位埋深				
	0.5m	1.0m	1.5m	2.0m	3.0m
粉质黏土	52.9	29.8	14.7	8.2	4.6
黄土质砂质粉土	80.1	43.1	19.4	8.7	2.8
砂质粉土	74.3	25.5	3.2	1.7	—
粉细砂	82.6	47.2	16.8	4.4	—
砂砾石	48.6	41.0	1.4	0.4	—

（2）地下水流出量（可用达西公式进行估算）。

（3）泉水溢出量（可用长期观测资料确定）。

（4）消耗项的越流量［可用式（1-77）计算］。

4. 允许开采量的计算

允许开采量的计算方法很多，这里仅就在农业供水规划中经常采用的水量均衡法简要介绍。

水量均衡法的原理，根据某一均衡区的含水层，在补给和消耗不均衡发展中，任一时间的补给量和消耗量之差，等于这个均衡区含水层中水体的变化量（即储存量的变化）。据此原理可建立下列水量均衡方程式

$$\mu F \frac{\Delta h}{\Delta t} = (Q_t - Q_c) + (W - Q_k) \tag{1-86}$$

$$W = W_r + W_d + W_u + W_w - W_e \tag{1-87}$$

式中 μ——含水层的平均给水度；

F——计算区面积（或含水层面积）（m^2）；

Δt——计算时间，即均衡期（a）；

Δh——在 Δt 时段内含水层的水位平均变幅（m）；

Q_t——含水层的侧向流入量（m^3/a）；

Q_c——含水层的侧向流出量（m^3/a）；

Q_k——预测开采量（m^3/a）；

W——垂直方向上含水层的补给量（m^3/a）；

W_r——平均降水渗入量（m^3/a）；

W_d——平均地表水补给量（m^3/a）；

W_u——平均越流补给量（m^3/a）；

W_w——灌溉水补给量（m^3/a）；

W_e——平均潜水蒸发量（m^3/a）。

当考虑到开采时，Δh 为负值，则式（1-86）可写成求开采量公式

$$Q_k = (Q_t - Q_c) + W - \mu F \frac{\Delta h}{\Delta t} \tag{1-88}$$

根据式（1-88），即可求得计算区的可开采量；或者确定一个设计开采量，预测计算区的水位变化值。

复 习 题

1-1 使水资源具有可再生性是以下哪一个自然界的原因造成的？（   ）

A. 径流　　　　　　B. 水文循环　　　　　C. 降水　　　　　D. 蒸发

1-2 水文循环的主要环节是（   ）。

A. 截留、填洼、下渗、蒸发　　　　　　B. 蒸发、降水、下渗、径流

C. 截留、下渗、径流、蒸发　　　　　　D. 蒸发、散发、降水、下渗

1-3 人类开发利用活动（例如建库、灌溉、水土保持等）改变了下垫面的性质，可间接地影响年径流量，一般来说，上述这些开发利用活动的影响会使得（   ）。

A. 蒸发量基本不变，从而年径流量增加

B. 蒸发量增加，从而年径流量减少

C. 蒸发量基本不变，从而年径流量减少

D. 蒸发量增加，从而年径流量增加

1-4 某水文站控制面积为 $680km^2$，多年平均径流模数为 $10L/(s \cdot km^2)$，则换算成年径流深为（   ）mm。

A. 315.44　　　　　B. 587.5　　　　　　C. 463.8　　　　　D. 408.5

1-5 某闭合流域多年平均降水量为950mm，多年平均径流深为450mm，则多年平均蒸发量为（　　　）mm。

A. 450　　　　　　B. 500　　　　　　C. 950　　　　　　D. 1400

1-6 某流域面积为1000km²，多年平均降水量为1050mm，多年平均流量为15m³/s，该流域的多年平均径流系数为（　　　）。

A. 0.55　　　　　　B. 0.45　　　　　　C. 0.65　　　　　　D. 0.68

1-7 一次降雨形成径流过程中的损失量包括（　　　）。

A. 植物截留、填洼和蒸发

B. 植物截留、填洼、补充土壤缺水和蒸发

C. 植物截留、填洼、补充土壤吸着水和蒸发

D. 植物截留、填洼、补充土壤毛管水和蒸发

1-8 我国年径流深分布总趋势基本上是（　　　）。

A. 自东南向西北递减　　　　　　　　B. 自东南向西北递增

C. 分布基本均匀　　　　　　　　　　D. 自西向东递减

1-9 河流某断面的多年平均年输沙总量应等于（　　　）。

A. 多年平均悬移质年输沙量

B. 多年平均悬移质年输沙量和多年平均河床质年输沙量之和

C. 多年平均悬移质年输沙量和多年平均推移质年输沙量之和

D. 多年平均推移质年输沙量和多年平均河床质年输沙量之和

1-10 以下对水面蒸发和土面蒸发的描述不正确的是（　　　）。

A. 水面蒸发和土面蒸发都受到气象因子（气温、风力、饱和差等）的影响

B. 水面温度越高则水面蒸发越强烈

C. 土面蒸发与土壤性质和结构无关

D. 土壤含水量越小则土面蒸发也越小

1-11 在水文频率计算中，我国一般选用 $P\text{-}Ⅲ$ 型曲线，这是因为（　　　）。

A. 已经从理论上证明它符合水文统计规律

B. 已制成该线型的 $\varPhi$ 值表供查用计算，使用方便

C. 已制成该线型的 K_P 值表供查用计算，使用方便

D. 经验表明该线型能与我国大多数地区水文变量的频率分布配合良好

1-12 甲、乙两河，通过实测年径流量资料的分析计算，获得各自的年径流值 $\overline{Q}_甲$，$\overline{Q}_乙$ 和离差系数 $C_{V甲}$，$C_{V乙}$ 如下：甲河 $\overline{Q}_甲 = 100\text{m}^3/\text{s}$，$C_{V甲} = 0.42$；乙河 $\overline{Q}_乙 = 500\text{m}^3/\text{s}$，$C_{V乙} = 0.25$，两者比较表明（　　　）。

A. 甲河水资源丰富，径流量年际变化大

B. 甲河水资源丰富，径流量年际变化小

C. 乙河水资源丰富，径流量年际变化大

D. 乙河水资源丰富，径流量年际变化小

1-13 用配线法进行频率计算时，判断配线是否良好所遵循的原则是（　　　）。

A. 抽样误差最小原则

B. 统计参数误差最小原则

C. 理论频率曲线与经验频率点据配合最好原则

D. 设计值偏于安全原则

1-14 对水文随机变量抽样误差的主要影响因素的分析中，哪一项是不正确的？（   ）

A. 水文随机变量抽样误差随样本的容量 n 变大而变小

B. 水文随机变量抽样误差随均值的增加而变大

C. 水文随机变量抽样误差随离差系数 C_V 的增加而变大

D. 水文随机变量抽样误差随离差系数 C_S 的增加而变大

1-15 频率 $P=95\%$ 的枯水年，其重现期等于（   ）。

A. 95 年   B. 50 年   C. 20 年   D. 5 年

1-16 水文资料的三性审查中的三性是指（   ）。

A. 可行性、一致性、统一性   B. 可靠性、代表性、一致性

C. 可靠性、代表性、统一性   D. 可行性、代表性、一致性

1-17 径流系列的代表性是指（   ）。

A. 是否有特大洪水   B. 系列是否连续

C. 能否反映流域特点   D. 样本的频率分布是否接近总体的概率分布

1-18 在设计年径流的分析计算中，把短系列资料展延成长系列的资料的目的是（   ）。

A. 增加系列的代表性   B. 增加系列的可靠性

C. 增加系列的一致性   D. 考虑安全

1-19 在进行频率计算时，说到某一重现期的枯水流量时，常以（   ）。

A. 大于该径流流量的频率来表示   B. 大于或等于该径流流量的频率来表示

C. 小于该径流流量的频率来表示   D. 小于或等于该径流流量的频率来表示

1-20 确定历史特大洪水重现期的方法是（   ）。

A. 根据适线法确定   B. 按照国家规范确定

C. 按暴雨资料确定   D. 由历史洪水调查考证确定

1-21 某河段已经查明在 N 年中有 a 项特大洪水，其中 l 项发生在实测系列 n 年内，在特大洪水处理时，对这种不连续的统计参数 $\overline{Q}$ 和 C_V 的计算，我国广泛采用包含特大值的矩法公式。应用该公式的假定是（   ）。

A. $\overline{Q}_{N-a}=\overline{Q}_{n-l}$，$\sigma_{N-a}=\sigma_{n-l}$ B. $C_{VN}=C_{Vn}$，$\sigma_{N-a}=\sigma_{n-l}$

C. $\overline{Q}_{N-a}=\overline{Q}_{n-l}$，$C_{VN}=C_{Vn}$ D. $\overline{Q}_{N-a}=\overline{Q}_{n-l}$，$C_{SN}=C_{Sn}$

1-22 在设计年径流量计算中，有时要进行相关分析，其目的是（   ）。

A. 检查两个径流系列的一致性   B. 检查两个径流系列的可靠性

C. 检查两个径流系列的代表性   D. 对短径流系列进行延长插补

1-23 用典型洪水同倍比法（按峰的倍比）放大推求设计洪水过程线，则有（   ）。

A. 设计洪水过程线的峰等于设计洪峰，不同时段的洪量等于相应的设计洪量

B. 设计洪水过程线的峰不一定等于设计洪峰，不同时段的洪量等于相应的设计洪量

C. 设计洪水过程线的峰等于设计洪峰，不同时段的洪量不一定等于相应的设计洪量

D. 设计洪水过程线的峰和不同时段洪量都不等于相应的设计洪峰和相应的设计洪量

1-24 用典型洪水同频率放大推求设计洪水，则有（   ）。

A. 设计洪水过程线的峰不一定等于设计洪峰，不同时段的洪量等于相应的设计洪量

B. 设计洪水过程线的峰等于设计洪峰，不同时段的洪量不一定等于相应的设计洪量

C. 设计洪水过程线的峰等于设计洪峰，不同时段的洪量等于相应的设计洪量

D. 设计洪水过程线的峰和不同时段洪量都不等于相应的设计洪峰和相应的设计洪量

1-25 选择典型洪水的一个原则是对工程安全"不利"，所谓的"不利"是指（　　）。

A. 典型洪水峰型集中，主峰靠前　　　　　B. 典型洪水峰型集中，主峰靠后

C. 典型洪水峰型集中，主峰居中　　　　　D. 典型洪水历时长，洪量较大

1-26 地面净雨可定义为（　　）。

A. 降雨扣除植物截留、地面填洼和蒸发后的水量

B. 降雨扣除地面填洼、蒸发和下渗后的水量

C. 降雨扣除蒸发量、下渗和植物截留后的水量

D. 降雨扣除植物截留、地面填洼以及蒸发和下渗后的水量

1-27 随城市化的进展，与以前的相比较，城区的洪水会产生如下哪些变化？（　　）

A. 洪峰流量增加，洪峰出现时间提前　　　B. 洪峰流量减少，洪峰出现时间靠后

C. 洪峰流量减少，洪峰出现时间没有变化　D. 洪峰流量没有变化，洪峰出现时间提前

1-28 设计洪水的三个要素是（　　）。

A. 设计洪水标准、设计洪峰流量、设计洪水历时

B. 洪峰流量、洪量、洪水过程线

C. 设计洪峰流量、1d 的设计洪量、3d 的设计洪量

D. 设计洪峰流量、某时段设计洪水平均流量、设计洪水过程线

1-29 在洪水峰、量频率计算中，洪量选样的方法是（　　）。

A. 固定时段最大值法　　　　　　　　　　B. 固定时段年最大值法

C. 固定时段任意取值法　　　　　　　　　D. 固定时段最小值法

1-30 用典型洪水同倍比法（按洪峰倍比）放大推求的设计洪水适用于以下哪个工程？
（　　）

A. 大型水库　　　B. 桥梁、涵洞　　　C. 分洪区　　　D. 滞洪区

1-31 对特大洪水的处理的内容主要是（　　）。

A. 插补展延洪水资料　　　　　　　　　　B. 代表性分析

C. 经验频率和统计参数的计算　　　　　　D. 选择设计标准

1-32 由暴雨资料推求设计洪水时，一般假定（　　）。

A. 设计暴雨的频率大于设计洪水的频率

B. 设计暴雨的频率小于设计洪水的频率

C. 设计暴雨的频率等于设计洪水的频率

D. 设计暴雨的频率大于或等于设计洪水的频率

1-33 采用暴雨资料推求设计洪水的主要原因是（　　）。

A. 用暴雨资料推求设计洪水的精度高

B. 用暴雨资料推求设计洪水方法简单

C. 由于径流资料不足或要求多种计算方法进行比较

D. 大暴雨资料容易收集

1-34 暴雨资料系列的选样是采用（　　）。

A. 固定时段选取年最大值法　　　　　B. 年最大值法

C. 年超定量法　　　　　　　　　　　D. 与大洪水时段对应的时段年最大值法

1-35 当流域面积较大时，流域的设计面雨量（　　）。

A. 可以用流域某固定站设计点雨量代表

B. 可以用流域某固定站设计点雨量乘以点面折算系数代表

C. 可以用流域中心站设计点雨量代表

D. 可以用流域中心站设计点雨量乘以点面折算系数代表

1-36 暴雨动点动面关系是（　　）。

A. 暴雨与其相应洪水之间的相关关系

B. 不同站暴雨之间的相关关系

C. 任一雨量站与流域平均雨量之间的关系

D. 暴雨中心点雨量与相应的面雨量之间的关系

1-37 某一地区的暴雨点面关系，对于同一历时，点面折算系数（　　）。

A. 随流域面积的增大而减少　　　　　B. 随流域面积的增大而增大

C. 随流域面积的增大而时大时小　　　D. 不随流域面积的变化而变化，是一常数

1-38 选择典型暴雨的一个原则是"不利"条件，所谓不利条件是指（　　）。

A. 典型暴雨主雨峰靠前　　　　　　　B. 典型暴雨主雨峰靠后

C. 典型暴雨主雨峰居中　　　　　　　D. 典型暴雨的雨量较大

1-39 由暴雨推求设计洪水的以下四个步骤中，哪个是不必要的？（　　）

A. 对暴雨资料进行收集、审查与延长（若暴雨系列不够长）

B. 由点暴雨量推求流域设计面暴雨量，并对设计暴雨进行时程分配

C. 对设计暴雨进行频率分析，求到设定频率下的暴雨过程

D. 由设计暴雨过程推求设计净雨过程，再进行汇流计算得到设计洪水

1-40 用典型暴雨同频率放大法推求设计暴雨，则（　　）。

A. 各历时暴雨量都不等于设计暴雨量　　B. 各历时暴雨量都等于设计暴雨量

C. 各历时暴雨量都不大于设计暴雨量　　D. 不能确定

1-41 自然条件下，孔隙度相对较大的岩土的特点有（　　）。

A. 组成岩石的颗粒大小悬殊，颗粒形状规则

B. 组成岩石的颗粒大小比较均匀，颗粒形状规则

C. 组成岩石的颗粒大小悬殊，颗粒形状不规则

D. 组成岩石的颗粒大小比较均匀，颗粒形状不规则

1-42 以下哪项属于结合水的性质？（　　）

A. 受到重力和毛细力的共同作用下可以运动

B. 受到重力和颗粒表面的电分子力的共同作用下不能运动

C. 受到重力和颗粒表面的电分子力的共同作用下可以运动

D. 受到毛细力和颗粒表面的电分子力的共同作用下不能运动

1-43 下列哪项不属于毛细水的性质？（　　）

A. 支持毛细水通常是越靠近地下水面处含水率越大

B. 悬着毛细水是靠毛细管力作用而保持在土壤上层空隙中的水

C. 悬着毛细水所达到的深度随地表补给水量的增加而加大

D. 毛细水受到毛细力作用，不受重力作用

1-44　空隙中水分的存在形式及储存与岩土空隙的大小与多少密切相关，空隙越大，则（　　）。

A. 重力水所占比例越大　　　　　　　　B. 结合水所占比例越大

C. 重力水与结合水所占比例差不多　　　D. 无法比较

1-45　度量岩土容水性的指标为容水度，它在数值上一般等于（　　）。

A. 孔隙度　　　　　B. 持水度　　　　　　C. 给水度　　　　D. 田间持水率

1-46　饱水岩土在重力作用下，通过2~3d释水后，空隙中尚能保持的水分，称为（　　）。

A. 饱和含水率　　　B. 凋萎含水量　　　　C. 田间持水率　　D. 最大分子持水量

1-47　以下对岩土的给水度的表述，哪一项是错的？（　　）

A. 给水度等于容水度和持水度之差

B. 黏土的给水度由于其孔隙率大故给水度大

C. 给水度是指在重力作用下从岩土中释放出来的水体积和岩土总体积的比

D. 颗粒越粗的松散土的给水度越接近于容水度

1-48　决定岩土透水性好坏的主要因素是（　　）。

A. 空隙的数量、形状　　　　　　　　　B. 空隙的数量、大小

C. 空隙的数量、大小和连通性　　　　　D. 空隙的数量、大小、形状和连通性

1-49　下列哪项论述是正确的？（　　）

A. 储存有水的岩层就叫含水层

B. 区分隔水层与含水层的标志为岩层是否含水

C. 含水层指储存有水并能给出大量水的岩层

D. 含水的数量很少的岩层为隔水层

1-50　含水层弹性释放出来的水是（　　）。

A. 含水层空隙中的自由重力水

B. 含水层空隙中水由于水压力降低而膨胀释放出来的重力水

C. 含水层由于骨架变形空隙变小而被挤出来的重力水

D. 是B和C共同作用的结果

1-51　以下哪项与潜水的特征不符？（　　）

A. 潜水是地表以下埋藏在饱水带中第一个具有自由水面的重力水

B. 潜水在其全部范围内具有隔水顶板

C. 潜水可以通过包气带向大气蒸发排泄

D. 潜水可以通过包气带接受大气降水、地表水或凝结水的补给

1-52　以下哪项与承压水的特征不符？（　　）

A. 承压水是充满于两个隔水层之间的含水层中具有静水压力的重力水

B. 承压含水层能明显区分出补给区、承压区和排泄区

C. 承压水主要通过含水层出露地表的补给区获得补给

D. 承压水参与水循环比潜水强烈

1-53　根据洪积扇组成物质的不同，可将洪积扇分为黏性细土带、粗粒沉积交错过渡带、砂砾石带。其中，砂砾石带中的地下水的特点有（　　　）。

A. 透水性好，水交替急剧，蒸发作用微弱，水质好

B. 透水性好，水交替急剧，蒸发作用强，水质不好

C. 透水性好，水交替不急剧，蒸发作用微弱，水质不好

D. 透水性好，水交替不急剧，蒸发作用强，水质好

1-54　对冲积物的描述哪一项是正确的？（　　　）

A. 冲积物是洪水冲积而成的

B. 冲积物是经常性的河流水流冲积而成的

C. 冲积物的岩性和其中地下水的分布在上中下游没有差别

D. 冲积物中的地下水和河水之间不存在相互补给关系

1-55　以下哪几项描述裂隙水的运动特征是正确的？（　　　）

A. 水流呈明显的各向异性

B. 水流均呈层流

C. 埋藏在同一基岩中的地下水具有统一的地下水面

D. 埋藏在同一基岩中裂隙水的水力联系好

1-56　一般而言，以下沙漠风沙层中的地下水补给项，哪一项是不现实的？（　　　）

A. 地表水　　　　　B. 大气降水　　　　　C. 凝结水　　　　　D. 裂隙水

1-57　以下哪一项关于黄土特性的描述是正确的？（　　　）

A. 黄土仅是由洪积冲积形成的沉积物　　　B. 黄土仅是由风力形成的沉积物

C. 垂直方向的渗透能力远较水平方向强　　D. 垂直方向的渗透能力远较水平方向弱

1-58　风化裂隙水的分布受气候、岩性及地形条件等诸多因素的影响。如在（　　　）气候条件下的地区，有利于岩石形成较大而开张的风化裂隙，含水量较大。

A. 气候干燥而温差大　　　　　　　　　　B. 气候湿润而温差大

C. 气候干燥而温差小　　　　　　　　　　D. 气候湿润而温差小

1-59　在各类裂隙水中，因为（　　　）分布广泛，而且在一定条件下能大量富集，从而具有实际的开采价值。

A. 风化裂隙水　　　　　　　　　　　　　B. 成岩裂隙水

C. 构造裂隙水　　　　　　　　　　　　　D. 风化裂隙水和成岩裂隙水

1-60　下列哪一项关于岩溶水特征的描述是不正确的？（　　　）

A. 岩溶水分布极不均匀

B. 岩溶水在大洞穴中一般呈有压水流，在断面小的管路中一般呈无压水流

C. 岩溶水水位、水量变化幅度大，对降水反应明显

D. 集中排泄是岩溶水排泄的最大特点

1-61　以下哪一项对裘布依假定描述是正确的？（　　　）

A. 忽略地下水渗透流速在水平向的分量　　B. 忽略地下水渗透流速在垂直向的分量

C. 地下水过水断面为一曲面　　　　　　　D. 过水断面上各点的流速不一样

1-62　达西定律要满足的条件为（　　　）。

A. 地下水流的雷诺数 $Re \leqslant 1 \sim 10$

B. 地下水流的雷诺数 $1 \sim 10 \leqslant Re \leqslant 20 \sim 60$

C. 地下水流的雷诺数 $Re > 20 \sim 60$

D. 地下水流的雷诺数可以为任何值

1-63　地下水运动基本方程是由下面哪两个定律推导而来？（　　　）

A. 牛顿第一定律和质量守恒定律　　　　　B. 达西定律和质量守恒定律

C. 热力学第二定律和能量守恒定律　　　　D. 质量守恒定律和能量守恒定律

1-64　下面关于达西定律的说法哪一项是错误的？（　　　）

A. 不是所有的地下水运动都服从达西定律

B. 地下水流速与水力梯度成正比

C. 达西定律求出的流速是空隙中的真实流速

D. 地下水的真实流速大于达西定律求出的流速

1-65　两观测井 A、B 相距 1000m，水位差为 1m，含水层渗透系数 K 为 5.0m/d，孔隙率为 $n = 0.2$，则 A、B 之间地下水的实际平均流速是（　　　）m/d。

A. 0.005　　　　　B. 0.001　　　　　C. 0.02　　　　　D. 0.025

1-66　下面关于井的说法哪一项是错误的？（　　　）

A. 根据井的结构和含水层的关系可将井分为完整井和非完整井

B. 完整井是指打穿了整个含水层的井

C. 只打穿了部分含水层的水井是非完整井

D. 打穿了整个含水层但只在部分含水层上安装有滤水管的水井是非完整井

1-67　一潜水含水层隔水底板水平，均质，各向同性，延伸范围很广，初始的含水层厚为 10m，渗透系数为 10m/d，有一半径为 1m 的完整井 A，井中水位 6m，在离该井 100m 的地点有一水位为 8m 的观测井 B，则井 A 的影响半径是（　　　）km。

A. 12.5　　　　　B. 37.3　　　　　C. 5.25　　　　　D. 43.1

1-68　一承压含水层隔水底板水平，均质，各向同性，延伸范围很广，含水层厚 100m，渗透系数为 5m/d，有一半径为 1m 的完整井 A，井中水位 120m，离该井 100m 的地点有一水位为 125m 的观测井 B，则井 A 的稳定日涌水量为（　　　）m^3。

A. 1365.3　　　　　B. 4514.6　　　　　C. 3685.2　　　　　D. 3410.9

1-69　一潜水含水层均质，各向同性，渗透系数为 15m/d，其中某过水断面 A 的面积为 $100m^2$，水位为 38m，距离 A 约 100m 的断面 B 的水位为 36m，则断面 A 的日过流量是（　　　）m^3。

A. 0.3　　　　　B. 3　　　　　C. 15　　　　　D. 30

1-70　地下水是水资源的重要组成部分，下面关于地下水资源的说法中哪项是错误的？（　　　）

A. 地下水资源由补给量，消耗量和储存量组成的

B. 人为补给量是指在人为活动影响下，含水层增加的水量，包括开采补给量和人工补给量

C. 消耗量是指人类通过井等集水建筑物所开采的地下水量

D. 静储量一般不作为开采资源，只有在特殊情况下才能作为应急水源使用

1-71　某承压水水源地，含水层的分布面积 A 为 $10km^2$，含水层厚 $M = 50m$，给水度 μ

为0.2，弹性给水度为 $S_S = 0.1$，承压水的压力水头高 H 为60m，该水源地的储存量为（　　） m^3。

  A. 20×10^8 B. 15×10^8 C. 30×10^8 D. 35×10^8

  1-72 某潜水水源地分布面积 A 为 $5km^2$，年内地下水位变幅 ΔH 为4m，含水层变幅内平均给水度 μ 为0.2，该水源地的年可变储量为（　　） m^3。

  A. 4×10^5 B. 2×10^6 C. 4×10^6 D. 1×10^6

  1-73 某潜水水源地分布面积 A 为 $15km^2$，该地年降水量 P 为456mm，降水入渗系数 α 为0.3，该水源地的年降水入渗补给量为（　　） m^3。

  A. 2.67×10^6 B. 2.20×10^6 C. 1.50×10^6 D. 2.05×10^6

  1-74 一潜水含水层和一承压含水层中间分布有一弱透水层，分布面积 A 为 $1km^2$，潜水含水层厚 $h = 40m$，承压含水层厚 $M = 20m$，承压水头 H 为30m，弱透水层厚 $m' = 10m$，弱透水层的垂直渗透系数 K 为0.02m/d，潜水对承压水的日越流补给量为（　　） m^3。

  A. 2×10^4 B. 3×10^4 C. 0   D. 1.5×10^4

  1-75 某水源地面积为 $A = 10km^2$，潜水含水层平均给水度 μ 为0.1，其年侧向入流量 $Q_入 = 1 \times 10^6 m^3$，年侧向出流量 $Q_出$ 为 $0.8 \times 10^6 m^3$，年垂直补给量 $Q_P = 0.5 \times 10^6 m^3$，年内地下水位允许变幅 $\Delta H = 6m$，该水源地的年可开采量为（　　） m^3。

  A. 8.5×10^6 B. 7.2×10^6 C. 6.7×10^6 D. 5.3×10^6

  1-76 水源地的面积、平均给水度、侧向入出流量和年垂直补给量等各项参数同题1-75，如果该水源地的年设计开采量为 $5 \times 10^6 m^3$，则计算区的水位变化值应为（　　） m。

  A. 2.7   B. 5.8   C. 3.4   D. 4.3

  1-77 某灌区面积10万亩（1亩≈ $666.67m^2$），其毛灌溉定额为 $500m^3$/亩，灌溉水利用系数为0.8，田间入渗系数为0.4，则该灌区对地下水的年灌溉入渗补给量为（忽略渠系蒸发）（　　）万 m^3。

  A. 3000   B. 2000   C. 1600   D. 1000

  1-78 下面关于地下水运动的说法中，哪项是错误的？（　　）

  A. 自然界的地下水运动始终处于非稳定流状态，只有在特定条件下，由于运动要素变化幅度小，才可近似为稳定流运动

  B. 喀斯特地区地下暗河中的地下水运动可以用达西定律来描述

  C. 呈层流状态的地下水不一定符合达西定律

  D. 地下水径流从水位高处向低处流动

  1-79 下面关于地下水和地表径流相互关系的说法中，哪项是错误的？（　　）

  A. 在洪水期，当河道水位上涨超过地下水位，地表径流将补给地下水，地下水位上升

  B. 在枯水期，河道流量主要来自地下水的补给

  C. 在枯水期，河道断流与流域内大规模开采地下水无关

  D. 在洪水期之前可以通过适当地超采地下水来削减河道洪量

  1-80 某潜水水源地面积为 $1km^2$，地下水位埋深 $\Delta = 3m$，该地潜水蒸发极限深度为 $\Delta_0 = 4m$，水面蒸发量 E_0 为100mm/d，与土质有关的指数 $n = 2$，则该水源地日潜水蒸发量应为（　　） m^3。

  A. 10万   B. 6250   C. 2.5万   D. 4500

复习题答案与提示

1-1 B。1-2 B。1-3 B。

1-4 A。提示：按公式 $R = MT$ 计算，式中 T 为一年的秒数，并注意单位的统一换算。

1-5 B。提示：按流域的水量平衡公式计算。

1-6 B。提示：按公式 $\alpha = \dfrac{R}{P}$ 计算，式中 R 为多年平均径流深，可根据多年平均流量和流域面积求得。

1-7 B。 1-8 A。 1-9 C。 1-10 C。 1-11 D。 1-12 D。 1-13 C。 1-14 B。

1-15 C。 1-16 B。 1-17 D。 1-18 A。 1-19 D。 1-20 D。 1-21 A。 1-22 D。

1-23 C。 1-24 C。 1-25 B。 1-26 D。 1-27 A。 1-28 B。 1-29 B。 1-30 B。

1-31 C。 1-32 C。 1-33 C。 1-34 A。 1-35 D。 1-36 D。 1-37 A。 1-38 B。

1-39 C。 1-40 B。 1-41 D。 1-42 B。 1-43 D。 1-44 A。 1-45 A。 1-46 C。

1-47 B。 1-48 D。 1-49 C。 1-50 D。 1-51 B。 1-52 D。 1-53 A。 1-54 B。

1-55 A。 1-56 D。 1-57 C。 1-58 A。 1-59 C。 1-60 B。 1-61 B。 1-62 A。

1-63 B。 1-64 C。

1-65 D。提示：先按达西公式计算出渗透速度 v，再按 $v_\text{实} = v/n$ 求出实际的平均流速 v。

1-66 B。

1-67 B。提示：按裘布依假定的有关公式推求。

1-68 D。提示：按裘布依假定的有关公式推求。

1-69 D。提示：按达西公式推求。

1-70 C。

1-71 C。提示：按公式 $Q_\text{储} = AMHS_\text{S}$ 求储存量。

1-72 C。提示：按公式 $Q_\text{调} = A\Delta H\mu$ 求年可变储量。

1-73 D。提示：按公式 $Q_\text{降} = AP\alpha$ 求年降水入渗补给量。

1-74 A。提示：按公式 $Q_\text{越} = AK\dfrac{\Delta H}{m'}$ 求潜水对承压水的日越流补给量，式中 $\Delta H = h - H$。

1-75 C。提示：按公式 $Q_k = A\Delta H\mu + (Q_\text{入} - Q_\text{出}) + Q_P$ 求可开采量 W。

1-76 D。提示：按公式 $Q_k = A\Delta H\mu + (Q_\text{入} - Q_\text{出}) + Q_P$ 求计算区的水位变化值 ΔH。

1-77 C。   1-78 B。   1-79 C。

1-80 B。提示：按公式 $E = E_0\left(1 - \dfrac{\Delta}{\Delta_0}\right)^n$ 计算蒸发量。

第2章 水处理微生物学

考试大纲
2.1 细菌的形态和结构：细菌的形态　细胞结构　生理功能　生长繁殖　命名
2.2 细菌的生理特征：营养类型划分　影响酶活力的因素　细菌的呼吸类型　细菌的生长
2.3 其他微生物：铁细菌　硫黄细菌　球衣细菌　酵母菌　藻类　原生动物　后生动物　病毒噬菌体　微生物在水处理中的作用
2.4 水的卫生细菌学：水中细菌分布　水中病原细菌　水中微生物控制方法　水中病毒检验
2.5 废水生物处理中的微生物及水体污染的指示生物：污染物降解　污染物转化　有机物分解　废水生物处理　水体污染监测

　　微生物指用肉眼看不见或看不清楚的微小生物个体的总称。研究微生物的科学称为微生物学。水处理微生物学是微生物学的一个分支，主要研究水处理中微生物的形态、分类、细胞结构、生理特性、生长和遗传变异等，着重研究其与水处理有关的问题。
　　水中主要的微生物种类包括：

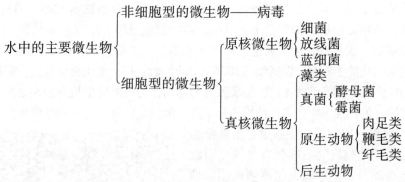

　　微生物具有个体小、种类多、分布广、繁殖快和易变异的特点。

2.1　细菌的形态和结构

2.1.1　细菌的大小和形态
　　细菌的大小一般为几个微米（μm），微米是度量细菌大小的单位。用肉眼是看不到细菌的，要想观察细菌必须借助于显微镜，常用的有光学显微镜和电子显微镜。由于细菌无色透明，通常还要借助各种染色剂将细菌染色后再观察。
　　细菌形态极其简单，从外形上看常见的有三种基本（典型）形态，即球状、杆状、螺旋状。少数细菌为丝状。与这些形态相对应的细菌分别称作球菌、杆菌、螺旋菌（螺旋不足一周的称弧菌，螺旋超过一周的称螺菌）和丝状菌。在初生时期或条件适宜生长时，各类细菌呈现典型形态。自然界中，杆菌最常见，球菌次之，螺旋菌最少。细菌的形态是鉴别细菌的依据之一。

2.1.2 细菌细胞的结构和功能

细菌细胞的结构可以分为基本结构和特殊结构两大类，如图2-1所示。

1. 基本结构

所有细菌均具有的结构，称作基本结构或称一般构造。基本结构由细胞外向内分别为细胞壁和原生质体。原生质体又由细胞（质）膜、细胞质、核质和内含物组成。

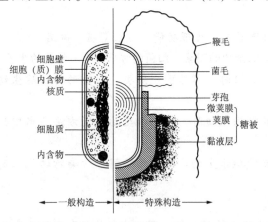

图2-1 细菌细胞的基本结构和特殊结构

（1）细胞壁。位于细胞最外层，坚韧而有弹性的一层外被。根据细胞壁成分的不同，将细菌进行革兰氏染色后分为两大类：呈蓝紫色的细菌为革兰氏阳性（G^+）菌；呈红色的细菌为革兰氏阴性（G^-）菌，这是细菌分类的重要依据之一。革兰氏染色的四个步骤分别为：结晶紫初染→碘液媒染→酒精脱色→番红或沙黄复染。其原理为：细菌细胞经过初染和媒染，被染上不溶于水的结晶紫-碘复合物。然后进行酒精脱色时（关键步骤），由于G^+菌细胞壁较厚、肽聚糖含量高、且分子交联紧密，酒精洗脱时肽聚糖网孔脱水收缩。另外，G^+菌基本不含脂，酒精处理不会在细胞壁上溶出空洞或缝隙。所以，结晶紫-碘复合物仍牢牢地阻留在细胞壁内，使细胞仍呈蓝紫色。与之相反，由于G^-菌细胞壁内层肽聚糖含量低，且分子交联松散，酒精脱水后，不容易脱水收缩。另外，G^-菌外层脂类含量高，酒精处理后，细胞壁上会溶出大的空洞或缝隙。所以，结晶紫-碘复合物极易被酒精溶出细胞。脱色后，细胞无色。用沙黄或番红复染后，呈复染染料的红色。

细胞壁的功能主要有：保持细胞具有一定的外形；提高细胞机械强度，保护细胞不受渗透压等外力损伤；作为鞭毛的支点，实现鞭毛的运动；为细胞的生长和分裂必需；与细菌的抗原性、致病性有关；细胞壁是多孔结构的分子筛，阻挡某些分子进入和保留蛋白质在间质。

（2）细胞（质）膜。细胞膜是紧贴细胞壁内侧，包被细胞质的一层具有选择性吸收的半透性薄膜，其化学组成包括蛋白质、糖类、脂类，主要成分是蛋白质（约占70%）。

细胞膜的结构可用生物膜的"流动镶嵌模型"（图2-2）来描述。模型的要点：磷脂双分子层构成膜的基本骨架；膜蛋白以不同方式分布在膜的两侧或磷脂层中；磷脂分子在膜中以多种形式不停运动，故膜具有流动性。

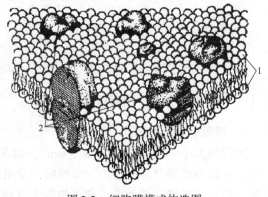

图2-2 细胞膜模式构造图
1—磷脂分子；2—膜蛋白分子

细菌细胞膜的功能非常强大，有以下几点：选择性地控制细胞内外物质（营养和废物）的运输和交换；维持细胞内正常的渗透压；合成细胞壁和荚膜成分的场所；进行氧化磷酸化和光合磷酸化的产能基地；许多代谢酶和运输酶及电子呼吸链组分的所在地；鞭毛由此长出，即为鞭毛的着生和生长点。

（3）细胞质。细胞质是位于细胞膜以内，除核质以外无色透明、黏稠的复杂胶体。其组成为蛋白质、核酸（RNA）、多糖、脂类、水、无机盐等。

由于细胞质富含核糖核酸（RNA），所以是嗜碱性的，即与碱性染料结合能力较强。幼龄菌的细胞质非常稠密、均匀，很容易染色。而成熟细胞的细胞质菌由于含有不少颗粒状的贮藏物质，又由于细菌生命活力产生许多空泡，染色能力差，着色不均匀。故可以通过染色均匀与否来判断细菌处于幼龄还是衰老阶段。

（4）核质。又称拟核或核区。细菌核质由核酸及少量与核酸结合的蛋白构成，携带细菌的遗传信息，与细菌的遗传有密切关系。细菌属于原核生物，所以核质无核膜包被，也无核仁。

（5）内含物。常见的有异染颗粒（其化学组分是多聚偏磷酸盐）、聚 β-羟基丁酸盐（缩写 PHB）、硫粒、淀粉粒等，它们是细菌新陈代谢的产物或是储备的营养物质，呈颗粒结构，当营养缺乏时，这些物质可作为营养重新被分解利用。

2. 特殊结构

并非所有的细菌所共有的构造，而是某些细菌特有的结构，称为细菌的特殊构造。常见的特殊结构包括荚膜、芽孢、鞭毛、菌毛等。

（1）荚膜。荚膜是某些细菌位于细胞壁外的一层黏液物质，比较薄时称黏液层，较厚时称荚膜。主要成分为多糖，含水率高达 90%～98%。产荚膜的细菌菌落光滑，称为光滑型（S 型）细菌。当营养缺乏时，荚膜可被作为碳源和能源物质利用。而不产荚膜的细菌菌落表面粗糙，称为粗糙型（R 型）菌落。

当许多细菌的荚膜物质融合成团块，内含很多细菌时，称为菌胶团。菌胶团是污水处理中，细菌的主要存在形式，在废水处理中具有重要意义：①可以防止细菌被动物吞噬；②可以增强细菌对不良环境的抵抗，如干旱等；③菌胶团具有指示作用：新生的菌胶团，具有良好的废水处理性能，主要表现在其结构紧密，吸附和分解有机物的能力强，具有良好的沉降性。老化的菌胶团，结构松散，吸附和分解有机物能力差，沉降性差。颜色上，新生的菌胶团颜色浅、甚至无色透明，老化的菌胶团颜色较深。

（2）芽孢。某些细菌（多为杆菌）在生活史的一定阶段，或当环境不利时，有些细菌的细胞质和核质浓缩，形成圆形或椭圆形的休眠体，称为芽孢。芽孢只是一个休眠体，而非繁殖体，条件适宜时可以长成新的营养体。芽孢的特点：壁厚而致密；含水分少；不易透水；含耐热物质（2，6-吡啶二羧酸或称 DPA）和耐热性酶，因此具有耐热性。故生有芽孢的细菌必须加热 120～140℃以上才能彻底杀灭。上述特点决定了芽孢代谢活动极弱且耐热、耐干旱等不良环境的特性。另外，芽孢还具有极强的抗化学药物、抗辐射的能力。

（3）鞭毛。鞭毛是某些细菌从细胞质膜内伸出到菌体外的细长弯曲的蛋白丝状物。主要成分是蛋白质。它是细菌的运动结构，执行运动功能。鞭毛的着生位置有端生和周生两种情况。

（4）菌毛。又称纤毛，是某些细菌体上具有比鞭毛细、短而直的丝状物。菌毛根据其功能又可分为普通菌毛和性菌毛，前者数量多，可达数百根，与细菌黏附有关，是细菌的致病因素之一；后者比前者稍长而粗，数量少（1～4 根），为中空管状物，细菌间发生接合过程中，可传递质粒基因，与细菌的遗传有关。

2.1.3 细菌的生长繁殖和命名

1. 生长繁殖和菌落特征

细菌的常见繁殖方式为直接分裂（也叫作二分裂），即菌体一分为二的繁殖方式，非常简单。

把单个或少量细菌（微生物）接种到固体培养基表面或内层时，其经过迅速生长繁殖，很多菌体聚集在一起形成肉眼可见的，具有一定形态特征的细菌（微生物）群落，称作菌落。不同种的细菌菌落特征是不同的，包括其大小、形态、光泽、颜色、硬度、透明度、边缘形状等。菌落特征是分类、鉴定细菌的依据之一。主要从三方面看菌落的特征：

（1）菌落表面的特征。光滑还是粗糙、干燥还是湿润等。

（2）菌落边缘的特征。有圆形、边缘整齐、呈锯齿状、花瓣状等。

（3）菌落纵剖面的特征。有平坦、扁平、隆起、凸起、草帽状等。如枯草芽孢杆菌不具荚膜，它的菌落为表面干燥、皱褶、平坦的特征。

2. 命名

为了研究的方便，每种细菌都有一个名称。细菌的命名采用林奈双命名法。此命名法规定细菌的名称用两个斜体拉丁文单词表示，第一个单词为属名（词首字母需大写），描述微生物的主要特征；第二个单词为种名，描述微生物的次要特征。如大肠杆菌用拉丁文 *Escherichia coli* 表示。有时候在种名后还会有一个单词，通常为命名人，也要斜体书写。本命名方法适用于所有微生物的命名。

2.2 细菌的生理特征

2.2.1 细菌的营养类型划分

1. 细菌细胞的化学组成及所需营养

构成细菌细胞的化学成分包括水、无机盐和有机物（碳水化合物、蛋白质、脂肪、核酸等）。其中，湿重中，水是主要成分。干重中，有机物为主要成分，占90%以上。

细菌从体外可以获得的六大营养包括水、无机盐、碳源、氮源、生长因子及能量。这些营养被吸收后，可以被转化为细菌自身所需要的物质。

（1）水：构成细菌细胞的主要成分，占70%～90%。

（2）无机盐：为微生物提供除了氮、碳源以外的各种金属盐类。根据含量多少可分成微量元素和大量元素。凡需求浓度在 $(10^{-3} \sim 10^{4})\,mol/L$ 为大量元素，$(10^{-8} \sim 10^{-6})\,mol/L$ 为微量元素。

（3）碳源：为细胞提供碳元素来源的物质，统称碳源。糖类、蛋白质、脂肪、有机酸、烃类等有机含碳物质为有机碳源。CO_2、CO_3^{2-} 和 HCO_3^- 等无机含碳物为无机碳源。能够利用有机碳源的微生物，称其为异养微生物；能利用无机碳源的微生物，称其为自养微生物。

碳源的功能包括：构成细胞组分和代谢物中碳素的来源；生命活动能量的主要来源。

（4）氮源：为细胞提供氮元素来源的物质，统称为氮源。蛋白质、氨基酸、蛋白胨等为有机氮源。NH_4Cl、NH_4NO_3 等为无机氮源。氮源主要提供细胞所需的氮素合成材料。

（5）生长因子：为微生物代谢必不可少的物质，不能用简单的碳源和氮源合成的有机物。如氨基酸、维生素、嘧啶等。生长因子通常为调节微生物正常代谢所必需。

（6）能源：为微生物提供最初能量来源的营养物质和辐射能（光）。能量来源为化学物质的微生物，则为化能营养微生物；能量来源为辐射能的微生物，称为光能营养微生物。

2. 营养物质的吸收和运输

通过细胞膜进行的营养物质吸收和运输主要有四种途径，分别是单纯扩散（又称被动运输）、促进扩散、主动运输和基团转位。四种运送营养物质方式的比较见表2-1。主动运输是微生物吸收营养的最主要方式。

表 2-1　　　　　　　　　　　四种运送营养物质方式的比较

比较项目	单纯扩散	促进扩散	主动运输	基团转位
特异载体蛋白	无	有	有	有
运送物质	无特异性	特异性	特异性	特异性
溶质浓度梯度	由高到低运输	由高到低运输	由低到高运输	由低到高运输
能量消耗	不需要	不需要	需要	需要
溶质分子运输前后	不变化	不变化	不变化	变化

3. 细菌的营养类型

营养类型的划分有很多方法。通常以主要营养元素即碳源和能源的不同进行划分，微生物（包括细菌）的营养类型可以分为光能自养型、化能自养型、光能异养型和化能异养型。

（1）光能自养型。又称光能无机营养型，以光为能源，以二氧化碳或碳酸盐等无机碳为主要碳源来合成有机物的营养方式，如藻类、蓝细菌、紫色硫细菌、绿色硫细菌等。属于此类的微生物都含有光合色素。

（2）化能自养型。又称化能无机营养型，通过氧化无机物获得能源，并以二氧化碳等无机碳为碳源来合成有机物的营养方式。如亚硝化细菌、硝化细菌、硫黄细菌、硫化细菌、氢细菌、铁细菌等。

（3）光能异养型。又称光能有机营养型，以光为能源，以有机物为碳源进行有机大分子合成的营养方式。很少见此类细菌，如红螺菌（即紫色非硫细菌）。

（4）化能异养型。又称化能有机营养型，以氧化有机物获得能源，并以有机物为碳源合成大分子有机物的营养方式。绝大多数微生物的营养方式属于此种方式，如霉菌、放线菌、原生动物、后生动物等。

2.2.2 酶及影响酶活力的因素

1. 酶的概念及分类

酶是由活细胞产生，具有催化活性的生物催化剂。绝大多数酶基本成分是蛋白质。

微生物的种类繁多，所以酶的种类也很多。可根据催化反应的性质、酶存在的位置和酶的组成等进行分类。

（1）根据酶促反应的性质，把酶分为六大类。

1）水解酶：该类酶能促进基质的水解作用及其逆行反应。可以用表达式 $A-B+H-OH \rightleftharpoons AOH+BH$ 表示。

2）氧化还原酶：该类酶能引起基质的脱氢或受氢作用，产生氧化还原反应。可以用表达式 $A-H_2+B(O_2) \rightleftharpoons A+BH_2(H_2O_2, H_2O)$ 表示。

3）转移酶：该类酶能催化一种化合物分子上的基团转移到另一化合物上。可以用表达式 $A_{-x}+B \rightleftharpoons A+B_{-x}$ 表示。

4）同分异构酶：催化各种同分异构体之间的互变。可以用表达式 $A \rightleftharpoons A'$ 表示。

5）裂解酶：催化有机物碳链断裂，产生碳链较短的产物。可以用表达式 $A \rightleftharpoons B+C$ 表示。

6）合成酶类：催化有 ATP 参加的合成反应。可以用表达式 A + B + ATP $\rightleftharpoons$ A · B + ADP + Pi 表示。

（2）根据酶的存在位置分类，将酶分为胞外酶和胞内酶。胞外酶指微生物在细胞内合成后，分泌到细胞外起作用的酶类，如水解酶类通常可以水解细胞外的非溶解性营养物质，如纤维素、淀粉、蛋白质等。胞内酶指在细胞内起作用的酶，绝大多数酶类为胞内酶。

（3）根据酶的组成分类，将酶分为单成分酶和全酶（又称双成分酶）。单成分酶的化学组成仅有蛋白质，水解酶属此类酶。而全酶的化学组成包括蛋白质和辅助因子（又称辅基）两部分，其中，蛋白质的作用是识别底物和加速反应，而辅助因子起传递电子或化学基团等的作用，大多数酶为全酶。辅助因子为有机物、金属离子或有机物加上金属离子。酶的专一性取决于蛋白质部分。

酶的组成可用下式总结表示

单成分酶 = 酶蛋白

全酶 = 酶蛋白 + 辅助因子（有机物、金属离子或有机物加金属离子）

2. 酶的作用特性及作用机理

（1）酶的催化特性。

1）只加速反应速度，而不改变反应平衡点，反应前后质量不变。

2）反应的高度专一性，主要表现在一种酶只能催化某一种或某一类底物进行反应。

3）反应条件温和。一般化学催化剂需要高温、高压、强酸或强碱等异常条件。酶反应只需常温、常压和近中性的水溶液就可催化反应的进行。

4）对环境极为敏感。

5）催化效率极高，比无机催化剂的催化效率高几千倍和百亿倍。主要原因是与无机催化剂比，酶能降低反应活化能，即底物分子达到活化状态所需的能量。

6）活力具有可调节性。很多因素都会影响酶活力。

其中，性质1）是酶与一般化学催化剂的相同点。

（2）酶的活性和作用机理。酶活力（性）指酶催化一定化学反应的能力。底物在酶的活性中心处被催化形成产物。酶的活性中心指酶蛋白质分子中与底物结合，并起催化作用的小部分氨基酸区域。活性中心由结合部位和催化部位两个关键部位组成，两个部位各有其作用。识别并结合底物分子的部分，称为结合部位。打开或形成化学键的部位，称为催化部位。酶的作用机理被比较广泛接受的是"诱导契合"假说，其中心内容是当酶与底物接近时，酶蛋白受底物分子的诱导，其构象发生有利于与底物结合的变化，并形成了酶-底物中间复合物（中间产物），酶与底物在此基础上互补契合、进行反应，最终形成反应产物。近年来，X 射线衍射分析等实验结果支持这一假说。

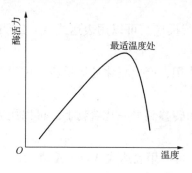

图 2-3 酶活力与温度的关系曲线

3. 影响酶活力（反应速度）的因素

温度和 pH 是影响酶活动比较重要的两个因素。

（1）温度。其他条件一定，图 2-3 为酶活力与温度的关系曲线。可见，酶促反应处于曲线高峰处的相应温度为最适温度，此时酶活力最大，反应速度最快，可以发挥最大催化效率。不同微生物体内酶的最适温度不同，培养微生物应在最适温度条件进行。高温会破坏酶活性，低温会使酶活性降低或停止。

（2）pH。其他条件一定，图2-4为酶活力与pH的关系曲线。可见，酶促反应处于曲线高峰处的相应pH为最适pH，此时酶活力最大，反应速度最快，能发挥酶的最大催化效率。酶在最适pH范围内表现活性最大，大于或小于最适pH，都会降低酶活性。不同酶的最适pH不同，大多数酶的最适pH为6~7。

（3）抑制剂。抑制剂指能减弱、抑制甚至破坏酶活性、降低酶促反应速度的物质。抑制剂分可逆和不可逆抑制剂。不可逆抑制剂通常以牢固的共价键与酶蛋白结合，使酶丧失活性，如重金属类。可逆抑制剂又可分竞争性抑制剂和非竞争性抑制剂。竞争性抑制剂指与底物结构类似的物质，可争先与酶的活性中心结合，通过增加底物浓度最终可以解除抑制。非竞争性抑制剂与活性

图2-4 酶活力与pH的关系曲线

中心以外的结合位点结合后，底物仍可与酶的活性中心结合，但酶不显活性，不能通过增加底物浓度解除抑制。

（4）激活剂。有一些物质可以激活酶的活性，称为激活剂。如一些金属离子（Ca^{2+}、Mg^{2+}、K^+等）、无机阴离子（Cl^-、CN^-等）、有机化合物等都可以作为激活剂。

（5）底物浓度。其他条件一定，酶催化反应时，底物的起始浓度较低时，酶催化反应的速度与底物浓度成正比，即随底物浓度的增加而增加。当所有酶均与底物结合后，即使再增加底物浓度，酶催化反应速度也不会增加，即此时酶达到饱和。若对底物浓度和酶催化反应速度作一曲线，先后呈现一级反应、混合级反应和零级反应，如图2-5所示。可用米－门公式（又称米氏方程）求得该规律，用来反映底物浓度与酶促反应速度的关系。

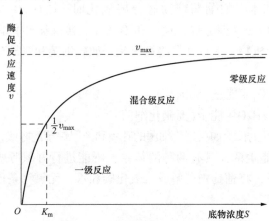

图2-5 底物浓度与酶促反应速度的关系曲线

米－门公式为

$$v = \frac{v_{max}[S]}{K_m + [S]}$$

式中　v——反应速度；

　　　$[S]$——底物浓度；

　　　v_{max}——最大反应速度；

　　　K_m——米氏常数。

当$[S] \ll K_m$时，米－门公式可简化为$v = v_{max}[S]/K_m$，反应为一级反应；当$v = v_{max}[S]/(K_m + [S])$时，反应为混合级反应；当$[S] \gg K_m$时，米－门公式可简化为$v = v_{max}$，反应为零级反应。

K_m又称半饱和常数，当$v = 1/2 v_{max}$，$K_m = [S]$，单位为mol/L。它的意义是：①不同的酶具有不同K_m值，它是酶的一个重要的特征物理常数；②K_m值只是在固定的底物，一定的温度和pH条件下，一定的缓冲体系中测定的，不同条件下具有不同的K_m值；③表示酶与底物之间的亲和程度。K_m值大，亲和程度小。K_m值小，亲和程度大。

（6）酶的初始浓度。其他条件一定，当底物分子浓度足够大时，酶分子越多，底物转化的速度越快，两者成正比。因此在水处理往往尽可能多地培养细菌，提高酶浓度从而提高污染物的去除率及反应器处理效率。

2.2.3　细菌的呼吸类型及产物

1. 细菌的呼吸类型

呼吸的本质是氧化和还原的统一过程，在这个过程中伴随能量的产生。其中，失去电子和氢的一方称供氢体，得到电子和氢的一方称受氢体。供氢体被氧化，受氢体被还原。

从机制上，即根据受氢体的不同将呼吸作用分为好氧呼吸、厌氧呼吸和发酵，见表 2 - 2。好氧呼吸以单质氧气作受氢体；厌氧呼吸以无机氧化物作受氢体；发酵指基质脱氢直接交给某个内源代谢中间产物。细菌根据呼吸作用不同，分为三种类型：好氧细菌、厌氧细菌和兼性细菌。好氧细菌只能进行好氧呼吸，厌氧细菌只能进行厌氧呼吸，兼性细菌既可进行好氧呼吸也可进行厌氧呼吸。该分类也适合其他微生物。

表 2 - 2　　　　　　　　　　微生物的各种呼吸类型比较

呼吸类型	电子受体	产生的能量比较
好氧呼吸	O_2	最多
厌氧呼吸	无机氧化物	中等
发酵	基质氧化后的中间产物	最少

（1）好氧细菌的呼吸作用。必须有氧气才能生长，根据供氢体的不同又分为好氧异养细菌和好氧自养细菌。好氧异养细菌的呼吸作用：电子和氢供体为有机物。许多微生物将碳水化合物好氧分解的最终产物是二氧化碳和水，如葡萄糖彻底分解氧化时，$C_6H_{12}O_6 + 6O_2 \longrightarrow 6CO_2 + 6H_2O + 能量$。通常先后经过 EMP（糖酵解）途径和 TCA（三羧酸循环）途径。好氧自养细菌的呼吸：电子和供氢体为无机物，无机物最终被氧化。如硫细菌和亚硝化细菌的呼吸：

$$H_2S + 2O_2 \longrightarrow H_2SO_4 + 能量（硫细菌）$$
$$2NH_3 + 3O_2 \longrightarrow 2HNO_2 + 2H_2O + 能量（亚硝化细菌）$$

（2）厌氧细菌的呼吸作用。无氧气的条件下生长，如反硝化细菌的呼吸和产甲烷菌的呼吸。

（3）兼性细菌的呼吸作用。有无氧气均能生活，具有两种酶体系，既能进行好氧呼吸又能进行厌氧呼吸。如酵母菌在有氧气条件下，将葡萄糖分解成二氧化碳和水，无氧气条件下将葡萄糖转变为酒精和二氧化碳。

2. 呼吸过程中的能量问题

呼吸中，产生的能量主要以 ATP（三磷酸腺苷）的形式储存起来。ATP 是微生物体内能量的通用货币，化学组成为 A – P ~ P ~ P，其中 A 表示腺苷，P 代表磷酸基团，~ 代表高能磷酸键，水解时可以释放大量能量。

呼吸过程中 ATP 的形成方式有两种。

（1）底物水平磷酸化：直接利用底物反应释放的能量合成 ATP 的方式。

（2）氧化磷酸化：ATP 的合成和呼吸链相偶联的方式，即电子或氢在传递过程中产生能量用于 ATP 的合成。图 2-6 为典型的呼吸链，底物脱下的电子经过全部呼吸链成分传递给氧分子。而［H］在醌处就传出呼吸链交给氧分子，因为细胞色素类（Cyt）不能传递氢，其他成分既可传递电子也可传递氢。氢和电子以 $NADH_2$ 形式进入呼吸链 1 分子可以形成 3 分子 ATP，氢和电子以 $FADH_2$ 形式进入呼吸链 1 分子可以形成 2 分子 ATP。

能量的主要利用途径有合成细胞物质、运动、营养物质的吸收、散热等。

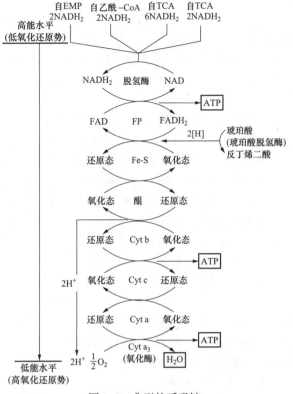

图 2-6　典型的呼吸链

2.2.4　影响细菌生长的环境因素

1. 营养物

每种细菌的生长都需要其特定的营养，2.2.1 中已讨论，不再赘述。

2. 氧

不同的细菌对氧的要求不同，2.2.3 中已讨论，不再赘述。

3. 温度

温度是微生物的重要生存因子。其他条件一定，细菌生长代谢旺盛，生长繁殖最快时的温度条件称为最适温度。故要在最适温度下培养细菌。

根据细菌生长所需最适生长温度的不同，将细菌分三类：低温菌、中温菌和高温菌，三者的最适温度分别为 $10 \sim 20℃$、$20 \sim 40℃$ 和 $50 \sim 60℃$。绝大多数细菌，包括废水处理中的细菌属于中温菌。

高温或低温对微生物的生长都是不利的。高温可以破坏微生物的组成成分和酶，使细菌死亡，所以可以采用高温进行灭菌，通常 $120℃$ 以上的高温可以彻底灭菌。低温下，细菌体内的酶活力受阻，生长停止，但是细菌并没有死亡，只是暂时处于休眠状态以维持生命。温度越低，对菌种的保藏越有利，常采用 $4℃$ 左右的低温保存菌种。

4. pH

当其他条件一定，细菌生长代谢旺盛，生长繁殖最快的 pH 条件，称为最适 pH。不同的微生物要求不同的 pH，故要在最适 pH 下培养细菌。

5. 氧化还原电位

不同细菌对氧化还原电位 E_h 的要求不同。例如，好氧细菌：$E_h > +0$⋯ $E_h < +0.1V$；兼性细菌：$E_h > +0.1V$（好氧），$E_h < +0.1V$（厌氧）。好⋯ $+0.6V$；厌氧处理法：$E_h = -0.1 \sim -0.2V$。

6. 干燥

干燥使细菌细胞缺水，代谢活动停止或死亡。能形成荚膜或芽⋯燥，潮湿会使细菌很快恢复活力。

7. 渗透压

任何两种浓度的溶液被半透膜隔开，均会产生渗透压。细菌的细胞膜就是一层半透膜，故在其两边（细胞质与外环境）会产生渗透压。通常在等渗溶液中微生物生长的最好；低渗透压下细胞易胀裂；细菌在高渗透压下细胞易失水，发生质壁分离影响生命活动，甚至死亡。所以，等渗透压是绝大多数细菌生长的正常条件。

8. 光线

光能营养型微生物以光作为能量，这是光线的正面作用。光也有反面效应，波长为 260nm 左右的紫外线可以杀菌，主要原因是造成核酸损伤，引起同一 DNA 链上相邻的胸腺嘧啶碱基形成二聚体干扰 DNA 的合成。紫外线的穿透力很弱，可以对物体表面或空气杀菌等。杀菌时应注意，保护皮肤和眼睛，避免损伤。

值得注意的是，将受致死量紫外线照射的微生物，在 3h 内置于可见光下，则部分微生物又能恢复活力，此现象为光复活。产生的原因是可见光下微生物体内的光复活酶使 DNA 上因紫外照射形成的胸腺嘧啶二聚体拆开复原。光复活酶需可见光才能起作用。故紫外杀菌后，短时间内应避免可见光的照射。

9. 化学药剂

强氧化剂类，如过氧乙酸、高锰酸钾、漂白粉等能强烈氧化细胞物质。重金属类如 Mn^{2+}、Cu^{2+}、Hg^{2+} 等会抑制细菌的生长。染料、醇类和表面活性剂等对细菌的生长也有影响，如 60% ~75% 的乙醇可用来消毒。

2.2.5 细菌的生长和遗传变异

1. 细菌的生长特性

细菌吸收营养后，若同化作用大于异化作用，则体积或数量不断增长的现象，称为生长。微生物的生长用群体生长来表示，而不是个体生长。群体生长主要表现在数量和质量的变化上，所以群体生长常用数量或质量来表示。

数量的测定 { 直接计数法：快速，但无法区分细菌的死活。包括显微镜直接计数法 [涂片染色法、计数器（板）测定法、比例计数法] 和比浊计数法

间接计数法（又称活菌计数法）：测定时间较长，测定结果不包含死菌。常见的方法有平板（菌落）计数法、薄膜计数法、液体计数法（MPN 法）。

质量的测定：常用测干重的方法，如混合液悬浮固体（MLSS）或混合液挥发性悬浮固体（MLVSS）的测定。MLVSS 比 MLSS 更能准确表示混合液中微生物的量。

细菌培养方式有间歇培养和连续培养，分别表现不同的生长特性：

（1）间歇培养及其生长特性。将少量的细菌接种到封闭的、装有一定量培养基的容器中，在适宜条件下培养细菌的过程称为间歇培养。培养中，用以描述细菌生长规律的曲线，叫作生长曲线。可以以时间对细菌数目的对数作曲线或以时间对细菌的质量作曲线。

以细菌数目的对数绘制的生长曲线大致分为四个时期，如图 2-7 所示。

1）缓慢期（适应期或停滞期）：培养基接种细菌后最初的时间，细菌并不是立即生长繁殖。这是一个适应时期，新接种的细菌一时缺乏分解底物的酶，必须用一定的时间来合成。此时细菌细胞很活跃，体积增长很快，但只有个别细菌繁殖。

该时期的特点是：①细菌数目几乎没有变化；②细菌的生长速度为零。

2）对数期：此时反应容器中营养充足，细菌分裂繁殖迅速。该时期特点是：①细菌数呈几何级增长（以 $X = X_0 \times 2^n$ 增长，X_0 指 t_0 时刻的细菌数，n 指到 t 时刻细菌繁殖的代数，X 即为 t 时刻的细菌总数），极少有细菌死亡；②世代时间 $\left(\text{细菌繁殖一代或细菌数目增加一倍所用的时间用 } G \text{ 表示，} G = \dfrac{t - t_0}{n}\right)$ 最短。代时稳定，是测定世代时间的最佳时期；③生长速度最快。

3）稳定期：此期随着营养物质的消耗，营养物开始限制细菌的生长，毒性产物积聚，部分细菌开始死亡，细菌繁殖数与死亡数接近。该时期的特点是：①细菌新生数等于死亡数，故细菌数目基本恒定；②生长速度为零；③此时荚膜、芽孢形成、内含物储存、有毒物质等积累。

4）衰老期：又称衰亡期。微生物因营养严重不足，大部分细菌死亡。细菌开始将自身储藏物，甚至细胞的组成部分，用作呼吸以维持生命的现象，称为内源呼吸。该时期的特点是：①细菌进行内源呼吸；②很少有细菌分裂，死亡数远大于新生数，细菌数目不断减少；③生长速度为负增长。

以上各时期在废水处理中有重要意义。对于缓慢期，应尽量缩短，可以通过加大接种污泥量、接种处于对数期污泥或将污泥用反应物（废水）预先培养的方法来使细菌尽快适应培养条件，以缩短缓慢期；对数期，微生物繁殖最快，但是处理效果不好，因为此时期微生物活力大，不易絮凝，且出水水质差，含有机物浓度较高，故不采用；稳定期，常运用于水处理，传统的活性污泥法普遍运行在这一范围。在这个时期细菌体内积累内含物，芽孢和荚膜等也在此时形成，污泥的絮凝和沉降性较好；衰老期，只出现在某些特殊的水处理场合，如在污泥消化、延时曝气中的应用。

以细菌质量绘制的生长曲线大致分为三个阶段（图2-8）：生长率上升阶段、生长率下降阶段和内源呼吸阶段。

（2）连续培养及其生长特性。一边连续进培养基，一边连续排出培养基的培养方式，称为连续培养。可以分为恒浊连续培养和恒化连续培养两种。恒浊连续培养特点是调节进水量，提供足够的营养，使细菌保持一定浊（浓）度，保持在理论上的对数生长期，此法可收获大量的菌体和有经济价值的代谢产物。恒化连续培养，指营养物为限制因子，进出培养基量相同，

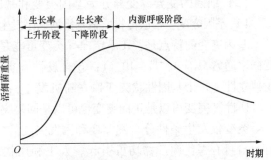

图2-8　细菌生长曲线（按活细菌质量绘制）

进水组分及反应器内营养物浓度基本不变，水处理多采用此方式。通过恒化连续培养可以使细菌生长维持在相当于分批培养生长曲线的某个生长阶段（时期）。

恒化培养尤其适用于污水处理。除了少数如序批式间歇曝气器（SBR）法外，大多数污水生物处理均采用恒化连续培养。

2. 细菌的遗传与变异

（1）细菌的遗传。每种细菌所具备的亲代性状，在子代重复出现，使其子代性状与亲代基本上一致的现象，叫作遗传。遗传的物质基础是核酸。含 DNA 的微生物，其遗传物质是 DNA。不含 DNA，只含 RNA 的微生物，遗传物质是 RNA，如某些病毒。DNA 和 RNA 组成成分比较见表 2-3。

表 2-3　　　　　　　　　　　　DNA 和 RNA 组成成分比较

组分	DNA（脱氧核糖核酸）	RNA（核糖核酸）
磷酸	H_3PO_4	H_3PO_4
戊糖	D-2-脱氧核糖	D-核糖
碱基	腺嘌呤（A）	腺嘌呤（A）
	鸟嘌呤（G）	鸟嘌呤（G）
	胞嘧啶（C）	胞嘧啶（C）
	胸腺嘧啶（T）	尿嘧啶（U）

细菌遗传物质的存在形式包括核区染色体和质粒。①核区染色体是遗传物质的主要载体，是遗传物质的主要形式。一般来说，核区染色体所携带的遗传信息关系到细菌的生死存亡。②质粒是独立于微生物染色体外，携带某种特异性遗传信息的小型环状 DNA，具有特殊功能。质粒所带的遗传信息一般并不是微生物生死存亡所必需。常见的质粒有抗药性质粒（又称 R 因子，耐药性质粒）、降解质粒（携带降解某些特殊化合物的酶基因，如分解苯、萘等物质的质粒）、大肠杆菌素质粒（又称 Col 因子）、性质粒（又称 F 因子或致育因子，携带形成性菌毛的基因）。

DNA 的结构为双螺旋结构。DNA 复制方式属于半保留复制，复制后的 DNA，一条链来自亲代 DNA，另一条链则是新合成的。

RNA 的三种类型是：①信使 RNA（mRNA）：由 DNA 转录而来，最终把信息传递给蛋白质。②转运 RNA（tRNA）：在蛋白质表达中起转移氨基酸的作用。③核糖体 RNA（rRNA）：核糖体的组成部分。核糖体是蛋白质合成的主要场所。

（2）细菌的变异。变异分为基因突变和基因重组两种情况。

1）基因突变：指遗传物质碱基排列顺序发生改变，从而引起后代表现型发生可遗传的变化。

基因突变的特点是：①不定向（突变可能是有利突变也可能是有害突变）；②频率低（突变概率通常只有 $10^{-10}\sim10^{-5}$）；③自发性（突变可在无人为诱变处理的情况下自发发生）；④独立性（每个基因性状突变独立随机发生）；⑤稳定性（突变可以稳定地在后代中遗传）；⑥可逆性（突变可以是正向突变也可以是回复突变）；⑦诱变性（人为因素可以诱发突变）。

突变依发生条件分自发突变和诱发突变。自然条件下发生的基因突变，为自发突变。辐射、自身有害代谢产物均可引起。人工利用物理、化学等因素，引起的基因突变为诱发突变，如紫外线、激光、X 射线、γ 射线等都会引起突变。在废水处理中，诱发突变可以用来进行活性污泥的驯化。

2）基因重组：凡是把两个不同性状个体内的遗传基因转移在一起，使基因重新排列，形成新的遗传性状的过程，叫作基因重组。与基因突变比较，碱基对没发生变化，即基因本身没有变化。

细菌（原核微生物）常见的基因重组类型有三种：①转化：受体细菌直接吸收供体菌的 DNA 片段，受体菌因此获得供体菌的部分遗传性状，这个过程称为转化。条件是供体提供 DNA 片段，受体处于感受态。②接合：遗传物质通过细菌和细菌细胞的直接接触（如性菌毛）而进行的转移和重组，这种现象叫作接合。发生条件是其中一个细菌能产生性菌毛。接合后，质粒（F、R、降解质粒等）在两菌间转移。③转导：遗传物质通过温和噬菌体的携带而在细胞间转移的基因重组方式，称为转导。

2.3 其他微生物

2.3.1 丝状细菌

菌体呈丝状的细菌叫丝状细菌。多数外有黏性皮鞘（相当于荚膜）。常见的种类有铁细菌、硫黄细菌和球衣细菌。

1. 铁细菌

常见的种类有多孢泉发菌、赭色纤发菌、含铁嘉利翁氏菌等。铁细菌的营养类型属于化能自养型，生长条件为需氧，且有较多铁质和二氧化碳。

$$4FeCO_3 + O_2 + 6H_2O \longrightarrow 4Fe(OH)_3 + 4CO_2 + 167.5J$$

$$CO_2 + H_2O \xrightarrow{\text{能量}} [CH_2O] + O_2$$

为了满足对能量的需求，铁细菌需要大量 Fe^{2+}，以生成 $Fe(OH)_3$，$Fe(OH)_3$ 排出体外会沉淀下来。

它们在给排水中的危害是，铸铁管道中易滋生大量铁细菌，造成管道腐蚀、堵塞并降低水流量。

2. 硫黄细菌

常见的种类有贝日阿托氏菌和发硫细菌。硫黄细菌的营养类型属于化能自养型，生长条件为需氧。

$$2H_2S + O_2 \longrightarrow 2H_2O + 2S + 343kJ$$

$$2S + 3O_2 + 2H_2O \longrightarrow 2H_2SO_4 + 494kJ$$

$$CO_2 + H_2O \xrightarrow{\text{能量}} [CH_2O] + O_2$$

它们在给排水中的作用有：

（1）管道滋生硫黄细菌，结果产生的 H_2SO_4 会腐蚀管道。

（2）废水处理中，适量的硫黄细菌生长有利于废水处理。但是大量繁殖，会使活性污泥结构松散，沉降性下降，造成污泥膨胀问题。

3. 球衣细菌

形态丝状，有的有假分枝。生长条件为好氧。球衣细菌营养类型属于化能异养型，在废水处理中，具有很高地分解有机物的能力。在水处理中，适量的球衣细菌生长有利于废水中有机物的去除；但大量繁殖会使活性污泥结构松散，沉降性下降，造成污泥膨胀问题。

2.3.2 放线菌

放线菌形态是分支状的丝状菌体。菌丝体根据功能不同分为营养菌丝、气生菌丝和孢子

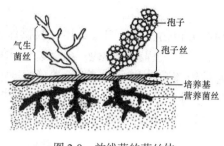

图2-9　放线菌的菌丝体

丝，如图2-9所示。营养菌丝又称基内菌丝，是伸入营养物质内或蔓生于营养物质表面吸收营养的菌丝。气生菌丝是营养菌丝发育到一定时期，长出培养基外并伸向空间的菌丝。孢子丝为气生菌丝发育到一定程度，其分化出可以形成孢子的菌丝，即为孢子丝。孢子萌发会产生新的菌丝体。常见的有链霉菌属和诺卡氏菌属等。放线菌的营养类型大多属于化能异养型。主要以孢子繁殖。

水处理中，常利用诺卡氏菌属的放线菌分解石油、石蜡、纤维素、氰化物、有机腈等。适量的放线菌生长是有利于水处理的，但是过量生长同样会带来污泥膨胀问题。另外，放线菌绝大多数为有益菌，对人类健康贡献尤为突出，至今报道近万种抗生素中，有约70%由放线菌产生。

2.3.3　真菌

真菌包括酵母菌和霉菌，为低等的真核微生物。

1. 酵母菌

（1）形态和繁殖。酵母菌常见的形态有圆形、卵圆形、假丝状。酵母菌最常见的繁殖方式是出芽生殖。

（2）应用。发酵型酵母菌可以进行无氧呼吸，将有机物发酵产生酒精和二氧化碳等发酵产物。氧化型酵母菌好氧氧化有机物能力极强，常用来处理淀粉生产废水、柠檬酸生产废水、制糖废水、炼油厂废水等。

2. 霉菌

（1）形态。霉菌呈分支状的丝状菌体。菌丝体按功能分营养菌丝和气生菌丝。按有无隔膜分有隔菌丝和无隔菌丝。常见的霉菌有青霉、曲霉、红霉、根霉、毛霉等。

（2）应用。霉菌的营养方式属于化能异养型，可以分解有机物，甚至一些难降解的有机物。水处理中，霉菌适量生长有利于水处理，使污水得到净化；但过量生长将会引起污泥膨胀。

2.3.4　藻类

藻类为单细胞或多细胞，体内含光合色素（常见的有叶绿素、胡萝卜素、叶黄素等，起吸收和转化光能的作用），能进行光合作用。藻类的营养方式属于光能自养型。藻类包括绿藻、硅藻、金藻等。

藻类在给排水工程中作用有：①给水工程中。水中含有过量藻类，会带来臭味，使水变色，影响水厂的过滤工作，有些藻类甚至能够产生不利于人体健康的有毒物质藻毒素。通常选用硫酸铜、漂白粉等作为杀藻剂。②排水工程中。藻类适量生存，通过光合作用为其他好氧微生物提供分解水中有机物所需的氧气，有利于污水处理，如氧化塘工艺就是利用菌藻共生关系去分解水中的有机污染物。但如果水中的氮、磷过多，藻类大量繁殖，藻类呼吸（尤其是夜间）及死去的藻类分解耗尽大量氧气，将造成水生生物大量死亡，即引起水体的富营养化现象，如水华、赤潮等，严重影响水环境质量。原核微生物中的蓝细菌也有上述作用。

2.3.5　原生动物

1. 形态和分类

原生动物是单细胞动物的统称。细胞体内各部分执行不同的分工，形成行使运动、营养、消化、排泄和感觉的胞器。根据原生动物的运动胞器将其分为三大类，分别是肉足类、鞭毛类和纤毛类。肉足类的运动胞器为伪足；鞭毛类的运动胞器为鞭毛；纤毛类的运动胞器是纤毛。

2. 原生动物在废水处理中的作用

原生动物的数量在废水处理中仅次于菌胶团中的细菌，具有重要作用：

（1）净化作用。原生动物可以无选择地吞食有机物颗粒和细菌、真菌等，因此直接或间接去除了废水中有机物。

（2）促进絮凝作用。细菌形成的菌胶团是活性污泥絮凝的主要原因，但有些原生动物如钟虫，可以分泌黏性物质，与细菌凝聚在一起，促进絮凝，更加完善了二沉池的泥水分离作用。

（3）指示作用。

1）根据原生动物类群演替，判断水处理程度。运行初期以植物性鞭毛虫、肉足类为主；运行中期以动物性鞭毛虫、游泳型纤毛虫为主；运行后期以固着型纤毛虫为主，表明活性污泥成熟。

2）根据原生动物的种类判断水处理的好坏。动物性鞭毛虫、游泳型纤毛虫等出现表明污泥结构松散，出水水质差。固着型纤毛虫如钟虫、累枝虫等出现，表明污泥正常，出水水质好。

3）根据形态变化判断进水水质变化及运行中的问题。环境比较差时，如进水中营养不足，含有毒物质，运行中温度、pH、溶解氧等发生变化都会带来原生动物的形态改变，如形成胞囊、钟虫由裂殖变为接合生殖等。

2.3.6 后生动物

后生动物是指原生动物以外的多细胞动物。水中常见的微型后生动物包括轮虫、线虫、寡毛类动物、甲壳类动物等。轮虫为水处理效果好的指示，以 500～1000 个/mL 为宜。线虫，好氧或兼性厌氧，缺氧时可以大量繁殖，故为污水净化程度差的指示。寡毛类动物如颤蚓、水丝蚓，厌氧时大量生存，为废水净化程度差的指示。

2.3.7 病毒

病毒属于微生物中唯一一类非细胞形态的微生物，专门寄生在活的敏感宿主体内。

1. 形态、结构、大小和分类

病毒的形态有球状、杆状、蝌蚪状、冠状等。大小以纳米（nm）计量，只有借助电子显微镜才能观察到。病毒的结构非常简单，整个病毒体分两部分：蛋白质衣壳和核酸内芯。每种病毒的核酸只有一种，核糖核酸（RNA）或脱氧核糖核酸（DNA）。

病毒按寄主分为：①动物病毒（侵染动物细胞的病毒，如脊髓灰质炎病毒、肝炎病毒等）；②植物病毒（侵染植物细胞的病毒）；③噬菌体（侵染原核微生物的病毒）。如感染大肠杆菌的 T 偶数噬菌体（蝌蚪状）。

2. 繁殖

病毒必须到宿主细胞中，才能够进行繁殖，繁殖过程有四步：①吸附（病毒识别宿主细胞的特异受体，并吸附于细胞表面）；②侵入和脱壳（病毒将核酸注入宿主细胞内，衣壳留在外面）；③复制与合成（病毒利用宿主细胞的合成机构，合成自己的核酸和衣壳蛋白）；④装配和释放（新合成的衣壳和核酸组装成为成熟的病毒）。最终宿主细胞裂解，释放病毒。被释放的病毒又侵入新的宿主细胞，繁殖，如此反复。

3. 噬菌体的种类

（1）烈性噬菌体：感染宿主后，马上繁殖，使宿主裂解的噬菌体。

（2）温和噬菌体：有些噬菌体侵入宿主后，其核酸与宿主核酸整合同步复制并随宿主细胞繁殖带入子细胞中，宿主暂时不裂解。这种噬菌体被称作温和噬菌体。

2.3.8　微生物之间的关系

在自然界中或水处理中微生物不但与环境因素有密切关系，微生物之间也有着非常复杂多样的关系。归纳起来基本上可以分为互生、共生、拮抗、寄生四种关系。

1. 互生关系（常见）

两种可以单独生活的微生物，当它们生活在同一环境时，一方可以为另一方提供有利条件的关系，当两者分开时各自可单独生存，这种关系叫作互生关系，即两者"可分可合，合比分好"。互生关系可以是单方面有利，也可以是双方面有利。如：

（1）天然水体或污水处理构筑物中的氨化细菌、亚硝化细菌、硝化细菌的关系。氨化细菌分解含氮有机物产生的氨或铵盐是亚硝化细菌的营养，可以解除氨积累带来的不利。亚硝化细菌将氨或铵盐转化为亚硝酸，为硝化细菌提供营养。亚硝酸对氨化细菌和亚硝化细菌有害，但由于硝化细菌将亚硝酸转变成硝酸，即为这两种微生物解了毒，所以三者之间存在互生关系。

（2）氧化塘中的细菌和藻类的关系也表现为互生关系，细菌将废水中的有机物分解为 CO_2、NH_3、NO_3^-、SO_4^{2-}、PO_4^{3-} 等为藻类生长提供了碳源、氮源、硫源和磷源等。同时，藻类获得上述营养，利用光能合成有机物组成自身细胞，释放出氧气供细菌分解有机物所用。

（3）炼油厂废水处理中的食酚细菌和硫细菌之间也存在互生关系。废水中含有酚、NH_3、硫化氢等。食酚细菌将酚转变为易利用的含碳物质，为硫细菌提供碳源。硫细菌氧化硫化氢为硫酸根，为食酚细菌提供硫元素。同时两者也互相解毒。

2. 共生关系

两种不能单独生活的微生物，必须共同生活于同一环境中，组成共生体，营养上互为有利，这两者之间的关系，称为共生关系，即两者"相互依存，不可分割"。共生关系并不普遍。

例如厌氧处理中，产氢产乙酸 S 型菌与产甲烷菌 MHO 型菌的共生于厌氧污泥中。地衣为真菌和藻类的共生体，藻类利用光合作用合成有机物为自身和真菌提供营养，真菌同时又从基质中吸收水分和无机盐为二者提供营养。

3. 拮抗关系（常见）

一种微生物可以产生不利于另一种微生物生存的代谢产物，或者一种微生物以另一种微生物为食料，这样的关系称为拮抗关系，如：

（1）代谢产物引起的拮抗。例如乳酸菌产乳酸，使环境中的 pH 下降，抑制了腐败细菌的生长，这样乳酸菌与其他细菌间形成拮抗关系。再如青霉菌产青霉素，抑制革兰氏阳性细菌的生长，青霉菌与革兰氏阳性菌间也为拮抗关系。

（2）捕食引起的拮抗。例如，废水处理中，原生动物以细菌、真菌或藻类为食。后生动物以原生动物、细菌、真菌、藻类为食。捕食者与被捕食者之间都构成了拮抗关系。

4. 寄生关系

一种微生物生活在另一种微生物体内，摄取营养生长繁殖，使后者受到损害或死亡的关系，称为寄生关系。前者称为寄生菌，后者称为寄主或称宿主。寄生关系即"寄生物和寄主的关系"。例如，噬菌体寄生于细菌、放线菌、真菌等体内，噬菌体与寄主之间构成寄生关系；蛭弧菌寄生于假单胞菌、大肠杆菌或浮游球衣菌中，这也形成寄生关系。寄生关系在微生物之间并不普遍。

2.4 水的卫生细菌学

2.4.1 水中的细菌及分布

水中细菌的来源广泛，除了水中固有的细菌外，水中的细菌还来自空气、土壤、垃圾、污水、降水等。所以水中的细菌种类多种多样。

未经污染的清洁水，细菌含量少，由于水中有机物含量少，故多以自养细菌为主。受到污染的水，细菌含量高，由于有机物含量高，故多以异养细菌为主。有时可能携带病原微生物。

2.4.2 水中的病原细菌

病原微生物指凡是能引起疾病的微生物的统称。能引起疾病的微生物种类主要包括病毒、细菌、原生动物等。

水中常见的病原细菌有伤寒杆菌、痢疾杆菌、霍乱弧菌、军团菌等，它们能引起经水传播的肠道传染病。

1. 伤寒杆菌

伤寒杆菌可以分为伤寒杆（沙门氏）菌，副伤寒杆（沙门氏）菌，甲、乙、丙型副伤寒杆（沙门氏）菌。伤寒杆菌的形态特点是菌体为杆状、革兰氏染色呈阴性、不生荚膜和芽孢、周生鞭毛。

2. 痢疾杆菌

痢疾杆菌可以分为痢疾杆菌（痢疾志贺氏菌）、副痢疾杆菌（副痢疾志贺氏菌）两种。此类菌的形态特点是菌体为杆状、革兰氏染色呈阴性、不生荚膜和芽孢、一般无鞭毛。

3. 霍乱弧菌

形态特点是菌体为弧状，革兰氏染色呈阴性，不生荚膜和芽孢，仅一根端生鞭毛。

杀灭上述三类病原细菌通常采用加热的方法，温度为60℃，加热时间伤寒杆菌、痢疾杆菌、霍乱弧菌分别需要30min、10min、10min。此外，也可以采用加氯消毒的方法杀死上述三类病原细菌。

2.4.3 水的卫生细菌学检验原理

为了提供给用户合格的饮用水，必须对水中的细菌加以严格的检验。主要有两个方面内容：细菌总数和病原微生物的检验。

1. 大肠菌群和生活饮用水的细菌学标准

（1）大肠菌群作为水被病原细菌污染的指示微生物。病原细菌在水中数量少且检测技术困难而费时，故需要选一种指示微生物。肠道中的正常菌群包括肠球菌、产气荚膜杆菌、大肠菌群，它们会随病人粪便一同排出体外。其中，肠球菌抵抗力差，在体外存活时间短于病原菌；产气荚膜杆菌有芽孢，体外存活时间远长于病原菌，故都不适合作为病原菌的指示微生物。

实际应用中，我们选用大肠菌群作为指示微生物，说明水被粪便中病原细菌污染的可能性。大肠菌群可以作为指示微生物的原因是：它的生理特性和在体外的存活时间与病原菌基本一致；大肠菌群在水中数量较多；大肠菌群的检验方法简易。

大肠菌群形态为杆菌、革兰氏染色呈阴性、不生芽孢。大肠菌群包括大肠埃希氏菌（大肠杆菌）、产气杆菌、枸橼酸盐杆菌、副大肠杆菌四种菌。大肠菌群生理特性为好氧或兼性、能发酵葡萄糖、乳糖等产气、产酸。根据其发酵糖产酸能力的不同，可以将四种菌区分开。

（2）生活饮用水的卫生生物学标准。《生活饮用水卫生标准》（GB 5749），规定生活饮用水中细菌总数不超过 100CFU/mL；总大肠菌群、大肠埃希氏菌（MPN/100mL 或 CFU/100mL）均不得检出。上述为常规微生物指标。CFU 指菌落形成单位。另增贾第鞭毛虫和隐孢子虫两个非常规微生物检项，标准均为小于 1 个/10L。

> 注意：总大肠菌群中的细菌除生活在肠道（粪便）外，在自然环境的水与土壤中也常存在，但其在自然环境生活的大肠菌群培养的最适温度为25℃，在37℃培养仍可生长，如将培养温度升高至44.5℃，将不再生长。而来自粪便的大肠菌群细菌习惯于在37℃下生长，但44.5℃下仍可继续生长。因此，37℃培养出来的大肠菌群，包括了粪便内的大肠菌群，称"总大肠菌群"。在44.5℃仍能生长的大肠菌群，称"耐热大肠菌群（旧称粪大肠菌群）"。

2. 水的卫生细菌学检验

（1）细菌总数的测定。细菌总数测定采用平板菌落计数法。培养基为营养琼脂培养基，培养温度是37℃，培养48h后计数菌落数，然后根据接种水样量算出每毫升所含菌数。在37℃营养琼脂培养基中能生长的细菌代表在人体温度下能繁殖的腐生细菌，细菌总数能说明水被生活废弃物污染程度和消毒的效果，同时指示饮用水能否被饮用。水中细菌总数越多，说明水被有机物污染得越严重。但并不能说明饮用水的安全程度，因为不能说明是否有病原细菌，所以还要对水进行大肠菌群的测定。

（2）总大肠菌群的测定。常用的检测大肠菌群的方法有两种：多管发酵法和滤膜法。

1）多管发酵法：又称最大可能数（MPN）法，具体步骤包括：①初步发酵：在糖类培养基中接种水样。如不产气、不产乙酸者为阴性。产气、产乙酸者初步判断为阳性，需进一步检验。②平板分离：将上一步产酸产气或只产酸者接种到远藤氏或伊红美蓝培养（可抑制厌氧产气菌的生长），如有可疑典型菌落，见表2-4。且镜检为革兰氏阴性无芽孢杆菌，须进行复发酵最后验证。③复发酵：用可疑菌落的菌液发酵糖，结果产酸产气则可最后确定为大肠菌群。④求最大可能数（MPN），即利用统计原理，算出每升水样中的大肠菌群的最大可能数，也可直接查 MPN 表求得。

发酵法测定大肠菌群的优点是适用于各种水样。

表2-4 　　　　　　大肠菌群各种菌发酵糖在不同培养基上的特种菌落

比较项目	乳糖发酵能力	远藤氏培养基菌落特征	伊红美蓝培养基菌落特征
大肠埃希氏菌	第一	紫红色,金属光泽	深紫黑色,金属光泽
枸橼酸盐杆菌	第二	深红,略带或不带金属光泽	紫黑色,略带或不带金属
产气杆菌	第三	淡红,中心较深	淡紫红,中心较深
副大肠杆菌	最弱	无色	无色

2）滤膜法。

步骤：①滤膜过滤水样，截留细菌；②滤膜移至远藤氏或伊红美蓝培养基培养；③如有特征菌落需镜检；④发酵糖，最终确定是否为大肠菌群。

该法测定的优点是快速，不足是不适用于大量悬浮物、细菌多的水样。

（3）耐热大肠菌群的测定。

1）多管发酵法。①将总大肠菌群阳性发酵液接入 EC 培养基，44.5℃下培养24h，若产气则初步断定阳性；②将①中的阳性液接种伊红美兰培养基，44.5℃下培养24h，若有典型菌落，需镜检，最终确定为耐热大肠菌群；③查 MPN 表或计算求得耐热大肠菌群的数量。

2）滤膜法。①将水样滤膜过滤后，将滤膜移至 MFC 培养基，若有蓝色菌落形成，则初步断定阳性；②将①中初断定的阳性菌落接种 EC 培养基发酵，若产气，最后确定为阳性。

2.4.4　水中病原微生物的控制方法

通常把水中病原微生物的去除称为水的消毒。集中供水常用的消毒方法有三种。

（1）加氯消毒。常用的消毒剂有液氯、漂白粉等，杀菌原理是：利用这些物质中氯的氧化性，将病原菌体内的酶氧化，使细菌死亡。液氯和漂白粉溶于水后，生成 OCl^- 和 $HOCl$。但由于微生物细胞带负电，OCl^- 虽具氧化能力也不能靠近细胞，只有 $HOCl$ 为中性分子，可以进入微生物体内，起到破坏酶及细胞组分的作用，使其死亡。关于水中的 $HOCl$ 和 OCl^- 的含量，当 pH 比较小时，主要是 $HOCl$，更有利于水的消毒作用；pH 比较高时，主要是 OCl^-。25℃时，pH = 7，$HOCl$ 占 73%，所以饮用水 pH 为 7 左右，此时的杀菌效果比较好，水的 pH 也适合饮用。水厂消毒后的水中，要保持一定的余氯，以保证饮用水出厂后到达用户后仍有杀菌能力。

加氯消毒的优点是价格便宜、杀菌作用强，缺点是氯易与某些物质（烷烃、芳香烃等）形成消毒副产物有机氯化物（氯代烃），而有机氯化物是危害人体健康的有毒物质（致癌变、畸变、突变）。新的消毒剂的研发正在探索中，以保证人们的身体健康。

（2）臭氧消毒。原理是利用臭氧的强氧化性，将微生物体内的酶、核酸等氧化分解，从而破坏病原菌的生长。臭氧消毒的缺点是易于自我分解，没有持久消毒效果；如果水中有溴离子，还会产生具有毒性的溴酸盐。

（3）紫外辐射消毒。原理是使病原菌的核酸变性，从而破坏病原菌的生长。紫外线消毒的优点是快速、高效、不会有消毒剂残存、不会产生有害消毒副产物，不足是穿透力较差，没有持续的消毒效果。

2.4.5　水中的病毒及其检验

可由水传染疾病的病毒，常见的有脊髓灰质炎病毒、甲肝病毒、柯萨奇和埃可病毒。病毒的杀灭可采用高温、干燥、紫外线、氧化剂（加氯）等。

检验病毒最常用噬斑检验法。将一定体积的待检水样接种到含单层敏感细胞的培养基上，培养一定时间后，如果水样中含有病毒，则单层细胞会被病毒感染，形成被蚀空的空斑，最后统计噬斑数的数量。每个侵染性的病毒，称作 1 个噬斑形成单位（PFU）。国际饮用水标准规定每升水无 1 个 PFU，饮用才为安全。

病毒的指示微生物：直接检测水中的动物病毒，操作复杂且安全性差。常选用噬菌体作为肠道病毒的指示微生物，原因是噬菌体作为细菌病毒在污水中普遍存在，数量高于肠道病毒；对自然条件及水处理过程的抗性接近或超过病毒；噬菌体对人没有致病性。噬菌体的检测方法简单快速且安全。常用于水质评价的噬菌体有 SC 噬菌体、F - RNA 噬菌体和脆弱拟杆菌噬菌体（*Bacteroides fragilis* 噬菌体）。

2.5 废水生物处理中的微生物及水体污染的指示生物

2.5.1 废水中污染物在微生物作用下的降解与转化

1. 有机物在微生物作用下的转化

（1）纤维素、半纤维素的转化。

纤维素的转化：纤维素来源于树木和农作物。以此为原料的工业废水，如造纸、人造纤维、棉纺印染废水中含有较多的纤维素。

1）分子式：$(C_6H_{10}O_5)_{1400 \sim 10000}$，基本单位是纤维二糖。

2）降解途径：纤维素首先在纤维素酶的作用下水解成纤维二糖，继而纤维二糖酶将纤维二糖转变为葡萄糖。葡萄糖可以被分解纤维素的微生物本身利用，也可被其他的异养微生物利用，最终可被分解掉。

3）参与分解的微生物：细菌中的黏细菌，镰状纤维菌，纤维弧菌等；放线菌中的链霉菌属；真菌中的青霉、曲霉、木霉、毛霉等都可以分解纤维素。

半纤维素的转化：半纤维素存在于植物的细胞壁中。半纤维素组成是多聚戊糖、多聚己糖、多聚糖醛酸的混合物。分解途径是半纤维素在多种酶作用下水解成单糖和糖醛酸，单糖和糖醛酸最终被完全分解。一般来说，分解纤维素的微生物大多能分解半纤维素。

（2）淀粉的转化。淀粉广泛存在于植物种子和果实之中。凡是以上述物质作为原料的工业废水，如淀粉厂、纺织工业、印染工业、酒厂、抗生素生产废水及生活废水都会含有大量的淀粉。

1）淀粉的结构：分子式为 $(C_6H_{10}O_5)_{250 \sim 300}$。按结构分为直链淀粉和支链淀粉，直链淀粉以 α-D-1,4 糖苷键连接。支链淀粉除 α-D-1,4 糖苷键外，还由 α-D-1,6 糖苷键组成，构成分支的链状结构。

2）淀粉的降解：淀粉在水解酶的作用下，分解过程为糊精→麦芽糖→葡萄糖。葡萄糖经好氧或厌氧发酵最终可被分解。枯草芽孢杆菌、黑曲霉、根霉等均可降解淀粉。

（3）脂肪的转化。毛纺厂、油脂厂、制革厂废水及生活废水含有大量的脂肪污染物。降解时，脂肪先在脂肪酶的作用下水解为甘油和脂肪酸。甘油可被微生物直接利用，脂肪酸通过 β-氧化最终氧化分解。参与分解的微生物有细菌中的脓杆菌、灵杆菌、荧光杆菌，真菌中的青霉、曲霉等。

（4）芳香族化合物的转化。炼油厂、焦化厂、煤气厂等废水中含有苯、酚、萘、菲等芳香族污染物。分解时苯环打开，最终氧化分解掉。参与的微生物有细菌中的食酚假单胞菌、解酚假单胞菌、甲苯杆菌，放线菌中的诺卡氏菌属等。

（5）烃类化合物的分解。石油废水中含有烃类化合物，某些微生物可以分解此类化合物。分解在好氧条件下进行，烷烃和烯烃有各自的降解途径。

（6）蛋白质的转化。食品厂、屠宰厂等生产废水和生活污水中常含有大量蛋白质。蛋白质可以通过下列途径转化：

1）氨化作用：有机氮转变为氨态氮的过程，分为两步完成。

蛋白质的水解：蛋白质在微生物细胞外在蛋白酶的作用下水解为肽，肽酶接着将肽水解为氨基酸，氨基酸才能进入细胞内进一步转化。

氨基酸的脱氨基作用：氨基酸脱掉氨基，氨基转变为氨的过程。生物体内的脱氨基有氧化脱氨、还原脱氨和水解脱氨等途径。

参与的微生物：总称氨化微生物。

2）硝化作用：NH_3 在有氧条件下，经亚硝化细菌和硝化细菌的作用被氧化为硝酸的过程。

$$2NH_3 + 3O_2 \longrightarrow 2HNO_2 + 2H_2O（亚硝化细菌参与）$$

$$2HNO_2 + O_2 \longrightarrow 2HNO_3（硝化细菌参与）$$

3）反硝化作用：硝酸盐还原菌（又称反硝化细菌）将硝酸盐还原为亚硝酸和氮气等的过程，称作反硝化作用。

$$HNO_3 \longrightarrow HNO_2 \longrightarrow N_2（反硝化细菌参与）$$

反硝化作用在缺氧条件进行，必须以有机物作为氢的供体，还原硝酸和亚硝酸为氮气。

（7）尿素的转化。人、畜尿以及印染工业（印花浆用尿素做膨化剂和溶剂）等废水中含有大量的尿素。尿素细菌转化尿素的途径如下

$$CO（NH_2）_2 \longrightarrow （NH_4）_2CO_3（尿素细菌参与）$$

$（NH_4）_2CO_3$ 可自行分解为 NH_3、CO_2 和 H_2O。

2. 无机元素的转化

（1）硫的转化。

1）含硫有机物的转化：含硫氨基酸（蛋氨酸、半胱氨酸），在某些微生物的作用下，脱掉硫基，转变为硫化氢。引起含氮有机物分解的氨化微生物都能分解含硫有机物产生硫化氢。

$$含硫氨基酸 + H_2O \longrightarrow 有机酸 + H_2S + NH_3$$

2）无机硫的转化：主要通过硫化作用和反硫化作用实现。硫化作用是在有氧条件下，通过硫细菌的作用将硫化氢氧化为元素硫，进而氧化为硫酸的过程。参与硫化作用的细菌包括丝状硫黄细菌、光合自养硫黄细菌、排硫杆菌、氧化亚铁硫杆菌。反硫化作用：硫酸盐、亚硫酸盐、硫代硫酸盐在微生物的还原作用下形成硫化氢，这种作用称为反硫化作用，也叫硫酸盐还原作用。参与的细菌总称反硫化细菌。

$$SO_4^{2-} + 2[H] \longrightarrow H_2S$$

反硫化细菌在缺氧，有机物存在的条件下，进行反硫化作用。

（2）磷的转化。

无机磷化物的转化：不溶性 $Ca_3（PO_4）_2$，可被微生物产生有机酸和无机酸溶解。

有机磷化物的转化：核酸、磷脂、农药等都是含磷的有机化合物。有氧条件下，有机磷被微生物作用生成 H_3PO_4。无氧条件，H_3PO_4 先后被还原为 H_3PO_3、H_3PO_2、PH_3。

2.5.2 废水生物处理中的微生物

利用微生物的代谢活动将废水中有机物（可溶或胶体状态）分解的过程，称为生物处理法。根据处理中是否需要氧气，生物处理可分为好氧生物处理法和厌氧生物处理法。低浓度有机废水处理常采用好氧生物处理法。高浓度有机污水和污泥的处理，常采用厌氧生物处理法。根据微生物在构筑物中存在状态分为活性污泥法（微生物呈悬浮状态）和生物膜法（微生物呈固着状态）。悬浮生长反应器的营养水平及食物链比附（固）着生长反应器系统少或短。悬浮生长反应器中仅有纯水生生物，附着生长反应器中有水生生物及陆生驯养动物。

1. 好氧生物处理法及构筑物内的微生物

好氧生物处理是在有氧条件下，利用好氧和兼性微生物的好氧呼吸作用，将废水中的有机物分解。最终产物是 CO_2、HNO_3、H_2SO_4 等。这里着重讲解活性污泥法和生物膜法进行

生物处理。好氧活性污泥法的处理工艺很多，常见的有推流式活性污泥法、完全混合式活性污泥法、接触氧化稳定法、氧化沟式活性污泥法等。好氧生物膜法构筑物有普通滤池、高负荷生物滤池、生物转盘、接触氧化法等。

（1）活性污泥中的微生物种类。好氧活性污泥处在完全混合式的曝气池内，所以基本上处于均匀分布，从曝气池的任何一点取得的活性污泥，其微生物群落基本相同。活性污泥中的微生物主要是细菌，数量和功能上占绝对优势。细菌形成菌胶团构成活性污泥的中心，在其上生长其他类微生物（如酵母、霉菌、放线菌、原生动物、后生动物等）。

活性污泥法运行中微生物造成的问题包括：①活性污泥不凝聚。②微小絮体。③起泡由于丝状菌过量生长或反硝化引起的。④丝状菌引起的污泥膨胀：正常污泥中菌胶团细菌和丝状菌，保持平衡。但是，丝状菌污泥膨胀发生时，丝状微生物过量生长造成的活性污泥沉降速度慢和结合不紧。引起污泥膨胀的丝状菌包括丝状细菌、放线菌和霉菌中的某些种类。丝状膨胀的控制可以从以下几方面考虑：溶解氧的控制，活性污泥中菌胶团细菌，绝大多数严格好氧。而丝状微生物，微好氧条件也可正常生长。在氧气不足时，丝状菌的竞争力更大，容易过量生长。所以要保持较高溶解氧，一般应将 DO 控制在 2.0mg/L 以上，以防止丝状菌过量生长；污泥负荷率的控制，应保持在正常运行范围，过高会带来溶解氧减少，导致丝状菌大量繁殖；营养比例的控制，当 N、P 营养不足时，丝状菌由于比表面积大，利于其与菌胶团细菌争夺营养，故生长容易占优势。所以 N、P 营养要充足；加氯、臭氧、过氧化氢等，可以杀死伸出活性污泥外的丝状微生物，起到控制膨胀的目的；投加混凝剂，也可以增加污泥的絮凝作用。⑤非丝状菌引起的污泥膨胀，非丝状菌引起的污泥膨胀主要是由于细菌产生过多菌胶团物质造成的，又称菌胶团膨胀。

（2）好氧生物膜中的微生物。普通生物滤池内生物膜微生物自内向外分布是不同的，分别是生物膜生物、膜面生物、扫除生物。生物膜生物以菌胶团为主，起净化功能。生物膜面生物主要是以固着型和游泳型纤毛虫为主，它们起促进净化速度，提高滤池整体处理效率的功能。滤池扫除生物以轮虫、线虫、寡毛类、蝇类幼虫等为主，它们起去除滤池内的污泥，防止污泥积聚和堵塞的功能。

生物膜微生物自上而下分布也是不同的，这主要是由于营养物浓度不同造成的。上层有机物浓度高，以腐生细菌为主，少量鞭毛虫；中层以菌胶团、球衣菌、鞭毛虫、变形虫、豆形虫为主；下层有机物浓度低，以菌胶团（自养菌为主）、固着型纤毛虫、轮虫为主。

生物膜的形成有自然挂膜法和活性污泥挂膜法等。

2. 厌氧生物处理法及构筑物内的微生物

厌氧生物处理是在无氧条件下，借助厌氧（包括兼性微生物）的作用进行的，此方法主要用于高浓度有机污水和剩余污泥的处理。

（1）厌氧消化过程的机制（四阶段发酵理论）。

1）水解发酵阶段（第一阶段）：参与细菌为水解性和发酵性细菌。水解性细菌主要起水解大分子有机物为小分子水解产物的作用。发酵性细菌将水解性细菌的水解产物发酵生成有机酸和醇等。水解性和发酵性细菌多数为专性厌氧的，少数为兼性厌氧的。

2）产氢产乙酸阶段（第二阶段）：参与细菌为产氢和产乙酸细菌，它们将第一阶段的产物有机酸、醇转化成乙酸、H_2 和 CO_2。

3）产甲烷阶段（第三阶段）：参与细菌为产甲烷细菌。甲烷的生成有两种主要途径：

①将乙酸直接转变为 CH_4 和 CO_2；②将 H_2 和 CO_2 转化成 CH_4 和 H_2O。其中，途径①为主要途径，有72%的甲烷来自这种途径，28%的甲烷由途径②产生。

4）同型产乙酸阶段（第四阶段）：参与细菌为同型产乙酸细菌，它们将 H_2 和 CO_2 转变为乙酸。

上述四个阶段，其中产甲烷阶段的产甲烷菌生长缓慢，对温度、pH 的变化敏感，且为专性厌氧菌。故产甲烷阶段主要限制着整个厌氧发酵过程。在实际应用中，应努力提高产甲烷阶段的速率。

（2）厌氧生物处理的构筑物。常见的有消化池、上流式厌氧污泥床反应器、厌氧生物滤池等。

3. 生物脱氮除磷

传统的二级生物处理后的出水，主要是去除了废水中的大部分可溶性有机物。对氮和磷的去除作用不大，如果无机氮和无机磷超标，会污染地表水，导致湖泊、河流和海洋等天然水体的富营养化。所以，这就需要采用深度处理工艺，完成氮和磷的去除。

（1）生物脱氮及参与的微生物。生物脱氮是硝化作用、反硝化作用的结合。常采用的处理流程是先经过硝化过程，给予好氧条件，在亚硝酸菌和硝酸菌的作用下，将 NH_3 氧化为亚硝酸盐和硝酸盐。然后在缺氧条件下进行反硝化作用，在此过程中反硝化细菌将亚硝酸根和硝酸盐还原为氮气，该过程消耗有机物。最终氮气进入大气，完成脱氮过程。

（2）生物除磷。研究发现多种具有除磷能力的细菌，总称聚磷菌。它们在有氧条件下能超量吸收磷。聚磷菌除磷的过程有两步：

1）厌氧放磷：聚磷酸盐分解，释放磷酸，将产生 ATP。ATP 作为有机物吸收的能量，将吸收的有机物在体内合成聚-β-羟丁酸盐（PHB）。

2）好氧吸磷：聚磷菌进入好氧环境，PHB 分解释放能量，用于过量吸收环境中的磷所需的能量。磷在聚磷细菌体内被合成多聚磷酸盐，随污泥排走。一般来说，聚磷菌在增殖过程中，在好氧环境中所摄取的磷比在厌氧环境中所释放的磷多，从而达到除去废水中磷的目的。

4. 生物处理对水质的要求

（1）酸碱度。一般来说，对于好氧生物处理要求 pH 为 6.5～8.5，厌氧生物处理要求 pH 为 6.6～7.6。

（2）温度。根据生物处理中微生物对温度的要求，选择适宜的处理温度。

（3）有毒物质。污水中不得含有对微生物有害的有毒物质。

（4）养料。废水中应含有微生物生长所需的营养物质。如某些营养不足，应采取人工添加的手段。

2.5.3 水体污染与自净的指示生物

1. 水体自净

天然水体在正常情况下，水生动物、植物、微生物在生态系统中构成一定的食物链，它们与生存环境间的关系，在一定的时间和空间范围内呈稳定状态，即保持生态平衡。

当河体接纳了一定的有机污染物后，在物理、化学和水生物（微生物、动物、植物）等因素的综合作用后得到净化，水质恢复到污染前的水平和状态，这个过程叫作水体自净。

在水体污染最初期，排污口生长着大量细菌，其他微生物少见。随着污水净化和水体自净程度增高，相应出现许多高级的微生物。在水体净化中，微生物出现的先后顺序是：细菌→植物性鞭毛虫→肉足类（变形虫）→动物性鞭毛虫→游泳型纤毛虫→固着型纤毛虫→轮虫。

2. 污化系统及其指示生物

当有机污染物排入河流后，在排污点的下游进行着正常的自净过程。沿着河流方向形成一系列连续的污化带，依次是多污带、中污带（包括 α-中污带及 β-中污带）和寡污带，这是根据指示生物的种群、数量及水质划分的。随着水体自净程度的变化，各个带中都可找到一些有代表性的生物。污化指示生物包括细菌、真菌、藻类、原生动物、轮虫、浮游甲壳动物、底息动物（包括颤蚓类、寡毛类、软体动物及一些水生昆虫）等。污化系统中各个带的划分及特点如下：

（1）多污带。此带位于污水出口下游，水色暗灰，很混浊，含有大量有机物，溶解氧极少，甚至没有。有机物分解过程中产生硫化氢、二氧化硫、甲烷等气体。由于环境恶劣，水生生物种类很少，无显花植物，鱼类绝迹。多污带有代表性的指示生物是细菌，细菌种类多，数量也很大，每毫升水中含几亿个细菌，都是厌氧和兼性厌氧细菌。水底沉积的污泥中含有大量的寡毛类蠕虫。

多污带代表的指示生物如贝日阿托氏菌、球衣细菌、颤蚯蚓、摇蚊幼虫、蜂蝇幼虫。

（2）α-中污带。中污带位于多污带的下游，可分两个亚带，α-中污带和 β-中污带。前者比后者污染得更严重，紧靠多污带。α-中污带水色仍为灰色，溶解氧仍很少，有机物的含量开始减少，有氨和氨基酸等存在，含硫化合物开始被氧化，但仍有硫化氢存在。水面上有泡沫和浮泥。生物种类比多污带稍多，细菌含量仍很高，每毫升水中有几千万个。水中出现蓝藻和绿藻等，出现纤毛虫和轮虫，水底污泥中滋生大量颤蚯蚓。α-中污带的代表指示生物如大颤藻、菱形藻、小球藻、天蓝喇叭虫、椎尾水轮虫、臂尾水轮虫、栉虾等。

（3）β-中污带。位于 α-中污带之后，有机物含量较少，水中溶解氧升高。氨和硫化氢分别被氧化为硝酸和硫酸，所以两者含量很少。生物种类变得多种多样。由于环境不利于细菌的生长，所以细菌数目明显减少，每毫升水中有几万个。藻类此时大量繁殖，有根的水生植物出现。原生动物、后生动物很多，鱼类也开始出现。

β-中污带的代表生物如水花束丝藻、梭裸藻、变异直链硅藻、腔轮虫、卵形鞍甲轮虫、大型水藻、绿草履虫、聚缩虫、独缩虫、肿胀珠蚌和潘状钩虾。

（4）寡污带。在 β-中污带之后，此时河流的自净作用已经完成。有机物的无机化作用彻底完成，有机污染物已完全分解。水中溶解氧恢复到正常含量。硫化氢消失，蛋白质完全分解为硝酸盐。BOD 和悬浮物含量都很低。水生生物种类很多，但细菌数量极少，有大量的浮游植物，显花植物也大量出现，鱼类种类很多。

寡污带的代表性指示生物有水花鱼腥藻、硅藻、黄藻、玫瑰旋轮虫、钟虫、大变形虫、浮游甲壳动物、水生植物、鱼等。

复 习 题

2-1 炼油厂废水处理中，食酚细菌和硫细菌之间的关系属于（　　）。

A. 互生关系　　　　B. 共生关系　　　　C. 拮抗关系　　　　D. 寄生关系

2-2 下面不属于原生动物的运动胞器的是（　　）。

A. 伪足　　　　　　B. 鞭毛　　　　　　C. 菌毛　　　　　　D. 纤毛

2-3　有关反硝化作用，说法正确的是（　　）。

A. 是将硝酸根还原为氮气的过程　　　　B. 是反硝细菌和硝化细菌共同完成的

C. 在有氧条件下发生　　　　　　　　　D. 可在废水处理的曝气池阶段发生

2-4　对酶促反应速度的影响因素，其他条件一定时，说法错误的是（　　）。

A. 底物浓度越高，酶促反应速度越快

B. 一定范围内，温度越高，酶促反应速度越快

C. 酶的初始浓度越高，酶促反应速度越快

D. 酶有发挥活力的最适 pH

2-5　一般情况下，活性污泥驯化成熟期出现最多的原生动物是（　　）。

A. 植物性鞭毛虫　　B. 钟虫　　　　C. 变形虫　　　　D. 动物性鞭毛虫

2-6　下面关于酶的特性说法错误的是（　　）。

A. 活力不可调节　　B. 催化效率高　　C. 作用条件温和　　D. 容易发生变性

2-7　生物除磷是利用聚磷菌完成的，除磷经过放磷和吸磷两个过程。这两个过程所需的条件分别是（　　）。

A. 好氧和厌氧　　B. 均为厌氧　　C. 厌氧和好氧　　D. 均为好氧

2-8　大多数酵母都是以（　　）的方式进行繁殖。

A. 孢子　　　　　B. 芽孢　　　　　C. 出芽　　　　D. 二分裂

2-9　生物遗传的物质基础是（　　）。

A. 脂肪酸　　　　B. 糖　　　　　　C. 核酸　　　　D. 氨基酸

2-10　细菌的繁殖方式一般是（　　）。

A. 二分裂　　　　B. 出芽繁殖　　　C. 有性繁殖　　D. 产孢子

2-11　天然水体或生物构筑物中氨化细菌、亚硝化细菌和硝化细菌之间的关系属于（　　）关系。

A. 互生关系　　　B. 共生关系　　　C. 拮抗关系　　D. 寄生关系

2-12　活性污泥中，原生动物与游离细菌之间的关系为（　　）。

A. 互生关系　　　B. 共生关系　　　C. 拮抗关系　　D. 寄生关系

2-13　延时曝气法进行低浓度污水处理是利用处于（　　）的微生物。

A. 缓慢期　　　　B. 对数期　　　　C. 稳定期　　　D. 衰老期

2-14　关于细菌细胞膜的功能，下列描述错误的是（　　）。

A. 控制细胞内外物质（营养和废物）的运输和交换

B. 维持细胞正常的渗透压

C. 合成细胞壁和荚膜的场所

D. 不是氧化磷酸化和光合磷酸化的产能基地

2-15　"菌落"是指（　　）。

A. 微生物在固体培养基上生长繁殖而形成肉眼可见的细胞集合体

B. 单个微生物在固体培养基上生长繁殖而形成肉眼可见的细胞群

C. 一个微生物细胞

D. 不同种的微生物在液体培养基上形成肉眼可见的细胞集团

2-16 有关原生动物在水处理中的作用，下列说法错误的是（　　）。

A. 有净化废水中有机物的功能

B. 可以促进活性污泥的絮凝作用

C. 可以作为废水生物处理的指示生物

D. 当水处理效果好时，活性污泥中的原生动物以游泳型纤毛虫为主

2-17 可以根据原生动物的种类来判断水处理的程度。当活性污泥中以植物性鞭毛虫和伪足类为主时，则可以判断该阶段为（　　）。

A. 运行初期 　　　　　　　　　　　B. 运行中期

C. 运行后期，污泥成熟 　　　　　　D. 运行的稳定期

2-18 对细菌进行革兰氏染色，阳性菌的染色结果为（　　）。

A. 蓝紫色 　　　　B. 黄色 　　　　C. 红色 　　　　D. 无色

2-19 紫外线杀菌的最佳波长是（　　）nm。

A. 150 ~ 250 　　　B. 265 ~ 266 　　　C. 100 ~ 200 　　　D. 200 ~ 300

2-20 制备培养基最常用的凝固剂为（　　）。

A. 硅胶 　　　　B. 明胶 　　　　C. 琼脂 　　　　D. 纤维素

2-21 下列不是影响酶促反应速度的因素是（　　）。

A. pH 　　　　B. 温度 　　　　C. 基质浓度 　　　　D. 溶解度

2-22 在间歇培养中，下列哪个时期微生物进行内源呼吸？（　　）

A. 缓慢期 　　　　B. 对数期 　　　　C. 稳定期 　　　　D. 衰老期

2-23 下列消毒常用方法中，不是利用消毒剂的氧化性进行消毒的是（　　）。

A. 液氯 　　　　B. 漂白粉 　　　　C. 臭氧 　　　　D. 紫外线

2-24 发酵法测定大肠菌群实验中，大肠菌群发酵乳糖培养基时，溶液颜色会（　　）。

A. 由黄色变成紫色 　B. 由紫色变成黄色 　C. 由橙色变成紫色 　D. 由无色变成黄色

2-25 在细菌基因重组中，需要通过两个细菌接触而发生遗传物质转移的过程是（　　）。

A. 转化 　　　　B. 接合 　　　　C. 转导 　　　　D. 基因突变

2-26 关于好氧呼吸的说法错误的是（　　）。

A. 好氧呼吸的受氢体为单质氧

B. 只有好氧微生物能够进行好氧呼吸

C. 好氧生物处理可用来处理低浓度有机废水

D. 好氧生物处理利用的是微生物的好氧呼吸作用

2-27 通过氧化无机物获得能源，并能利用二氧化碳或碳酸盐等的微生物营养类型为（　　）。

A. 光能自养型 　　B. 化能自养型 　　C. 光能异养型 　　D. 化能异养型

2-28 在污水处理中，当以固着型纤毛虫和轮虫为主时，表明（　　）。

A. 出水水质差 　B. 污泥还未成熟 　C. 出水水质好 　D. 污泥培养处于中期

2-29 酶催化反应的高度专一性，取决于它的（　　）部分。

A. 蛋白质 　　　　B. 糖 　　　　C. 辅助因子 　　　　D. 核酸

2-30 关于稳定期，说法错误的是（　　）。

A. 传统活性污泥法普遍运行在这一范围 　　B. 微生物出生与死亡数基本相等

C. 污泥代谢性能和絮凝沉降性能较好　　　　D. 难于得到较好的出水

2-31　亚硝酸盐细菌从营养类型上看属于(　　　)。

A. 光能自养型　　　B. 化能自养型　　　C. 光能异养型　　　D. 化能异养型

2-32　催化 $A_{-x} + B \rightleftharpoons A + B_{-x}$ 的酶属于（　　　）。

A. 水解酶　　　　　B. 氧化还原酶　　　C. 裂解酶　　　　　D. 转移酶

2-33　藻类从营养类型上看属于（　　　）。

A. 光能自养菌　　　B. 化能自养菌　　　C. 化能异养菌　　　D. 光能异养菌

2-34　核糖体是（　　　）合成场所。

A. DNA　　　　　　B. 糖　　　　　　　C. 蛋白质　　　　　D. 核酸

2-35　能够分解葡萄糖的微生物，在好氧条件下，分解葡萄糖的最终产物为（　　　）。

A. 乙醇和二氧化碳　　　　　　　　　　B. 乳酸

C. 二氧化碳和水　　　　　　　　　　　D. 丙酮酸

2-36　有关基因突变的说法，错误的是（　　　）。

A. 废水处理中可以利用基因突变进行人工诱变菌种

B. 突变的概率很低

C. 自然条件下可以发生

D. 突变对于微生物来说是有利的

2-37　微生物细胞吸收营养物质最主要（常见）的方式是（　　　）。

A. 基团转位　　　　B. 主动运输　　　　C. 单纯扩散　　　　D. 促进扩散

2-38　下列物质不经过水解可被微生物直接吸收利用的是（　　　）。

A. 蛋白质　　　　　B. 葡萄糖　　　　　C. 脂肪　　　　　　D. 核酸

2-39　下列可以作为菌种保藏的条件中，不包括（　　　）。

A. 低温　　　　　　B. 高温　　　　　　C. 干燥　　　　　　D. 隔绝空气

2-40　下列关于甲烷菌的说法，错误的是（　　　）。

A. 厌氧菌　　　　　　　　　　　　　　B. 对 pH 反应很敏感

C. 对温度反应不敏感　　　　　　　　　D. 可以利用乙酸作为底物

2-41　在葡萄糖好氧氧化分解过程中，ATP 的形成途径是（　　　）。

A. 只有氧化磷酸化　　　　　　　　　　B. 只有底物水平磷酸化

C. 底物水平磷酸化或氧化磷酸化　　　　D. 底物水平磷酸化和氧化磷酸化

2-42　有关硝化作用，下列说法正确的是（　　　）。

A. 硝化细菌能使水中的氮元素全部消耗　　B. 硝化作用是在缺氧条件下完成的

C. 硝化作用是在好氧条件下完成的　　　　D. 硝化作用的产物是氮气

2-43　病毒属于（　　　）生物。

A. 单细胞　　　　　B. 多细胞　　　　　C. 非细胞结构　　　D. 以上都不对

2-44　在水体自净过程中，水中轮虫数量多，则表明（　　　）。

A. 水中溶解氧越高，水质越坏　　　　　B. 水中溶解氧越高，水质越好

C. 水中溶解氧越低，水质越好　　　　　D. 水中溶解氧越低，水质越坏

2-45　紫外线杀菌的主要机理是（　　　）。

A. 干扰蛋白质的合成　B. 损伤细胞壁　　　C. 损伤细胞膜　　　D. 破坏核酸

2-46 保护菌体，维护细菌细胞固有形态的结构为（　　）。

A. 细胞壁　　　　　B. 细胞膜　　　　　C. 荚膜　　　　　D. 原生质体

2-47 质粒是细菌的（　　）。

A. 核质 DNA　　　　　　　　　　　B. 异染颗粒

C. 核质外（或染色体外）DNA　　　　D. 淀粉粒

2-48 下列说法正确的是（　　）。

A. 病毒都含有两种核酸　　　　　B. 所有生物都由细胞构成

C. 荚膜可以保护细菌免受干燥的影响　　D. 以上说法都不对

2-49 下列微生物中，属于原核微生物的是（　　）。

A. 酵母　　　　　B. 细菌　　　　　C. 原生动物　　　　　D. 藻类

2-50 反硝化细菌进行反硝化作用的最终的含氮产物为（　　）。

A. HNO_3　　　　　B. HNO_2　　　　　C. N_2　　　　　D. NH_3

2-51 遗传信息的表达过程中，翻译是 mRNA 上的信息到（　　）的过程。

A. 蛋白质　　　　　B. mRNA　　　　　C. DNA　　　　　D. tRNA

2-52 真菌的营养类型为（　　）。

A. 光能自养型　　　B. 光能异养型　　　C. 化能自养型　　　D. 化能异养型

2-53 下列哪种方法可将微生物完全杀死？（　　）

A. 消毒　　　　　B. 灭菌　　　　　C. 防腐　　　　　D. 低温处理

2-54 下列哪种菌不属于大肠菌群？（　　）

A. 大肠埃希氏菌　　B. 副大肠杆菌　　C. 枸橼酸盐杆菌　　D. 伤寒杆菌

2-55 下列可以作为胞外酶起作用的是（　　）。

A. 异构酶　　　　　B. 氧化还原酶　　　C. 裂解酶　　　　　D. 水解酶

2-56 水体中，下列（　　）浓度超标，会带来水体的富营养化。

A. 糖类　　　　　B. 脂肪　　　　　C. 氮和磷　　　　　D. 重金属

2-57 发酵型酵母将碳水化合物，最终分解为酒精和（　　）。

A. 二氧化碳　　　　B. 甲烷　　　　　C. 硫化氢　　　　　D. 氨

2-58 好氧处理中，碳水化合物最终可被分解成（　　）。

A. 水和二氧化碳　　　　　　　　　B. 甲烷和氢气

C. 甲烷和二氧化碳　　　　　　　　D. 有机酸和二氧化碳

2-59 在水中微生物的分析时，大肠菌群作为（　　）。

A. 水中氨基酸含量的尺度　　　　　B. 水中有机物含量的尺度

C. 水中固氮菌数量指示　　　　　　D. 水被粪便污染的指示

2-60 根据呼吸类型的不同，细菌可分为三类，不包括（　　）。

A. 好氧菌　　　　　B. 厌氧菌　　　　　C. 甲烷菌　　　　　D. 兼性细菌

2-61 厌氧生物处理通常适合处理（　　）。

A. 低浓度有机废水　　　　　　　　B. 高浓度有机废水

C. 低浓度和高浓度有机废水　　　　D. 以上说法都不对

2-62 划分微生物呼吸类型的依据是（　　）。

A. 供氢体的不同　　B. 受氢体的不同　　C. 氧气　　　　　D. 产物的不同

2-63 下列不是常见的病原细菌的是（　　）。

A. 痢疾杆菌　　　　B. 大肠杆菌　　　　C. 伤寒杆菌　　　　D. 霍乱弧菌

2-64 一种微生物可以产生不利于另一种微生物生存的代谢产物或者一种微生物以另一种微生物为食料，这样的关系称为（　　）关系。

A. 互生　　　　　　B. 拮抗　　　　　　C. 寄生　　　　　　D. 共生

2-65 下列微生物过量生长不会带来丝状污泥膨胀的是（　　）。

A. 酵母菌　　　　　B. 球衣细菌　　　　C. 放线菌　　　　　D. 发硫细菌

2-66 革兰氏染色的关键步骤是（　　）。

A. 结晶紫（初染）　B. 碘液（媒染）　　C. 酒精（脱色）　　D. 蕃红（复染）

2-67 下列有关微生物的命名，写法正确的是（　　）。

A. *Bacillus subtilis*　　B. Bacillus subtilis　　C. *Bacillus Subtilis*　　D. Bacillus Subtilis

2-68 下列有关微生物的酶，说法正确的是（　　）。

A. 凡是活细胞都能产生酶　　　　　　B. 酶的专一性不高

C. 酶的活力无法调节　　　　　　　　D. 一旦离开活细胞，酶就会失去催化能力

2-69 微生物因营养不足而将自身储藏物，甚至细胞组成部分用于呼吸以维持生命的现象叫（　　）。

A. 好氧呼吸　　　　B. 厌氧呼吸　　　　C. 内源呼吸　　　　D. 发酵

2-70 有关世代时间的说法，错误的是（　　）。

A. 细菌繁殖一代所用的时间

B. 测定细菌世代时间的最佳时期是对数期

C. 处于对数期的细菌世代时间最短

D. 处于稳定期的细菌世代时间最短

2-71 下列物质属于生长因子的是（　　）。

A. 葡萄糖　　　　　B. 蛋白胨　　　　　C. NaCl　　　　　　D. 维生素

2-72 培养基常用的灭菌方法是（　　）。

A. 高压蒸汽灭菌　　B. 干热灼烧　　　　C. 紫外线照射　　　D. 冷冻法

2-73 下列关于藻类的作用，错误的说法是（　　）。

A. 有些藻类产生藻毒素，不利水体安全

B. 数量越大，对水处理越有利

C. 在氧化塘进行废水处理中，释放氧气给其他好氧微生物，以利于水处理

D. 可能引起赤潮或水华现象

2-74 当进行糖酵解时，下列说法正确的是（　　）。

A. 酶不起作用

B. 糖类转变为蛋白质

C. 1 个葡萄糖分子转变为 2 个丙酮酸分子

D. 从二氧化碳分子转变为糖类分子

2-75 水处理中，出水水质好时，指示微生物以（　　）为主。

A. 钟虫、变形虫　　　　　　　　　　B. 轮虫、钟虫

C. 豆形虫、肾形虫　　　　　　　　　D. 绿眼虫、钟虫

2-76 构成活性污泥的主要微生物种类是 ( )，在水处理中起主要作用。

A. 霉菌 B. 原生动物 C. 细菌 D. 蓝藻

2-77 硝酸盐细菌从营养类型上看属于 ( )。

A. 光能自养菌 B. 化能自养菌 C. 化能异养菌 D. 光能异养菌

2-78 关于好氧生物膜处理法，下列说法错误的是 ( )。

A. 生物滤池自上而下微生物的分布是不同的

B. 生物膜由内到外微生物的分布也是不同的

C. 生物滤池不同高度有机物的浓度是不同的

D. 生物滤池中微生物分布均匀

2-79 全酶由主酶和辅助因子两部分组成。其中，主酶的成分是 ( )。

A. 有机酸 B. 糖类 C. 脂肪 D. 蛋白质

2-80 关于菌胶团的说法错误的是 ( )。

A. 水处理中，许多细菌的荚膜物质融合成团块，称为菌胶团

B. 菌胶团是污水处理中，细菌的主要存在形式

C. 不能防止细菌被动物吞噬，不能增强细菌对不良环境的抵抗

D. 菌胶团具有指示作用，主要表现在菌胶团吸附和分解有机物能力、沉降性好坏、颜色深浅

2-81 下列有关病毒的说法正确的是 ( )。

A. 仅含有一种核酸 B. 属于真核生物 C. 营共生生活 D. 属于原核生物

2-82 已知某微生物的世代时间为 30min，经过 15h 后，则该微生物共历经 ( ) 代。

A. 30 B. 20 C. 10 D. 15

2-83 某些细菌，细胞内会形成一个圆形或椭圆形，壁厚，含水少，抗逆性强的休眠结构，称为 ( )。

A. 荚膜 B. 菌落 C. 芽孢 D. 菌胶团

2-84 下列不属于细菌基本结构的是 ( )。

A. 鞭毛 B. 细胞质 C. 细胞膜 D. 细胞壁

2-85 下列不属于酶的化学组成的是 ( )。

A. 有机物 B. 金属离子 C. 脂肪 D. 蛋白质

2-86 硝化作用指微生物将 ( ) 的过程。

A. 有机氮转化为氨态氮 B. 氨态氮转化为硝酸

C. 蛋白质分解 D. 硝酸转化为氮气

2-87 催化 $A-H_2+B(O_2) \rightleftharpoons A+BH_2(H_2O_2，H_2O)$ 的酶属于 ( )。

A. 氧化还原酶 B. 水解酶 C. 转移酶 D. 裂解酶

2-88 作为接种污泥，选用 ( ) 微生物最为合适。

A. 缓慢期 B. 对数期 C. 稳定期 D. 衰老期

2-89 下列不属于细菌特殊结构的是 ( )。

A. 菌毛 B. 荚膜 C. 鞭毛 D. 细胞膜

2-90 下列微生物中，属于异养微生物的是 ( )。

A. 蓝藻 B. 硝化细菌 C. 铁细菌 D. 原生动物

2-91 下列不属于丝状微生物的是（　　　）。

A. 原生动物　　　　　B. 霉菌　　　　　　C. 丝状细菌　　　　D. 放线菌

2-92 荚膜主要是细菌在（　　　）期形成。

A. 衰老期　　　　　　B. 稳定期　　　　　C. 对数期　　　　　D. 缓慢期

2-93 污水处理中，微生物氨化作用的主要产物是（　　　）。

A. 氨　　　　　　　　B. 蛋白质　　　　　C. 硝酸盐　　　　　D. 氨基酸

2-94 有关微生物的酶，说法正确的是（　　　）。

A. 酶是活细胞产生的

B. 酶仅在微生物细胞内起作用

C. 微生物的酶和化学催化剂催化性质一样

D. 温度对酶无影响

2-95 下列污化带中，含氧量最高的是（　　　）。

A. 多污带　　　　　　B. α – 中污带　　　C. β – 中污带　　　D. 寡污带

2-96 细菌的鞭毛执行的功能是（　　　）。

A. 吸附　　　　　　　B. 运动　　　　　　C. 繁殖　　　　　　D. 絮凝

2-97 营养物质运输时，需要载体参加，但是不需要消耗能量的是（　　　）。

A. 基团转位　　　　　B. 主动运输　　　　C. 简单扩散　　　　D. 促进扩散

2-98 与寄主细胞核酸整合，随寄主核酸同步复制的噬菌体称作（　　　）。

A. 烈性噬菌体　　　　B. 温和噬菌体　　　C. 病毒　　　　　　D. 类病毒

2-99 病毒繁殖的第一步是（　　　）。

A. 侵入　　　　　　　B. 吸附　　　　　　C. 复制和合成　　　D. 装配和释放

2-100 饮用水中检测出细菌总数超标，说明（　　　）。

A. 水中病原细菌超标，不能饮用

B. 水中无病原细菌，可以饮用

C. 水中有机物含量高，被生活废弃物污染，不可饮用

D. 水被粪便污染，不能饮用

2-101 细菌的基本结构包括两部分，一部分是（　　　），另一部分是原生质体。

A. 细胞膜　　　　　　B. 细胞质　　　　　C. 核区　　　　　　D. 细胞壁

2-102 发酵的最终电子受体是（　　　）。

A. O_2　　　　　　　　　　　　　　　　B. 葡萄糖

C. 无机氧化物　　　　　　　　　　　　D. 基质氧化后的中间产物

2-103 组成病毒衣壳和内芯的物质分别是（　　　）。

A. 核酸和蛋白质　　　　　　　　　　　B. 蛋白质和磷脂

C. 蛋白质和核酸　　　　　　　　　　　D. 核酸和磷脂

2-104 细菌的命名法规定：组成细菌名称的两个部分按先后顺序分别是（　　　）。

A. 属名和种名　　　B. 属名和科名　　　C. 科名和种名　　　D. 种名和亚种

2-105 《生活饮用水卫生标准》（GB 5749）中，对细菌总数这一项的规定为（　　　）。

A. 不超过 100CFU/mL　　　　　　　　B. 不超过 3CFU/mL

C. 每升不得检出　　　　　　　　　　　D 每 100mL 不得检出

2-106 在水体自净中，自净完成，水质恢复洁净时，出现的原生动物有（　　）。

A. 固着型纤毛虫　　B. 伪足类　　　　C. 游泳型纤毛虫　　D. 动物性鞭毛虫

2-107 微生物生长速度最快的时期是（　　）。

A. 缓慢期　　　　B. 对数期　　　　C. 稳定期　　　　D. 衰老期

2-108 微生物细胞氧化葡萄糖获得的能量，主要以（　　）形式被细胞利用。

A. 光能　　　　　B. 热能　　　　　C. ATP　　　　　D. 动能

2-109 下列不属于原核微生物基因重组方式的是（　　）。

A. 转化　　　　　B. 转录　　　　　C. 转导　　　　　D. 接合

2-110 有些细菌能在干旱环境中存活的原因是（　　）。

A. 形成胞囊　　　B. 形成孢子　　　C. 没有细胞壁　　D. 形成芽孢

2-111 能够催化电子转移的酶是（　　）。

A. 水解酶类　　　B. 转移酶类　　　C. 氧化还原酶类　D. 合成酶类

2-112 革兰氏阴性菌细胞壁中特有的组成成分是（　　）。

A. 胞壁酸　　　　B. 蛋白质　　　　C. 肽聚糖　　　　D. 脂多糖

2-113 蓝细菌的营养类型是（　　）型。

A. 化能自养　　　B. 化能异类　　　C. 光能自养　　　D. 光能异养

2-114 好氧活性污泥中，最主要的微生物是（　　）。

A. 原生动物　　　B. 后生动物　　　C. 菌胶团细菌　　D. 游离细菌

2-115 硝化细菌将亚硝酸盐转化为硝酸盐是在（　　）条件下进行。

A. 无氧　　　　　B. 有氧　　　　　C. 有无氧气都可以　D. 以上都不对

2-116 能够催化 $A + B + ATP \longrightarrow AB + ADP + Pi$ 的酶是（　　）。

A. 水解酶类　　　B. 转移酶类　　　C. 氧化还原酶类　D. 合成酶类

2-117 下列污化带中含氧量最高的是（　　）。

A. 多污带　　　　B. α – 中污带　　C. β – 中污带　　D. 寡污带

2-118 细菌的基本形态不包括（　　）。

A. 球状　　　　　B. 杆状　　　　　C. 丝状　　　　　D. 螺旋状

2-119 有关微生物的特点描述不正确的是（　　）。

A. 种类多　　　　B. 不易变异　　　C. 分布广　　　　D. 繁殖快

2-120 进行平板菌落计数法常用的培养基为（　　）。

A. 固体培养基　　B. 液体培养基　　C. 半固体培养基　D. 以上三种都可以

复习题答案与提示

2-1　A。提示：硫细菌可以利用对食酚细菌有毒的硫化氢，食酚细菌可以利用对硫细菌有毒的酚，两者互相解毒，互为有利，属于互生关系。

2-2　C。提示：原生动物的运动胞器执行运动功能有三种，分别是鞭毛、纤毛和伪足。

2-3　A。提示：反硝化作用是反硝化细菌在缺氧的条件下，将硝酸根还原为氮气，不需要曝气条件。

2-4　A。提示：若对底物浓度和酶促反应速度作曲线，先后呈现一级反应、混合级反应和零级反应。

2-5　B。提示：原生动物中的钟虫后生动物中的轮虫为主是污泥驯化成熟的标志。污泥驯化初期以植物性鞭毛虫、肉足类（如变形虫）为主，污泥驯化中期以动物性鞭毛虫、游泳型纤毛虫为主。

2-6　A。提示：原因是酶的活力受酶浓度、产物浓度、抑制剂等多种条件影响，故可调节。

2-7　C。提示：除磷菌在厌氧条件下放磷，而在好氧条件下过量吸磷形成聚磷酸盐，最后随污泥排走。详见2.5.2节。

2-8　C。提示：大多数酵母菌以出芽的方式进行无性繁殖。

2-9　C。提示：核酸是一切生物遗传变异的基础。

2-10　A。提示：细菌的繁殖方式非常简单，一分为二或称直接分裂。

2-11　A。提示：参见2.3.8节中有关解释。

2-12　C。提示：动物性营养的原生动物主要以细菌等个体小的其他微生物或有机颗粒为食，体现了一种微生物以另一种微生物为食料的拮抗关系。

2-13　D。提示：衰老期外界营养缺乏，微生物主要进行内源呼吸。

2-14　D。提示：细菌是原核微生物，比较低等，没有细胞器，其细胞膜功能强大，有很多功能，其中包括为氧化磷酸化和光合磷酸化的产能基地。而真核微生物中氧化磷酸化和光合磷酸化产能基地，则分别由线粒体和叶绿体两个细胞器承担。

2-15　B。提示：此为微生物菌落的定义。

2-16　D。提示：当水处理效果好时，活性污泥中的原生动物以固着型纤毛虫如钟虫等为主。

2-17　A。提示：根据原生动物在废水处理中的指示作用可知，运行初期，即活性污泥培养初期，以植物性鞭毛虫和肉足类为主。

2-18　A。提示：革兰氏阳性菌细胞壁厚、肽聚糖含量高和分子交联紧密、酒精脱色后，变得更加致密，初染和媒染后的结晶紫和碘复合物仍留在细胞层内，使其呈蓝紫色。复染以后，仍为蓝紫色。

2-19　B。提示：紫外线杀菌的最佳波长在260nm左右。

2-20　C。提示：在制备固体培养基或半固体培养基时，最常加入琼脂作凝固剂。琼脂的化学结构稳定，不易被微生物分解利用。

2-21　D。提示：其他三项均为影响酶促反应的因素，除此还包括抑制剂和激活剂的影响。

2-22　D。提示：衰老期细菌由于底物食料匮乏，只能利用体内的贮藏物质，甚至酶等组分，即进行内源呼吸。

2-23　D。提示：液氯和漂白粉消毒是利用有效成分HOCl的氧化性破坏微生物。臭氧法消毒时是发挥了臭氧的强氧化性。而紫外线消毒是靠破坏微生物的核酸而杀灭微生物的。

2-24　B。提示：大肠菌群发酵时，由于产生酸，故可使培养基中所加溴甲酚紫指示剂，由紫色变成黄色。

2-25　B。提示：接合是细菌基因重组的三种类型之一，细菌和细菌细胞必须直接接触，才能发生遗传物质的转移和重组。

2-26　B。提示：兼性微生物和好氧微生物都可以进行好氧呼吸，所以该选项是错误的。

2-27　B。提示：营养类型通常是根据碳源和能源进行划分的，该题目微生物能源是化学能，碳源来自无机碳源，所以属于化能自养型。

2-28　C。提示：此题考查原生动物和后生动物的指示作用。当以固着型纤毛虫和轮虫为主时，可以指示水处理处于运行后期，污泥成熟；出水水质好，污泥正常。

2-29　A。提示：无论是单酶还是全酶，起催化作用的都是蛋白质部分。

2-30　D。提示：稳定期可以有较好出水。

2-31　B。提示：亚硝酸盐细菌通过氧化无机物氨获得能源，碳源为二氧化碳等无机碳，所以营养类型为化能自养型。

2-32　D。提示：转移酶催化反应底物见基团转移，表达式用 $A_{-x} + B \rightleftharpoons A + B_{-x}$ 表示。

2-33　A。提示：藻类利用无机碳源和光能，故营养类型应属于光能自养型。

2-34　C。提示：核糖体的主要功能是为蛋白质的合成提供场所。

2-35　C。提示：葡萄糖属于含碳化合物，所以彻底分解的产物是二氧化碳和水。而 A、B、D 都是没有氧气参与下的产物。

2-36　D。提示：基因突变具有不定向性，突变可能是有利突变也可能是不利突变。

2-37　B。提示：微生物细胞为了代谢反应速度的需要，通常维持营养物质浓度较高，须不断地从细胞外向细胞内吸收营养物质，故逆浓度差、耗能的主动运输方式最为常见。

2-38　B。提示：A、C、D 三种物质都为高分子，并不能被微生物直接吸收，必须水解为小分子的物质后才被吸收。所以只有葡萄糖为单糖小分子，不需水解，即可被吸收。

2-39　B。提示：其他三项为菌种保藏最常用的条件，它们可以使细菌停止生长但不死亡。

2-40　C。提示：甲烷菌为古细菌，对生长条件的要求苛刻，生长要严格厌氧、对 pH 值和温度非常敏感。生长中乙酸、氢和二氧化碳都可以作为其生长的底物。

2-41　D。提示：葡萄糖好氧呼吸通常经过糖酵解和三羧酸循坏而彻底氧化，少部分 ATP 通过底物水平磷酸化获得 ATP，大部分是靠氧化磷酸化形成 ATP。

2-42　C。提示：硝化作用必须有氧，氨在硝化细菌的好氧呼吸中先氧化为亚硝酸，再氧化为终产物硝酸，但是氮元素不能被消耗脱除。故其他三项均错误。

2-43　C。提示：细菌是水处理所有微生物中唯一一类没有细胞结构的微生物。

2-44　B。提示：在水体自净过程中，当出现较多的轮虫时，自净作用已经完成，此时溶解氧越高，水质越好。

2-45　D。提示：紫外线主要是能破坏核酸的结构，使 T 与 T 之间形成的单键变为双键。

2-46　A。提示：此为细菌细胞壁的基本功能之一。

2-47　C。提示：质粒是独立于核质外（或染色体外）的小型 DNA，具有特殊功能。异染颗粒、淀粉粒是内含物。

2-48　C。提示：A 选项错误原因是病毒仅含有一种核酸，DNA 或 RNA，B 选项错误原因是病毒不是细胞生物。C 选项是荚膜的重要作用。

2-49　B。提示：水处理中常见的原核生物是细菌、放线菌和蓝细菌（又称蓝藻）。其他三个选项为真核微生物。

2-50　C。提示：反硝化细菌特点是缺氧条件下，将含氮物质进行还原，最终产物为氮气。

2-51　A。提示：转录指遗传信息从 DNA 到 mRNA 的过程。翻译则是 mRNA 上遗传信息到蛋白质的过程。

2-52　D。提示：真菌包括霉菌和酵母，以有机物作为碳源和能源，故营养类型属于化能异养型。

2-53　B。提示：选项 A 消毒并不能杀灭含有芽孢和孢子的微生物。选项 C 防腐只是抑制微生物的生长。选项 D 低温处理只能使微生物生长暂时停止，并起不到完全杀菌的作用。

2-54　D。提示：大肠菌群包括大肠埃希氏菌、副大肠杆菌、枸橼酸盐杆菌、产气杆菌。

2-55　D。提示：水解酶通常是在细胞内合成，而后在体外发挥水解大分子的作用，故通常为胞外酶，其余种类酶都是胞内酶。

2-56　C。提示：原因是当水中氮和磷浓度超标时，藻类大量繁殖，藻类夜间呼吸或藻类死亡分解耗尽水中氧气，造成水生生物死亡称为富营养化现象。

2-57　A。提示：发酵型酵母主要进行酒精发酵反应，分解最终产物为酒精和二氧化碳。

2-58　A。提示：好氧处理，利用了微生物的好氧呼吸，氧气为最终氢和电子受体。所以碳水化合物可以完全被分解成水和二氧化碳。

2-59　D。提示：大肠菌群数越大，表明水体被粪便污染越严重。B 选项有机物含量的尺度指标是细菌总数，细菌总数越大表面有机物污染越严重。

2-60　C。提示：根据受氢体的不同，呼吸分为两种机制。而细菌根据其呼吸分三种：好氧菌、厌氧菌、兼性菌。好氧菌进行好氧呼吸，厌氧菌进行厌氧呼吸，兼性菌进行好氧和厌氧两种呼吸方式。

2-61　B。提示：有机物的厌氧生物分解主要用于高浓度有机污水和污泥的处理。

2-62　B。提示：呼吸为氧化还原的统一，通常根据受氢体的不同进行分类。

2-63　B。提示：大肠杆菌是肠道的正常细菌，不是病原细菌。

2-64　B。提示：微生物之间关系之一，此为拮抗关系的定义。

2-65　A。提示：丝状污泥膨胀是丝状微生物过量繁殖带来的后果，所以球衣细菌、放线菌、发硫细菌都可能带来丝状污泥膨胀。

2-66　C。提示：革兰氏染色成败的关键是酒精脱色。如脱色过度，革兰氏阳性菌也可被脱色而染成阴性菌；如脱色时间过短，革兰氏阴性菌也会被染成革兰氏阳性菌。

2-67　A。提示：林奈双命名法规定微生物的名称用两个斜体拉丁文单词表示，第一个单词为属名（第一个字母大写），第二个单词为种名。

2-68　A。提示：B 选项正确，应为酶催化具有很高的专一性。C 选项正确应为酶活力是受到调节的。D 选项正确应为，酶在体内体外都可以起作用。

2-69　C。提示：这是微生物处于营养匮乏时的特殊生理现象，称为内源呼吸。

2-70　D。提示：稳定期生长速度不是最快，所以此时期的世代时间不是最短。

2-71　D。提示：生长因子是微生物所需的六大营养之一，指微生物代谢必不可少的物质，但不能用简单的碳源和氮源合成的有机物。如氨基酸、维生素等。

2-72　A。提示：常见的高温灭菌方式有干热和湿热灭菌。培养基灭菌首选湿热灭菌中的高压蒸汽灭菌。

2-73　B。提示：藻类若在水体中大量存会带来负面作用，如引起赤潮或水华；给水工作中会产生令人不快的臭味、颜色，有些藻类还会产生毒素等。

2-74　C。提示：糖酵解过程由多步酶催化的生化反应组成，结果是 1 个葡萄糖分子转变为 2 个丙酮酸分子。

2-75 B。提示：原生动物和后生动物可以作为水处理出水好坏的指示生物，当出水水质好时，对活性污泥进行镜检时，以轮虫、钟虫为主。

2-76 C。提示：在活性污泥中，细菌是数量最多的一类微生物，在废水处理中起主要作用。

2-77 B。提示：硝酸盐细菌将亚硝酸氧化为硝酸的过程中获得能量，同时以二氧化碳为碳源，所以为化能自养菌。

2-78 D。提示：此题考查的是生物膜处理法的特点。

2-79 D。提示：酶根据其组分分为单成分酶和全酶。单成分酶组分只有蛋白质，全酶有主酶和辅助因子部分，主酶为蛋白质部分。

2-80 C。提示：菌胶团具有防止细菌被动物吞噬及增强细菌对不良环境的抵抗的重要作用。

2-81 A。提示：病毒只有一种核酸，DNA 或 RNA；C 正确为营寄生生活；B、D 中，正确为非细胞生物，既不属于原核也不属于真核生物。

2-82 A。提示：利用世代时间公式可以求得。

2-83 C。提示：此为芽孢的定义。

2-84 A。提示：其余选项均为基本结构，还包括内含物和核质。

2-85 C。提示：单成分酶仅由蛋白质构成，全酶除蛋白质外还包括有机物或金属离子。或有机物加金属离子。

2-86 B。提示：此为硝化作用的定义。

2-87 A。提示：该类酶能引起基质的脱氢或受氢作用，产生氧化还原反应。

2-88 B。提示：处于对数期的污泥生长速度最快，分裂旺盛，所以非常适合作为接种污泥，可以短期快速繁殖起来。

2-89 D。提示：其他三项均为细菌的特殊结构。特殊结构还包括芽孢。

2-90 D。提示：该题考查的是异养微生物的定义。A、B、C 三种微生物以无机碳为碳源，为自养微生物。D 中后生动物以有机颗粒或个体比自身小的其他微生物为食物，利用的是有机碳源，所以是异养微生物。

2-91 A。提示：丝状微生物指形态为长丝状的所有微生物，后三项均符合，可查看相关微生物图片。

2-92 B。提示：稳定期，细菌开始形成荚膜、芽孢及内含物等，故该时期沉降和絮凝性好，传统活性污泥法普遍运行在该时期。

2-93 A。提示：氨化作用是指氨化微生物将有机含氮化合物转化为氨态氮的过程。

2-94 A。提示：B 项正确应为酶在微生物细胞内外都可以起作用。C 项正确应为微生物的酶和化学催化剂性质既有相同之处，也有区别之处，详细参见酶的催化特性。D 项参见温度对酶的影响。

2-95 D。提示：在寡污带，河流的自净作用已经完成，溶解氧已恢复到正常含量。

2-96 B。提示：鞭毛是细菌的运动器官，鞭毛运动引起菌体运动。

2-97 D。提示：这是细胞膜上营养物质的促进扩散运输特点。

2-98 B。提示：此为温和噬菌体的定义。

2-99 B。提示：病毒繁殖过程有四步。第一步为吸附，第二步为侵入和脱壳，第三步为复制与合成，第四步是装配和释放。

2-100 C。提示：细菌总数是生活饮用水水质的一项重要指标。如果超标，则表明饮用水被生活废弃物污染，有机物含量高，导致细菌数量超标，这样的水质不适合饮用。

2-101 D。提示：所有细菌都具有的结构为基本结构，包括细胞壁和原生质体两部分。原生质体又由细胞膜、细胞质、核区（质）和内含物组成。

2-102 D。提示：好氧呼吸、厌氧呼吸、发酵的电子受体分别为 O_2、无机氧化物和基质氧化后的中间产物。

2-103 C。提示：病毒结构非常简单，通常包括蛋白质衣壳和核酸内芯两部分。

2-104 A。提示：林奈双命名法规定微生物名称由两个拉丁文单词构成。前一个单词为属名，描述微生物的主要特征。后一个单词为种名，描述微生物的次要特征。

2-105 A。提示：此题考察的是《生活饮用水卫生标准》（GB 5749）中细菌总数的卫生学标准。

2-106 A。提示：在水体自净中原生动物出现的先后顺序为植物性鞭毛虫、动物性鞭毛虫、游泳型纤毛虫和固着型纤毛虫。

2-107 B。提示：此为对数期的特点之一。

2-108 C。提示：ATP 是微生物体内能量的通用货币。物质分解时，除了热散外，主要以 ATP 的形式被储藏和利用。

2-109 B。提示：原核微生物的基因重组包括转化、转导和接合三种形式。

2-110 D。提示：芽孢是某些细菌度过恶劣环境的特殊结构。

2-111 C。提示：氧化还原酶所催化的反应性质为氧化还原反应，反应过程中必然会有电子的转移。

2-112 D。提示：革兰氏阴性菌细胞壁含脂多糖，为其特有。

2-113 C。提示：蓝细菌可以进行光合作用，碳源为二氧化碳等无机碳源，能源来自光，所以为光能自养型微生物。

2-114 C。好氧活性污泥中主要的微生物种类为细菌。在水处理中，活性污泥需要具备良好的沉降性，故以菌胶团细菌为主。

2-115 B。硝化细菌需要在有氧条件下才能将亚硝酸盐氧化为硝酸盐。

2-116 D。提示：此反应式为合成酶所催化反应的通式。

2-117 D。提示：在寡污带水体自净作用已经完成，有机物的无机化作用彻底完成，水中溶解氧恢复至正常水平，为四个污化带中溶氧含量最高的。

2-118 C。提示：球状、杆状和螺旋状是细菌的基本形态。少数细菌为丝状。

2-119 B。提示：微生物具有易变异的特点，这一特点使得微生物较能适应外界环境条件的变化。

2-120 A。提示：单个细菌在固体培养基会形成菌落，用于计数。

第3章 水 力 学

考试大纲

3.1 水静力学：静水压力 阿基米德原理 潜、浮物体平衡与稳定

3.2 水动力学理论：伯努利方程 总水头线 测压管水头线

3.3 水流阻力和水头损失：沿程阻力系数变化 局部水头损失 绕流阻力

3.4 孔口、管嘴出流和有压管路：孔口、管嘴的变水头出流 短管水力计算 长管水力计算 管网水力计算基础

3.5 明渠均匀流：最优断面和允许流速 水力计算

3.6 明渠非均匀流：临界水深 缓流 急流 临界流 渐变流微分方程

3.7 堰流：薄壁堰 实用断面堰 宽顶堰 小桥孔径水力计算 消力池

3.1 水静力学

水静力学研究水静止状态下力学规律及其在工程中的应用。

如图 3-1 所示，容器内液体密度为 ρ，液体中任意两点 1、2，相对基准面 0–0 的位置高度为 z_1、z_2；液面下深度为 h_1、h_2，两点压强为 p_1、p_2，在质量力只有重力的条件下（不加速运动、不旋转），流体静压强符合式（3-1）的规律

$$p_2 = p_1 + \rho g(h_2 - h_1) \qquad (3\text{-}1)$$

这就是重力作用下水静压强基本方程，它是水静力学研究的基本工具。

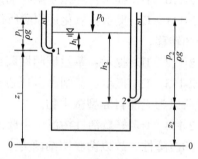

图 3-1 液体静压强的分布规律

3.1.1 静水压力

1. 作用于平面的静水压力

浸没在水中的平面会受到水的压力，例如大坝的迎水面、平板闸门等。静水压力方向与受压面垂直。计算静止流体作用在平面上的总压力大小和作用点有图解法和解析法两种，两种方法的原理和结果一样，都是根据水中静压强的分布规律来计算的。

（1）解析法。求解作用在任意形状平面上的液体总压力都可以用解析法。压力大小用式(3-2)计算

$$P = p_c A \qquad (3\text{-}2)$$

即压力的大小 P（N）等于受压平面形心处的压强 p_c（Pa）乘以受压面的面积 A（m²）。对于常见的对称形状的受压平面，压力的作用点在其中线上。而其纵向位置（图3-2）由式（3-3）确定

$$y_D = y_C + \frac{I_C}{y_C A} \qquad (3\text{-}3)$$

$$y_e = y_D - y_C = \frac{I_C}{y_C A} \tag{3-4}$$

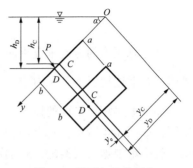

图 3-2　平面上的总压力

式中　y_D——作用点的 y 坐标（m）；

　　　I_C——受压面相对过其形心，绕水平方向的轴线的
　　　　　　惯性矩（m^4）；

　　　y_C——受压面形心坐标（m）；

　　　y_e——y_D、y_C 两者的差值（m），显然 $y_e > 0$，说明
　　　　　　作用点总是在形心以下。

受压平面或其延伸面与自由液面（相对压强为 0 的液
面）或自由液面延伸面的交线为零点，沿受压面向下方向定义为 y 坐标方向。

注意：式（3-2）～式（3-4）只适用于单侧受压，压强按单一规律且连续分布的
情况。两侧受压或上油下水的问题不适用。

矩形和圆形的惯性矩分别为

$$I_C = \frac{1}{12}bh^3 \; 和 \; I_C = \frac{\pi}{64}d^4 \tag{3-5}$$

式中　b——受压矩形与液面平行方向的宽（m）；

　　　h——矩形的高（m）；

　　　d——受压圆形的直径（m）。

（2）图解法。图解法以静压强分布图为基础，要求受压平面必须是矩形，且上下两边
水平。如图 3-3 所示，$A'B'B''A''$ 为一符合上述条件的矩形平面，该平面垂直于纸面，平面的
右侧为大气。

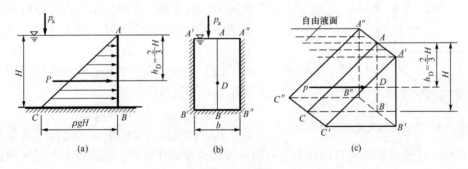

图 3-3　图解法

根据静压强基本方程，可以绘出矩形平面对称轴 AB 上的静压强分布图 ABC（注：由于静
压强的垂向性，平面上的静压分布图总是直角三角形或直角梯形）。而整个矩形平面 $A'B'B''A''$
上的压强分布为直角三棱柱体如图 3-3 所示。由式（3-2）可以推出：$P = p_C A = \frac{1}{2}\rho g H H b$。显
然，作用在矩形平面上的液体总压力 P 的大小即为静压强分布三棱柱体的体积，它等于三角形
ABC 的面积 Ω 与矩形平面顶宽 b 的乘积

$$P = \Omega b = \frac{1}{2}\rho g H H b = \frac{1}{2}\rho g H^2 b \qquad (3\text{-}6)$$

液体总压力的方向垂直指向受压平面。液体总压力的作用线通过静压强分布体的重心，显然，在上述情况下，压力中心 D 距自由液面的距离为 $h_D = \frac{2}{3}H$，即水深 2/3 处。

如果上述矩形平面的顶边低于自由液面或与水平面成某一倾斜角度或两边均受静水压强作用，如图 3-4 所示，则可类似以前的讨论，只要绘出上述平面对称轴线上的静压强分布图，就不难根据式（3-6）求出作用在上述平面上的液体总压力。

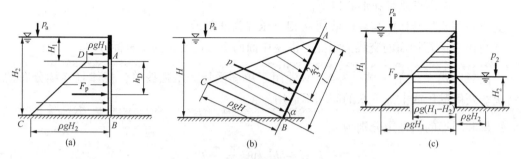

图 3-4　几种典型的压强分布图

2. 作用在曲面上液体总压力的计算（图 3-5）

可以先将曲面上的总压力分解为水平和铅垂两个方向的分力分别求解，然后再将两个方向的分力合成，求出合力的大小和方向，求解曲面上合力的作用点比较困难，此处不做讨论。

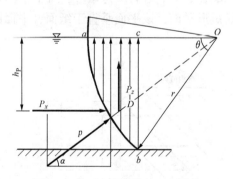

图 3-5　曲面上的液体总压力计算

（1）水平方向。将受压曲面向水平方向投影，将该投影平面区域视为一个受压平面，作用在则该平面上的压力即为受压曲面水平方向所受的压力，其大小、方向、作用点的分析与平面上的液体压力问题完全一致，用式（3-7）表示

$$P_x = p_c A \qquad (3\text{-}7)$$

（2）铅垂方向。铅垂方向液体压力的大小等于压力体中液体的质量，即

$$P_x = \rho g V \qquad (3\text{-}8)$$

其方向视压力体的虚实而定，下面是关于压力体的说明：由受压曲面向自由液面或自由液面的延伸面作投影，所得投影与受压曲面之间包夹的液体空间，称为**压力体**。竖直方向力的方向可以根据压力的垂向性判断，如图 3-5 所示，水压强方向斜向上方，竖直方向的力一定是向上的。

（3）曲面上的总压力为上述两方向作用力的合力，用式（3-9）表示

$$P = \sqrt{P_x^2 + P_z^2} \qquad (3\text{-}9)$$

设合力与水平方向的夹角为 α，用式（3-10）表示

$$\alpha = \arctan \frac{P_z}{P_x} \qquad (3\text{-}10)$$

3.1.2 阿基米德原理

若有一物体完全浸没在静止流体中，则称之为潜体，其所受竖直方向的力由下式表示

$$P_z = \rho g V \tag{3-11}$$

式中 ρ——流体的密度（kg/m³）；

g——重力加速度（m/s²）；

V——浸没于流体中的物体体积（m³）。

式（3-11）表明：作用在浸没于流体中物体的总压力 P_z，即浮力大小等于该物体所排开的同体积的流体重量，方向向上，作用线通过物体的几何中心（也称**浮心**），这就是阿基米德原理。阿基米德原理对于漂浮在液面的物体（**浮体**）而言也是适用的，这时式（3-11）中的物体体积不是整个物体的体积，而是物体浸没在液体中的那一部分体积。

一切浸没于流体中或漂浮在液面的物体，均受两个作用力：物体的重力 G 和浮力 F_B。重力的作用线通过重心而铅垂向下，浮力的作用线通过浮心而铅垂向上。根据 G 与 F_B 的大小，有下列三种可能性：

（1）当 $G > F_B$ 时，物体下沉。

（2）当 $G = F_B$ 时，物体漂浮在液面不动或在液体任何深度处维持平衡。

（3）当 $G < F_B$ 时，物体上升，减少浸没在液体中的物体体积，从而减小浮力；当所受浮力等于物体重力时，浮体达到平衡的位置。

3.1.3 潜、浮物体平衡与稳定

上面提到的重力与浮力相等，只是潜体维持平衡的必要条件，但不是维持平衡的充分条件。只有物体的重心和浮心同时位于同一铅垂线上，潜体才会处于平衡状态。潜体在倾斜后恢复其原来平衡位置的能力，**称潜体的稳定性**。当潜体在水中倾斜后，能否恢复其原来的平衡状态，按照重心 C 和浮心 D 在同一铅垂线上的相对位置，有三种可能性：

（1）重心 C 位于浮心 D 之下 [图 3-6（a）]。潜体如有倾斜，重力 G 与浮力 F_B 形成一个使潜体恢复原来平衡位置的转动力矩，使潜体能恢复原位。这种情况下的平衡称为**稳定平衡**。

（2）重心 C 位于浮心 D 之上 [图 3-6（b）]。潜体如有倾斜，重力 G 与浮力 F_B 将产生一个使潜体继续倾斜的转动力矩，潜体不能恢复其原位。这种情况的平衡称**不稳定平衡**。

（3）重心 C 与浮心 D 相重合 [图 3-6（c）]。潜体如有倾斜，重力 G 与浮力 F_B 作用线重合，不会产生转动力矩，潜体处于平衡状态下而不再恢复其原位。这种情况下的平衡称**随遇平衡**。

从以上的讨论中可知，为保持潜体的稳定，潜体的重心 C 须位于浮心 D 之下。

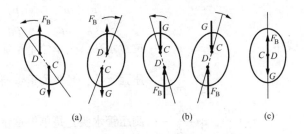

图 3-6 潜体的稳定性

但浮体平衡的稳定要求与潜体有所不同。浮体重心在浮心之上时，仍有可能形成稳定平衡，具体分析如下。

设有一对称的浮体，如图 3-7 所示。浮体的重心位置 C 不因倾斜而改变（但如船上装有具有自由液面的液体时，则船体倾斜后重心不在原来的位置上，这种情况暂不讨论），而浮心则因浸入液体中的那一部分体积形状的改变，从原来的 D 移到 D' 的位置。以向右倾斜为

例，这时存在三种可能性。

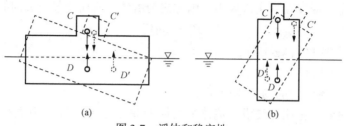

图 3-7 浮体和稳定性

（1）浮心向右的偏移量大于重心的向右偏移量 ［图 3-7（a）］。这时重力 G 与浮力 F_B 构成一个逆时针的转动力矩，使浮体回复到原来的平衡位置，这种情况下浮体所处的平衡状态是稳定平衡。

（2）浮心向右的偏移量小于重心的向右偏移量 ［图 3-7（b）］。这时重力 G 与浮力 F_B 构成一个顺时针的转动力矩，使浮体继续向右倾斜直至倾覆，这种情况下原来浮体所处的平衡状态是不稳定平衡。

（3）浮心向右的偏移量等于重心的向右偏移量。这时重力 G 与浮力 F_B 的作用线重合在一条直线上，物体在倾斜后新的位置维持平衡状态。

3.2 水动力学理论

3.2.1 伯努利方程

1. 恒定元流的伯努利方程

恒定流中沿流线取两过流断面 1—1、断面 2—2。断面 1—1、断面 2—2 的速度、压强、形心位置高度分别为 u_1、u_2，p_1、p_2，z_1、z_2，如图 3-8 所示，流体由断面 1—1 流向断面 2—2，两断面间没有汇流或分流。则两断面各参数之间满足下式

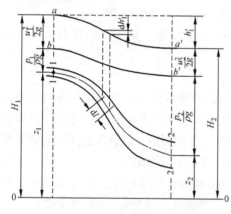

图 3-8 恒定元流的伯努利方程图示

$$z_1 + \frac{p_1}{\rho g} + \frac{u_1^2}{2g} = z_2 + \frac{p_2}{\rho g} + \frac{u_2^2}{2g} + h'_{l1-2} \tag{3-12}$$

式中

z_1、z_2——**位置水头**，是单位重量流体所具有的位置势能，简称为**位能**（m）；

$\dfrac{p_1}{\rho g}$、$\dfrac{p_2}{\rho g}$——**压强水头**，是单位重量流体所具有的压强势能，简称为**压能**（m）；

$z_1 + \dfrac{p_1}{\rho g}$、$z_2 + \dfrac{p_2}{\rho g}$——**测压管水头**，是单位重量流体所具有的总势能，简称为**势能**（m）；

$\dfrac{u_1^2}{2g}$、$\dfrac{u_2^2}{2g}$——**速度水头**，是单位重量流体所具有的动能，简称为**动能**（m）；

$z_1 + \dfrac{p_1}{\rho g} + \dfrac{u_1^2}{2g}$、$z_2 + \dfrac{p_2}{\rho g} + \dfrac{u_2^2}{2g}$——**总水头**，是单位重量流体所具有的总机械能，简称**总能**（m）；

h'_{l1-2}——**水头损失**，是单位重量流体所损失的机械能（m），理想流体 $h'_{l1-2} = 0$。
实际问题中在两断面位置比较接近且流体黏度不太大时常忽略损失。

式（3-12）称为恒定元流的伯努利方程。

伯努利方程又称**能量方程**，它揭示了流体流动过程中的机械能的守恒与转换规律，其典型应用是用于测量流体流速的毕托管。毕托管主要由一根测压管和一根测速管组成，并在两管末端连接上压差计，如图3-9所示。流体流至探头前端点处速度下降为零。速度为零处的端点称为**驻点**，该点的压强称驻点压强，开口 B 处的流速近似为插入毕托管前的流速，也就是说，认为插入毕托管对流场的干扰可以忽略，根据伯努利方程

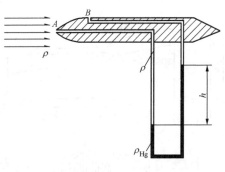

图3-9　毕托管

$$z_A + \frac{p_A}{\rho g} + \frac{u_A^2}{2g} = z_A + \frac{p_A}{\rho g} = z_B + \frac{p_B}{\rho g} + \frac{u_B^2}{2g} \qquad (3\text{-}13)$$

得

$$u_B = \sqrt{2g\left[\left(z_A + \frac{p_A}{\rho g}\right) - \left(z_B + \frac{p_B}{\rho g}\right)\right]} = \sqrt{2g \cdot \Delta h} \qquad (3\text{-}14)$$

这就是毕托管的流速公式，测压管水头差 $\left(z_A + \dfrac{p_A}{\rho g}\right) - \left(z_B + \dfrac{p_B}{\rho g}\right)$ 可以根据其后面连接的比压计读数求出，注意此处密度是流动介质的密度值。如图3-9所示比压计中所充的测量介质是水银，被测流动介质为水时

$$\left(z_A + \frac{p_A}{\rho g}\right) - \left(z_B + \frac{p_B}{\rho g}\right) = \frac{\rho_汞 - \rho_水}{\rho_水}h = 12.6h \qquad (3\text{-}15)$$

这是经常用到的结论。

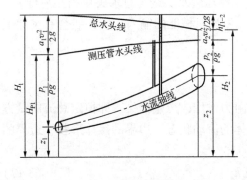

图3-10　水头线

2. 恒定总流的伯努利方程

取恒定总流两均匀流或渐变流过流断面，如图3-10所示，其断面中心位置高度为 z_1、z_2，压强为 p_1、p_2，断面平均流速分别为 v_1、v_2，则有

$$z_1 + \frac{p_1}{\rho g} + \frac{\alpha_1 v_1^2}{2g} = z_2 + \frac{p_2}{\rho g} + \frac{\alpha_2 v_2^2}{2g} + h_{l1-2} \qquad (3\text{-}16)$$

式（3-16）即为恒定总流的伯努利方程。式中 $\alpha v^2/2g$ 是单位重量流体的动能称为**速度水头**，h_{l1-2} 是两断面间单位重量流体损失的机械能，称为**水头损失**，其余各项的物理意义与元流能量方程相同。测压管水头与速度水头之和称为**总水头**，能量方程反映两断面间的能量守恒与转换关系。动能修正系数 α 是大于1但接近1的数，所以很多问题也直接取1处理。

3.2.2　总水头线

总水头 $H = z + \dfrac{p}{\rho g} + \dfrac{\alpha v^2}{2g}$，表示断面单位重量流体的**总机械能**，在进行水系统动力学分析时经常用几何长度来表示总水头的大小和变化，这就是**总水头线**，如图3-10所示。由于实际流体流动总是存在损失，所以**总水头线是沿程单调下降的**。

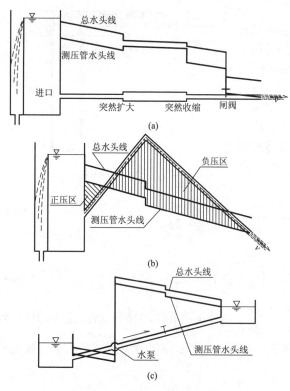

3.2.3 测压管水头线

$H_p = z + \dfrac{p}{\rho g}$ 是**测压管水头**，均匀流过流断面上压强分布符合静压分布规律，各点测压管水头均相等。用几何长度来表示测压管水头的大小和变化，这就是**测压管水头线**，如图 3-11 所示。

图 3-11 是一组典型的总水头线和测压管水头线，参照这组曲线，可以理解以下概念：

（1）由于实际流体流动总是存在损失，所以在没有机械能输入的条件下，总水头线是沿程单调下降的。但**测压管水头线可能是下降的也可能是上升的**，例如图 3-11（a）所示的突然扩大处。

（2）测压管水头线总是低于总水头线，两者之间的竖直距离反映流速水头的大小，管路细时流速大，两者距离远；管路粗时流速小两者距离近，在较大容器或水池等场合，通常忽略流速水头的

图 3-11　总水头线与测压管水头线

影响，则总水头线与测压管水头线重合。

（3）在等直径管均匀流条件下，流速沿程不变，测压管水头线与总水头线相互平行。

（4）如图 3-11（c）所示，如果系统中有水泵，发生机械能的输入，水头线会有突然上升，总水头线的上升幅度就是水泵的扬程。

3.3 水流阻力和水头损失

由于实际流体具有黏性，流动过程中就会受到阻力作用，产生损失，即恒定总流能量方程式（3-16）中的水头损失。水头损失的大小和流体的流动状态、边界的尺寸形状、边界的粗糙程度等因素有关。水头损失 h_1 可以写成式（3-17）。

$$h_1 = \sum h_f + \sum h_j \tag{3-17}$$

式中　$\sum h_f$——沿程损失，也称长度损失发生在均匀流（例如长直管道）中，大小与管长成正比；

　　　$\sum h_j$——局部损失，与过流断面的尺寸及形状变化有关，有的教材也写作 $\sum h_m$。

沿程损失的计算公式（达西 - 魏斯巴赫公式）为

$$h_f = \lambda \frac{l}{d} \cdot \frac{v^2}{2g} \tag{3-18}$$

式中　λ——沿程损失系数或阻力系数，无单位；

　　　l——管道长度（m）；

　　　d——管道直径（m）；

$\dfrac{v^2}{2g}$——速度水头（m）。

局部损失按式（3-19）计算

$$h_{\mathrm{j}} = \zeta \frac{v^2}{2g} \tag{3-19}$$

式中　ζ——局部损失系数或局部阻力系数，无单位。

3.3.1　沿程阻力系数变化

利用达西 - 魏斯巴赫公式计算管流沿程损失时，沿程损失系数 λ 是问题的关键。根据研究，λ 是 Re 数和壁面相对粗糙度 k_{s}/d 的函数。图 3-12 是**尼古拉兹实验**获得的人工粗糙条件下 $\lambda - Re$ 曲线关系。随 Re 数和 k_{s}/d 值的变化，损失系数分为 5 个区。

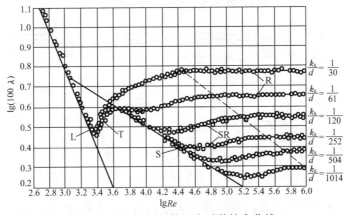

图 3-12　人工粗糙管阻力系数综合曲线

（1）层流区（L 线）：$Re < 2000$，$\lambda = 64/Re$ 沿程损失与流速的 **1 次方成正比**；

（2）临界过渡区（T 线）：$2000 < Re < 4000$，$\lambda = f(Re)$；

（3）紊流光滑区（S 线）：$Re > 4000$ 但上限与 k_{s}/d 值有关，k_{s}/d 值小，壁面光滑则 Re 数上限值大，$\lambda = 0.3164/Re^{0.25}$（布拉休斯公式），沿程损失与断面平均流速的 **1.75 次方成正比**；

（4）紊流过渡区（SR 区）：Re 区域与 k_{s}/d 值有关，$\lambda = f(Re, k_{\mathrm{s}}/d)$；

（5）紊流粗糙区（R 区）：Re 下限与 k_{s}/d 值有关，无上限，$\lambda = f(k_{\mathrm{s}}/d)$，损失系数与 Re 数无关，沿程损失与断面平均流速的 **2 次方成正比**，因此，此区域也称为阻力平方区。

由于工业管道的壁面粗糙不像人工粗糙一样均匀，因此，其阻力损失系数曲线也与人工粗糙管的阻力系数曲线有所区别，常通过莫迪图根据雷诺数和相对粗糙度来查出实际工业管道的沿程阻力系数。

3.3.2　局部水头损失

局部水头损失发生在固体边界的形状、尺寸发生变化的流动区域，在这些区域发生流速分布的重新组合，产生漩涡，如图 3-13 所示，会额外地消耗一部分机械能，形成局部集中的水头损失。局部水头损失按式（3-19）计算。和沿程损失一样，局部损失计算的关键是确定局部损失系数 ζ 值。这里仅列出管断面突然扩大和突然缩小。图 3-13（a）、（c）两种情况下局部损失及局部损失系数 ζ 值的计算公式，定义局部改变前、后的断面面积分别为 A_1、A_2，断面平均流速分别为 v_1、v_2，对应的局部损失系数分别为 ζ_1、ζ_2：

突然扩大

$$h_{\mathrm{j}} = \left(1 - \frac{A_1}{A_2}\right)^2 \frac{v_1^2}{2g} = \left(\frac{A_2}{A_1} - 1\right)^2 \frac{v_2^2}{2g} \tag{3-20}$$

对照式（3-20）有

$$\zeta_1 = \left(1 - \frac{A_1}{A_2}\right)^2 \text{（建议记住）} \text{ 或 } \zeta_2 = \left(\frac{A_2}{A_1} - 1\right)^2$$

突然缩小

$$h_{\mathrm{j}} = 0.5\left(1 - \frac{A_2}{A_1}\right)\frac{v_2^2}{2g} \tag{3-21}$$

$$\zeta_2 = 0.5\left(1 - \frac{A_2}{A_1}\right) \text{（建议记住）} \tag{3-22}$$

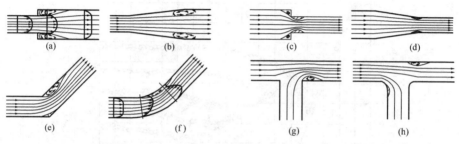

图 3-13　产生局部损失的流场

由水管进入水池的淹没出流，其局部损失系数为 1；由水池进入水管的锐缘管路进口，其局部损失系数为 0.5。记住这两个特例对记忆损失系数公式和分析某些问题很有帮助。

3.3.3　绕流阻力

流体绕流任何形状固体时都会不同程度地受到固体的阻力，根据作用力与反作用力关系，固体受到同样大小的流体作用力。绕流阻力分**摩擦阻力**和**形状阻力**（也称**压差阻力**）。形状阻力由**边界层分离**产生（图 3-14）。流线型固体由于绕流时不容易发生边界层分离，不易产生压差阻力，所以，与非流线型体相比，常常在较大流速时，有较小的绕流阻力（图 3-15）。绕流阻力计算公式为

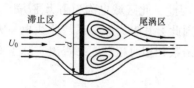

图 3-14　压差阻力的产生

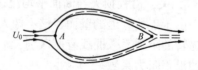

图 3-15　流线形体的绕流

$$D = C_{\mathrm{d}}A\frac{\rho U_0^2}{2} \tag{3-23}$$

式中　D——阻力（N）；

　　　C_{d}——阻力系数，无单位，通常由实验确定；

　　　A——物体的迎流面积（m^2）；

　　　ρ——流体密度（$\mathrm{kg/m}^3$）；

　　　U_0——来流流速（m/s）。

由此可见，在阻力系数为常数时，绕流阻力与迎流面积成正比，与来流流速的二次方成正比。

1. 二维物体的绕流阻力（图3-16）

二维物体的绕流主要有流体绕经圆柱流线型物体垂直平板形式。绕经物体的摩擦阻力和压差阻力主要与流动的雷诺数有关，因此绕流阻力系数 C_d 也主要决定于雷诺数。另外，物体的形状、物体表面的粗糙情况、来流的湍流强度等都是影响 C_d 的因素。

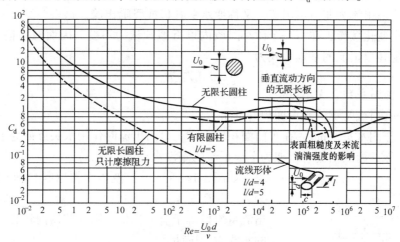

图3-16 二维物体的绕流阻力系数

2. 三维物体的绕流阻力（图3-17）

流体绕经三维物体的绕流阻力系数的变化规律与二维物体相似，由于它是一个空间问题，在理论和实验方面都比平面问题复杂。在工程实践中，遇到很多的是圆球绕流问题。若绕流圆球直径为 d，在绕流雷诺数 $Re = U_0 d/\nu < 1$ 时，绕流阻力由式（3-24）计算

$$D = 3\pi\mu d U_0 \qquad (3-24)$$

式中 μ——流体的动力黏滞系数（Pa·s）。

式（3-24）称为**斯托克斯公式**。

可见在绕流雷诺数小于 1 时，绕流阻力与直径、动力黏滞系数、来流速度均成正比。在研究粉尘颗粒，水中悬浮颗粒物运动等问题中，常使用斯托克斯公式。对应绕流阻力式（3-23）可得此时的阻力系数 $C_d = 24/Re$。

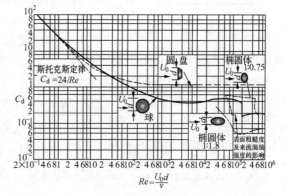

图3-17 三维物体的绕流阻力系数

在上升流体中球状（或简化处理为球状）固体颗粒受到向上的浮力和绕流阻力的作用，同时受到向下的重力作用，当这三个力平衡时，小球既不上升也不下降，此时的流体上升速度即定义为**悬浮速度**。同样水中颗粒物的匀速沉降速度，空气中粉尘的匀速下降速度也可以看成是悬浮速度。在绕流雷诺数 $Re = U_0 d/\nu < 1$ 时，悬浮速度公式为

$$u_f = \frac{1}{18\mu}(\rho_s - \rho)gd^2 \qquad (3-25)$$

式中 ρ_s——固体颗粒的密度（kg/m³）；

ρ——流体的密度（kg/m^3）。

其余符号同前。由式（3-25）可知，u_f 与 μ、d、ρ_s 相关，该式也可以作为定性判断的依据。

3.4 孔口、管嘴出流和有压管路

3.4.1 孔口、管嘴的变水头出流

在孔口或管嘴出流过程中，如作用水头随时间变化，则出流流量也将随时间而变化，这时的孔口或管嘴出流为非恒定出流，又称**变水头孔口或管嘴出流**。这里介绍的问题只限于容器内液面高度变化缓慢，在每一个微小时段内可近似地认为不变，因而忽略惯性力的影响，可以采用恒定孔口出流的基本公式为

$$Q = \mu A \sqrt{2gH_0} \tag{3-26}$$

式中 μ——流量系数，无单位；

A——孔口或管嘴的开口面积（m^2）；

H_0——作用水头（m），在水面面积较大时，自由出流时作用水头近似为上游的淹没水深，淹没出流时近似为上、下游的淹没水深之差（m）。

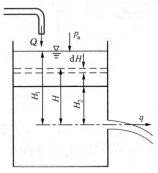

图 3-18　变水头出流

如图 3-18 所示，设液体由器壁孔口流出，孔口面积为 A，出流流量为 q，同时，有流量 Q 流入容器。如果流出流量恰好等于流入流量，则在容器内将有一个高出孔口的水头 H_a，满足

$$Q = \mu A \sqrt{2gH_a} \tag{3-27}$$

$$H_a = \frac{Q^2}{(\mu A)^2 2g} \tag{3-28}$$

当水箱内实际水位 $H > H_a$ 时，$q > Q$，水面逐渐下降至 H_a；$H < H_a$ 时，$q < Q$，水面逐渐上升至 H_a。

非恒定孔口或管嘴出流所要解决的主要问题是充水或泄水所需要的时间。作为上面问题的一个特例当 $Q = 0$ 时，水箱水位由 H_1 开始下降，这是一个典型的变水头出流问题，设水箱横截面积为 Ω，则放空水箱所花时间为

$$T = \frac{2\Omega \sqrt{H_1}}{\mu A \sqrt{2g}} = \frac{2\Omega H_1}{\mu A \sqrt{2gH_1}} = \frac{2V}{\mu A \sqrt{2gH_1}} \tag{3-29}$$

此式可以用下述方法帮助记忆：

$Q_{max} = \mu A \sqrt{2gH_1}$，$Q_{min} = 0$，则平均流量为 $\overline{Q} = \frac{1}{2}\mu A \sqrt{2gH_1}$，所以要花的时间为 $T = \frac{V}{\overline{Q}} = \frac{2V}{\mu A \sqrt{2gH_1}}$，或者放空时间是定水头放同样水量所用时间的 2 倍。

注意：这里所说的"平均流量"只是为帮助理解和记忆用，并不是严格定义的。

3.4.2 短管水力计算

有压管流中，当局部损失和速度水头所占比例较大，不能忽视时，称为**短管流动**；当局部损失和速度水头所占比例很小而被忽略时，称为**长管流动**。可见"长管"和"短管"并非针对几何尺度而言，长管是实际管道忽略局部损失及速度水头所采用的简化计算模型。

短管的水力计算，是将连续方程、能量方程以及损失计算综合运用，求解一段**等直径管**的水头、管径、压强、流量等参数的过程，直径相等流量不变的管路称为**简单管路**。流量计算是短管的水力计算中最基本的计算，简单短管自由出流的流量公式为

$$Q = \mu A \sqrt{2gH_0} = \frac{1}{\sqrt{1 + \lambda \frac{l}{d} + \sum \zeta}} A \sqrt{2gH_0} \tag{3-30}$$

式中，$\sum \zeta$ 是管中各局部损失系数之和，其余各符号同前。短管淹没出流时，$\sum \zeta$ 中多出一个淹没出流损失系数 $\zeta = 1$，没有前面的"1"，所以数值上自由出流应与淹没出流的计算结果是一致的。

3.4.3 长管水力计算

1. 简单长管水力计算

长管计算即是忽略了局部水头损失和速度水头的管路计算问题。图 3-19 是长管的水头变化关系图，可以用式（3-31）表达。

$$H = h_f = \lambda \frac{l}{d} \left(\frac{4Q}{\pi d^2}\right)^2 / 2g = \frac{8\lambda l}{\pi^2 d^5 g} Q^2 \tag{3-31}$$

$$H = S_0 l Q^2 \tag{3-32}$$

式中，$S_0 = \dfrac{8\lambda}{\pi^2 d^5 g}$ 称为管路的比阻，单位是 $\mathrm{s^2/m^6}$，可理解为 1m 管长，$1\mathrm{m^3/s}$ 流量时管路的沿程损失。它是沿程损失系数 λ 与管道直径 d 的函数，当流动处于阻力平方区时，λ 不随雷诺数变化而变化，S_0 只是直径 d 的函数，可通过舍维列夫公式、曼宁公

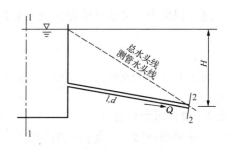

图 3-19 长管的水头线与水头损失

式等公式来计算。为计算方便令 $S = S_0 l$，称为管路的综合阻抗，单位是"$\mathrm{s^2/m^5}$"，则有

$$H = SQ^2 \tag{3-33}$$

式（3-33）是长管计算的基本公式，它不仅适用于简单长管的水力计算，也适用于复杂长管的水力计算，单根管路 S 与管长 l 成正比。

2. 复杂长管水力计算

（1）串联管路。两段或两段以上的简单管路首尾相接时构成串联管路，如图 3-20 所示。串联管路有两个基本水力特征：

1）各管段流量满足连续性方程，即

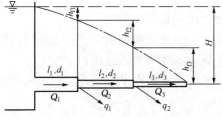

图 3-20 串联管路

$$Q_i = Q_{i+1} + q_i \tag{3-34}$$

式中 q_i——第 i 段管路末尾与第 $i+1$ 段管路连接节点处泄流出的流量。当各节点流量为 0 时，各管段流量相等为一常数。

2）总损失等于各管段损失之和

$$H = \sum_{i=1}^{n} h_{fi} = \sum_{i=1}^{n} S_{0i} l_i Q_i^2 = \sum_{i=1}^{n} S_i Q_i^2 \tag{3-35}$$

当沿途各节点流量为零时，式（3-35）化为 $H = \left(\sum_{i=1}^{n} S_i\right) Q^2$，则推出，串联管路的总阻抗

等于各管路的阻抗之和，即 $S = \sum_{i=1}^{n} S_i$，即"流量相等，损失相加，阻抗相加"。

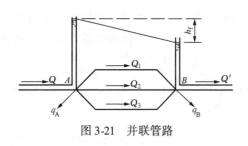
图 3-21　并联管路

（2）并联管路。两段或两段以上的简单管路首—首相接尾—尾相接时构成并联管路，如图3-21所示。并联管路也有两个基本特征：

1）节点泄流量为零时，总流量为各管段流量之和

$$Q = \sum Q_i \tag{3-36}$$

2）各并联管路损失相等

$$H = H_1 = H_2 = \cdots = H_i \tag{3-37}$$

即"流量相加，损失相等"。

则推出，并联管路的总阻抗 S 与各管路阻抗 S_i 之间存在如下关系

$$\frac{1}{\sqrt{S}} = \sum_{i=1}^{n} \frac{1}{\sqrt{S_i}} \tag{3-38}$$

还可以推出，并联各管路的流量分配关系

$$Q_1 : Q_2 : \cdots : Q_n = \frac{1}{\sqrt{S_1}} : \frac{1}{\sqrt{S_2}} : \cdots : \frac{1}{\sqrt{S_n}} \tag{3-39}$$

可见并联各分支管路中阻抗大的流量小，流量分配关系和水力特征是并联管路部分的重要考点。

3.4.4　管网水力计算基础

多条管路连接在一起构成的管路系统称为**管网**，管网按连接方式划分为**枝状管网**和**环状管网**。

注意：从考试形式和历年试题分析，这部分出题可能性小，有余力的读者可参考相关教材复习。

3.5　明渠均匀流

明渠均匀流是流线为平行直线的明渠水流，是明渠流动的最简单形式。

发生明渠均匀流的条件是：①恒定流，流量沿程不变；②长直棱柱形渠道；③顺坡，坡度沿程不变；④粗糙系数 n 沿程不变；⑤沿程无局部干扰；⑥远离渠道进出口。

明渠均匀流的水力特征是：①沿程过流断面的水深、流量、断面平均流速、过流断面速度分布均不变；②渠底坡度与水力坡度相等，即 $J = i$。

明渠均匀流基本公式是谢才公式

$$v = C\sqrt{RJ} = C\sqrt{Ri} \tag{3-40}$$

$$Q = Av = AC\sqrt{Ri} \tag{3-41}$$

$$R = \frac{A}{\chi} \tag{3-42}$$

$$C = \frac{1}{n} R^{\frac{1}{6}} \tag{3-43}$$

式中　v——明渠的平均流速（m/s）；

Q——流量（m³/s）；

i——渠底坡度，无单位；

A——过流断面面积（m^2）；

R——水力半径（m），用式（3-42）计算；

χ——湿周，即过流断面上固液交界长度（m）；

C——谢才系数（$m^{1/2}/s$），用曼宁公式（3-43）计算；

n——渠道粗糙系数，一般不讨论其单位。

谢才公式是明渠均匀流部分的核心公式应熟练掌握。

3.5.1 最优断面和允许流速

1. 水力最优断面（大纲次序倒置，建议可先复习 3.5.2）

当断面面积 A、粗糙系数 n 及渠底坡度 i 一定时，使流量 Q 达到最大值的断面称为水力最优断面。根据流量式（3-41），上述条件下 R 达到最大，或湿周 χ 最小时流量达到最大。显然，面积一定时半圆的湿周最小，所以所有渠道断面中半圆渠道是最优的，但由于半圆渠道修建困难，实际渠道更多的还是梯形和矩形断面。经求极值运算可知，当 b、m 值一定时水力半径为水深的一半时为水力最优断面，即 $R = h/2$。对于矩形渠道，水力最优断面是正方形的一半，即水深是水面宽的一半。在不同边坡系数对应的一系列梯形水力最优渠道之中，正六边形的一半是"最优中的最优"。

在某边坡系数 m 条件下，其水力最优条件表现为最优宽深比

$$\frac{b}{h} = 2(\sqrt{1 + m^2} - m) \tag{3-44}$$

式中各符号意义参见第 3.5.2 小节。

水力最优断面的问题也可以从另外的角度去理解：当过流流量 Q、粗糙系数 n 及渠底坡度 i 一定时，断面面积 A 最小时的断面形式即为水力最优断面，断面面积小，工程的土石方也就小了。

水力最优断面不一定是最经济的断面。

2. 允许流速

允许流速是由渠道的建造材料决定的最大流速，和由水中沉淀物决定的不淤积最小流速之间的流速范围，流速过大会导致渠道的冲刷破坏，流速过小会造成淤积。

建造材料好的，允许最大流速大；建造材料差的，最大允许流速小。

水中杂质多，颗粒大或密度大的，渠道容易淤积，最小允许流速大；水质清澈的最小允许流速小。简单地说，"上不冲刷，下不淤积。"

3.5.2 水力计算

明渠均匀流水力计算的基本工具是谢才公式（3-41），常见的渠道断面形式有矩形、梯形和圆形，其中矩形又可以看成是梯形的特殊形式。

1. 过水断面的几何要素

梯形断面的断面几何要素如图 3-22 所示，b 为渠底宽，h 为水深，均匀流的水深沿程不变，称为正常水深，用 h_0 表示；$m = \cot\alpha$ 是边坡系数，矩形断面可以看成是边坡系数为 0 的梯形断面。梯形断面各几何要素之间的关系为：

$$\left.\begin{array}{ll} \text{水面宽} & B = b + 2mh \\ \text{过水断面面积} & A = (b + mh)h \\ \text{湿周} & \chi = b + 2h\sqrt{1 + m^2} \\ \text{水力半径} & R = \dfrac{A}{\chi} \end{array}\right\} \tag{3-45}$$

圆形断面几何要素如图 3-23 所示，d 为直径，h 为水深，**充满度** $\alpha = h/d$，θ 为**充满角**，圆形断面各几何要素之间的关系为：

充满角 $\qquad\qquad\qquad\qquad \alpha = \sin^2 \dfrac{\theta}{4}$

过水断面面积 $\qquad\qquad\quad A = \dfrac{d^2}{8}(\theta - \sin\theta)$

湿周 $\qquad\qquad\qquad\qquad\quad \chi = \dfrac{d}{2}\theta$

水力半径 $\qquad\qquad\qquad\quad R = \dfrac{d}{4}\left(1 - \dfrac{\sin\theta}{\theta}\right)$

$$(3\text{-}46)$$

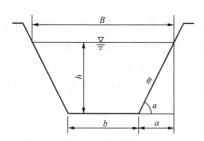

图 3-22　梯形断面几何要素

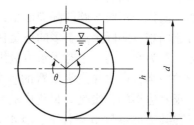

图 3-23　圆形断面几何要素

2. 梯形断面的水力计算

谢才公式（3-41）是涉及 Q、n、i、m、b、h 六个参数的方程，求解方程就是水力计算的任务。考试方式决定了主要围绕 Q、n、i 的变化进行讨论。

3. 圆断面的水力计算

根据谢才公式和圆形断面几何要素关系式（3-45）可以直接求解圆断面渠道的水力计算问题，但很繁琐，所以一般用预先做好图表的方法进行圆形断面的水力计算。

为了使图线在应用上更具有普遍意义，能适用不同管径、不同粗糙系数的情况，坐标采用无量纲数来表示。满管流时的流量为 Q_d，不满管流时的流量为 Q，它们的比值

$$A = \frac{Q}{Q_d} = \frac{AC\sqrt{Ri}}{A_d C_d \sqrt{R_d i}} = f_1\left(\frac{h}{d}\right) = f_1(\alpha) \qquad (3\text{-}47)$$

满管流时的流速为 v_d，不满管流时的流速为 v，它们的比值

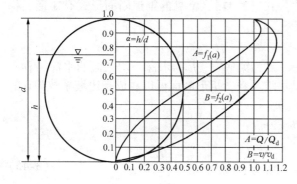

图 3-24　圆形断面渠道的水力计算

$$B = \frac{v}{v_d} = \frac{C\sqrt{Ri}}{C_d \sqrt{R_d i}} = f_2\left(\frac{h}{d}\right) = f_2(\alpha)$$

$$(3\text{-}48)$$

由于 f_1、f_2 两函数只是充满度 $\alpha = h/d$ 的函数，所以对任意管径都是适用的。设一个 α 值，即可求得相应的 A、B 值，绘制成如图 3-24 所示的曲线。

值得强调的是，在 n、i、d 一定的管道内满管时的流量流速都不是最大。具体而言，当 $\alpha \approx 0.94$ 时流量比的最大值 $A_{\max} \approx$

1.08；当 $\alpha \approx 0.81$ 时，流速比的最大值 $B_{\max} \approx 1.14$。当 $\alpha = 0.8$ 时，$A \approx 1$，即管内水深达到80%管径时，流量接近满管时的流量；当 $\alpha = 0.5$ 时，$B = 1$，即管内水深达到直径一半时，流速等于满管流时的流速，即：圆管中流量与流速均不是随充满度增大而单调加大的。

3.6　明渠非均匀流

在明渠中，由于水工建筑物的修建、渠底坡度的改变，或是渠道断面的扩大、缩小等，都会导致均匀流条件的破坏而发生非均匀流动。讨论非均匀流的目的主要是分析和计算由于发生非均匀流而产生的水面曲线的变化规律。

3.6.1　临界水深

一个过流渠道断面：水深 h、流量 Q、断面面积 A、断面动能修正系数 α，以渠底为位置基准面，写出断面的总水头为

$$H = 0 + h + \frac{\alpha v^2}{2g} = h + \frac{\alpha Q^2}{2gA^2} = E \tag{3-49}$$

式中，E 称为**断面单位能量**，由断面单位势能 $E_1 = h$ 和断面单位动能 $E_2 = \dfrac{\alpha Q^2}{2gA^2}$ 两部分构成。在渠道断面形状和流量确定的情况下，水深 h 大则势能大，而断面面积加大会导致流速的减小，从而减小动能；反之，则动能加大，势能减小。按照这种变化绘制断面的势能曲线、动能曲线和断面单位能量曲线如图 3-25 所示。可以看出断面单位能量 E 存在最小值，其对应的水深为 h_{cr} 称为**临界水深**，即在该流量和断面形状下，水深为临界水深时，断面单位能量最小。

临界水深是判断水流形态的重要判据之一，也是进行水面曲线分析计算的重要依据。临界水深可由式（3-49）计算

$$\frac{A_{\mathrm{cr}}^3}{B_{\mathrm{cr}}} = \frac{\alpha Q^2}{g} \tag{3-50}$$

式中，A、B 分别表示过流断面的面积和水面宽度，下标"cr"表示临界水深下的值。临界水深与 n、i 无关。

图 3-25 可以解释一些水力现象：缓流时对应曲线上半支，遇阻碍时能量减小水位下降；急流时对应曲线下半支，遇阻碍时能量减小，水位上升。

1. 矩形断面的临界水深计算

矩形是梯形的特殊形式，可以直接求解临界水深，即

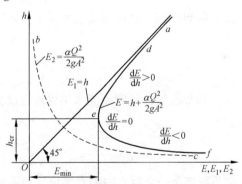

图 3-25　断面单位能量与临界水深

$$h_{\mathrm{cr}} = \sqrt[3]{\frac{\alpha Q^2}{gB^2}} = 2 \frac{\alpha v_{\mathrm{cr}}^2}{2g} \tag{3-51}$$

式中　v_{cr}——**临界流速**，即临界水深对应的流速。

2. 圆形断面的临界水深计算（略）

3.6.2　缓流

在平原地区的河段中，若有大块孤石阻水，由于底坡平坦、水流徐缓，孤石对水流的影

响向上游传播，使较长一段距离的上游水流受到影响，如图 3-26 所示，称这种障碍物的影响（即干扰波）能够向上游传播的明渠流动形态为**缓流**。

3.6.3 急流

在底坡陡峻、水流湍急的溪涧中，涧底若有大块孤石阻水，则水流或是跳跃而过，或因跳跃过高而激起浪花，孤石的存在对上游的水流没有影响，如图 3-27 所示。这种障碍物的影响只能对附近水流引起局部扰动，不能向上游传播的明渠水流称为**急流**。

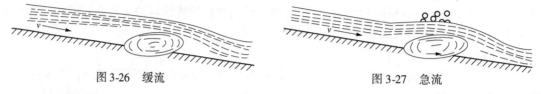

图 3-26　缓流　　　　　　　　　　　　　　图 3-27　急流

3.6.4 临界流

临界流量是介于急流与缓流之间的流动形态。

急流与缓流是明渠的两种流动形态，除上述直观观察外，还可以通过多种形式来判断。

（1）流速与波速：断面水深为 h，则渠道内波速为 $\sqrt{gh}$，设流速为 v，则

$$v > v_{cr} = \sqrt{gh} \quad 为急流$$

$$v < v_{cr} = \sqrt{gh} \quad 为缓流$$

$$v = v_{cr} = \sqrt{gh} \quad 为临界流$$

（2）弗劳德数：设流速为 v，断面水深为 h，则断面弗劳德数为 $Fr = \dfrac{v}{\sqrt{gh}}$

$$Fr > 1 \quad 为急流$$

$$Fr < 1 \quad 为缓流$$

$$Fr = 1 \quad 为临界流$$

（3）临界水深：某明渠流水深为 h，临界水深为 h_{cr}，则

$$h > h_{cr} \quad 为缓流$$

$$h < h_{cr} \quad 为急流$$

$$h = h_{cr} \quad 为临界流$$

（4）临界底坡：某明渠流水渠渠底坡度为 i，临界底坡为 i_{cr}，则

$$i > i_{cr} \quad 为急流$$

$$i < i_{cr} \quad 为缓流$$

$$i = i_{cr} \quad 为临界流$$

临界底坡是一个综合的水力学量，而不是单纯的几何坡度。

3.6.5 渐变流微分方程

渐变流微分方程有三种表现形式，即

$$\left.\begin{array}{l} - \mathrm{d}z = \mathrm{d}\left(\dfrac{\alpha v^2}{2g}\right) + \mathrm{d}h_f \\[2mm] \dfrac{\mathrm{d}E}{\mathrm{d}s} = i - J \\[2mm] \dfrac{\mathrm{d}h}{\mathrm{d}s} = \dfrac{i - J}{1 - Fr} \end{array}\right\} \tag{3-52}$$

第一种表达方式表示的是能量的转化关系，即减小的势能有一部分转化为动能增加量；同时用于克服沿程损失；第二种表达方式表示的是断面单位能量沿程的变化关系，如果为均匀流则 $\dfrac{dE}{ds}=0$ 即 $i=J$，如果 $i>J$ 则说明坡度大，损失小，断面单位能量沿程增加，反之，同理；第三种表达方式表示的是水深沿程的变化关系，是进行水面曲线计算与分析的基本工具。

由急流到缓流的过渡过程称为水跃，水面急剧上升；由缓流到急流的过渡过程称为跌水或水跌，水面迅速下降。水跃有远驱式、临界式、淹没式三种。水跃会伴随较大的表面水滚和浪花，会消耗较多的机械能，是明渠流消能的主要形式。

> 注意：考试大纲中没有提及水面曲线分析，此处也不再赘述，但水面曲线分析是较为重要的内容，建议有余力的读者参考有关资料适当复习。

3.7 堰流

在明渠中设置障壁（堰）后，缓流经障壁顶部溢流而过的水流现象称为**堰流**。依堰顶的厚度可分为**薄壁堰、实用堰和宽顶堰**，如图 3-28 所示。其判别标准是：$\delta/H<0.67$ 为薄壁堰；$0.67\leq\delta/H\leq2.5$ 为实用堰；$2.5<\delta/H\leq10$ 为宽顶堰。水流经过堰发生的损失主要是**局部损失**。

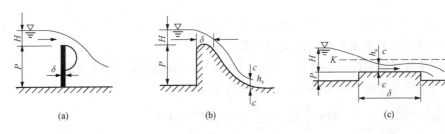

图 3-28　堰流

（a）薄壁堰；（b）实用堰；（c）宽顶堰

3.7.1 薄壁堰

薄壁堰的堰壁很薄，堰顶厚度对溢流的形态没有影响，水流在重力作用下越过堰顶，水面具有较大的弯曲。当堰上水头 H 很小时，因受表面张力的作用，溢流水股（称水舌）将贴附壁面下泄，如图 3-29（a）所示。当堰上水头增大到一定程度，水舌在惯性力的作用下收缩并脱离堰壁下泄，形成完善的溢流状态，如图 3-29（b）所示。此时，如果水舌与堰壁间通气不充分，则因水舌不断地将该空间的空气带走，致使压强降低，甚至出现负压，水舌在外表面大气压强的作用下迫向堰壁，再次出现类似图 3-29（a）的贴壁下泄的**不完善堰流**，影响泄流能力。此种状态极不稳定，周期性摆动易造成堰体破坏。因此，通常需保证水舌下方通气充分，以保证在一定作用水头下稳定溢流。

堰上水头就是指堰壁上游 $3H$ 以上距离处水面到堰顶的高度差。

堰板开口为矩形的矩形薄壁堰泄流流量公式为

$$Q=mB\sqrt{2g}H_0^{3/2} \tag{3-53}$$

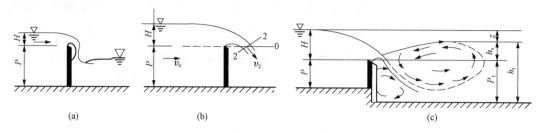

图 3-29　薄壁堰溢流

式中　B——矩形堰板开口宽度（m）；

　　　m——流量系数；

　　　H_0——作用水头（m）。

作用水头 H_0 用下式表示

$$H_0 = H + \frac{\alpha v^2}{2g} \tag{3-54}$$

式中　H——堰上水头，是自由水面与堰顶的高度差（m）；

　　　v——来流水渠内平均流速，也称行近流速（m/s）。

因薄壁堰常作为测量流量的设备，根据堰上水头 H 来求流量较方便，为此可将式（3-53）写成

$$Q = m_0 B \sqrt{2g} H^{3/2} \tag{3-55}$$

式中　m_0——考虑了行近水头影响的流量系数。

薄壁堰用于流量测量时，不宜在如图 3 - 29（c）所示的淹没条件下工作。

堰板开口为三角形的三角形薄壁堰泄流流量公式为

$$Q = \frac{4}{5} m_0 \tan \frac{\theta}{2} \times \sqrt{2g} H^{5/2} = M H^{5/2} \tag{3-56}$$

式中　M——流量系数；

　　　θ——三角形开口的开口角度。

很多时候使用直角开口即 $\theta = 90°$ 时，$M = 1.4$，即

$$Q = 1.4 H^{5/2} \tag{3-57}$$

此式简单且经常用于小流量的测量，应记住。

除此之外，还有堰板开口为梯形的梯形堰，用于较大流量的测量。

3.7.2　实用断面堰

实用断面堰溢流时，水舌下缘与堰面接触，上表面具有明显的曲度。根据工程要求，实用断面堰的剖面可加工成曲线型或折线型（堰口形状矩形或梯形），如图 3-30 所示。曲线型实用断面堰又根据溢流时堰表面是否出现真空而分为**非真空剖面堰**和**真空剖面堰**。非真空剖面堰的剖面外形做成与薄壁堰自由溢流的水舌下缘曲线相吻合，以保证在设计水头下达到最大的过流能力，又不至于造成堰面负压。当堰面曲线轮廓低于水舌下缘时，在设计水头下，水舌将在局部范围与堰面脱离并形成真空区，即成为真空剖面堰，如图 3-30（b）所示。真空的存在相当于增大了上、下游的有效作用水头，因而可以提高过流能力；但若负压区和负压值过大，会导致堰表面的气蚀破坏。

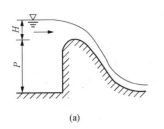 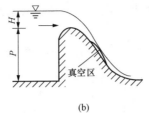 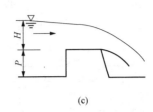

(a)　　　　　　　　　(b)　　　　　　　　　(c)

图 3-30　实用断面堰溢流

实用断面堰溢流流量的计算仍可以用式（3-53），式中各项物理意义同前，但不同情况 m 值有所不同：曲线形剖面，在图 3-30（a）、（b）中，$m = 0.43 \sim 0.50$；折线形剖面，在图 3-30（c）中，$m = 0.35 \sim 0.43$。也就是说：曲线形剖面的流量系数大于折线形剖面堰的流量系数。实际应用时应按手册规定计算，实用断面堰一般不作为测量设备使用。

3.7.3　宽顶堰

图 3-31 是无侧向收缩、非淹没水平顶面宽顶堰溢流的示意图。当 $2.5H < \delta < 4H$ 时，堰顶水面只有一次跌落，堰顶水流为缓流，在堰坎末端偏上游处的水深为临界水深 h_{cr}（对应图中 $K-K$ 线的水深），如图 3-31（a）所示。当 $4H < \delta < 10H$，堰顶水面有两次跌落，如图 3-31（b）所示。堰坎首端水面跌落是由于水流经过堰坎时，在纵向受到边界的约束，过流断面减小，流速增大，势能减小。同时，作为缓流，遇到阻碍能量减小，水位下降。水面最大跌落处形成收缩断面 $c-c$，水深 $h = (0.8 \sim 0.92)h_{cr}$；而后，由于堰顶阻力，使水面形成壅水曲线，逐渐接近堰顶断面的临界水深 h_{cr}。如果下游水位较低，在堰坎末端再次出现跌落，此时堰顶水流为急流。

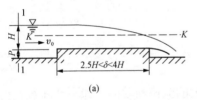 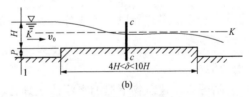

(a)　　　　　　　　　　　　　(b)

图 3-31　宽顶堰溢流

宽顶堰的溢流流量仍可以用式（3-52）来计算，式中各项物理意义同前，但 m 值有所不同。

当堰顶呈缓流，泄水能力受下游水位影响时，堰流为**淹没出流**。淹没出流的水面曲线变化平缓近乎和堰顶平行，由于下游水深的抬托，堰过流断面扩大，流速减小，水的部分动能转化为势能，在堰出口处，下游水深稍有回升，所以堰下游水位稍高于堰顶水位，此种现象称为动能恢复。下游水位高出堰顶 $h_s > 0$ 是淹没出流的必要条件，但不是充分条件，如图 3-32 所示，只有当 $h_s > 0.8H_0$ 时，才发生淹没出流。淹没出流比同条件下非淹没出流的流量要有所降低。

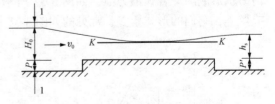

图 3-32　宽顶堰淹没出流

事实上各种堰的出流都有以下共同的特征：①堰流是一个由缓流到急流的跌水过程；②出流后的急流与下游渠道水流相衔接，与缓流衔接时会形成水跃；③当水跃为淹没水跃时

109

即为堰流的淹没出流，此时下游水位一定高于堰顶，且出流流量受下游水位影响，水跃为远驱水跃或临界水跃时为自由出流，出流流量不受下游水位影响；④过流损失为局部损失。

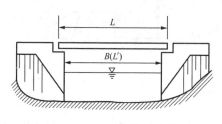

图 3-33　小桥孔径

3.7.4　小桥孔径水力计算

如图 3-33 所示，小桥孔径 B 是指在垂直于水流方向平面内泄水孔口的最大水平距离。对于单孔矩形桥孔断面的桥梁而言，就是指桥台内壁之间的距离。水流流过小桥的流动现象与宽顶堰流相似，可看作是**有侧收缩**的**无坎宽顶堰流**。水流过桥孔可分为自由（非淹没）出流和淹没（非自由）出流两种情况，如图 3-34（a）、（b）所示。它们的判别条件和宽顶堰类似，当下游河渠水深 $h_t \le 1.3 h_{cr}$ 时，为自由出流，桥下水深小于临界水深 h_{cr}，为急流；$h_t > 1.3 h_{cr}$ 时，为淹没出流，桥下水深大于临界水深 h_{cr}，为缓流，且此时桥下水深近似认为即是下游河渠水深。这里 h_{cr} 为桥孔内水流的临界水深，它和桥前河渠中水流的临界水深在数值上是不等的。

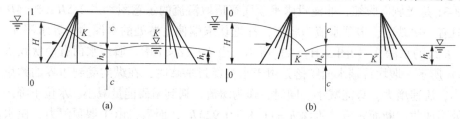

图 3-34　小桥过流形态
（a）自由出流；（b）淹没出流

注意：从考试形式和以往考题分析看，小桥定量计算较难出题，建议有余力读者参考相关教材复习。

3.7.5　消力池

从堰、闸等水工建筑物下泄的水流往往具有较大的流速和动能，如不消除这一动能会对下游河床和建筑物产生不利影响，因此要设计相应的水工结构用于消除水流动能，简称**消能**，这种人工消能设施称为**消力池**，消力池中水流发生水跃损失掉大量机械能。

目前消力池主要有三种结构：一是降低下游渠底高程以形成消力池，如图 3-35 所示；二是在下游渠底修筑消力坎形成消力池，如图 3-36 所示；三是既降低下游渠底高程又修建消力坎形成的综合式消力池，如图 3-37 所示。有时为了提高消能效率，在消力池中附设墩或槛等，它们的形式繁多，常见的如图 3-38 所示。

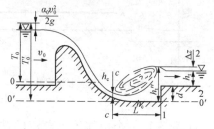

图 3-35　降低下游渠底高程

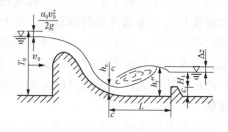

图 3-36　修筑消力坎

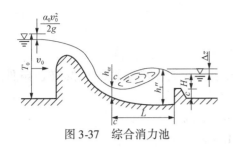

图 3-37 综合消力池

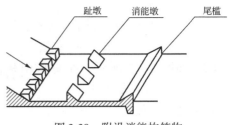

图 3-38 附设消能构筑物

复 习 题

3-1 图 3-39 中 1、2、3、4 各点压强由大到小的排列顺序是 ( )。

A. 1、2、3、4   B. 4、3、2、1

C. 1、3、2、4   D. 4、2、3、1

3-2 如图 3-40 所示水池剖面,如果水深保持不变,当池壁与水平面的夹角 α 减小时,以下关于形心压强和静水总压力的正确结论是 ( )。

 A. 两者都增大   B. 两者都不变

 C. 前者不变后者增大 D. 前者增大后者不变

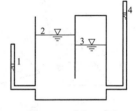

图 3-39 题 3-1 图

3-3 如图 3-41 所示,方形容器的侧面积为 S,密度 $\rho_2 = 3\rho_1$,$H_2 = H_1$。侧面所受到的静水总压力等于 ( )。

 A. $\rho_1 g H_1 S$ B. $1.5\rho_1 g H_1 S$ C. $2\rho_1 g H_1 S$ D. $2.5\rho_1 g H_1 S$

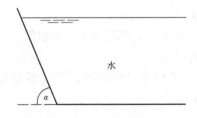

图 3-40 题 3-2 图

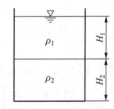

图 3-41 题 3-3 图

3-4 如图 3-42 所示圆桶形容器,已知压力表读数为 9.8kPa,表管中满水压力容器端面所受的静水总压力等于 ( ) kN。

 A. 7.0   B. 11.5   C. 15.4   D. 19.6

3-5 如图 3-43 所示容器中,有密度不同的两种液体,2 点位于分界面上,正确的结论是 ( )。

 A. $p_2 = p_1 + \rho_1 g(z_1 - z_2)$ B. $p_3 = p_2 + \rho_2 g(z_1 - z_3)$

 C. 两式都不对   D. 两式都对

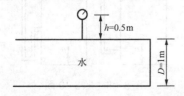

图 3-42 题 3-4 图

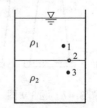

图 3-43 题 3-5 图

3-6　如图3-44所示的压强分布,图中(　　)。

A. 没有错误　　　B. 一个有错　　　　C. 两个有错　　　D. 都有错

3-7　如图3-45所示,在矩形闸板离底部四分之一处安装转动轴,水位符合条件
(　　)时,闸板会自动打开。

A. 超过2/3板高　　　　　　　　　　B. 超过3/4板高

C. 超过1/2板高　　　　　　　　　　D. 超过1/4板高

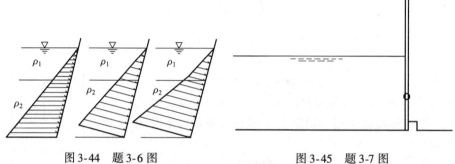

图 3-44　题 3-6 图　　　　　　　　　　图 3-45　题 3-7 图

3-8　如图3-46所示,水深不变圆弧形闸门改为平板闸门;假设闸门的重量和重心不变化,开启闸门的拉力将会 (　　)。

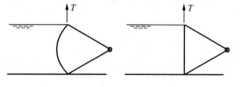

图 3-46　题 3-8 图

A. 保持不变

B. 增大

C. 减小

D. 可能增大,也可能减小,需根据具体参数计算确定

3-9　如图3-47所示,桌面上三个容器,容器中水深相等,底面积相等(容器自重不计),但容器中水体积不相等。下列结论 (　　) 是正确的。

A. 容器底部总压力相等,桌面的支撑力也相等

B. 容器底部的总压力相等,桌面的支撑力不等

C. 容器底部的总压力不等,桌面的支撑力相等

D. 容器底部的总压力不等,桌面的支撑力不等

3-10　盛水容器a和b上方密封,测压管水面位置如图3-48所示,其底部压强分别为
p_a 和 p_b。若两容器内水深相等,则 p_a 和 p_b 的关系为 (　　)。

A. $p_a > p_b$　　　　B. $p_a < p_b$　　　　C. $p_a = p_b$　　　　D. 无法确定

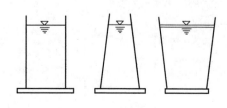

图 3-47　题 3-9 图

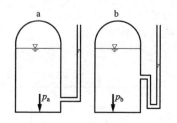

图 3-48　题 3-10 图

3-11 图 3-49 所示盛水容器，球形顶面所受的静水总压力为（　　）。

A. 328.6kN　向上
B. 328.6kN　向下
C. 164.3kN　向上
D. 164.3kN　向下

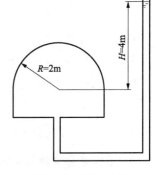

图 3-49　题 3-11 图

3-12 一潜体在液体中维持稳定平衡，则（　　）。

A. 重心在几何中心之下
B. 重心在几何中心之上
C. 重心与几何中心一定重合
D. 重心与几何中心在同一水平面

3-13 如图 3-50 所示，一匀质球形木漂漂浮于水面之上，上面切去一块，在较小的偏转干扰条件下属于（　　）。

A. 随遇平衡　　　　B. 不稳定平衡　　　　C. 稳定平衡　　　　D. 不确定

3-14 以下概念中，不属于欧拉法的是（　　）。

A. 速度　　　　　　B. 加速度　　　　　　C. 迹线　　　　　　D. 流线

3-15 欧拉法描述液体运动时，表示同一时刻因位置变化而形成的加速度称为（　　）。

A. 当地加速度　　　　　　　　　　B. 迁移加速度
C. 液体质点加速度　　　　　　　　D. 加速度

3-16 如图 3-51 所示相互之间可以列总流伯努利方程的断面是（　　）。

A. 1—1 断面和 2—2 断面　　　　　B. 1—1 断面和 3—3 断面
C. 2—2 断面和 3—3 断面　　　　　D. 3—3 断面和 4—4 断面

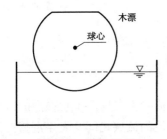

图 3-50　题 3-13 图

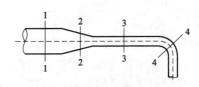

图 3-51　题 3-16 图

3-17 A、B 两根圆形输水管，管径相同，雷诺数相同，A 管为热水，B 管为冷水，则两管流量（　　）。

A. $q_A > q_B$　　　　B. $q_A = q_B$　　　　C. $q_A < q_B$　　　　D. 不能确定大小

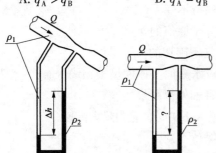

图 3-52　题 3-18 图

3-18 文丘里流量计如图 3-52 所示，$\rho_2 = 2\rho_1$，如果管道中通过的流量保持不变，管道轴线由原来的向下倾斜 45°，变为水平，U 形测压计的读数为（　　）。

A. $\sqrt{2}\Delta h/2$　　　　　　B. Δh

C. $\sqrt{2}\Delta h$　　　　　　　D. $2\Delta h$

3-19 任意管段的总水头线、测压管水头线、位置水头线之间的关系下列说法（　　）是正确的。

A. 总水头线与测压管水头线平行

B. 总水头线不低于位置水头线

C. 测压管水头线高于位置水头线

D. 以上三种说法都不确切

3-20　用水银 U 形比压计测压的毕托管测量油的点流速，已知油的密度 $\rho_1 = 800\mathrm{kg/m^3}$，水银的密度 $\rho_2 = 13\,600\mathrm{kg/m^3}$，$\Delta h = 0.1\mathrm{m}$，测点流速等于（　　）m/s。

A. 5.0　　　　　　　B. 5.2　　　　　　　C. 5.6　　　　　　　D. 5.8

3-21　能量方程中 $z + \dfrac{p}{\rho g} + \dfrac{v^2}{2g}$ 表示（　　）。

A. 单位重量流体的势能

B. 单位重量流体的动能

C. 单位重量流体的机械能

D. 单位质量流体的机械能

3-22　图 3-53 所示管路系统中，管道材料相同，所绘制的水头线中（　　）。

A. 有一处错误　　　B. 有两处错误　　　C. 有三处错误　　　D. 有四处错误

3-23　图 3-54 所示水流由突然扩大管流过，粗细管的雷诺数之比为（　　）。

A. 1:1　　　　　　　B. 1:2　　　　　　　C. 1:3　　　　　　　D. 1:4

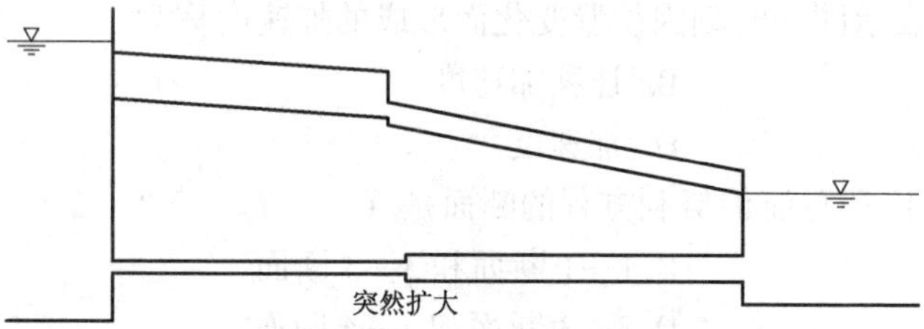

图 3-53　题 3-22 图 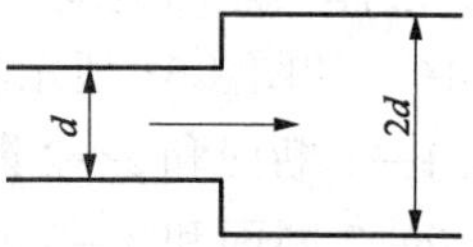　　　　　　　　　　图 3-54　题 3-23 图

3-24　在流量、温度、压力、管径四个因素中，可能影响流动形态的有（　　）。

A. 1 个　　　　　　　B. 2 个　　　　　　　C. 3 个　　　　　　　D. 4 个

3-25　以下关于流动形态的说法，（　　）是正确的。

A. 层流发生在内壁光滑的管道内

B. 紊流发生在局部干扰强烈的区域

C. 层流的流层之间会发生混掺

D. 紊流的流层之间会发生混掺

3-26　在过水断面面积和流量等其他条件相同的条件下，最有利于保持层流状态的截面形状是（　　）。

A. 圆形　　　　　　　B. 长方形　　　　　　C. 正方形　　　　　　D. 等边六角形

3-27　方形管道的边长和通过的流量同时减小一半，雷诺数（　　）。

A. 等于原值的一半

B. 保持不变

C. 等于原值的 2 倍

D. 等于原值的 4 倍

3-28　在以下关于圆管均匀流的概念中，（　　）是不确切的。

A. 过水断面上切应力呈直线分布

B. 过水断面上速度呈抛物线分布

C. 管轴处切应力最小

D. 管轴处速度最大

3-29　圆管层流运动中，当直径和通过的流量同时增大 1 倍时，管内最大流速（　　）。

A. 等于原值的一半

B. 保持不变

C. 等于原值的 2 倍

D. 等于原值的 4 倍

3-30 如图 3-55 所示，管道的流动处于湍流粗糙区，测量介质密度 ρ_2 为工作介质密度 ρ_1 的 2 倍，如果管道中通过的流量增大到原来的 $\sqrt{2}$ 倍，同时管道轴线由原来的水平变为向下倾斜 45°，U 形测压计的读数为（   ）。

A. Δh B. $\sqrt{2}\Delta h$ C. $2\Delta h$ D. $\sqrt{2}\Delta h/2$

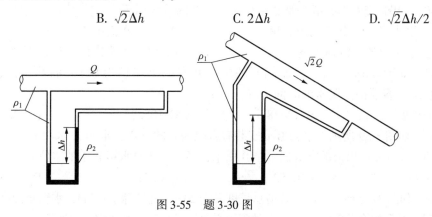

图 3-55 题 3-30 图

3-31 在层流区、水力光滑区、紊流过渡区、阻力平方区中，如果流量等其他参数都不变，沿程阻力系数受管道直径影响的有（   ）。

A. 4 个区   B. 3 个区   C. 2 个区   D. 1 个区

3-32 层流区其他都相同，一根管道里输送水，一根管道里输送油，沿程水头损失大小比较为前者（   ）后者。

A. 大于   B. 小于   C. 等于   D. 不确定

3-33 已知 $d_1 = 100\text{mm}$，$d_2 = 200\text{mm}$，$v_1 = 4\text{m/s}$，管道突然扩大的水头损失为（   ）mH_2O。

A. 0.77   B. 0.61   C. 0.46   D. 0.20

3-34 其他条件不变，满足 Re 小于 1 的条件，当水中球形颗粒的直径增大一倍时，颗粒的沉降速度（   ）。

A. 保持不变   B. 原值的 2 倍   C. 原值的 4 倍   D. 原值的 8 倍

3-35 固体颗粒物在水中沉降，其他条件不变，当水温上升时其沉降速度会（   ）。

A. 减小   B. 不变   C. 增大   D. 不确定

3-36 如图 3-56 所示，直径为 20mm，长 5m 的管道自水池取水并泄入大气中，出口比水池水面低 2m，已知沿程水头损失系数 $\lambda = 0.02$，进口局部水头损失系数 $\zeta = 0.5$，则泄流量 Q 为（   ）L/s。

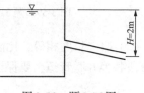

A. 0.88   B. 1.90

C. 0.99   D. 0.77

图 3-56 题 3-36 图

3-37 圆柱形外管嘴的长度 L 与直径 d 之间一般应该符合（   ）。

A. $L = (2 \sim 5)d$ B. $L = (2 \sim 4)d$

C. $L = (3 \sim 4)d$ D. $L = (3 \sim 5)d$

3-38 孔口出流的流量系数、流速系数、收缩系数从大到小的正确排序是（   ）。

A. 流量系数、收缩系数、流速系数   B. 流速系数、流量系数、收缩系数

C. 流量系数、流速系数、收缩系数   D. 流速系数、收缩系数、流量系数

3-39 开口面积、作用水头相同的孔口与管嘴比较,正确关系的流量、流速是（   ）。

A. 孔口的流速、流量都大于管嘴   B. 孔口的流速、流量都小于管嘴

C. 孔口的流速大于管嘴、流量小于管嘴   D. 孔口的流速小于管嘴、流量大于管嘴

3-40 如图 3-57 所示箱形船底穿孔后,下沉的过程属于（   ）。

A. 变水头出流,沉速先慢后快   B. 恒定水头出流,沉速先慢后快

C. 变水头出流,沉速不变   D. 恒定水头出流,沉速不变

3-41 如图 3-58 所示,容器侧面的中部开有一个直径为 0.1m 的孔口,容器底面积 $1m^2$,高 2m,容器内注满水的时间为（   ）s。

A. 139.2   B. 134.8   C. 105.2   D. 92.8

3-42 如图 3-59 所示,水箱 B 底安装有直径为 d 的管嘴,水箱 A 水深 $H = 1.2m$,通过直径相同的孔口以淹没出流的方式向水箱 B 供水,稳定工作时水箱 B 中的水位 H_2 等于（   ）m。

A. 0.44   B. 0.52   C. 0.51   D. 0.69

3-43 如图 3-60 所示,已知管道总长度等于 20m,直径等于 0.1m,水箱水面高于管道出口 2m,沿程阻力系数等于 0.03,90°弯头的阻力系数等于 0.25,管道中的流速等于（   ）m/s。

A. 2.09   B. 2.21   C. 2.29   D. 2.33

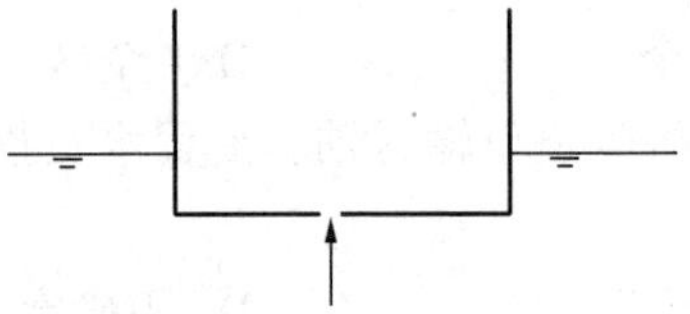

图 3-57 题 3-40 图 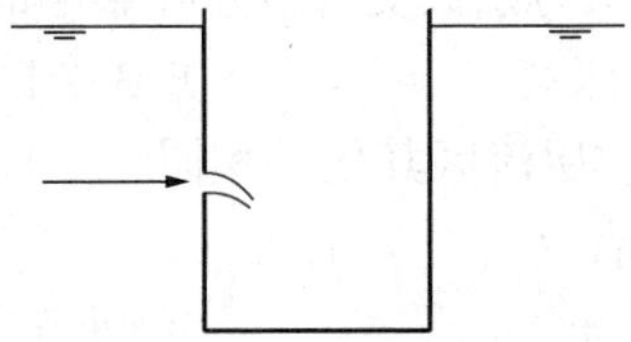   图 3-58 题 3-41 图

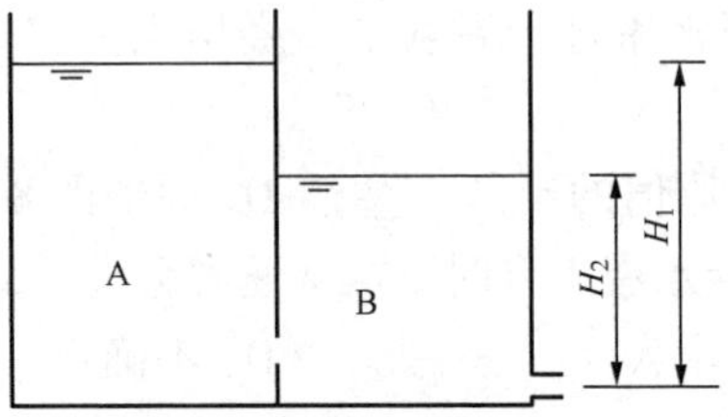

图 3-59 题 3-42 图 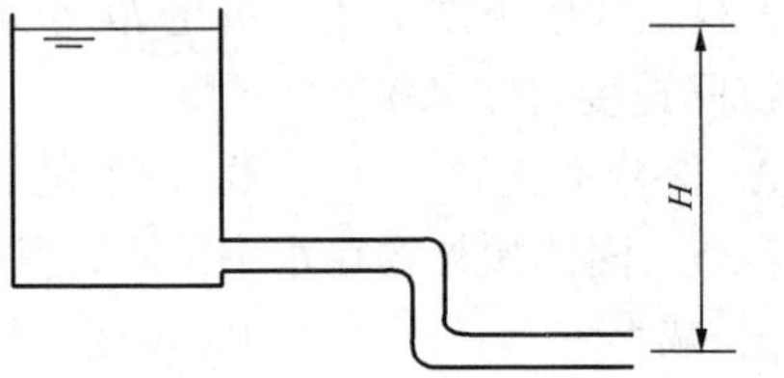   图 3-60 题 3-43 图

3-44 长度相等,比阻分别为 S_{01} 和 $S_{02} = 4S_{01}$ 的两条管段并联,如果用一条长度相同的管段替换并联管道,要保证总流量相等时水头损失相等,等效管段的比阻等于（   ）。

A. $2.5S_{01}$ B. $0.8S_{01}$ C. $0.44S_{01}$ D. $0.4S_{01}$

3-45 下面关于长管的描述（   ）是正确的。

A. 管道总长度比较长的管路计算方法   B. 总水头损失比较大的管路计算方法

C. 忽略局部损失和速度水头的管路计算方法   D. 忽略沿程损失的管路计算方法

3-46 如图 3-61 所示管路系统中,从 1/4 管长的 1 点到 3/4 管长的 2 点并联一条长度等于原管总长度一半的相同管段,如果按长管计算,系统的总流量增加（   ）。

A. 15.4%   B. 25.0%   C. 26.5%   D. 33.3%

3-47 如图 3-62 所示，虹吸管路系统，如果需要进行流量调节，最合理的安装阀门的位置是（　　）。

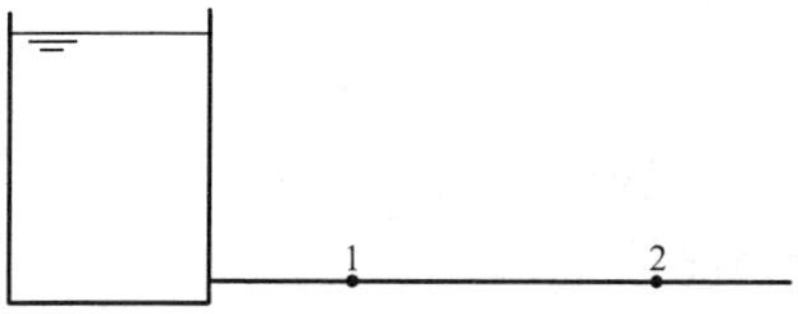

图 3-61　题 3-46 图 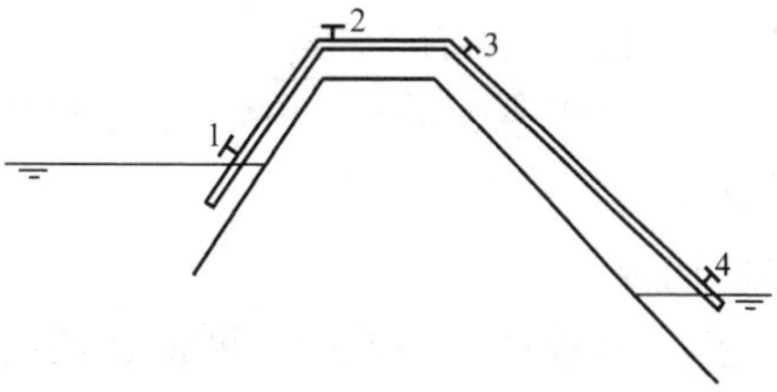　　　　　图 3-62　题 3-47 图

A. 1 点　　　　　B. 2 点　　　　　C. 3 点　　　　　D. 4 点

3-48 长度相等、比阻分别为 A 和 $4A$ 的两条管段并联，如果用一条长度相等的管段替换并联管段，要保证总流量相等时水头损失相等，等效管段的比阻等于（　　）。

A. 0. 4A　　　　　B. 0. 44A　　　　　C. 1. 2A　　　　　D. 2. 5A

3-49 下面关于棱柱形渠道的结论中，正确的是（　　）。

A. 断面面积不发生变化的渠道称为棱柱形渠道

B. 断面形状不发生变化的渠道称为棱柱形渠道

C. 断面形状和尺寸都不发生变化的渠道称为棱柱形渠道

D. 都不正确

3-50 水力最优断面是面积一定时（　　）。

A. 粗糙系数最小的断面　　　　　B. 湿周最小的断面

C. 水面宽度最小的断面　　　　　D. 水深最小的断面

3-51 坡度、边壁材料相同的渠道，当过水断面的水力半径相等时，明渠均匀流过水断面的平均流速（　　）。

A. 半圆形渠道最大　　　　　B. 梯形渠道最大

C. 矩形渠道最大　　　　　D. 一样大

3-52 矩形明渠的水力最优断面满足（　　）。

A. $b = 2h$　　　　　B. $b = 1.5h$　　　　　C. $b = h$　　　　　D. $b = 0.5h$

3-53 明渠均匀流的流量一定，渠道断面形状、尺寸和壁面粗糙一定时，正常水深随底坡增大而（　　）。

A. 增大　　　　　B. 减小　　　　　C. 不变　　　　　D. 不确定

3-54 水力最优的矩形明渠均匀流的水深增大一倍，渠宽缩小到原来的一半，其他条件不变，渠道中的流量（　　）。

A. 增大

B. 减少

C. 不变

D. 随渠道具体尺寸的不同都有可能

3-55 水力最优的梯形断面明渠均匀流，边坡系数 $m = 1$，粗糙系数 $n = 0.03$，渠底坡度 $i = 0.0009$，水深 $h = 2m$，渠道中的流量等于（　　）m^3/s。

A. 7. 3　　　　　B. 8. 2　　　　　C. 13. 8　　　　　D. 18. 76

3-56 在无压圆管均匀流中，其他条件保持不变，正确的结论是（　　）。

A. 流量随设计充满度增大而增大　　　　　B. 流速随设计充满度增大而增大

C. 流量随水力坡度增大而增大　　　　　D. 三种说法都对

3-57 以下关于缓流的结论中，正确的是（　　　）。

A. 运动参数变化比较慢 　　　　　　　　B. 速度水头比较小

C. 断面比能以势能为主 　　　　　　　　D. 接近于均匀流

3-58 下面关于急流的概念中，正确的是（　　　）。

A. 断面比能中动能大于势能 　　　　　　B. 流速水头大于1

C. 水深比较小 　　　　　　　　　　　　D. 三种说法都不确切

3-59 在平坡棱柱形渠道中，断面比能的变化情况是（　　　）。

A. 沿程减少　　　　B. 保持不变　　　　C. 沿程增大　　　　D. 各种可能都有

3-60 下面的流动中，不可能存在的是（　　　）。

A. 缓坡上的非均匀急流 　　　　　　　　B. 平坡上的均匀缓流

C. 陡坡上的非均匀缓流 　　　　　　　　D. 逆坡上的非均匀急流

3-61 下面对于薄壁堰、实用堰、宽顶堰的分类界限，正确的是（　　　）。

A. $\delta < 0.67H$，$0.67H < \delta < 2.5H$，$\delta > 2.5H$

B. $\delta < 0.67H$，$\delta < 2.5H$，$\delta < 10H$

C. $\delta < 0.67H$，$0.67H < \delta < 2.5H$，$\delta < 10H$

D. $\delta < 0.67H$，$0.67H < \delta < 2.5H$，$2.5H < \delta < 10H$

3-62 当三角形薄壁堰的作用水头增加10%后，流量将增加（　　　）。

A. 27% 　　　　　　B. 21% 　　　　　　C. 5% 　　　　　　D. 10%

3-63 在薄壁堰、多边形实用堰、曲线形实用堰、宽顶堰中，流量系数最大的是（　　　）。

A. 薄壁堰　　　　B. 折线形实用堰　　　　C. 曲线形实用堰　　　　D. 宽顶堰

3-64 下面关于 $4H < \delta < 10H$ 的宽顶堰的概念中，正确的是（　　　）。

A. 堰顶过水断面小于上游过水断面时要考虑收缩系数

B. 下游水位高出堰顶水位时要考虑淹没系数

C. 堰顶水流处于急流状态

D. 以上三种说法都不对

3-65 如图 3-63 所示，渠道的边坡系数 $m = 1$，临界水深 $h_k = 2m$，在临界流动的条件下的流量等于（　　　）m^3/s。

A. 17. 7 　　　　　　　　　　　　　　　B. 26. 6

C. 20. 3 　　　　　　　　　　　　　　　D. 28. 9

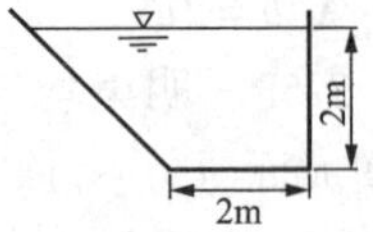

图 3-63　题 3-65 图

3-66 下面关于宽顶堰的概念中，正确的是（　　　）。

A. 堰顶过水断面小于上游过水断面时要考虑收缩系数

B. 下游水位高出堰顶水位是要考虑淹没系数

C. 堰顶水流一定处于急流状态

D. 以上三种说法都不对

3-67 在过水断面积和其他所有条件相同的条件下，图 3-64 中不同的断面形状的明渠均匀流流量由大到小排列的正确顺序是（　　　）。

A. 宽深比等于 3 的矩形、正方形、等边三角形

B. 宽深比等于 3 的矩形、等边三角形、正方形

C. 正方形、等边三角形、宽深比等于 3 的矩形

D. 等边三角形、正方形、宽深比等于 3 的矩形

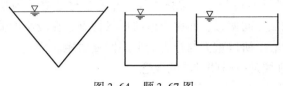

图 3-64　题 3-67 图

复习题答案与提示

3-1　C。提示：根据静压基本方程，在连续的液体空间里，位置低的点压强大。

3-2　C。提示：形心一直处在淹没水深的 1/2 处，所以形心压强不变，但随夹角 α 的减小受压面积加大，导致总压力的加大。

3-3　B。提示：上下两半面积均为 $\frac{1}{2}S$，上半部分的压力为 $\frac{1}{2}\rho_1 g H_1 \cdot \frac{1}{2}S = \frac{1}{4}\rho_1 g H_1 S$，下半部分形心压强为 $\rho_1 g H_1 + \frac{1}{2}H_2\rho_2 g = \frac{5}{2}H_1\rho_1 g$，压力为 $\frac{5}{2}H_1\rho_1 g \cdot \frac{1}{2}S = \frac{5}{4}H_1\rho_1 g S$，两者合计为 $1.5 H_1\rho_1 g S$。

3-4　C。提示：端面形心处的压强为 $p_c = p_0 + \rho g h = 9.8\text{kPa} + 9.8 \times (0.5 + 0.5)\text{kPa} = 19.6\text{kPa}$，端面上压力为 $P = p_c A = 19.6 \times \dfrac{3.14 \times 1^2}{4}\text{kN} = 15.4\text{kN}$。

3-5　A。提示：静压基本方程。

3-6　C。提示：第一个，由于压强的垂向性，压强分布图应为直角梯形或直角三角形；第二个，对于不同密度的问题，上下斜边的斜率应不同；第三个，分布图线斜率反映密度的大小，下部密度大斜率加大，是正确的。

3-7　B。提示：合力作用点在转轴之上即可打开，随着水深加深，合力作用点上升，而合力作用点距离底部的高度应为水深的 1/3，此时水深为板的 3/4。

3-8　B。提示：根据静水压力的垂向性，弧形闸门所受合力方向指向闸门转轴，开启力只需克服闸门重量和闸门所受合力在转轴处带来的很小的摩擦力矩，而开启平板闸门除克服闸门自身重量外，还要克服闸门所受压力所产生逆时针方向力矩。

3-9　B。提示：平面上液体的总压力等于压强乘作用面积。

3-10　A。提示：从右侧与大气相连的管中液位判断。

3-11　A。提示：先绘制作用于半球顶的水压力体如图 3-65 所示阴影部分，该部分是从圆柱体中扣除半球体，体积为 $V = \pi R^2 H - \dfrac{2\pi}{3}R^3 = 33.49\text{m}^3$，压力为 $\rho g V = 328.6\text{kN}$，向上。

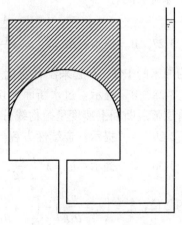

图 3-65　题 3-11 答案图

3-12　A。提示：潜体在液体中维持稳定平衡的条件就是重心在几何中心之下。

3-13　C。提示：如图 3-56 所示，显然木漂的重心在球心之下与切除部相对位置固定微小偏转时重心向与之相反方向偏移，而由于球的形状特点，在较小的偏转干扰条件下，浮力作用线始终垂直通过球心，所以重力与浮力会形成回复力矩。

3-14　C。提示：迹线是拉格朗日法的概念。

3-15　B。提示：迁移加速度的定义。

3-16　B。提示：因为 1 - 1 断面和 3 - 3 断面是均匀流断面，其他断面是急变流断面。

3-17　C。提示：$\dfrac{v_A d}{\nu_A} = \dfrac{v_B d}{\nu_B}$，冷水的运动黏性系数大，所以要求冷水流速要大，流量也大。

3-18　B。提示：流量不变则测压管水头不变，比压计的读数也不应改变。

3-19　D。提示：只有等径管中流动，选项 A 正确，很多虹吸管都不满足选项 B 和选项 C。

3-20　C。提示：$u = \sqrt{2g \dfrac{\rho_2 - \rho_1}{\rho_1} \cdot h} = \sqrt{2 \times 9.8 \times \dfrac{13\,600 - 800}{800} \times 0.1}\,\text{m/s} = 5.6\,\text{m/s}$。

3-21　C。提示：总水头的物理意义是单位重量晶体的机械能，注意区分"单位重量"与"单位质量"。

3-22　B。提示：①突然扩大处测压管水头应上升；②管路细处总水头线斜率大。

3-23　B。提示：$Re = \dfrac{vd}{\nu} = \dfrac{Qd}{\nu A}$，$\dfrac{Re_2}{Re_1} = \dfrac{Qd_2}{\nu A_2} \Big/ \dfrac{Qd_1}{\nu A_1} = \dfrac{d_1}{d_2} = \dfrac{1}{2}$，解题时注意用公式定量表达。

3-24　C。提示：流量，温度，管径。

3-25　D。提示：紊流的定义。

3-26　B。提示：$Re = \dfrac{vR}{\nu} = \dfrac{v\frac{A}{\chi}}{\nu} = \dfrac{vA}{\nu\chi}$，面积相同时长方形的湿周最大，所以雷诺数最小，易于保持层流。

3-27　B。提示：$Re = \dfrac{vR}{\nu} = \dfrac{v\frac{A}{\chi}}{\nu} = \dfrac{vA}{\nu\chi}$，面积减为原来的1/4，速度变为原来的2倍，湿周变为原来的1/2，合起来没有变化。

3-28　B。提示：过水断面上切应力呈直线分布，管壁处最大，管轴处最小为零，只有圆管层流层断面上速度呈抛物线分布。

3-29　A。提示：连续性方程。

3-30　C。提示：$h_f = \lambda \dfrac{l}{d} \dfrac{v^2}{2g}$，粗糙区 λ 为常数，Q 变为 $\sqrt{2}Q$，流速变为 $\sqrt{2}v$，h_f 变为原来的 2 倍，$h_f = \left(z_1 + \dfrac{p_1}{\rho_1 g}\right) - \left(z_2 + \dfrac{p_2}{\rho_1 g}\right) = \dfrac{\rho_2 - \rho_1}{\rho_1}\Delta h$，所以测量读数 Δh 变为 $2\Delta h$，其倍率与测量介质，管道倾斜度没有关系。

3-31　A。提示：直径影响流速进而影响 Re，前三者都与 Re 数有关，而直径影响管路相对粗糙度，影响阻力平方区的沿程阻力系数。

3-32 B。提示：由达西公式 $h_f = \lambda \dfrac{l}{d}\dfrac{v^2}{2g}$。$\lambda = \dfrac{64}{Re} = \dfrac{64v}{vd}$，油的黏性系数大，则 h_f 大。

3-33 C。提示：$h_f = \zeta \dfrac{v_1^2}{2g}$，$\zeta = \left(1 - \dfrac{A_1}{A_2}\right)^2$。

3-34 C。提示：$u = \dfrac{1}{18\mu}d^2(\rho_m - \rho)g$。

3-35 C。提示：$u = \dfrac{1}{18\mu}d^2(\rho_m - \rho)g$，当水温升高时，$\mu$ 值减小，故沉降速度增大。

3-36 D。提示：
$$Q = \frac{1}{\sqrt{1 + \lambda \dfrac{l}{d} + \zeta}} A \sqrt{2gH}$$

$$= \frac{1}{\sqrt{1 + 0.02 \times \dfrac{5}{0.02} + 0.5}} \times \frac{3.14}{4} \times 0.02^2 \sqrt{2 \times 9.81 \times 2}$$

$$= \frac{1}{\sqrt{1 + 0.02 \times \dfrac{5}{0.02} + 0.05}} \times \frac{3.14}{2} \times 0.02^2 \sqrt{2 \times 9.81 \times 2}$$

$$= 0.000\ 77 \text{m}^3/\text{s}$$

$$= 0.77 \text{L/s}$$

3-37 C。提示：这是圆柱形外管嘴正常出流（各计算公式成立）的条件之一，另一个条件是作用水头小于 9m。

3-38 D。提示：流速系数、收缩系数、流量系数分别为 0.97、0.64、0.62。

3-39 C。提示：见题 3-38，比较孔口与管嘴的流量系数和流速系数。

3-40 D。提示：箱形船体重量不变则满足浮力定律，内外液面差不变，为孔口恒定淹没出流，流速不变。

3-41 A。提示：内部液面到达开孔之前为恒定出流，耗时为 $T_1 = \dfrac{1}{0.62 \times \dfrac{3.14}{4} \times 0.1^2 \times \sqrt{2 \times 9.8 \times 1}}$ 到达开孔之后为非恒定淹没出流，时间为前者的 2 倍。

3-42 A。提示：$\mu_1 A \sqrt{2gH_1} = \mu_2 A \sqrt{2gH_2}$，分别为孔口和管嘴的流量，恒定流时两者相等。

3-43 B。提示：列上游水面到下游出口的能量方程。

3-44 C。提示：计算两并联管阻抗公式中，管长相同，被消除，比阻关系为 $\dfrac{1}{\sqrt{S_0}} = \dfrac{1}{\sqrt{S_{01}}} + \dfrac{1}{\sqrt{S_{02}}}$。

3-45 C。提示：长管的定义，严格地说，"长管"是一种简化处理方法。

3-46 C。提示：若 1/4 管长的阻抗为 S，则原总阻抗为 $4S$，$H = 4SQ_0^2$；加管后 1、2 两点间的阻抗为 S'，$\dfrac{1}{\sqrt{S'}} = \dfrac{1}{\sqrt{2S}} + \dfrac{1}{\sqrt{2S}} = \dfrac{2}{\sqrt{2S}}$，$S' = \dfrac{1}{2}S$，总阻抗为 $\dfrac{5}{2}S$，$H = \dfrac{5}{2}SQ_1^2$，$Q_1/Q_0 =$

$\sqrt{8/5} = 1.265$。

3-47　D。提示：只有加在 4 点才可以避免系统真空度的加大，并降低管线和阀门漏气风险。

3-48　B。提示：$\dfrac{1}{\sqrt{A'}} = \dfrac{1}{\sqrt{A_1}} + \dfrac{1}{\sqrt{A_2}}$，$A' = \dfrac{A_1 A_2}{\left(\sqrt{A_1} + \sqrt{A_2}\right)^2}$。

3-49　C。提示：梭柱形渠道的定义。

3-50　B。提示：用谢才公式进行讨论。

3-51　D。提示：用谢才公式进行讨论。

3-52　A。提示：$b = 2h$，$R = \dfrac{2h^2}{4h} = \dfrac{h}{2}$，满足水力最优条件，本题结论应记住。

3-53　B。提示：$v = C\sqrt{Ri} = \dfrac{1}{n} R^{\frac{2}{3}} \sqrt{i}$，$i$ 加大时速度加大，断面减小，则水深减小。

3-54　B。提示：依题条件面积不变，如 3-53 题，$b = 2h$ 变为 h，h 变为 $2h$，则湿周变为 $5h$，大于原来的 $4h$，面积不变而湿周变大则水力半径减小，流量减小。

3-55　A。提示：水力最优断面时 $R = \dfrac{h}{2} = 1\mathrm{m}$，$A = (b + mh)h = 2(b + 2)$，$\chi = b + 2h$ $\sqrt{1 + m^2} = b + 4\sqrt{2}$，$R = \dfrac{A}{\chi} = \dfrac{2(b + 2)}{b + 4\sqrt{2}} = 1$，解出 b 再用谢才公式。

3-56　C。提示：圆管明渠流速与流量并不随充满度增大而单调增大，所以又根据谢才公式，流量 Q 随坡度之加大而加大，A、B 都是错误的。

3-57　C。提示：参看图 3-25。

3-58　D。提示：三种说法中只有 A 比较接近，但并不等于说急流动能一定大于势能，如图 3-25 所示。

3-59　A。提示：从能量角度分析：以平坡渠道渠底为基准面，各断面单位比能与总水头相等，而由于损失存在总水头沿程减小，所以其单位比能也是沿程减小的。

3-60　B。提示：均匀流只可能发生于顺坡渠道。

3-61　D。提示：参看堰流分类。

3-62　A。提示：$Q = 1.4 H^{\frac{5}{2}}$，$Q' = 1.4(1.1H)^{\frac{5}{2}}$，$Q'/Q = (1.1)^{\frac{5}{2}} = 1.27$。

3-63　C。提示：从能量损失的角度看，显然曲线形实用堰比其他三种堰更有利于水流通过产生较小的损失，所以其流量系数要大。

3-64　C。提示：$4H < \delta < 10H$ 为长形宽顶堰顶水深小于临界水深，为急流。

3-65　B。提示：$v_{\mathrm{cr}} = \sqrt{gh}$，$Q = v_{\mathrm{cr}} A$，注意不对称梯形渠道的面积和水面宽度的正确计算。

3-66　C。提示：堰顶过水断面总是小于上游过水断面，下游水位高出堰顶水位是淹没出流的必要条件而不是充分条件，宽顶堰的堰顶水深总是小于临界水深，为急流。

3-67　A。提示：根据谢才公式流量与湿周为反相关关系，流量由大到小排列对应湿周由小到大排列。

第4章 水泵及水泵站

考试大纲

4.1 叶片式水泵：离心泵工作原理 离心泵的基本方程式 性能曲线 比转数（n_s）定速运行工况 管道系统特性曲线 水箱出流工况点 并联运行 串联运行 调速运行 吸水管中压力变化 气穴和气蚀 气蚀余量 安装高度 混流泵

4.2 给水泵站：泵站分类 泵站供配电 水泵机组布置 吸水管路与压水管路 泵站水锤 泵站噪声

4.3 排水泵站：排水泵站分类 构造特点 水泵选择 集水池容积 水泵机组布置 雨水泵站 合流泵站 螺旋泵污水泵站

水泵是输送和提升液体的机器，它把原动机的机械能转化为被输送液体的能量，使液体获得动能或势能。按作用原理的不同可把水泵分为叶片式水泵、容积式水泵、其他类型水泵三大类。叶片式水泵对液体的压送是靠装有叶片的叶轮高速旋转完成的；容积式水泵对液体的压送是靠泵体工作室容积的改变的；除叶片式水泵和容积式水泵以外的特殊泵均属于其他类型水泵。

4.1 叶片式水泵

叶片式水泵在水泵中是一个大类，其特点是依靠叶轮的高速旋转以完成能量的转换。由于叶轮中叶片形状不同，旋转时水流通过叶轮受到的质量力以及水流流出叶轮时的方向也不同。根据叶轮出水的水流方向可将叶片式水泵分为径向式、轴向式和斜向式三种。叶轮出水沿径向的称为离心泵，液体质点在叶轮中流动时主要受离心力作用。叶轮出水沿轴向的称为轴流泵，液体质点在叶轮中流动时主要受轴向升力的作用。叶轮出水沿斜向的则称为混流泵，它是上述两种水泵的中间形式，液体质点在这种水泵叶轮中流动时，既受离心力的作用，又受轴向升力的作用。因此叶片式水泵可分为离心泵、混流泵、轴流泵三类。

在城镇及工业企业的给排水工程中，大量使用的水泵是叶片式水泵，其中以离心泵最为普遍。

4.1.1 离心泵工作原理

图 4-1 为给水排水工程中常用的单级单吸式离心泵的基本构造。水泵包括蜗壳形的泵壳 1 和装于泵轴 2 上与泵轴同步旋转的叶轮 3。蜗壳形泵壳的吸水口与水泵的吸水管 4 相连，出水口与水泵的压水管 5 相连接。

根据吸入口数量可将水泵叶轮分为

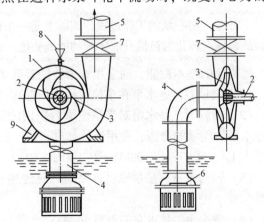

图 4-1 单级单吸式离心泵的基本构造
1—泵壳；2—泵轴；3—叶轮；4—吸水管；5—压水管；
6—底阀；7—闸阀；8—灌水漏斗；9—泵座

单吸式和双吸式，如图 4-2 所示。根据叶轮盖板情况可将水泵叶轮分为封闭式、半开式、敞开式，如图 4-3 所示。

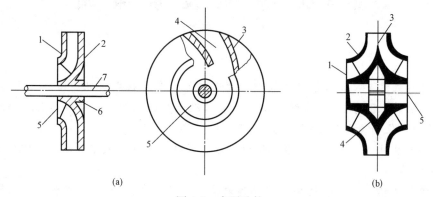

图 4-2　水泵叶轮

（a）单吸式叶轮

1—前盖板；2—后盖板；3—叶片；4—叶槽；5—吸水口；6—轮毂；7—泵轴

（b）双吸式叶轮

1—吸入口；2—轮盖；3—叶片；4—轮毂；5—轴孔

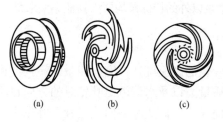

图 4-3　叶轮形式

（a）封闭式叶轮；（b）敞开式叶轮；（c）半开式叶轮

离心泵在起动之前，应先用水灌满泵壳和吸水管道，然后，驱动电机，使叶轮和水作高速旋转运动，此时，水受到离心力作用被甩出叶轮，经蜗壳形泵壳中的流道而流入水泵的压水管道，经由压水管道输出。同时，水泵叶轮中心处由于水被甩出而形成真空，吸水池中的水便在内外压差作用下，沿吸水管而源源不断地流入叶轮吸水口，而后又受到高速转动叶轮的作用，被甩出叶轮而输入压水管道。这样，就形成了离心泵的连续输水。

注意：离心泵的工作过程，实际上是一个能量的传递和转化过程，它把电动机高速旋转的机械能转化为被抽升液体的动能或势能。能量概念的建立是掌握水泵性能的基础。

离心泵的基本性能，通常用 6 个性能参数来表示：

（1）流量 Q，是水泵在单位时间内所输出的液体量，常用单位为 "m^3/h" 或 "L/s"。

（2）扬程 H，是水泵对受单位重力作用的液体所做的功，也即受单位重力作用的液体通过水泵后能量的增值，常用液柱高度（m）表示，工程中也用其他压强单位表示，其换算关系为 $1at = 1kgf/cm^2 = 98kPa \approx 0.1MPa = 10mH_2O$。

（3）轴功率 N，是泵轴得自原动机所传递来的功率，是水泵的输入功率，常用单位为 "kW"。

（4）效率 η，是水泵的有效功率 N_u（单位时间内流过水泵的液体从水泵得到的能量，是水泵的输出功率）与轴功率 N 的比值，以百分数表示，即

$$\eta = \frac{N_u}{N} = \frac{\rho g Q H}{N} \tag{4-1}$$

式中 ρ——液体的密度（kg/m³）；

   g——重力加速度（m/s²）；

   Q——水泵出水量（m³/s）；

   H——水泵扬程（m）。

（5）转速 n，是水泵叶轮的转动速度，常用单位为"r/min"。

（6）允许吸上真空高度 H_s，是水泵在标准状况（水温为20℃，表面压力为一个标准大气压）下运转时，所允许的最大的吸上真空高度，单位为"mH₂O"。

4.1.2　离心泵的基本方程式

离心泵的基本方程式表示的是旋转的叶轮所能达到的理论扬程，是利用动量矩定理在简化条件下推导得出的，即假设：① 液流是恒定流，即液流速度不随时间变化；② 液槽中有无限多叶片，即液流均匀一致，叶轮同半径处液流的同名速度相等；③ 液槽内流体为理想液体，即不显示黏滞性，不存在水头损失，而且密度不变。

叶轮中液体的流速常用牵连速度（液体因叶轮旋转而具有的圆周运动的速度，方向为圆周切向）u、相对速度（液体相对于叶片的速度，方向为叶片切向）W 和绝对速度（牵连速度与相对速度的矢量合成，方向依牵连速度和相对速度而定）C 表示，如图4-4所示。离心泵基本方程式以相关流速表示为

$$H_T = \frac{1}{g}(u_2 C_{2u} - u_1 C_{1u}) \tag{4-2}$$

式中 H_T——理论扬程；

   u_2、u_1——叶轮出口、进口的牵连速度；

   C_{2u}、C_{1u}——叶轮出口、进口绝对速度的切向分速度（绝对速度 C 可沿圆周径向和切向分解为径向分速度 C_r 和切向分速度 C_u）。

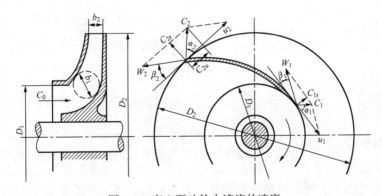

图4-4　离心泵叶轮中液流的速度

叶轮出口处液体牵连速度的反向延长线与相对速度的夹角 β_2 称为水泵的出水角。依据出水角 β_2 的大小可将叶片分为后弯式、径向式、前弯式三种，如图4-5所示。离心泵的叶轮一般为后弯式叶片。

为了提高水泵的扬程和改善吸水性能，大多数离心泵在水流进入叶片时 $\alpha_1 = 90°$（α_1 为 C_1 与 u_1 的夹角），即 $C_{1u} = 0$，这样，基本方程式可简写成

$$H_T = \frac{u_2 C_{2u}}{g} \tag{4-3}$$

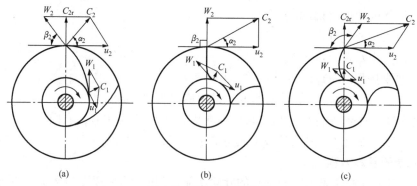

图 4-5　离心泵叶片形状

（a）后弯式（$\beta_2 < 90°$）；（b）径向式（$\beta_2 = 90°$）；（c）前弯式（$\beta_2 > 90°$）

由上式可知，α_2 越小，水泵的理论扬程越大。在实际应用中，水泵厂一般选用 $\alpha_2 = 6° \sim 15°$。由公式还可得出，理论扬程 H_T 与圆周运动速度 u_2 有关。而 $u_2 = \dfrac{n\pi D_2}{60}$（$n$ 为叶轮转速，D_2 为叶轮出口直径），因此，理论扬程的高低与叶轮转速 n 和叶轮的外径 D_2 有关，增加转速 n 和加大叶轮直径 D_2 可以得到高扬程水泵。

在给排水工程中，从使用水泵的角度上看，水泵的工作必然要与管路系统以及许多外界条件（如江河水位、水池水位、管网压力等）联系在一起。

（1）泵站的运行管理中，正在运转的离心泵装置（如图 4-6 所示）的总扬程可用式（4-4）来计算。

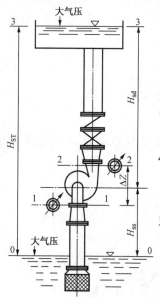

图 4-6　离心泵装置

$$H = H_d + H_v + \frac{v_2^2 - v_1^2}{2g} + \Delta Z \tag{4-4}$$

式中　H_d——以水柱高度表示的压力表读数（m）；

H_v——以水柱高度表示的真空表读数（m）；

$\dfrac{v_2^2}{2g}$、$\dfrac{v_1^2}{2g}$——压力表所在断面 2—2、真空表接孔所在断面 1—1 的流速水头（m）；

ΔZ——真空表接孔到压力表中心的位置高差（m）。

注意：对于图 4-6 所示的离心泵装置，离心泵进、出口位能差 ΔZ 可以用断面 1—1 到断面 2—2 即真空表中心到压力表中心的位置高差计算，但是，为使式（4-4）对于离心泵装置的扬程计算具有普遍适用性，需将 ΔZ 的含义进一步明确。无论真空表中心所在高度是否在断面 1—1，只要将 ΔZ 的计算确定为真空表接出点到压力表中心的位置高差，则式（4-4）即可成为扬程计算通式。

（2）泵站的工艺设计中，依据使用环境确定所需扬程时，可用式（4-5）或式（4-6）来计算。

$$H = H_{ST} + \sum h \tag{4-5}$$

即

$$H = H_{ST} + SQ^n \qquad (4-6)$$

$$H_{ST} = H_{ss} + H_{sd} \qquad (4-7)$$

$$\sum h = SQ^n \qquad (4-8)$$

式中　H——水泵装置的总扬程（m）；

　　　H_{ST}——水泵装置的静扬程，即从水泵吸水井的设计水面（断面 0—0）到出水池最高水位（断面 3—3）之间的测压管液面高差（m）；

　　　n——流量的指数，对压力管道可取 $n=2$ 或 $n=1.852$；

　　　H_{ss}——水泵吸水地形高度，即从水泵吸水井设计水位的测压管液面到泵轴的高差（m）；

　　　H_{sd}——水泵压水地形高度，即从泵轴到水泵出水池设计水位的测压管液面的高差（m）；

　　　$\sum h$——水泵装置吸、压水管路水头损失的总和（m）；

　　　S——管道系统的总摩阻系数（s^n/m^{3n-1}，当 $n=2$ 时为 s^2/m^5）；

　　　Q——水泵的出水量（m^3/s）。

4.1.3　性能曲线

在一定转速 n 下，将反映水泵扬程 H、轴功率 N、效率 η、允许吸上真空高度 H_s 等随出水量 Q 而变化的函数关系用曲线的方式表示出来，即为水泵的特性曲线。

离心泵的特性曲线是通过性能试验实测得出的。14SA-10 型离心泵的特性曲线如图4-7所示。

离心泵的扬程曲线 $Q-H$ 是一条不规则的曲线，其中，点 A（Q_A、H_A）对应于效率最高时的流量、扬程，曲线上两波浪线之间的区域称该水泵的高效区（或高效段），在选泵时，应使泵站设计所要求的流量和扬程在高效段范围内。

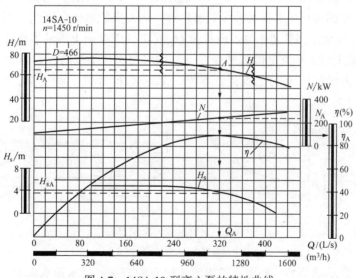

图 4-7　14SA-10 型离心泵的特性曲线

离心泵的功率曲线 $Q-N$ 的特点是，在出水量为零时轴功率并不为零，且所需要的轴功率随着出水量的增加而增大。在压水管路上阀门全闭（即 $Q=0$）时，水泵的轴功率为额定功率的 30%～40%，而扬程又接近最大，在此状态下起动水泵完全符合电动机轻载起动的要求，因此，离心泵采用"闭闸起动"。即起动水泵前压水管上阀门应处于全闭状态，待电

127

动机运转正常后，再打开阀门，使水泵正常运行。

离心泵的效率曲线 $Q - \eta$ 是一条过原点且有极大值的曲线。

允许吸上真空高度曲线 $Q - H_s$，表示水泵在不同流量下所允许的最大吸上真空高度值。

效率最高时的对应参数（Q_A、H_A、N_A、η_A、H_{sA}）为水泵在设计工况下的对应值，即为水泵铭牌上所列出的各数据（称为水泵额定值）。

> 注意：水泵铭牌上各参数和数值的含义需理解准确、深入。铭牌上标示的性能参数为高效点对应值，在解题中要正确运用。

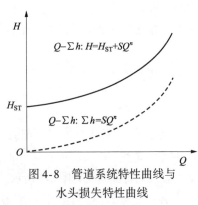

图4-8 管道系统特性曲线与
水头损失特性曲线

4.1.4 管道系统特性曲线

水泵装置的管道系统特性曲线常用 $Q - \sum h$ 表示，如图4-8中实线所示，表示水泵流量 Q 与提升受单位重力作用的液体所需消耗的能量 H 之间的关系。

管道中水头损失与流量之间的关系，称为水头损失特性曲线，是管道系统特性曲线在 $H_{ST} = 0$ 时的一个特例，如图4-8中虚线所示，也用 $Q - \sum h$ 表示，但含义不同。

管道系统特性曲线的方程式为式（4-6）。水头损失特性曲线的方程式为式（4-8）。

4.1.5 水箱出流工况点

如图4-9（a）所示，两个水箱中水位高差为 H（m），若水箱比较大，可忽略水箱内水位变化的行进速度，当管道特性确定时，即可由式（4-8）画出管道的水头损失特性曲线 $\sum h = SQ^n$，其与水箱的可利用水头水平线交于 K 点，此 K 点的纵坐标值 H_K，既表示水箱能够供给液体的比能 H，也表示当管道中通过流量为 Q_K 时消耗于摩阻上的液体比能值 $\sum h_K$。从能量供给与需求的关系上看，K 点是供需平衡的点。在水箱水位不变时，管道中将有稳定的流量 Q_K 出流，K 点称为水箱出流的工况点。显然，如果水箱水位不断下降，则工况点 K 将沿 $Q - \sum h$ 曲线向左下方移动。

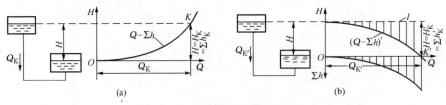

图4-9 水箱出流工况示意图
（a）常规方法；（b）折引法

图4-9（b）表示的是另一种求水箱出流工况点的方法：沿水箱水面画一水平线 I，其纵坐标值皆为 H，又沿横坐标向下画出该管道的 $Q - \sum h$ 水头损失特性曲线，然后，由水平线 I 上减去相应流量下的水头损失，得到 $(Q - \sum h)'$ 曲线，此曲线与横坐标轴相交于 K' 点。则 K' 点表示水箱所能提供的总比能全部消耗掉的情况，也表示水箱能够供给的总比能与管道所消耗的总比能相等的那个平衡点。因此，K' 点为该水箱出流的工况点，其流量为 $Q_{K'} = Q_K$。

上述求水箱出流工况点的两种方式，实质上是一样的。前一种比较直观，后一种实际上是一种折引的方法，即将高水箱的工作能量扣除了管道的水头损失后，把它折引到低水箱的位置上。在对泵站进行工况计算时，也可采用折引的方法。

4.1.6 定速运行工况

某水泵在运行过程中，实际的出水量 Q、扬程 H 等数值或其在该水泵性能曲线上的对应位置，称为该水泵装置的工况点（也称工作点）。水泵的工况点是稳定运行时的点，是水泵所能提供能量与管道系统所需能量平衡的点。

离心泵装置工况点的求解有图解法和数解法两种，其中图解法简明、直观，在工程中应用较广。

图解法即通过绘制水泵性能曲线与管道系统特性曲线，在图上找到二线的交点，即为离心泵装置的工况点，如图 4-10 中 M 点所示。数解法则是通过解方程组的方法，求出上述两条曲线方程的公共解，此公共解即为水泵的实际出水量、实际扬程值。

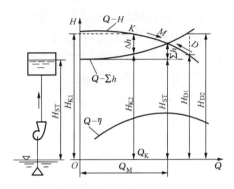

图 4-10 图解法求离心泵装置的工况点

（1）图解法求离心泵装置的工况点。图 4-10 为图解法求离心泵装置工况点的示意图。首先，画出水泵样本中提供的 $Q-H$ 曲线，再按式（4-8）在沿 H_{ST} 的高度上，画出管道系统特性曲线 $Q-\Sigma h$，两条曲线相交于 M 点。此 M 点表示将水输送至高度为 H_{ST} 时，水泵供给水的总比能与管道所要求的总比能相等的那个点，称它为该水泵装置的平衡工况点。只要外界条件不发生变化，水泵装置将稳定地在 M 点工作，其出水量为 Q_M，扬程为 H_M。

假设工况点不在 M 点，而在 K 点，由图 4-10 可见，当流量为 Q_K 时，水泵能够供给水的总比能 H_{K1} 将大于管道所要求的总比能 H_{K2}，也即［供给］＞［需要］，能量富裕了 Δh 值，此富裕的能量将以动能的形式，使管道中水流加速，流量加大，由此，使水泵的工况点自动向流量增大的一侧移动，直到移至 M 点为止。反之，假设水泵装置的工况点不在 M 点，而在 D 点，那么，水泵供给的总比能 H_{D1} 将小于管道所要求的总比能 H_{D2}，也即［供给］＜［需要］，管道中水流能量不足，管流减缓，水泵装置的工况点将向流量减小的一侧移动，直到退至 M 点才达到平衡。所以，M 点就是该水泵装置的工况点。如果水泵装置在 M 点工作时，管道上的所有闸阀是全开着的，那么，M 点就称为该装置的极限工况点。也就是说，在这个装置中，要保证水泵的静扬程为 H_{ST} 时，管道中通过的最大流量为 Q_M。在工程中，我们总是希望水泵装置的工况点能够经常落在该水泵的额定参数值上，这样，水泵的工作效率最高，泵站工作最经济。

水泵装置的工况点也可以用折引的方法（也称"折引特性曲线法"）来求解，如图 4-11 所示，先沿 Q 坐标轴向下画出该管道损失特性曲线 $Q-\Sigma h$，再在水泵的 $Q-H$ 特性曲线上减去相应流量下的水头损失，得到 $(Q-H)'$ 曲线。此 $(Q-H)'$ 曲线称为折引特性曲线。折引特性曲线上各点的纵坐标值，表示水泵在扣除了管道中相应流量时的水头损失以后尚剩的能量，这能

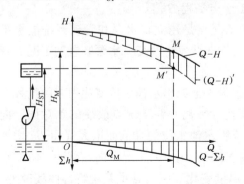

图 4-11 折引特性曲线法示意图

量仅用来改变被抽升水的位能，即它把水提升到 H_{ST} 的高度上去。因此，沿静扬程 H_{ST} 即水塔水位作一水平线，与 $(Q-H)'$ 曲线相交于 M' 点，此 M' 点的纵坐标代表了该装置的静扬程，由 M' 点向上作垂线延长与 $Q-H$ 曲线相交于 M 点，则 M 点的纵坐标值 H_M，即为该水泵的工作扬程 $H_M = H_{ST} + \sum h$。M 点是管道需要的总比能与水泵供给的总比能正好相等的点，称为该离心泵装置的工况点，其相应的流量为 Q_M。

（2）数解法求离心泵装置的工况点。离心泵装置工况点数解法的数学依据是利用水泵及管道系统特性曲线方程式联立解出 Q 和 H 值。

管道系统特性曲线的方程式如式（4-6）所示。

水泵特性曲线的方程式需根据水泵特性曲线进行拟合，求出拟合方程。通常所用的拟合方法是抛物线法，即假设水泵厂样本中所提供 $Q-H$ 曲线上的高效段可用式（4-9）的方程形式来表示

$$H = H_x - h_x \tag{4-9}$$
$$h_x = S_x Q^n$$

式中　H——水泵的实际扬程（m）；

　　　H_x——水泵在 $Q=0$ 时所产生的虚总扬程（m）；

　　　h_x——流量为 Q 时泵体内的虚水头损失（m）；

　　　S_x——泵体内的虚摩阻系数；

　　　n——流量的指数，对压力管道一般取 $n=2$ 或 $n=1.852$。

则式（4-9）可写成

$$H = H_x - S_x Q^n \tag{4-10}$$

式（4-10）中系数 H_x 和 S_x 可利用水泵高效段内任意两个已知点的 Q、H 来确定。通常利用高效区的下限 (Q_1, H_1) 和上限 (Q_2, H_2)，将其值代入式（4-10），解出系数

$$S_x = \frac{H_1 - H_2}{Q_2^n - Q_1^n} \tag{4-11}$$

$$H_x = H_1 + S_x Q_1^n \text{ 或 } H_x = H_2 + S_x Q_2^n \tag{4-12}$$

因此，数解法也即由式（4-6）和式（4-10）联立，求其公共解得工况点流量

$$Q = \sqrt[n]{\frac{H_x - H_{ST}}{S_x + S}} \tag{4-13}$$

将式（4-13）代入式（4-6）或式（4-10）得工况点扬程 H 值。

（3）离心泵装置工况点的改变。离心泵装置的工况点是建立在水泵和管道系统能量平衡基础上的，因此，只要水泵特性曲线或管道系统特性曲线发生改变，水泵装置的工况点就会发生改变。

管道系统特性曲线发生改变主要有两种情况：①吸水池或出水池水位变化引起静扬程变化，导致管道特性曲线改变。图 4-12 为因静扬程变化导致离心泵工况点改变的示意图，向水塔供水的水泵，其静扬程会随着水塔水位的升高或吸水池水位的降低而增大（由 H_{ST} 增加到 H'_{ST}），管道系统的特性曲线由 $Q-\sum h$ 变为 $(Q-\sum h)'$，相应的工况点向左移动，由 A 点移至 B 点，出水量由 Q_A 减小到 Q_B。②出水阀门开启度变化而引起管道系统特性曲线改变，此即所谓的节流调节。节流调节是人为改变和控制水泵工况点的方法之一，如图 4-13 所示，

关小出水阀门时，管道系统特性曲线的曲率增大，管道系统特性曲线由 $Q-\sum h$ 变为 $(Q-\sum h)'$，相应的工况点向左移动，由 A 点移至 B 点，出水量由 Q_A 减小到 Q_B。节流调节方便易行，但是，从泵站运行管理的角度来讲，节流调节是用消耗 BB' 之间多余能量的方法来维持一定的水量和扬程，若需要泵站长期维持在流量 Q_B，则节流调节不满足经济性要求。因此，在泵站的设计和运行控制中，一般不宜用闸阀来调节流量。

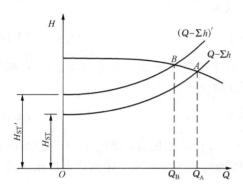

图 4-12　离心泵工况点随水位而变化示意图

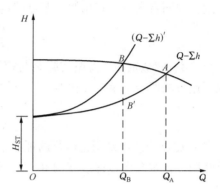

图 4-13　节流调节示意图

4.1.7　调速运行

调速运行是通过改变转速来改变水泵装置的工况点，大大地扩展了离心泵的有效工作范围，是泵站运行中十分合理的调节方式。

水泵调速运行工况的变化，是符合叶轮相似定律的。

（1）叶轮相似定律。根据相似理论，并运用实验模拟的手段，可依水泵叶轮在某一转速下的已知性能换算出它在其他转速下的性能。

水泵叶轮的相似定律是基于几何相似和运动相似的基础上的。若两台水泵能满足几何相似和运动相似的条件，则称为工况相似的水泵。

1）几何相似条件是：两个叶轮主要过流部分一切相对应的尺寸成一定比例，所有的对应角相等。若某实际水泵与模型水泵叶轮相似，模型水泵叶轮的符号以下角标"m"表示，则

$$\frac{b_2}{b_{2m}}=\frac{D_2}{D_{2m}}=\cdots=\lambda \tag{4-14}$$

式中　b_2、b_{2m}——实际泵与模型泵叶轮的出口宽度；

　　　D_2、D_{2m}——实际泵与模型泵叶轮的外径；

　　　λ——模型缩小的比例尺，如实际泵的尺寸是模型泵的 2 倍，则 $\lambda=2$。

2）运动相似的条件是：两叶轮对应点上水流的同名速度方向一致，大小互成比例。也即在相应点上水流的速度三角形相似（图 4-14），即

$$\frac{C_2}{C_{2m}}=\frac{u_2}{u_{2m}}=\frac{nD_2}{n_mD_{2m}}=\cdots=\lambda\frac{n}{n_m} \quad (4\text{-}15)$$

若实际水泵与模型水泵的尺寸相差不太大，则工况相似，可近似地认为水泵的效率不因尺寸变化而改变。此时叶轮相似定律可表示为：

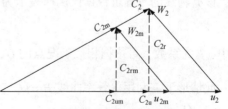

图 4-14　相似工况下两叶轮
出口速度三角形

1）第一相似定律：忽略实际泵与模型泵容积效率的差异（即认为 $\eta_v = \eta_{vm}$），在相似工况下运行的两台水泵，其相似工况点间流量之间的关系为

$$\frac{Q}{Q_m} = \lambda^3 \frac{n}{n_m} \tag{4-16}$$

2）第二相似定律：忽略实际泵与模型泵水力效率的差异（即认为 $\eta_h = \eta_{hm}$），在相似工况下运行的两台水泵，其相似工况点间扬程之间的关系为

$$\frac{H}{H_m} = \lambda^2 \left(\frac{n}{n_m}\right)^2 \tag{4-17}$$

3）第三相似定律：忽略实际泵与模型泵机械效率的差异（即认为 $\eta_M = \eta_{Mm}$），在相似工况下运行的两台水泵，其相似工况点间轴功率之间的关系为

$$\frac{N}{N_m} = \lambda^5 \left(\frac{n}{n_m}\right)^3 \tag{4-18}$$

（2）比例律。水泵调速运行的理论依据是比例律（即叶轮相似定律在 $\lambda = 1$ 时的特例），它反映同一台水泵在转速改变时相似工况点间性能参数的变化关系。比例律可以用公式表示为

$$\frac{Q_1}{Q_2} = \frac{n_1}{n_2} \tag{4-19}$$

$$\frac{H_1}{H_2} = \left(\frac{n_1}{n_2}\right)^2 \tag{4-20}$$

$$\frac{N_1}{N_2} = \left(\frac{n_1}{n_2}\right)^3 \tag{4-21}$$

式中，Q_1、H_1、N_1 和 Q_2、H_2、N_2 分别为水泵在转速 n_1 和 n_2 时相似工况点的流量、扬程和轴功率。

> 注意：工况相似是在调速前后的两个对应工况点间应用比例律的前提条件，同时，符合比例律的两个工况点对应的效率相同。

比例律的应用主要有两种情形：

1）如图 4-15 所示，已知水泵在某转速时的特性曲线，但所需的工况点并不在该特性曲线上，而在管道系统特性曲线上的某个流量扬程较小的点 B 处，需利用比例律确定点 B 所对应的调整后的转速 n_2。

应用比例律的前提是对应点工况相似，工况相似的点（即符合比例律的点）均分布在相似工况抛物线（也称等效率曲线）上，当压力管道水头损失公式中流量的指数取 $n = 2$ 时，该抛物线的方程可依据比例律表示为

$$H = kQ^2 \tag{4-22}$$

式中，k 为系数，可依据相似工况点的 Q、H 值确定，$k = \dfrac{H_1}{Q_1^2}$ 或 $k = \dfrac{H_2}{Q_2^2}$。

此情形下需利用等效率曲线 $H = kQ^2$，求出与 B 点工况相似的 C 点，进而利用比例律得 $n_2 = n_1 \times \dfrac{Q_B}{Q_C}$。

2）已知水泵在某转速时的特性曲线，用比例律翻画改变转速后的水泵特性曲线，如

图 4-16 所示。在转速为 n_1 的特性曲线上取点如 1 ~ 5，对各点分别应用比例律，计算出与之工况相似的点的 Q'、H'、N'，得出新的点 1′ ~ 5′，连线做出调速后的水泵特性曲线（如图 4-16 中虚线 $Q' - H'$ 和 $Q' - N'$ 所示），并依据调速前后对应工况点效率不变做出调速后的 $Q' - \eta'$ 曲线。

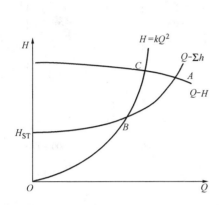

图 4-15　用比例律确定调整后的转速

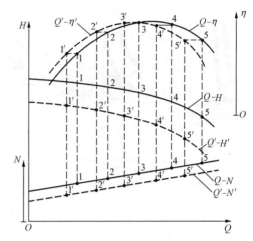

图 4-16　用比例律翻画水泵特性曲线

4.1.8　比转数

按照水泵的相似原理，叶片泵可被分成若干相似泵群，在每一个相似泵群中，都可用一台模型泵作代表，来反映该群相似泵的共同特性和叶轮构造特征。模型泵的特点是：在最高效率下，当有效功率 $N_u = 735.5\mathrm{W}$ 时，扬程为 $H_m = 1\mathrm{m}$，流量为 $Q_m = 0.075\mathrm{m^3/s}$。该模型泵的转数，就叫作此泵群中与它相似的各实际泵的比转数 n_s。

如 12Sh-28A 型离心泵中的数字"28"即表示此水泵的比转数 $n_s = 280$，凡是与它属于同一相似泵群的水泵，其比转数均为 280。

由叶轮相似定律和模型特征值可得比转数的计算公式为

$$n_s = \frac{3.65 n Q^{\frac{1}{2}}}{H^{\frac{3}{4}}} \tag{4-23}$$

式中　n——水泵的额定转速（r/min）；

　　　Q——水泵效率最高时的单吸流量（$\mathrm{m^3/s}$）；

　　　H——水泵效率最高时的单级扬程（m）。

注意：应用式（4-23）计算水泵比转数时，水泵铭牌上的流量、扬程需经分析换算之后才能代入，需注意双吸泵要代入单吸流量，多级泵要代入单级扬程，流量的单位要换算成"$\mathrm{m^3/s}$"等。

低比转数泵的特点是扬程高、流量小，叶轮构造上的特点是叶轮出口直径（D_2）与进口直径（D_0）的比值较大，叶轮出口宽度（b_2）与出口直径的比值较小，叶轮外形扁平，流槽狭长，出水呈径向。高比转数泵则相反，扬程低，流量大，叶轮出口直径与进口直径的比值较小，叶轮出口宽度与出口直径的比值较大，叶轮流槽由狭长而变为粗短，出水方向由径向渐变为轴向。因此，依据比转数可以将叶片泵分类，如图4-17所示。

离 心 泵			混流泵	轴流泵
低比转数	中比转数	高比转数		
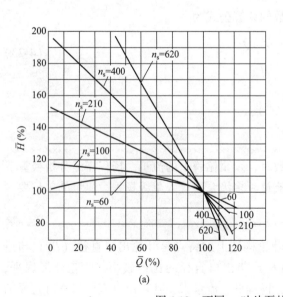				
$n_s = 50 \sim 100$	$n_s = 100 \sim 200$	$n_s = 200 \sim 350$	$n_s = 350 \sim 500$	$n_s = 500 \sim 1200$
$\dfrac{D_2}{D_0} = 3.0 \sim 2.5$	$\dfrac{D_2}{D_0} = 2.0$	$\dfrac{D_2}{D_0} = 1.8 \sim 1.4$	$\dfrac{D_2}{D_0} = 1.2 \sim 1.1$	$\dfrac{D_2}{D_0} = 0.8$

图4-17 叶片泵叶轮的构造特点

不同比转数泵的性能曲线具有不同的特点，其特点可用相对性能曲线来反映，如图4-18所示。

相对性能参数（相对流量 $\overline{Q}$、相对扬程 $\overline{H}$、相对轴功率 $\overline{N}$、相对效率 $\overline{\eta}$）分别表示泵的实际性能参数（流量 Q、扬程 H、轴功率 N、效率 η）与泵高效点性能参数（高效点流量 Q_0、高效点扬程 H_0、高效点轴功率 N_0、最高效率 η_0）的比值，以百分数表示。相对性能曲线的形状和变化趋势与泵的实际性能曲线均一致。

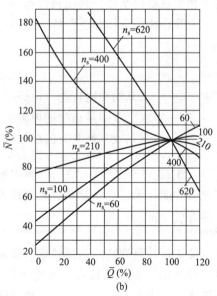

图4-18 不同 n_s 叶片泵的相对性能曲线（一）

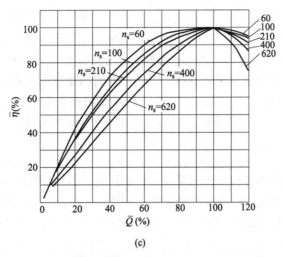

图 4-18　不同 n_s 叶片泵的相对性能曲线（二）

4.1.9　并联运行

多台水泵联合工作，通过联络管共同向管网或高地水池输水，称为多台水泵并联运行。并联工作时，泵站供水总流量等于并联运行各泵的出水量之总和。采用水泵并联运行的泵站可以通过改变开停水泵台数的方法来调节泵站的流量和扬程，以达到节能和安全供水的目的；当并联工作的水泵中有一台损坏时，其他的水泵仍可继续供水。水泵并联提高了泵站运行调度的灵活性和供水的安全可靠性，是泵站中最常见的一种运行方式。

（1）同型号、同水位、管路对称布置的两台水泵的并联。如图 4-19 所示，根据水泵特性曲线 $(Q-H)_{1,2}$，采用等扬程下流量叠加的方法绘制水泵并联性能曲线 $(Q-H)_{1+2}$；利用管道系统特性曲线方程式 $H = H_{ST} + \left(\frac{1}{4}S_{AO} + S_{OG}\right)Q^2$ [S_{AO} 及 S_{OG} 分别为管道 AO（或 BO）及管道 OG 的摩阻系数]，绘制并联时的管道系统特性曲线 $Q-\sum h_{AOG}$；曲线 $Q-\sum h_{AOG}$ 与 $(Q$

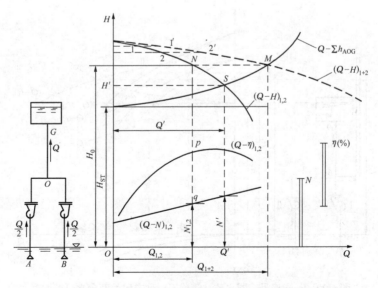

图 4-19　同型号、同水位、管路对称布置的两台水泵的并联

$-H)_{1+2}$ 相交于 M 点，M 点称为并联工况点，其横坐标为两台泵并联工作的总流量 Q_{1+2}，纵坐标等于两台水泵的扬程 H_0；过 M 作横轴的平行线，与各单泵特性曲线交于 N 点，此 N 点即为并联工作时各单泵的工况点，其流量为 $Q_{1,2}$，扬程为 $H_1 = H_2 = H_0$。

图 4-19 中的 S 点可近似地视作只有一台泵工作时的单泵工况点，其流量为 Q'，扬程为 H'，轴功率为 N'。由图可知，$Q_{1,2} < Q'$，$Q_{1+2} < 2Q'$，即两台泵并联以后的单泵出水量比单独一台泵工作时的出水量小，表明两台同型号水泵并联后，并联出水量并不能达到一台泵单独运行时水泵出水量的 2 倍。

> 注意：上述工况点的分析是针对泵的运行过程的，即针对选定水泵台数的运行过程。选泵时并不是根据单泵能达到多少流量来选泵，而是按照多台泵并联起来所能负担的总流量来考虑。即图中选泵工况点为 M、N，而运行工况点则为 M、S（两台泵、单台泵）。

自 N 点引垂线交 $Q-\eta$ 曲线于 p 点，交 $Q-N$ 曲线于 q 点，p 点和 q 点分别称为水泵并联运行时单泵的效率点和功率点。

并联机组的总功率和总效率需用并联工作时各单泵工况点的对应值经过计算求得，并联机组的总功率和总效率分别为

$$N_{1+2} = N_1 + N_2 \tag{4-24}$$

$$\eta_{1+2} = \frac{\rho g Q_1 H_1 + \rho g Q_2 H_2}{N_1 + N_2} \tag{4-25}$$

（2）不同型号、同水位的两台水泵的并联。如图 4-20 所示，两台泵的管道系统不对称，$\sum h_{AB}$ 与 $\sum h_{BC}$ 不相等，两台泵并联后，每台泵的工况点扬程也不相等，因此，不能直接使用等扬程下流量叠加的原理绘制并联特性曲线。采用折引特性曲线法，可以在水泵的特性曲线 $(Q-H)_{\text{I}}$ 和 $(Q-H)_{\text{II}}$ 上，相应地扣除水头损失 $\sum h_{AB}$ 和 $\sum h_{BC}$ 的影响，得到如图所示的折引特性曲线 $(Q-H)'_{\text{I}}$ 和 $(Q-H)'_{\text{II}}$，这两条曲线表示两台水泵都折引到 B 点工作时的性能。折引后可以应用等扬程下流量叠加的原理，绘制并联折引特性曲线 $(Q-H)'_{\text{I}+\text{II}}$。进一步绘制管段 BD

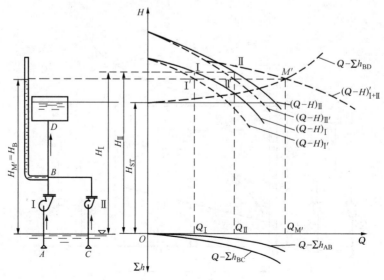

图 4-20 不同型号、同水位、管路不对称布置的两台水泵的并联

的特性曲线 $Q-\sum h_{BD}$，它与并联折引特性曲线 $(Q-H)'_{I+II}$ 相交于 M' 点，此 M' 点的流量，即为两台水泵并联工作的总出水量。通过 M' 点引水平线，与 $(Q-H)'_I$ 和 $(Q-H)'_{II}$ 曲线相交于 I' 和 II' 点，则这两点的对应流量 Q_I 和 Q_{II} 即为水泵 I 和水泵 II 在并联时的单泵流量，$Q_I+Q_{II}=Q_{M'}$。过 I' 和 II' 点向上引垂线，与 $(Q-H)_I$ 和 $(Q-H)_{II}$ 曲线相交于 I 和 II 点，此两点就是并联工作时水泵 I 和水泵 II 各自的工况点，其扬程分别为 H_I 和 H_{II}。

> 注意：一般泵房内虽然采用不同型号的水泵并联工作，各泵因管路的差异的确存在扬程的差异，但相对于总扬程而言，此差异所占比重较小，可以忽略，故泵房内不同型号水泵并联，若水位相同，则一般可近似看成同型号、同水位、管路对称布置的多泵并联，即直接采用"等扬程下流量叠加"的原则绘制并联曲线，这样的近似并不影响工程精度，且可使计算简化。

4.1.10 串联运行

串联运行是指将第 1 台水泵的压水管作为第 2 台水泵的吸水管，水以同一流量依次流过各台水泵。其特点是，水流获得的能量为各台水泵所供给能量之和，即串联工作总扬程为各泵扬程之和，如图 4-21 所示。串联工作水泵的总扬程 $H_A=H_1+H_2$，即串联特性曲线 $(Q-H)_{1+2}$ 是依据同一流量下扬程叠加绘出的。自串联工况点 A 向下引垂线与各泵的 $Q-H$ 曲线分别交于点 B（Q_A，H_1）和 C（Q_A，H_2），则点 B 和 C 分别为两台泵在串联工作时的工况点。

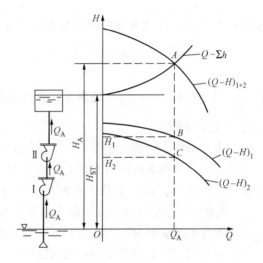

图 4-21　水泵串联工作

4.1.11 吸水管中压力变化

离心泵管路安装示意图（图 4-22）中绘出了水沿吸水管、经泵壳流入叶轮的绝对压力变化线。

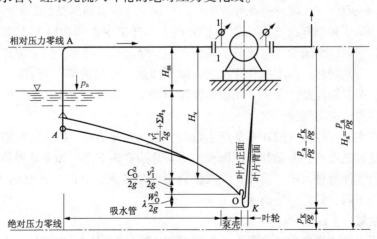

图 4-22　吸水管及泵入口中压力变化

利用各断面之间的能量方程，可得出 K 点的真空度表达式（4-26）

$$\frac{p_a}{\rho g} - \frac{p_K}{\rho g} = \left(H_{ss} + \frac{v_1^2}{2g} + \sum h_s \right) + \left(\frac{C_0^2 - v_1^2}{2g} + \lambda \frac{W_0^2}{2g} \right)$$ （4-26）

$$\lambda = \frac{W_K^2}{W_0^2} - 1$$

式中　$\dfrac{p_a}{\rho g}$、$\dfrac{p_K}{\rho g}$——吸水池水面大气压和 K 点绝对压力；

　　　　H_{ss}——吸水地形高度，即安装高度；

　　　　v_1、C_0——水泵进口和叶轮进口 O 点流速；

　　　　λ——气穴系数；

　　　W_0、W_K——叶轮进口 O 点和 K 点液体的相对流速。

可见，泵壳内压力最低的 K 点需维持足够的真空度 $\left(\dfrac{p_a}{\rho g} - \dfrac{p_K}{\rho g} \right)$，此真空度用于提供两部分能量：① 泵外：把吸水池内的水提升至水泵所在高度（H_{ss}）、克服吸水管中的水头损失（$\sum h_s$）、产生一定的流速水头 $\left(\dfrac{v_1^2}{2g} \right)$；② 泵内：提供泵壳内因过水断面变化引起的流速水头差 $\left(\dfrac{C_0^2 - v_1^2}{2g} \right)$、背水面不同的水力条件引起的压力下降 $\left(\lambda \dfrac{W_0^2}{2g} \right)$ 等能量变化。

4.1.12　气穴和气蚀

水的饱和蒸汽压力即汽化压力，是在一定水温下防止水汽化的最小压力。其值与水温有关，水温越高，饱和蒸汽压力值越大。水泵中最低压力 p_K 如果降低到被抽升液体工作温度下的饱和蒸汽压力 p_{va} 时，水就大量汽化，同时，原先溶解在水里的气体也自动逸出，出现"冷沸"现象，形成的气泡中充满蒸汽和逸出的气体。

水的汽化现象会随泵壳内压力的下降以及水温的提高而加剧。气泡随水流带入叶轮中压力升高的区域时，气泡突然被四周水压压破，水流因惯性以高速冲向气泡中心，在气泡闭合区内产生强烈的局部水锤现象，其瞬间的局部压力，可以达到几十兆帕，此时，可以听到气泡炸裂时的噪声，这种现象称为水的气穴现象。

离心泵中，一般气穴区域发生在叶片进口的壁面，金属表面承受着局部水锤作用，其频率可达每秒 20 000～30 000 次之多，就像水力楔子那样集中作用在以平方微米计的小面积上，经过一段时间后，金属会产生疲劳，表面开始呈蜂窝状，随之，应力更加集中，叶片出现裂缝和剥落。与此同时，由于水和蜂窝表面间歇接触，蜂窝的侧壁与底之间产生电位差，引起电化腐蚀，使裂缝加宽，最后，几条裂缝互相贯穿，达到完全蚀坏的程度。水泵叶轮进口端产生的这种效应称为气蚀。

气蚀是气穴现象侵蚀材料的在水泵产生结果。在气蚀开始时，称为气蚀第一阶段，表现在水泵外部的是轻微噪声、振动和水泵扬程、功率开始有些下降。如果外界条件促使气蚀更加严重时，泵内气蚀就进入第二阶段，气穴区就会突然扩大，这时，水泵的 H、N、η 将到达临界值而急剧下降，最终停止出水。

4.1.13　气蚀余量

离心泵的吸水性能通常用允许吸上真空高度 H_s 或气蚀余量 H_{sv} 来衡量。水泵样本中允许

吸上真空高度 H_s 值越大，说明水泵的吸水性能越好，抗气蚀性能越好。

气蚀余量，即 NPSH（Net Positive Suction Head），指水泵进口处受单位重力作用的液体所具有的超过液体汽化压力的余裕能量。当水泵的吸水性能用气蚀余量 H_{sv} 来衡量时，水泵厂样本中要求的气蚀余量（必要气蚀余量，即标准状况下的气蚀余量）越小，表示该水泵的吸水性能越好。

气蚀余量可用式（4-27）计算。

$$H_{sv} = h_a - h_{va} - \sum h_s - H_{ss} \tag{4-27}$$

$$h_a = \frac{p_a}{\rho g}$$

$$h_{va} \frac{p_{va}}{\rho g}$$

式中　h_a——吸水池水面的大气压（m）；

$\quad\quad h_{va}$——吸水池水温下的饱和蒸汽压力（或汽化压力，m）；

$\quad\quad \sum h_s$——吸水管路总水头损失（m）；

$\quad\quad H_{ss}$——水泵的安装高度，也称水泵的吸水地形高度，指自水泵吸水井液面的测压管水面至泵轴之间的高差（m）。

工程中，水泵实际使用时的气蚀余量（实际气蚀余量）需大于样本中提供的必要气蚀余量，以从根本上防止水泵发生气蚀，而提高水泵实际气蚀余量的根本措施是降低水泵的安装高度。

4.1.14　安装高度

根据水泵吸水性能的表达方式，水泵的安装高度可以有两种计算方法。

（1）当水泵的吸水性能用允许吸上真空高度（H_s）表示时，水泵的最大安装高度为

$$H_{ss} = H'_s - \frac{v_1^2}{2g} - \sum h_s \tag{4-28}$$

$$H'_s = H_s - (10.33 - h_a) - (h_{va} - 0.24)$$

式中　H'_s——依据实际气压和水温修正后采用的允许吸上真空高度（m）；

$\quad\quad H_s$——水泵厂给定的标准状况下的允许吸上真空高度（m）。

其他符号同式（4-27）。

（2）当水泵的吸水性能用气蚀余量（H_{sv}）表示时，水泵的最大安装高度为

$$H_{ss} = h_a - h_{va} - H_{sv} - \sum h_s \tag{4-29}$$

式中　H_{sv}——水泵厂给定的必要气蚀余量（m）。

其他符号同式（4-27）。

> 注意：为安全起见，泵房设计时实际采用的安装高度通常比计算所得的最大安装高度值小 0.4 ~ 0.6m。

4.1.15　轴流泵及混流泵

轴流泵及混流泵都是叶片式水泵中比转数较高的泵。它们都属于中、大流量，中、低扬程的泵。特别是轴流泵，扬程一般仅为 4 ~ 15m。在给排水工程中，如大型钢厂、火力发电厂、热电站的循环水泵站、城市雨水防洪泵站、大型污水泵站以及长距离调水工程中的一些大型提升泵站中，轴流泵和混流泵的采用是十分普遍的。

轴流泵的工作是以空气动力学中机翼的升力理论为基础的。其叶片与机翼具有相似形状的截面，即翼型截面，如图 4-23 所示。在风洞中对翼型进行绕流试验表明，当流体绕过翼型时，在翼型的首端 A 点处分离成为两股，它们分别经过翼型的上表面（即轴流泵叶片工作面）和下表面（轴流泵叶片背面），然后，同时在翼型的尾端 B 点汇合。由于沿翼型下表面的路程要比翼型上表面路程长一些，因此，流体沿翼型下表面的流速要比沿翼型上表面的流速大，相应地，翼型下表面的压力将小于上表面，流体对翼型将有一个由上向下的作用力 p。同样，翼型对于流体也将产生一个反作用力 p'，力 p' 的大小与 p 相等，方向由下向上，作用在流体上。

　　图 4-24 为立式轴流泵工作的示意。具有翼型断面的叶片，在水中作高速旋转时，水流相对于叶片就产生了急速的绕流，如上所述，叶片对水将施以力 p'，在此力作用下，水就被压升到一定的高度上去。

　　离心泵基本方程式的形式仅与进、出口动量矩有关，与叶片形状和叶轮内部的水流情况无关，故离心泵基本方程式不仅适用于离心泵，同样也适用于轴流泵、混流泵等一切叶片泵，因而也称叶片泵基本方程式。

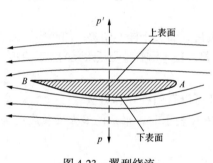

图 4-23　翼型绕流

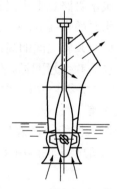

图 4-24　立式轴流泵工作示意

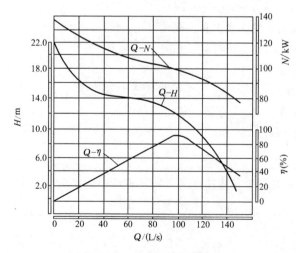

图 4-25　轴流泵特性曲线

　　轴流泵与离心泵相比，具有下列性能特点。

　　(1) 扬程随流量的减小而剧烈增大，Q-H 曲线陡降，并有转折点，如图 4-25 所示。

　　(2) Q-N 曲线也是陡降曲线，当 $Q = 0$（出水阀门关闭时），其轴功率 $N_0 = (1.2 \sim 1.4) N_d$（N_d 为设计工况时的轴功率）。因此，轴流泵起动时，应在阀门全开状态下来起动电动机，一般称为"开阀起动"。

　　(3) Q-η 曲线呈驼峰形，高效率工作的范围很小，流量在偏离设计工况点不远处效率就下降很快。根据轴流泵的这一特点，采用闸阀调节流量是不利于节能的。一般只采取改变叶片装置角 β 的方法来改变其性能曲线，故称为变角调节。大型全调式轴流泵，为了减小水泵的起动功率，通常在起动前先关小叶片的 β，待起动后再逐渐增大 β，这样，就充分发挥了全调式轴流泵的特点。

（4）在水泵样本中，轴流泵的吸水性能一般用气蚀余量来表示。

混流泵可根据其压水室的不同分为蜗壳式和导叶式两种。混流泵的性能介于离心泵和轴流泵之间，蜗壳式混流泵的外形与性能均与单吸式离心泵接近，导叶式混流泵则与立式轴流泵接近。

4.2 给水泵站

4.2.1 泵站分类

泵站分类的方式有多种，按照机组设置位置与地面的相对标高关系，泵站可分为地面式泵站、地下式泵站与半地下式泵站；按照操作条件及方式，可分为人工手动控制、半自动化、全自动化和遥控泵站等四种。在给水工程中，按泵站在给水系统中的作用可分为取水泵站、送水泵站、加压泵站及循环水泵站四种。

（1）取水泵站（一级泵站）。取水泵站在给水工程中也称一级泵站。在以地表水为水源时，取水泵站一般由吸水井、泵房及阀门井（又称阀门切换井）三部分组成，其工艺流程如图4-26所示。取水泵站往往靠江临水，河道的水文、水运、地质以及航道的变化等都会直接影响到取水泵站本身的埋深、结构形式以及工程造价等。泵站需保障能在最低枯水位抽水，以及在最高洪水位时泵房筒体不被淹没，因此，整个泵房的高度通常很大。山区河道取水泵房，一般采用圆形钢筋混凝土结构。

（2）送水泵站（二级泵站）。送水泵站在水厂中也称为二级泵站、清水泵站或配水泵站，其工艺流程如图4-27所示。通常建在水厂内，由净化构筑物处理后的出厂水由清水池流入吸水井，送水泵站中的水泵从吸水井中吸水，通过输水干管将水输往管网。送水泵站的供水情况直接受用户用水情况的影响，其出水流量与水压在一天内各个时段中是变化的。送水泵站的吸水井，既有利于水泵吸水管道布置，也有利于清水池的维修。吸水井形状取决于吸水管道的布置要求，送水泵房一般布置成长方形，吸水井一般也为长方形。

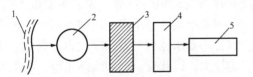

图4-26　地表水取水泵站工艺流程

1—水源；2—吸水井；3—取水泵站；

4—阀门切换井；5—净水厂

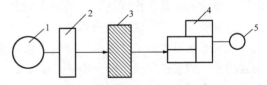

图4-27　送水泵站工艺流程

1—清水池；2—吸水井；3—送水泵站；4—管网；

5—高地水池（水塔）

送水泵站吸水水位变化范围小，通常不超过3~4m，因此泵站高度较取水泵站小。一般可建成地面式或半地下式。送水泵站为了适应管网中用户水量和水压的变化，常设置不同型号的多套水泵机组，从而导致泵站建筑面积较大，运行管理复杂。因此水泵的调速运行在送水泵站中尤其显得重要。送水泵站在城市供水系统中的作用，犹如人体的心脏，通过主动脉以及无数的支微血管，将血液输送到人体的各个部位上去。在无水塔管网系统中的送水泵站，这种可比性就更加明显。

（3）加压泵站。若城市给水管网面积较大、输配水管线很长或给水对象所在地的地势很高、城市内地形起伏较大，通过技术经济比较，可以在城市管网中增设加压泵站。在近代大中型城市给水系统中实行分区、分压供水方式时，设置加压泵站已十分普遍。

（4）循环水泵站。在某些工业企业中，生产用水可以循环使用或经过简单处理后复用。在循环系统的泵站中，一般设置输送冷、热水的两种水泵，热水泵将生产车间排出的废热水压送到冷却构筑物进行降温，冷却后的水再由冷水泵抽送到生产车间使用。

有些泵站的作用并不单一，如对于采用地下水作为生活饮用水水源而地下水的水质又符合饮用水卫生标准时，取水泵站可兼具送水泵站的功能，直接将水送到用户。在工业企业中，有时同一泵站内可能安装有多种功能的水泵，如输水给净水构筑物的水泵和直接将水输送给某些车间的水泵。

4.2.2 泵站供配电

给水泵站中的变配电设施基本上相同于一般工矿企业的变配电设施，但在一些具体问题上，有其本身的特点。

（1）变配电系统负荷等级。用电负荷的等级应根据对供电可靠性的要求及中断供电所造成的损失或影响程度确定，电力负荷一般分为三级。

一级负荷是指中断供电将造成人身伤害，造成重大损失或重大影响，影响重要用电单位的正常工作或造成人员密集的公共场所秩序严重混乱的电力负荷。例如：使生产过程或生产装备处于不安全状态、重大产品报废、用重要原料生产的产品大量报废、生产企业的连续生产过程被打乱需要长时间才能恢复等将在经济上造成重大损失，则其负荷特性为一级负荷。大中城市的水厂及钢铁厂、炼油厂等重要工业企业的净水厂均应按一级电力负荷考虑。一级负荷应由双重电源供电，而且这两个电源不能同时损坏。双重电源可同时工作，也可一用一备。双重电源可以是来自不同电网的电源，来自同一电网但在运行时电路相互之间联系很弱，或者来自同一个电网但其间的电气距离较远，一个电源系统任意一处出现异常运行或发生短路故障时，另一个电源仍能不中断供电等电源。

二级负荷是指中断供电将使得主要设备损坏、大量产品报废、连续生产过程被打乱需较长时间才能恢复、重点企业大量减产等将造成较大损失或较大影响，或中断供电将影响较重要用电单位的正常工作或造成人员密集的公共场所秩序混乱的电力负荷。如有些城市水厂，允许短时断水，经采取适当措施能恢复供水，利用管网紧急调度等手段可以避免用水单位造成重大损失或重大影响。多水厂联网供水的系统、有备用蓄水池的泵站或有大容量高地水池的城市水厂均属于二级负荷。由于二级负荷停电影响较大，因此宜由两回线路供电，配电变压器也宜选两台。只有当负荷较小或地区供电条件困难时，才允许由一回 10kV 及以上的专用架空线或电缆供电。当线路自上一级变电站用电缆引出时必须采用两根电缆组成的电缆线路，其每根电缆应能承受二级负荷的 100%，且互为热备用。

三级负荷指所有不属于一级和二级负荷的电力负荷，如村镇水厂、只供生活用水的小型水厂等，其供电方式无特殊要求，可采用单电源单回路供电。

（2）电压选择。水厂中泵站的变配电系统，随供电电压等级不同而异。电压大小的选定与泵站的规模（即负荷容量）和供电距离有关。目前，电压等级有 380V（220V）、6kV、10kV、35kV、110kV 等。对于规模很小的水厂（总功率小于 100kW），供电电压一般为380V。对于大多数净水厂，供电电压以 10kV 居多。

一般由 380V 电压供电的小型水厂，往往只可能有一个电源，因此，不能确保不间断供水。由 10kV 电压供电的中型水厂，需视其重要程度由双重电源同时供电或由一个常用电源和一个备用电源供电。10kV 电源可直接配给泵站中的高压电机。水厂内其他低压用电设备可通过变压器将电压降至380V。

（3）泵站中常用的变配电系统。变配电设备是泵站的重要组成部分之一。图4-28为6～10kV变电所常用接线图。图4-28（a）为10kV总变电所（双电源）的接线情况。总变电所设有两台主变压器，两台厂变压器。主变压器将10kV电压降为6kV后进行配电。厂变压器将10kV降为380V后进行配电。变压器容量均按6kV（或380V）全负荷的75%～100%考虑。图中每个油开关前后均设置隔离开关。隔离开关主要是在油开关需要检修时起切断电路作用。在高压电路中，隔离开关只能在断路情况下动作，以免带负荷拉闸造成强电弧烧损隔离开关刀口或烧伤操作人员。泵站中如配用的是10kV的高压电动机，则可直接连接。图4-28（b）适用于一个常用电源、一个备用电源，且可以自动切换的场合，中间的隔离开关作检修时切断之用。图4-28（c）适用于备用电源允许手动切换，切换时可以短时间停电的场合。中水型水厂一般由10（6）kV电压以双回路供电，经降压为380V后进行配电使用。水厂泵站中应设置变电所，安装两台变压器，每台变压器容量可按水厂最大计算容量75%的备用量选择。

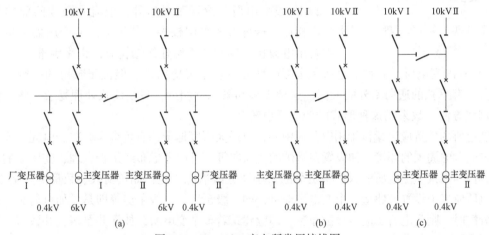

图4-28　6～10kV变电所常用接线图

图4-29为常用高压配电屏的外形与接线示意图。图中的隔离开关1仅起隔离作用；图中的2是操作用的断路器。因此在离心泵闭闸起动过程，应先推上隔离开关（此时电路仍未接通），然后再推上断路器（电路接通），电动机开始旋转。在离心泵闭闸停车过程则相反，先拉下断路器（电路拉断），然后拉下隔离开关。图中4为电流互感器，它串联于线路上，由于电动机是三相平衡荷载，一般串接两个电流互感器。图中3为电压互感器，并联于主线路上。图4-30为低压配电屏的接线图，图中电流的量测仍是通过串结的电流互感器来进行的。

无论是高压配电还是低压配电，都采用由电器开关厂生产的成套设备。成套设备一般称配电屏（又称开关柜）。由开关厂生产的定型产品，具有一定的规格尺寸，根据不同需要按一定的组合和线路

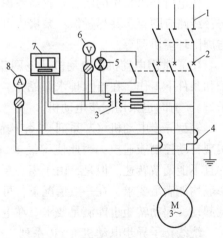

图4-29　高压配电屏外形与接线示意
1—隔离开关；2—断路器；3—电压互感器；
4—电流互感器；5—带电显示器；6—电压表；
7—显示屏；8—电流表

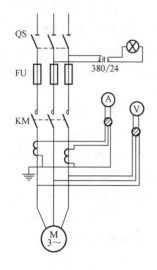

图 4-30　低压配电屏
接线示意

将有关的配电设备（如开关、母线、互感器、测量仪表、保护装置和操作机构等）分别安装在一个铁柜里。

（4）变电所。变电所的变配电设备是用来接受、变换和分配电能的电气装置，它由变压器、开关设备、保护电器、测量仪表、连接母线和电缆等组成。

变电所大体有以下三种类型：

1）独立变电所。设置于距水泵房 15～20m 范围内单独的场地或建筑物内。其优点是便于处理变电所和水泵房建筑上的关系，远离人流较多的地方，比较安全。若附近有两个以上的水泵房或有其他容量较大的用电设备，应选用这种形式。其缺点是离泵房内的电动机较远，线路长，浪费有色金属，消耗电能，且维护管理不便，故在给水排水工程中一般不宜采用。

2）附设变电所。设置于泵房外，但有一面或两面墙壁和水泵房相连。这种形式采用较多，其优点是使变压器尽量靠近了主要用电设备，同时并不给建筑结构方面带来困难。

3）室内变电所。此种变电所是全部或部分设置于泵房内部，但位于泵房的一侧，此时变电所应有单独的通向室外的大门。这种类型和第二种相近，只是建筑处理复杂一些，但维护管理较方便，故采用这种形式的变电所也较多。

变电所的位置应尽量位于用电负荷中心，以最大限度地节约有色金属，减少电耗。变电所的位置应考虑周围的环境，如设置在锅炉的上风向等，且应考虑布线是否合理、变压器的运输是否方便等因素。变电所的数目由负荷的大小及分散情况决定，如负荷大、数量少且集中时，则变电所应集中设置，建造一个变电所即可，如一级泵房、二级泵房等即是。如负荷小、数量大且分散时，则变电所也应该分散布置，即应建筑若干个变电所，如深井泵房，井数多、距离远，每个泵站一般只有一台水泵，故必要时只好在每个深井泵房旁边设置一套配电设备。

变电所和水泵房的组合布置需考虑：变电所应尽量靠近电源，低压配电室应尽量靠近泵房；线路应顺直，并尽量短；泵房应可以方便地通向高、低配电室和变压器室；建筑上应与周围环境协调等。

（5）常用电动机。电动机从电网获得电能，带动水泵运转，同时又处于一定的外界环境和条件下工作。在给水排水泵站中，广泛采用三相交流异步电动机（包括笼型和绕线转子型），有时也采用同步电动机。

笼型异步电动机（Y 系列），结构简单，价格便宜，工作可靠，维护比较方便，且易于实现自动控制或遥控，因此使用最多。其缺点是起动电流大，可达到额定电流的 4～7 倍，并且不能调节转速。但是，由于离心泵是低负荷起动，需要的起动转矩较小，这种电动机，一般均能满足要求，在一般情况下，可不装降压起动器，直接起动。对于轴流泵，只要是负载起动，起动转矩也能满足要求。在电网容量足够大时，采用笼型异步电动机是合适的。

绕线转子异步电动机（YR 系列），适用于起动转矩较大和功率较大或者需要调速的情况，但其控制系统较复杂。绕线转子异步电动机能用变阻器减小起动电流。

同步电动机价格较高，设备维护及起动复杂，但它具有很高的功率因数，对于节约电耗，改善整个电网的工作条件作用很大，因此功率在 300kW 以上的大型机组，采用同步电动机具有很大的经济意义。

（6）交流电动机调速。交流电动机转速公式如下：

同步电动机

$$n = \frac{60}{p}f \tag{4-30}$$

异步电动机

$$n = \frac{60f}{p}(1 - s) \tag{4-31}$$

式中　n——电动机转速（r/min）；

　　　f——交流电源的频率（Hz）；

　　　p——电动机的极对数；

　　　s——电动机运行的转差率。

根据式（4-30）及式（4-31）可知，调节交流电动机的 f、p 和 s 均可调节转速。通常调节转速的方法分为三类：

1）变频调速，即调节工作电源输入频率 f 来调节电机转速。

2）变极调速，即通过调节电动机的极对数 p 来调节电机转速。

3）变转差率调速，即通过调节电动机运行转差率 s 来调节电机转速。

变频调速和变极调速均为高效型调速方法。

变转差率调速的调速方案很多，如调节电动机定子电压、改变串入绕线转子异步电动机转子电路的附加电阻值等，但均为低效型，所以通常称变转差率调速为能耗型调速。

变频调速既适用于同步电动机也适用于异步电动机，后者用得更为普遍。变频调速具有机械特性硬、效率高、调速范围宽等优点。变频调速必须有一个频率可调的电源装置，即变频器，目前变频器种类繁多，已有国内外成品可供选用。

4.2.3　水泵机组布置

1. 水泵机组的布置

水泵机组的排列是泵站布置的重要内容，它决定泵房建筑面积的大小。机组间距以不妨碍操作和维修的需要为原则。机组布置应保证运行安全，装卸、维修和管理方便，管道总长度最短、接头配件最少、水头损失最小，并应考虑泵站有扩建的余地。机组排列形式有纵向排列、横向排列、横向双行排列等。

（1）纵向排列。如图4-31所示，各机组轴线平行单排并列，适用于如 IS 型单级单吸离心泵，因为能使吸水管保持顺直状态，如图4-31中泵1所示。若某泵房中兼有侧向进、出水的离心泵，如图4-31中泵2，系 Sh 型或 S 型或 SA 型泵，则纵向排列的方案就值得商榷。如果双吸泵占多数时，纵向排列方案就不可取，例如 20Sh-9 型泵，采用纵向排列时，泵宽加上吸压水口的转换接头和两个90°弯头长度共计3.9m，如图4-32所示。如果作横向排列，则泵宽为4.1m，其宽度并不比纵向排列增加多少，但进出口的水力条件却大为改善了，在长期运行中可以节省大量电耗。

图4-31中，机组之间各部尺寸应符合下列要求：

1）泵房大门口要求通畅，既能容纳最大的设备（水泵或电机），又要有操作余地。其场地宽度一般用水管外壁和墙壁的净距 A 值表示。A 可按最大设备宽度加1m不确定，但不得小于2m。

2）相邻管道之间的净距 B 值应大于0.7m，保证工作人员能较为方便地通过。

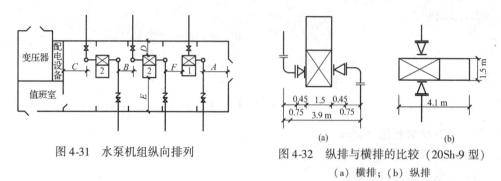

图 4-31　水泵机组纵向排列　　图 4-32　纵排与横排的比较（20Sh-9 型）

（a）横排；（b）纵排

3）水管外壁与配电设备应保持一定的安全操作距离 C。当采用低压配电设备时 C 值不小于1.5m，高压配电设备 C 值不小于2m。

4）水泵外形凸出部分与墙壁的净距 D，须满足管道配件安装的要求，且为了便于就地检修水泵，D 值不宜小于1m。如水泵外形不凸出基础，D 值则表示基础与墙壁的距离。

5）电动机外形凸出部分与墙壁的净距 E，应保证电机转子在检修时能拆卸，并适当留有余地。E 值一般为电机轴长加0.5m，但不宜小于3m，如电动机外形不凸出基础，则 E 值表示基础与墙壁的净距。

6）水管外壁与相邻机组的突出部分的净距 F 应不小于0.7m，如电动机容量大于55kW时，F 应不小于1m。

（2）横向排列（图4-33）。侧向进、出水的水泵，如单级双吸卧式离心泵（S型、Sh型、SA型）采用横向排列方式较好。横向排列虽然泵房的长度稍有增大，但跨度可减小，进出水管路更顺直，水力条件好，节省电耗，故被广泛采用。横向排列的各部尺寸应符合下列要求：

1）水泵凸出部分到墙壁的净距 A_1 与上述纵向排列的第一条要求相同，如水泵外形不凸出基础，则 A_1 表示基础与墙壁的净距。

2）出水侧水泵基础与墙壁的净距 B_1 应按水管配件安装的需要确定。但是，考虑到水泵出水侧是管理操作的主要通道，故 B_1 不宜小于3m。

3）进水侧水泵基础与墙壁的净距 D_1，也应根据管道配件的安装要求决定，但不小于1m。

4）电动机凸出部分与配电设备的净距，应保证电动机转子在检修时能拆卸，并保持一定安全距离，其值要求为 C_1 = 电动机轴长 + 0.5m。但是，低压配电设备应 $C_1 \geq 1.5m$；高压配电设备 $C_1 \geq 2.0m$。

5）水泵基础之间的净距 E_1 值与 C_1 要求相同，即 $E_1 = C_1$。如果电动机和水泵凸出基础，E_1 值表示为凸出部分的净距。

6）为了减小泵房的跨度，也可考虑将吸水阀、压水管检修阀门设置在泵房外面。

（3）横向双行排列（图4-34）。这种排列更为紧凑，节省建筑面积。在泵房中机组较多的圆形取水泵站，采用这种布置可省较多的基建投资。这种布置形式中两行水泵的转向从电动机方向看去是彼此相反的，因此，在订货时应向水泵厂特别说明，以便水泵厂配置不同

146

转向的轴套止锁装置。

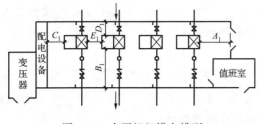
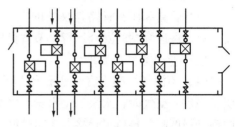

图 4-33　水泵机组横向排列　　　　　　图 4-34　横向双行排列

2. 水泵机组的基础

机组（水泵和电动机）安装在共同的基础上。基础的作用是支撑并固定机组，使它运行平稳，不致发生剧烈振动，更不允许产生基础沉陷。因此，对基础的要求是：坚实牢固，除能承受机组的静荷载外，还能承受机械振动荷载；要浇筑在较坚实的地基上，不宜浇制在松软地基或新填土上，以免发生基础下沉或不均匀沉陷。

卧式水泵均为块式基础，其尺寸大小一般均按所选水泵的安装尺寸确定。如无上述资料，对带底座的小型水泵可选取：

基础长度 L = 底座长度 L_1 + (0.20 ~ 0.30)（m）

基础宽度 B = 底座螺孔间距（在宽度方向上）b_1 + 0.30（m）

基础高度 H = 底座地脚螺钉的长度 l_1 + (0.10 ~ 0.15)（m）

对于不带底座的大、中型水泵的基础尺寸，可根据水泵或电动机（取其宽者）地脚螺孔的间距加上 0.4 ~ 0.6m，以确定其长度和宽度。基础高度确定方法同上。

基础的高度还应满足基础重量大于机组总重量的 2.5 ~ 4.5 倍。即在已知基础平面尺寸的条件下，根据基础的总重量校核其高度。基础高度一般应不小于 50 ~ 70cm。基础一般用混凝土浇筑，混凝土基础应高出室内地坪 10 ~ 20cm。

基础在室内地坪以下的深度还取决于临近的管沟深度，不得小于管沟的深度。由于水能促进振动的传播，所以应尽量使基础的底放在地下水位以上，否则应将泵房底板做成整体的连续钢筋混凝土板，而将机组安装在底板凸起的基础座上。

为了保证泵站的工作可靠，运行安全和管理方便，在布置机组时，应遵照以下规定：

（1）相邻机组的基础之间应有一定宽度的过道，以便工作人员通行。相邻两个机组及机组至墙壁间的净距为：电动机容量不大于 55kW，净距应不小于 1.0m；电动机容量大于 55kW 时，净距不小于 1.2m。当机组竖向布置时，尚需满足相邻进、出水管道间净距不小于 0.6m。双排布置时，进、出水管道与相邻机组间的净距宜为 0.6 ~ 1.2m。

（2）当考虑就地检修时，应保证泵轴和电机转子在检修时能拆卸。在机组一侧设水泵机组宽度加 0.5m 的通道。

（3）叶轮直径较大的立式水泵机组净距应不小于 1.5m，并应满足进水流道的布置要求。

（4）泵站内主要通道宽度应不小于 1.2m。当一侧布置有操作柜时，其净宽不宜小于 2.0m。

（5）辅助泵（排水泵、真空泵）通常安置于泵房内的适当地方，一般不因辅助泵而不增大泵房尺寸。辅助泵可靠墙安装，只需一边留出过道。必要时，真空泵可安置于托架上。

4.2.4 吸水管路与压水管路

吸水管路和压水管路是泵站的重要组成部分，正确设计，合理布置与安装吸、压水管路，对于保证泵站的安全运行，节省投资、减少电耗有很大的关系。

1. 对吸水管路的要求

（1）不漏气。吸水管路是不允许漏气的，否则会使水泵的工作发生严重故障。实践证明，当进入空气时，水泵的出水量将减少，甚至吸不上水。因此，吸水管路一般采用钢管，因钢管强度高，接口可焊接，密封性好。钢管应考虑防腐措施。

（2）不存气。水泵吸水管内真空值达到一定值时，水中溶解气体就会因管路内压力减小而不断逸出，如果吸水管路的设计考虑欠妥，就会在吸水管道的某段（或某处）出现气体积存，形成气囊，影响过水能力，严重时会破坏真空吸水。为了使水泵能及时排走吸水管路内的气体，吸水管应有沿水流方向连续上升的坡度 i，一般大于 0.005，以免形成气囊，如图 4-35 所示。由图可见，为了避免产生气囊，应使沿吸水管线的最高点在水泵吸入口的顶端。吸水管的断面一般大于水泵吸入口的断面，这样可减小管路水头损失，这时应注意，吸水管路上的变径管应采用偏心渐缩管（即偏心转换接头），保持渐缩管的上壁水平，以免形成气囊。

原因	不正确的安装	正确的安装
穿越障碍时，采用"几"字形布置导致出现气囊	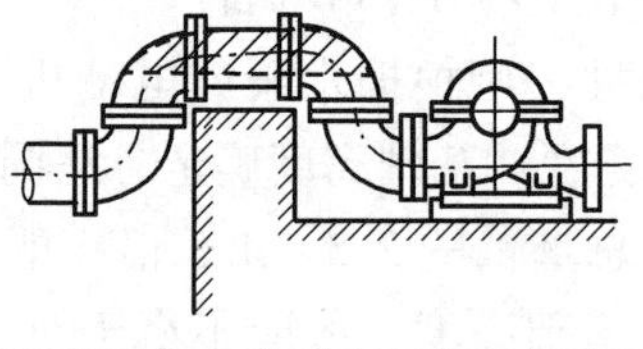	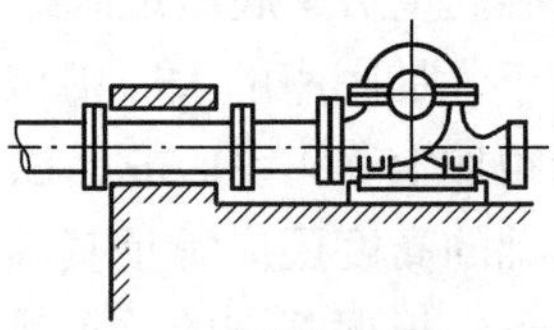
吸水管坡度方向设反了，出现气囊	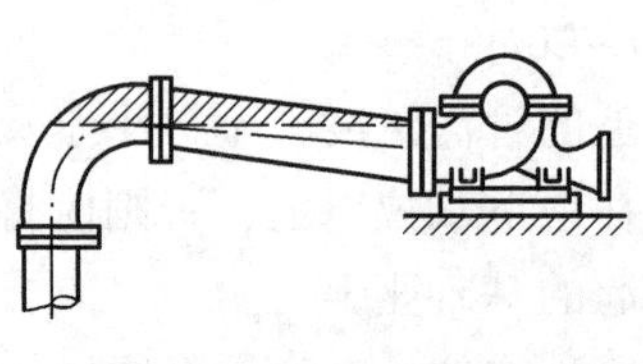	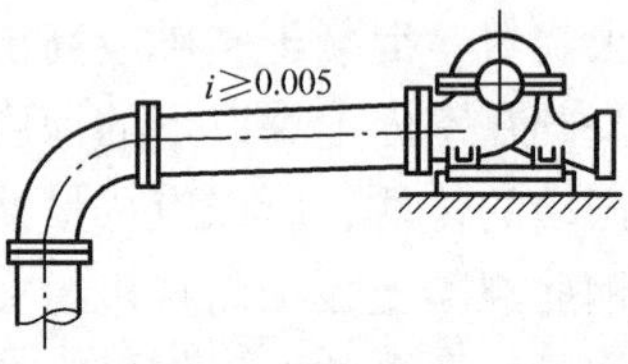 $i \geqslant 0.005$
变径采用了同心异径管，在高处出现气囊	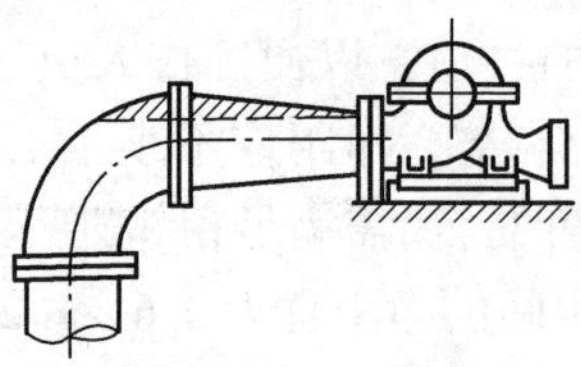	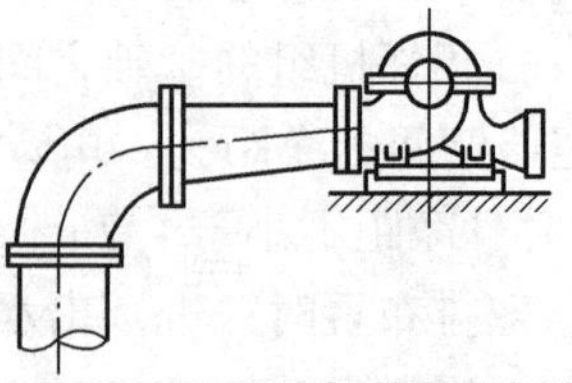
吸水总管与各泵吸水管管径不同，但采用了管中心等高布置，在高处出现气囊	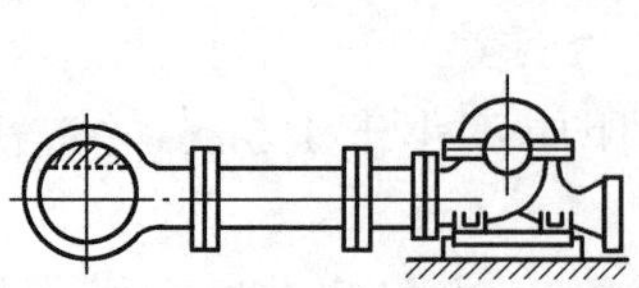	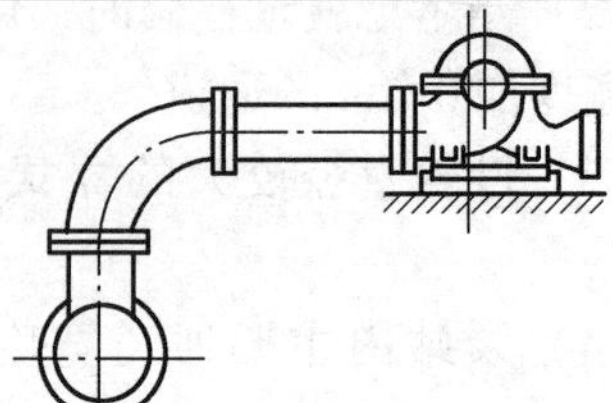

图 4-35　不正确的和正确的吸水管安装示意

（3）不吸气。吸水管进口淹没深度不够时，由于进口处水流产生漩涡，吸水时会带进大量空气，严重时也将破坏水泵正常吸水。这类情形，多见于取水泵房在河道枯水位情况下运行时。为了避免吸水井（池）水面产生漩涡，使水泵吸入空气，吸水管进口在最低水位下的淹没深度 h（图4-36）不应小于 $0.5 \sim 1.0m$，一般为 $(1.0 \sim 1.25)D$，其中 D 为吸水管喇叭口（或底阀）扩大部分的直径，通常 D 不小于吸水管直径 d 的1.25倍。若淹没深度不能满足要求时，则应在管道起端装置水平隔板，如图4-37所示。

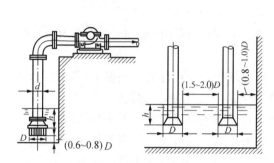

图 4-36　吸水管在吸水井中的位置

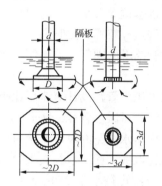

图 4-37　吸水管末端的隔板装置

为了防止水泵吸入井底的沉渣，并使水泵工作时有良好的水力条件，应遵守以下规定：

（1）吸水管的进口高于井底不小于 $(0.6 \sim 0.8)D$，如图4-36所示。

（2）吸水管喇叭口边缘距离井壁不小于 $(0.8 \sim 1.0)D$。

（3）在同一井中安装有几根吸水管时，吸水喇叭口之间的距离不小于 $(1.5 \sim 2.0)D$。

当水泵采用抽气设备充水或能自灌充水时，为了减少吸水管进口处的水头损失，吸水管进口通常采用喇叭口形式。如水中有较大的悬浮杂质时，喇叭口外面还需加设滤网，以防水中杂物进入水泵。

当水泵从压水管引水起动时，吸水管上可装设底阀。

底阀有水上式和水下式两种，水下式底阀装于吸水管的末端。底阀的式样很多，它的作用是使水只能被吸入水泵，而不能从吸水喇叭口倒流出去。水下式底阀因胶垫容易损坏，引起底阀漏水，须经常检修拆换，给使用带来不便。

水上式底阀，由于具有使用效果良好，安装检修方便等优点，因而设计中采用者日益增多。水上式底阀使用的条件之一，是吸水管路水平段有足够的长度，以保证水泵充水起动后，管路中能产生足够的真空值。

吸水管中的设计流速建议采用以下数值：管径小于250mm 时，为 $1.0 \sim 1.2m/s$；管径在 $250 \sim 1000mm$ 时，为 $1.2 \sim 1.6m/s$；管径大于等于1000mm 时，为 $1.5 \sim 2.0m/s$。在吸水管路不长且吸水地形高度不大的情况下，可采用比上述数值大些的流速，如水泵为自灌式工作时，吸水管中流速就可适当放大。

2. 对压水管路的要求

泵站内的压水管路经常承受高压（尤其当发生水锤时），所以要求坚固而不漏水，通常采用钢管，并尽量采用焊接接口，但为便于拆装与检修，在适当地点可设法兰接口，为了安装方便和避免管路上的应力（如由于自重、温度变化或水锤作用所产生的应力）传至水泵，一般在吸水管路和压水管路上需设置伸缩节或可曲挠的橡胶接头。为了承受管路中水内压力所造成的推力，在一定的部位上（各弯头处）应设置专门的支墩或拉杆。

在不允许水倒流的给水系统中，应在水泵压水管上设置止回阀。止回阀通常装于水泵与压水工作阀之间，因为止回阀经常损坏，所以当需要检修更换时，可用阀门把它与压水管路隔开，以免水倒灌入泵站内。这样装的另一优点是，水泵每次起动时，阀板两边受力均衡便于开启。缺点是压水工作阀要检修时，必须将压水管路中的水放空，造成浪费。因此也有的泵站，将止回阀放在压水工作阀的后面。这样布置的缺点是当止回阀外壳因发生水锤而损坏时，水流迅速倒灌入泵站，有可能使泵站被淹。故只有水锤现象不严重，且为地面式泵站时，才允许这样布置，此时也可将止回阀装设于泵房外特设的切换井中。

压水管路上的阀门承受高压，启闭都比较困难，当直径 $D \geqslant 400\text{mm}$ 时，多采用电动或水力阀门。

泵站内压水管路设计流速可比吸水管路大，因为压水管路允许的水头损失可较大，且较大的设计流速可减小管径，从而减小其重量和造价并缩小泵房的建筑面积。

泵站内压水管路的设计流速可以比给水管网设计中的平均流速大，因为泵站内压水管路不长，流速取大一些，水头损失增加不多，同时，流速较大还可减少管道和配件的直径。通常采用值为：管径小于 250mm 时，为 1.5 ~ 2.0m/s；管径在 250 ~ 1000mm 时，为 2.0 ~ 2.5m/s；管径大于等于 1000mm 时，为 2.0 ~ 3.0m/s。

3. 吸水管路和压水管路的布置

泵站内水泵吸水侧通常设置吸水井，吸水管一般不设联络管。如果因为特殊原因，必须减少水泵吸水管的条数，而设置联络管时，则应设置必要数量的阀门，以保证泵站的正常工作。一般应尽量避免设置联络管，因为在水泵为吸入式工作时，管路上设置的阀门越多，漏气的可能性也越大。吸水侧设置公共吸水管路的做法，缩短了管线总长度，却增加了联络管和阀门的数量，所以只适用于吸水管路很长而又没有条件设吸水井的情况，以及自灌式泵站或叠压增压泵站。

一般情况下，为了保证安全供水，输水干管通常设置两条（在给水系统中有较大容积的水池时，也可只设一条），而泵站内水泵台数常在 2 ~ 3 台以上，必须考虑到当一条输水干管发生故障需要修复或工作水泵发生故障改用备用水泵送水时，均能将水送往用户，为此，阀门的设置成为必要。

供水安全要求较高的泵站，在布置压水管路时，必须能使任何一台水泵及阀门停用检修时不影响其他水泵的工作且每台水泵能输水至任何一条输水管。

送水泵站通常在站外输水管路上设一检修阀门，或每台水泵均加设一检修阀门（即每台泵出口设有两个阀门）。这种检修阀门经常是处于开启状态的，只有当修理水泵或阀门时才关闭。这种布置，可大大地减少压水总联络管上的大阀门数量，因而是较安全且经济的办法。

压水管上的检修阀门和联络管路上的阀门，因使用机会很少，不易损坏，一般不再考虑修理时的备用问题，但所有常开阀门，应定期进行开闭的操作和加油保护，以保持其工作的可靠性。

为了减小泵房的跨度，通常将联络管置于泵房外的管廊中或将联络管敷设在泵房而把输水管上的阀门置于泵房外的阀门井中。

4. 吸水管路和压水管路的敷设

管路及其附件的布置和敷设应保证使用和修理上的便利。敷设互相平行的管路时，应使管道外壁相距至少 0.4 ~ 0.5m，以便维修人员能无阻地拆装接头和配件。为了承受管路内外压力所造成的推力，应在必要的地方（如阀门、伸缩节、弯头、三通、堵板处）装设支墩、拉杆等支撑设施，以避免这些推力传给水泵。

管路上必须设置放水口，供放空管路用。泵站内的水管不能直接埋于土中，视具体情况可以敷设于砖、混凝土或钢筋混凝土的地沟中、机器间下面的地下室中或泵站地板上。

如吸、压水管直径在500mm以下，通常敷设在地沟中或将两者之一敷设在地沟中，以利泵站内的交通。直径大于500mm的水管，因不适于安装过多的弯头，通常直进直出，可连同水泵一起安装在泵站机器间的地板上，水泵吸、压水管安装呈一直线，不设弯头，以降低水头损失、节约电耗。当水管敷设在泵站地板上时，应修建跨过管道并能走近机组和闸阀的便桥或梯子。在机组为数不多（不多于2~3套）和管路不很长的场合，直径大于500mm的水管也可以敷设于地沟中。

地沟上应有活动盖板，为了便于安装和检修，从沟底到管壁的距离应不小于350mm，从管壁到沟顶盖的距离应不小于100~200mm。直径在200mm以下的水管应敷设在地沟的中间，沟壁与水管侧面的距离应不小于350mm。直径为250mm或更大的水管应不对称地敷设于沟中，管壁到沟壁的距离，在一侧应不小于350mm，而另一侧应不小于450mm，以利于维修人员操作。沟底应有向集水坑或排水口倾斜的坡度，坡度 i 一般为0.01。

地下式水泵站所在地地下水位较高时，不宜采用能通行的管沟或地下室，否则会大大增加泵站的造价。

吸、压水管在引出泵房之后，必须埋设在冰冻线以下，并应有必要的防腐防震措施。如管道位于泵站施工工作坑范围内，则管道底部应作基础处理，以免回填土发生过大的沉陷。

泵站内管道一般不宜架空安装，但地下深度较大的泵房，为了与室外管路连接，有时不得不将管道架空。管道架空安装时，应做好支架或支柱，但不应阻碍通行，更不能妨碍水泵机组的吊装及检修工作。不允许将管道架设在电气设备的上方，以免管道漏水或凝露时，影响下方电气设备的安全工作。

4.2.5 泵站水锤

在压力管道中，由于流速的剧烈变化而引起一系列急剧的压力交替升降的水力冲击现象，称为水锤（又叫水击）。离心泵本身供水均匀，正常运行时在水泵和管路系统中不产生水锤危害。一般的操作规程规定，在停泵前需将压水阀门关闭，因而正常停泵也不引起水锤。

停泵水锤是指水泵机组因突然失电或其他原因，造成开阀停车时，在水泵及管路中水流速度发生递变而引起的压力递变现象。

发生突然停泵的原因可能有以下几种：

（1）由于电力系统或电气设备突然发生故障、人为的误操作等致使电力供应突然中断；

（2）雨天雷电引起突然断电；

（3）水泵机组突然发生机械故障，如联轴器断开、水泵轴封环被卡住等，致使水泵转动发生困难而使电动机过载，保护装置作用将电动机切除；

（4）在自动化泵站中由于维护管理不善，也可能导致机组突然停电。

停泵水锤的主要特点是，突然停电（泵）后，水泵工作特性开始进入水力暂态（过渡）过程。在最初阶段，由于停电主驱动力矩消失，机组失去正常运行时的力矩平衡，由于惯性作用仍继续正转，但转速降低（机组惯性大时降得慢，反之则降得快）。机组转速的突然降低导致流量减小和压力降低，所以先在泵站处产生压力降低。这点和水力学中叙述的关阀水锤显然不同。此压力降以波（直接波或初生波）的方式由泵站及管路首端向末端的高位水池传播，并在高位水池处引起升压波（反射波），此反射波由水池向管路首端及泵站传播。由此可见，停泵水锤和关阀水锤的主要区别就在于产生水锤的技术（边界）条件不同，而水锤波在管路中的传播、反射与相互作用等，则和关阀水锤中的情况完全相同。

在压力变化的同时，流速也在变化。压水管中的水，在断电后的最初瞬间，主要靠惯性作用，以逐渐减慢的速度继续向高位水池方向流动，然后流速降至零，但这种状态是不稳定的，在重力水头的作用下，管路中的水又开始向水泵站倒流，速度又由零逐渐增大，其后，根据在水泵压出口处有无普通止回阀而分别出现下述几种情况。

（1）在水泵出口处有止回阀的情况（有阀系统）。当管路中倒流水流的速度达到一定程度时，止回阀很快关闭，因而引起很大的压力上升；而且当水泵机组惯性小，供水地形高差大时，压力升高也大。这种带有冲击性的压力突然升高能击毁管路或其他设备。国内外大量的实践证明，停泵水锤的危害主要是因为水泵出口止回阀的突然关闭所引起的。

（2）在水泵出口处无止回阀的情况（无阀系统）。停泵后水泵出水量迅速降到零，随后，管路中的水又向水泵站方向倒流，倒流流速的绝对值逐渐增大，持续的倒流对正向转动的水泵叶轮施加反向制动力矩，使水泵的正向转速不断减小，最后降到零，倒流流量继续增大，机组的工作就像空载的水轮机机组，反向转速很快增大，最终达到最大反向转速——最大飞逸转速，绕轴的转矩降为零，之后，由于各种阻尼的影响，水压的震荡和流速的变化逐渐衰减，最终，水管被泄空。

（3）水泵管路系统中的水柱分离现象和（断流弥合）水锤。当管路中某处的压力降到当时水温的饱和蒸汽压时，水将发生汽化，破坏了水流的连续性，造成水柱分离（水柱拉断），而在此处形成"空腔段"。当分离开的水柱重新弥合时或"空腔段"重新被水充满时，由于两股水柱间的剧烈碰撞会产生压力很高的"断流（弥合）水锤"。"断流弥合水锤"的升压值比一般水流连续时水锤的升压要大，危害性也大。若管路中正常流速大，而机组惯性小，突然停电后就可能发生水柱分离现象和断流弥合水锤。

设计向高地（水塔）输水的泵房时，若水泵设有止回阀或底阀时，应进行水锤压力的计算，以正确进行停泵水锤分析、准确判断停泵水锤的危害、合理确定防护措施。

停泵水锤的防护措施主要有，合理布置管路、适当设置调压设施以防止水柱分离；设置水锤消除器、空气缸、缓闭阀或取消止回阀等以防止升压过高。

4.2.6 泵站噪声

1. 噪声的定义

从物理学观点来讲，噪声就是各种不同频率和声强的声音无规律的杂乱组合。从生理学观点讲，凡是使人烦躁的、讨厌的、不需要的声音都叫噪声。它是一种令人烦恼、讨厌、产生干扰、刺激，使人心神不安，妨碍和分散注意力或对人体有危害的声音。

噪声的危害很多，常年在强噪声环境下工作会造成职业性听力损失，即噪声性耳聋，噪声还能引起神经系统、消化系统、心血管系统的多种疾病，影响人们的正常生活、降低人的工作效率，而且由于噪声的心理学作用，分散了人的注意力，容易引起工伤事故。

2. 噪声的来源

工业噪声通常可以分为空气动力性、机械性和电磁性噪声三种。

（1）空气动力性噪声是由于气体振动产生的，当气体中有了涡流或发生了压力突变时，引起气体的扰动，就产生了空气动力性噪声，通风机、鼓风机、空气压缩机等产生的噪声。

（2）机械性噪声是由于固体振动而产生的。在撞击、摩擦、交变的机械应力作用下，机械的金属板、轴承、齿轮等发生振动，就产生了机械性噪声，如车床、阀件、水泵轴承等产生的噪声。

（3）电磁性噪声是由于电机的空气隙中交变力相互作用而产生的，如电动机定、转子的吸力，电流和磁场的相互作用，磁滞伸缩引起的铁心振动等产生的噪声。

泵站中的噪声源有：电动机噪声、泵和液力噪声（由流出叶轮时的不稳定流动产生）、风机噪声、阀件噪声和变压器噪声等。其中以电动机转子高速转动时，引起与定子间的空气振动而发出的高频声响为最大。

3. 泵站内噪声的防治

泵房的噪声控制应符合现行国家标准《声环境质量标准》（GB 3096—2008）和《工业企业噪声控制设计规范》（GB/T 50087—2013）的规定。

防治噪声最根本的办法是从声源上治理，即将发声体改造成为不发声体，但是，在许多情况下，由于技术上或经济上的原因，直接从声源上治理噪声往往很困难，需要采取吸声、消声、隔声、隔振等噪声控制技术。吸声是用吸声材料装饰在水泵房间的内表面上或在高噪声房间悬挂空间吸声体，将室内的声音吸掉一部分，以降低噪声。消声可采用消声器，它是消除空气动力性噪声的重要技术措施，把消声器安装在气体通道上，噪声被降低，而气体可以通过。隔声是把发声的物体或者需要安静的场所封闭在一定的空间内，使其与周围环境隔绝，减弱噪声的传播。隔振是在机组下装置隔振器，使振动不至于传递到其他结构体而产生辐射噪声。

（1）吸声。如果室内有一个声源，这个声源发出的声波将从墙面、屋面、地面以及其他物体表面多次反射，反射将使声源在室内的噪声级比同样声源在露天的噪声级高。如果在泵房内表面装饰吸声材料或悬挂空间吸声体，泵房的噪声就会得到一定程度的降低。

吸声材料大多具有一定多孔性。当声波进入孔隙，引起孔隙中的空气和吸声材料的细小纤维的振动，由于摩擦和黏滞阻力，使相当一部分声能转化为热能被吸收掉。吸声材料，表面富有细孔，孔和孔之间互相连通，并深入到材料内层，这样声波就可以顺利地透入。玻璃棉、矿渣棉、泡沫塑料、毛毡、石棉绒、棉絮、卡普隆纤维、加气混凝土、吸声砖、木丝板、甘蔗板等，都是较好的吸声材料。

多孔吸声材料由于疏松多孔的特点，直接用在室内很容易损坏、污染、松散、掉落、积满灰尘，而且也不美观，因此，在实际应用中，常用透气的织物（如玻璃丝布、亚麻布）把吸声材料包好，缝成袋状，装入木框架内，然后在表面加一层窗纱或铅丝网、钢板网罩面，如果有条件，还可以用胶合板、塑料贴面板、纤维板、石棉水泥板等制成的穿孔板罩面。穿孔板的孔眼面积占整个板面积的20%以上。

为了提高吸声的效率，通常采用共振吸声的方法，图4-38为一种常见的共振吸声结构。

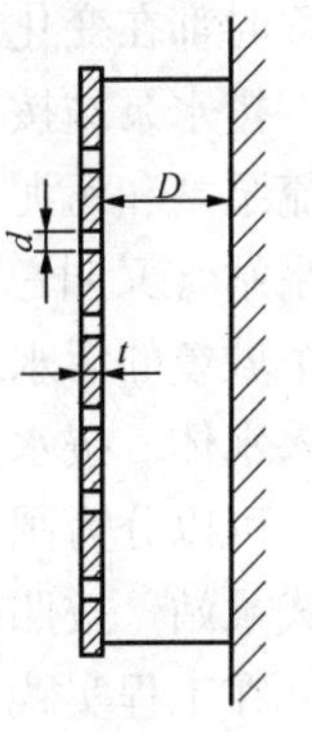

每一个共振器都具有一定的固有振动频率 f_0。当外来声波的频率与共振器的固有振动频率相同时，就发生共振。此时，振动幅度最大，空气柱往返于孔径中的速度最大，摩阻损失也最大，吸收的声能也就

图4-38 穿孔板共振吸声结构

最多。

$$f_0 = \frac{c}{2\pi}\sqrt{\frac{P}{(t+0.8d)D}} \quad （Hz） \tag{4-32}$$

式中　c——声速（cm/s）；

　　　d——孔径（cm）；

　　　D——腔深（cm）；

　　　t——板厚（cm）；

　　　P——穿孔率，穿孔面积与总表面积之比（%）。

针对噪声的频谱性质，适当选取穿孔率 P、孔径 d、板厚 t 和腔深 D，做成单一的或组合的共振吸声结构，就可以在某一频率或频段获得最大的吸收。

（2）消声。泵房中的消声一般用于单体机组，目前国内已生产的水冷式消声电机，对于消除电机内空气动力性噪声效果较好，可使整个泵房的工作噪声得到较大幅度的下降。

（3）隔声。泵房中把水泵机组放置在隔声机罩内，与值班人员隔开，或者把值班人员置于隔声性能良好的隔声控制室内，与发声的机组隔开，均可使值班人员免受噪声的危害。后者一般采用较多。与吸声材料相反，隔声结构通常都是密实、沉重的材料如砖墙、钢筋混凝土或钢板、木板等。

（4）隔振。振动是波动的一种形式。水泵机组所产生的振动，传给基础、地板、墙体等，以弹性波的形式沿房屋结构传到泵房内，以噪声的形式出现，称为固体噪声。钢筋混凝土、金属板等虽然是隔绝空气声波的良好材料，但它们对固体声波却几乎没有削弱作用。在水泵机组和基础之间安装橡胶隔振垫，可使振动得到减弱。水泵的隔振过去曾采用沙基础、软木基础、橡胶垫基础和无阻尼的简易弹簧基础等做法，但由于材料来源困难、价格昂贵，或地面需做基坑、安装不便，或隔振效果不佳等原因而逐渐不被采用。目前水泵隔振主要采用橡胶隔振垫，可参见国家建筑标准设计图集《给水排水标准图集》中关于"水泵隔振基础及其安装"的要求。

4.3　排水泵站

4.3.1　排水泵站分类

排水泵站的工作特点是它所抽升的水是废水，一般含有大量的杂质，而且来水的流量逐日逐时都在变化。

排水泵站按其排水的性质，一般可分为污水（生活污水、生产污水）泵站、雨水泵站、合流泵站和污泥泵站。按其在排水系统中的作用，可分为中途泵站（或叫区域泵站）和终点泵站（又叫总泵站）。中途泵站通常是为了避免排水干管埋设太深而设置的。终点泵站将整个城镇的污水或工业企业的污水抽送到污水处理厂或将处理后的污水进行农田灌溉或直接排入水体。按水泵起动前能否自流充水分为自灌式泵站和非自灌式泵站。按泵房的平面形状，可以分为圆形泵站和矩形泵站。按集水池与机器间的组合情况，可分为合建式泵站和分建式泵站。按照控制的方式又可分为人工控制、自动控制和遥控泵站等三类。

在工程实践中，排水泵站的类型是多种多样的，例如：集水池采用半圆形、机器间为矩形的合建式泵站；合建椭圆形泵站；集水池露天或加盖；泵站地下部分为圆形钢筋混凝土结构，地上部分用矩形砖砌体等。实际采取何种类型，应根据具体情况，经多方案技术经济比较后决定。根据我国设计和运行经验，凡水泵台数不多于四台的污水泵站和不多于三台的雨水泵站，其地下部分结构采用圆形较为经济，其地面以上构筑物的形式则须与周围建筑物相适应。当水泵台数超过上述数量时，地下及地上部分都可以采用矩形或由矩形组合成的多边形；地下部分有时为了发挥圆形结构便于沉井施工的优点，也可以将集水池设为圆形，并与机器间分开布置，或者将水泵分设在两个地下的圆形构筑物内，地上部分则设为矩形或椭圆形。对于抽送会产生易燃易爆和有毒气体的污水泵站，必须设计为独立的建筑物，并应采取相应的防护措施。

4.3.2 排水泵站的构造特点

排水泵站的基本组成包括：机器间、集水池、格栅、辅助间，有时还附设有变电所。机器间内设置水泵机组和有关的附属设备。格栅和吸水管安装在集水池内，集水池还可以在一定程度上调节来水的不均匀性，以使水泵能较均匀地工作。格栅的作用是阻拦水中粗大的固体杂质，以防止杂物阻塞和损坏水泵，因此，格栅又称拦污栅。辅助间一般包括储藏室、修理间、休息室和洗手间等。

由于排水泵站的工艺特点，水泵大多数为自灌式工作，所以泵站往往设计成半地下式或地下式。其深入地下的深度，取决于来水管渠的埋深。又因为排水泵站总是建在地势低洼处，所以常位于地下水位以下，因此，地下部分一般采用钢筋混凝土结构，并应采取必要的防水措施，地下部分的墙壁（井筒）应根据土压和水压来设计，底板应按承受地下水浮力进行计算。

一般来说，集水池应尽可能和机器间合建在一起，使吸水管路长度缩短。只有当地质条件差，或水泵台数很多且泵站进水管渠埋深又很大时，两者才分开修建以减少机器间的埋深。与合建式相比，分建式泵站的主要优点是结构简单、施工方便、机器间没有污水渗透和被污水淹没的危险。缺点是水泵不能自灌充水，为适应排水泵站来水不均匀的特点需频繁地抽真空和启泵，给运行操作加大了难度。

辅助间（包括工人休息室），由于它与集水池和机器间设计标高相差很大，往往分开修建。

当集水池和机器间合建时，应用无门窗的不透水的隔墙分开。集水池和机器间各设单独的进口。

在地下式排水泵站内，扶梯通常沿着房屋周边布置。如地下部分深度超过3m时，扶梯应设中间平台。

在机器间的地板上应有排水沟和集水坑。排水沟一般沿墙设置，坡度可为 $i=0.01$，集水坑平面尺寸一般为 $0.4m \times 0.4m$，深度一般为 $0.5 \sim 0.6m$。

对于非自动控制泵站，在集水池中应设置水位指示器，使值班人员能随时了解池中水位变化情况，以便控制水泵的开和停。

当泵站有被洪水淹没的可能时，应设必要的防洪措施。如用土堤将整个泵站围起来或提高泵站机器间进口门槛的标高。防洪设施的标高应比当地洪水水位高0.5m以上。

集水池间的通风管必须伸到工作平台以下，以免在抽风时臭气从室内通过，影响管理人员健康。集水池中一般应设事故排水管。

图4-39所示为设卧式水泵6PWA型的圆形污水泵站。泵房地下部分为钢筋混凝土结构，地上部分用砖砌筑。用钢筋混凝土隔墙将集水池与机器间分开。内设3台6PWA型污水泵（2台工作，1台备用）。每台水泵出水量为110L/s，扬程 $H=23m$。各泵有单独的吸水管，由于水泵为自灌式工作，故每条吸水管上均设有闸门。3台水泵共用一条压水管。利用压水管上的弯

头，作为计量设备。机器间内的污水，在吸水管上接出管径为 25mm 的小管伸到集水坑内，当水泵工作时，把坑内积水抽走。从压水管上接出一条直径为 50mm 的冲洗管（在坑内部分为穿孔管），通到集水坑内。

该污水泵站集水池容积按一台水泵 5min 的出水量计算，其容积为 33m³，有效水深为 2m，内设一个宽 1.5m、斜长 1.8m 的格栅。格栅采用人工清渣。机器间起重设备采用的是单梁吊车，集水池则设置固定吊钩。

图 4-40 为设 3 台立式水泵机组的圆形污水泵站。集水池与机器间用不透水的钢筋混凝土隔墙分开，各有单独的门进出。集水池中装有格栅，休息室与厕所分别设在集水池两侧，均有门通往机器间。水泵为自灌式，机组开停用浮筒开关装置自动控制。各泵吸水管上均设有闸阀，便于检修，联络干管设于泵房外。电动机及有关电气设备设在楼板上，所以水泵间尺寸较小，工程造价较低，而且通风条件良好，电机运行条件和工人操作环境也好。起吊设备用的是手动单梁吊车。

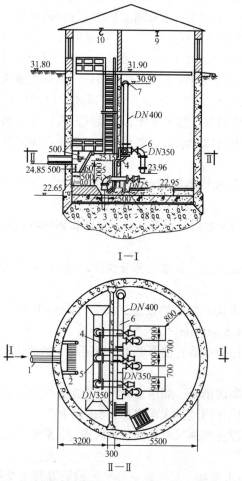

图 4-39　某污水泵站（卧式泵）（单位：mm）
1—来水干管；2—格栅；3—吸水坑；4—冲洗水管；
5—水泵吸水管；6—压水管；7—弯管流量计；
8—排水吸水管；9—单梁起重机；10—吊钩

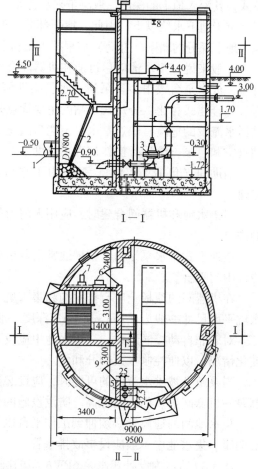

图 4-40　某污水泵站（立式泵）（单位：mm）
1—来水干管；2—格栅；3—水泵；4—电动机；
5—浮筒开关装置；6—洗面盆；7—大便器；
8—单梁手动起重机；9—休息室

4.3.3 水泵选择

1. 泵站设计流量的确定

城市的用水量是不均匀的，因而排入管道的污水流量也是不均匀的。要正确地确定水泵的出水量、台数及集水池容积，必须知道排水量为最高一日中每小时污水流量的变化情况，而在设计排水泵站时，这些资料往往是难以得到的。因此，污水泵站的设计流量一般均按最高日最高时污水流量确定。

2. 泵站的扬程

泵站扬程根据集水池水位、出水管渠水位、水泵管路系统水头损失以及安全水头来确定。

设计扬程采用设计平均流量时出水渠水位与集水池设计水位之差加上管路系统水头损失和安全水头计算确定。

最高工作扬程通过设计最大流量时出水渠水位与集水池设计最低水位之差加上管路系统水头损失和安全水头计算确定。

最低工作扬程通过设计最小流量时出水渠水位与集水池设计最高水位之差加上管路系统水头损失和安全水头计算确定。

水泵管路系统水头损失包括吸、压水管路的沿程水头损失和局部水头损失。污水泵站一般扬程较低，局部水头损失占总水头损失的比重较大，不可忽略不计。

考虑到水泵在使用过程中会因效率下降、管道中阻力增加等原因而增加能量损失，所以，在确定水泵扬程时，一般考虑 0.3 ~ 0.5m 的安全水头。

因为水泵在运行过程中，集水池中水位是变化的，出水池最高水位的出现概率很小，所以，所选水泵在设计扬程下的运行应处于高效段，如图 4-41 所示。当泵站内的水泵不止一台时，水泵在并联运行时及单泵运行时都应在高效段内，如图 4-42 所示。同时，在最高工作扬程与最低工作扬程之间的整个范围内，所选水泵应能安全、稳定地运行。

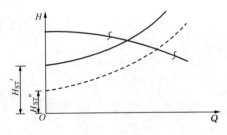

图 4-41 集水池中水位变化时水泵工况
H_{ST}'—最低水位时静扬程；
H_{ST}''—最高水位时静扬程

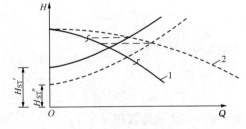

图 4-42 水泵并联及单独运行时工况
1—单泵特性曲线；
2—两台泵并联特性曲线

综上，选用工作泵的要求是在满足最大排水量的条件下，减少投资，节约电耗，运行安全可靠，维护管理方便。在可能的条件下以采用同型号水泵为好，这对设备的购置、设备与配件的备用、安装施工、维护检修都有利；而从适应流量的变化和节约电能角度考虑，可采用大小泵搭配或采用变频调速装置，或采用叶片可调式水泵。污水泵站中，一般选择立式离心污水泵；当流量大时，可选择轴流泵；当泵房不太深时，也可选用卧式离心泵。

对于排除含有酸性或其他腐蚀性工业废水的泵站，应选择耐腐蚀的水泵。排除污泥，应尽可能选用污泥泵。

为了保证泵站的正常工作，需要有备用机组和配件。如果泵站经常工作的水泵少于4台，且为同一型号，则可只设1套备用机组；超过4台时，备用机组宜为2套。

污水泵站的流量随着排水系统的分期建设而逐渐增大，在设计时必须考虑这一因素。

4.3.4 集水池容积

污水泵站集水池的容积与进入泵站的流量变化情况、水泵的型号、台数、起动时间及泵站的工作制度、操作性质等有关。

集水池的容积在满足安装格栅和吸水管要求、保证水泵工作水力条件以及保证集水池不溢流的前提下，应尽量小。因为缩小集水池容积，不仅能降低泵站造价，还可以减轻集水池污水中大量杂物的沉积和腐化。

全昼夜运行的大型污水泵站，集水池容积是根据工作水泵机组停车时起动备用机组所需的时间来确定的，一般可采用不小于泵站中最大一台水泵5min出水量的体积。

小型污水泵站，夜间的流入量不大，通常在夜间停止运行。在这种情况下，必须使集水池容积能够满足储存夜间流入量的要求。

对于工厂污水泵站的集水池，还应根据短时间内淋浴排水量复核其容积，以便均匀地将污水抽送出去。

对于抽升新鲜污泥、消化污泥、活性污泥的泵站，集泥池容积应根据从沉淀池、消化池一次排出的污泥量或回流和剩余的活性污泥量计算确定。

对于自动控制的污水泵站，其集水池容积用下式计算（按控制出水量分一、二级）：

泵站为一级工作时

$$W = \frac{Q_0}{4n} \tag{4-33}$$

泵站分二级工作时

$$W = \frac{Q_2 - Q_1}{4n} \tag{4-34}$$

式中　　W——集水池容积（m^3）；

Q_0——泵站为一级工作时水泵的出水量（m^3/h）；

Q_1、Q_2——泵站分二级工作时，一级与二级工作水泵的出水量（m^3/h）；

n——水泵每小时起动次数，一般取$n=6$。

4.3.5 水泵机组布置

1. 机组布置的特点

污水泵站中机组台数，一般不超过3~4台，而且污水泵都是从轴向进水，一侧出水，所以常采取并列的布置形式，如图4-43所示。

图4-43（a）适用于卧式污水泵；图4-43（b）和（c）适用于立式污水泵。

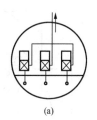 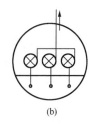 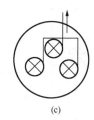

(a)　(b)　(c)

图 4-43　污水泵站机组布置

(a) 卧式污水泵；(b) 立式污水泵单排布置；(c) 立式污水泵交叉布置

机组间距及通道大小，可参考给水泵站的要求。

为了减小集水池的容积，污水泵机组的开、停比较频繁，为此，污水泵常常采取自灌式工作。这时，吸水管上必须装设闸门，以便检修水泵。但是，采取自灌式工作，会使泵房埋深加大，增加造价。

2. 管道的布置与设计特点

每台水泵应设置一条单独的吸水管，这不仅可改善水力条件，而且可减少杂质堵塞管道的可能性。

吸水管的设计流速宜为 0.7 ~ 1.5m/s，最低不得小于 0.7m/s，以防管内产生沉淀。

如果水泵是非自灌式工作的，应利用真空泵或水射器引水起动，也可采用密闭水箱注水。

压水管的流速宜为 0.8 ~ 2.5m/s。各泵的出水管接入压水干管（连接管）时，不得自干管底部接入，以免水泵停止运行时，杂质在水泵的压水管内形成淤积。每台水泵的压水管上均应装设闸门。

污水泵站内管道敷设一般用明装。吸水管道常置于地面上，压水管由于泵房较深，多采用架空安装，通常沿墙架设在托架上。所有管道应注意稳定，管道的布置不得妨碍泵站内的交通和检修工作，不允许把管道装设在电气设备的上空。

污水泵站的管道易受腐蚀，一般应避免使用钢管。

4.3.6　雨水泵站

当雨水管道出口处水体水位较高，雨水不能自流排泄，或者当水体最高水位高出排水区域地面时，都应在雨水管道出口前设置雨水泵站。

雨水泵站基本上与污水泵站相同，其与污水泵站不同的特点，主要总结如下。

1. 雨水泵站的基本类型

雨水泵站的特点是流量大、扬程小，因此，大都采用轴流泵或混流泵。其基本形式有"干室式"（图 4-44）与"湿室式"（图 4-45）。

在"干室式"泵站中，共分三层。上层是电动机间，安装立式电动机和其他电气设备；中层为机器间，安装水泵的轴和压水管；下层是集水池。机器间与集水池用不透水的隔墙分开，集水池的雨水，除了进入水泵以外，不允许进入机器间，因而电动机运行条件好，检修方便，卫生条件也好。缺点是结构复杂，造价较高。

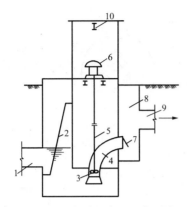

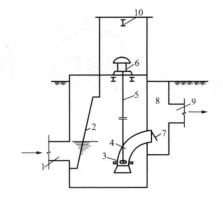

图 4-44　"干室式"雨水泵站　　　　　图 4-45　　"湿室式"雨水泵站
1—来水干管；2—格栅；3—水泵；4—压水管；　　1—来水干管；2—格栅；3—水泵；4—压水管；
5—传动轴；6—立式电机；7—拍门；8—出水井；　　5—传动轴；6—立式电动机；7—拍门；
9—出水管；10—单轨吊车　　　　　　　　　8—出水井；9—出水管；10—单轨吊车

"湿室式"泵站中，电动机层下面是集水池，水泵浸于集水池内。结构虽比"干室式"泵站简单，造价较低，但泵的检修不如"干室式"方便，泵站内比较潮湿，且有臭味，不利于电气设备的维护和管理人员的健康。

2. 水泵的选择

雨水泵站的另一特点是不同设计暴雨强度时设计流量的差别很大。水泵的选型首先应满足最大设计流量的要求，但也必须考虑到雨水径流量的变化。

大型雨水泵站按流入泵站的雨水管道设计流量来选择水泵；小型雨水泵站中（流量在 $2.5m^3/s$ 以下），水泵的总抽水能力可略大于雨水管道设计流量。

水泵的型号宜简单，最好选用同一型号。雨水泵的台数，一般不宜少于 2 台，以适应来水流量的变化。

雨水泵的年利用小时数很低，因此，一般可不设备用泵，但应在非雨季做好维修保养工作。下穿立交道路雨水泵站可视泵站重要性设置备用泵，但必须保证道路不积水，以免影响交通。

水泵的设计扬程应按受纳水体常水位或平均潮位与设计流量下集水池设计水位之差加上水泵管路系统水头损失确定。

3. 集水池（也称吸水井）的设计

由于雨水管道设计流量大，在暴雨时，泵站在短时间内要排出大量雨水，如果完全用集水池来调节，往往需要很大容积；另外，接入泵站的雨水管渠断面积很大，敷设坡度又小，也能起一定调节水量的作用。因此，在雨水泵站设计中，由于雨水进水管可作为贮水容积考虑，一般不考虑集水池的调节作用，只要求保证水泵正常工作和合理布置吸水口等所必需的容积，不应小于最大一台水泵30s的出水量，地道雨水泵站集水池容积不应小于最大一台水泵60s的出水量。

由于雨水泵站大都采用轴流泵，而轴流泵没有吸水管，集水池中水流情况直接影响叶轮进口的水流条件，从而引起对水泵性能的影响。因此，必须正确设计集水池，否则会使水泵工作受到干扰而使水泵性能与设计要求大大不同。

由于水流具有惯性，流速越大其惯性越显著，集水池的设计必须考虑水流惯性，以保证水泵具有良好的吸水条件，避免产生旋流与各种涡流。

旋流是由于集水池中水的偏流、涡流和水泵叶轮的旋转而产生。旋流扰乱了水泵叶轮中的均匀水流，从而直接影响水泵的流量、扬程和轴向推力，同时也是造成机组振动的原因。

集水池的设计一般应考虑使进入池中的水流均匀地流向各台水泵，不致引起旋流：集水池进口流速尽可能地缓慢；流线不要突然扩大和改变方向；在水泵与集水池壁之间不应留过多的空隙；在一台水泵的上游应避免设置其他的水泵；取足够的淹没水深；进水管管口要做成淹没出流、在封闭的集水池中应设透气管；进水明渠应设计成不发生水跃的形式；在必要时应设置适当的涡流防止壁与隔壁等。

4. 出流设施

雨水泵站的出流设施一般包括出流井、出流管、超越管（溢流管）、排水口四个部分，如图4-46所示。

出流井中设有各泵出口的拍门，雨水经出流井、出流管和排水口排入天然水体。拍门可以防止水流倒灌入泵站。出流井可以多台泵共用一个，也可以每台泵各设一个，合建的出流井结构较简单，采用较多。溢流管的作用是当水体水位不高，同时排水量不大时，或在水泵发生故障或突然停电时，用以排泄雨水。因此，在连接溢流管的检查井中应装设闸板，平时该闸板关闭。

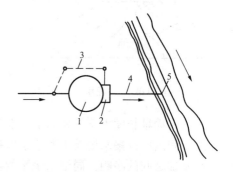

图4-46 出流设施
1—泵站；2—出流井；3—溢流管；
4—出流管；5—排水口

雨水泵站排水口流量较大，应避让桥梁等水中构筑物，考虑对河道的冲刷和航运的影响，所以应控制出口水流的速度和方向，一般出口流速宜控制在 0.5m/s 以下，流速较大时，需在出口前采用八字墙放大水流断面。出流管的方向最好向河道下游倾斜，避免与河道垂直。

5. 雨水泵站内部布置、构造特点与示例

雨水泵站中水泵宜采用单行排列，每台水泵各自从集水池中抽水，并独立地排入出流井中。出流井一般设在室外，当可能产生溢流时，应予以密封，并在井盖上设置透气管或在出流井内设置溢流管，将倒流水引回集水池去。

吸水口和集水池底之间的距离应使吸水口和集水池底之间的过水断面积等于吸水喇叭口的面积，因此，距离一般在 $D/2$ 时最好（D 为吸水喇叭口直径），增加到 D 时，水泵效率反而下降。如果这一距离必须大于 D，为了改善水力条件，在吸水喇叭口下应设一涡流防止壁（导流锥），并采用如图4-47所示的吸水喇叭口。

吸水口和池壁距离应不小于 $D/2$，如果集水池能保证均匀分布水流，则各泵吸水喇叭口之间距离应等于 $2D$，如图4-48(a)所示。

如图4-48(a)及图4-48(b)所示的进水条件较好，图4-48(c)的进水条件不好，在不得不从一侧进水时，则应采用图4-48(d)的布置形式。

因为轴流泵的扬程低，所以压水管要尽量短，以减小水头损失。压水管直径的选择应使其中流速水头小于水泵扬程的 4%～5%。轴流泵压水管出口不设闸阀，只设拍门。

集水池中最高水位标高一般为来水干管的管顶标高，最低水位一般略低于来水干管的管底。对于流量较大的泵站，为了避免泵房太深施工困难，也可以略高于来水管（渠）底，使最低水位与来水管渠中水面标高齐平。

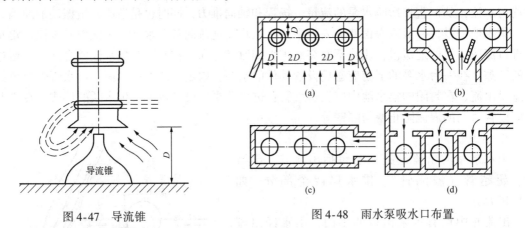

图 4-47　导流锥　　　　　　　　　图 4-48　雨水泵吸水口布置

水泵传动轴长度大于 1.8m 时，必须设置中间轴承。

水泵间内应设集水坑及小型水泵以排除水泵的渗水，排水泵应设在不被水淹之处。相邻两机组基础之间的净距，同给水泵站的要求。在设立式轴流泵的泵站中，电动机间一般设在水泵间之上。电动机间应设置起重设备，在房屋跨度不大时，可以采用单梁吊车；在跨度较大或起重量较大时，应采用桥式起重机。电动机间的地板上应有吊装孔，该孔在平时用盖板盖好。

电动机间净空高度，当电动机功率在 55kW 以下时，应不小于 3.5m；在 100kW 以上时，应不小于 5.0m。

为了保护水泵，在排水泵站集水池前应设格栅。格栅可单独设置或附设在泵站内，单独设置时，格栅井通常建成露天式，四周围以栏杆，或在井上设置盖板。附设在泵站内时，必须与机器间、变压器间和其他房间完全隔开。

为便于格栅清理，要设格栅平台，平台应高于集水池设计最高水位 0.5m，平台宽度应不小于 1.2m，平台上应做渗水孔，并装自来水龙头以便冲洗。格栅宽度不得小于进水管渠宽度的 2 倍，栅条间隙可采用 50～100mm。

格栅前进水管渠内的流速不应小于 1m/s，过栅流速不超过 0.5m/s。

为了便于检修，集水池宜分隔成进水格间，每台泵有各自单独的进水格间如图 4-48(d)所示，在各进水格间的隔墙上设砖墩，墩上有槽或槽钢滑道，以便插入闸板。闸板设两道，平时闸板开启，检修时将闸板放下，中间用黏土填实，以防渗水。

4.3.7　合流泵站

合流制或截流式合流污水系统设置的用以提升或排除服务区域内的污水和雨水的泵站为合流泵站。合流泵站的工艺设计、布置、构造等具有污水泵站和雨水泵站两者的特点。

合流泵站在不下雨时，抽送的是污水，流量较小。当下雨时，合流管道系统流量增加，泵站不仅抽送污水，还要抽送雨水，流量较大。因此在合流泵站设计选泵时，不仅要选用流量较大的用以抽送雨天合流污水的水泵，还要配以小流量水泵，用于不下雨时抽送连续流来的少量污水。这个问题应该引起重视，解决不好会造成泵站工作困难和电能浪费。如某城市的一个合流泵站中，只装了两台28ZLB-70型轴流泵，没有安装小流量的污水泵。大雨时开一台泵已足够，而且开泵的时间很短（10~20min）。由于水泵流量太大，根本不适合抽送连续流来的少量污水。一台大泵一开动，很快将集水池的污水抽完，水泵立即停止。水泵一停，集水池中水位又逐渐上升，水位到一定高度，又开大泵，但很快又要停止。如此连续频繁开停水泵，给泵站运行管理带来很多不便。因此，合流泵站设计时，应根据合流泵站抽送合流污水及其流量的特点，合理选择水泵及布置泵站设备。

4.3.8 螺旋泵污水泵站

螺旋泵的布置如图4-49所示，螺旋泵装置由电动机1、变速装置2、泵轴3、叶片4、轴承座5和泵壳6等部分组成。泵体连接着吸水池（最佳进水位A、最低进水位B）和出水池（正常出水位C），泵壳包住泵轴和叶片的下半部，叶片上半部只需安装挡板防止污水外溅。泵壳与叶片之间，既要保持一定间隙，又要紧密贴合减少液体侧流以提高效率，因此，一般叶片与泵壳之间的间隙在1mm左右。泵壳可为混凝土、金属板、玻璃钢等材料。

图4-49中的特性曲线表明，当吸水池水位升高到泵轴上边缘F时，流量为最高值；若水位继续上升，则泵的流量不再增加，而且，水位高于F时，水位的升高使叶片在水中做无用的搅拌，反倒会造成轴功率加大、效率下降。

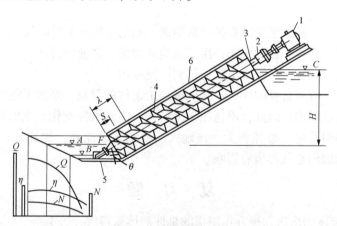

图4-49 螺旋泵布置

1—电动机；2—变速装置；3—泵轴；4—叶片；5—轴承座；6—泵壳

A—最佳进水位；B—最低进水位；C—正常出水位；

H—扬程；θ—倾角；S—螺距；λ—导程

螺旋泵倾斜放置在水中，由于其泵轴对水面的倾角θ小于螺旋叶片的倾角，故当螺旋轴及叶片转动时，水在重力和惯性力的作用下，沿螺旋轴被逐级上提至出水池。

螺旋泵的扬程H：螺旋泵是低扬程水泵，扬程低时效率高。螺旋泵扬程一般在3~6m左右，扬程太高时，若泵轴过长，则挠度大，对制造、运行都不利。

螺旋泵的流量Q：螺旋泵的流量与泵直径D（m）、泵轴直径d（m）、螺距S（m）、转速n（r/min）和叶片的扬水断面率α有关，如式（4-35）所示。

$$Q = \frac{\pi}{4}(D^2 - d^2)\alpha Sn \, (\text{m}^3/\text{min})$$

(4-35)

泵直径 D，即螺旋叶片外径，泵直径 D 与泵轴直径 d 之比一般以 $2:1$ 为宜。通常，泵直径越大，效率越高。

螺距 S，即只有一个叶片时泵的导程。导程以 λ 表示，即沿螺旋叶片环绕泵轴呈螺旋形旋转360°所经的轴向距离，因此，螺距与导程的关系可表示为 $S = \dfrac{\lambda}{Z}$，其中 Z 为叶片数（螺旋头数）。

转速 n，一般在 $20 \sim 90$（r/min）之间。螺旋泵的转速缓慢，螺旋泵直径越大，转速宜越小。

采用螺旋泵抽水可以不设集水池、不建地下式或半地下式泵房，节约土建投资。螺旋泵抽水不需要封闭的管道，因此水头损失较小，电耗较低。

由于螺旋部分是敞开的，维护与检修方便，运行时不需看管，便于实行遥控和在无人看管的泵站中使用，还可以直接安装在下水道内提升污水。

螺旋泵可以提升破布、石头、杂草、罐头盒、塑料袋以及废瓶子等任何能进入其叶片之间的固体物，因此，泵前不必设置格栅。格栅设于泵后，在地面以上，便于安装、检修和清理。

使用螺旋泵时，可完全取消通常其他类型污水泵配用的吸水喇叭管、底阀、进水和出水闸阀等配件和设备。

螺旋泵还有一些其他水泵所没有的特殊功能，如用于提升活性污泥和含油污水时，由于其转速慢，不易打碎污泥颗粒和矾花；用于沉淀池排泥，能使沉淀污泥有一定的浓缩作用。

由于以上特点，螺旋泵在排水工程中得到广泛应用。

但是，螺旋泵也有其自身的缺点：受机械加工条件的限制，泵轴不能太粗太长，且其出水量直接受进水水位影响，因此，不适用于高扬程、出水水位变化大或出水至压力管道的场合。由于螺旋泵是斜装的，故体积大、占地大、耗钢多。此外，螺旋泵在敞开布置的情况下，水泵运行时对周围空气环境有影响。

复 习 题

4-1 水泵对液体的输送和提升作用指的是使液体获得（　　　）。

A. 动能　　　　　　B. 压能　　　　　　C. 势能　　　　　　D. 动能或势能

4-2 离心泵的转动部件包括（　　　）。

A. 叶轮、泵轴和轴承　　　　　　　　　B. 叶轮、泵轴和减漏环

C. 叶轮、泵轴和轴封装置　　　　　　　D. 叶轮、泵壳和轴封装置

4-3 叶片式泵可以按作用原理分为（　　　）三大类。

A. 清水泵、污水泵、污泥泵　　　　　　B. 叶片泵、容积泵、其他泵

C. 离心泵、混流泵、轴流泵　　　　　　D. 固定式、半可调式、全可调式

4-4 水泵的扬程可解释为（　　　）。

A. 水泵出口与水泵进口液体的压能差　　B. 水泵出口与水泵进口液体的比能差

C. 叶轮出口与叶轮进口液体的压能差　　D. 叶轮出口与叶轮进口液体的比能差

4-5 叶轮内液体的运动是一种复合运动，液体质点的速度是（　　　）的合成。

A. 相对速度和绝对速度　　　　　　　　B. 相对速度和牵连速度

C. 绝对速度和牵连速度   D. 圆周运动速度和牵连速度

4-6 离心泵起动前需将泵壳和吸水管路灌满水，灌水的作用是（   ）。

A. 防止水泵发生气蚀   B. 增大叶轮进口真空值

C. 防止电机超载   D. 减小对周围电网的影响

4-7 常用水泵叶轮出水角 β_2 一般小于 90°，这种叶片称为（   ）。

A. 径向式   B. 前弯式   C. 后弯式   D. 水平式

4-8 叶轮流槽内液体速度三角形中 C_{2u} 表示叶轮出口液体质点速度的（   ）。

A. 径向分速度   B. 切向分速度   C. 相对速度   D. 圆周运动速度

4-9 叶片泵的基本方程式通式为：H_T =（   ）。

A. $\dfrac{1}{g}(u_2 C_{2u} - u_1 C_{1u})$ B. $H_d + H_v + \dfrac{v_2^2 - v_1^2}{2g} + \Delta Z$

C. $u_2 C_{2u} - u_1 C_{1u}$ D. $H_{ST} + \Sigma h$

4-10 水流通过水泵时，比能增值 H_T 与圆周运动速度 u_2 有关，因此，提高转速 n 和（   ）可以提高水泵扬程。

A. 减小叶轮直径 D_2 B. 加大叶轮直径 D_2

C. 切削叶轮直径 D_2 D. 固定叶轮直径 D_2

4-11 叶片泵基本方程式的形式与液体密度无关，适用于各种理想液体，因此，水泵分别输送密度不同而其他性质相同的两种理想液体时，水泵的（   ）相同。

A. 扬程   B. 出口压力   C. 轴功率   D. 有效功率

4-12 水泵装置总扬程包括两部分：一是将水提升一定高度所需的（   ）；二是消耗在管路中的水头损失。

A. 总扬程   B. 吸水扬程   C. 静扬程   D. 压水扬程

4-13 在实际工程应用中，对于正在运行的水泵，水泵装置总扬程可以通过公式 H =（   ）进行估算。

A. $H_{ss} + H_{sd}$ B. $H_s + H_{sv}$ C. $H_{ST} + H_{sv}$ D. $H_d + H_v$

4-14 每台水泵都有其特定的特性曲线，水泵的流量–扬程特性曲线反映了该水泵自身的（   ）。

A. 潜在工作能力   B. 基本构造   C. 工作环境   D. 抽水原理

4-15 水泵的特性曲线是在水泵的（   ）一定的情况下，各性能参数随流量变化而变化的曲线。

A. 轴功率   B. 扬程   C. 转速   D. 效率

4-16 离心泵采用闭闸起动的原因是，出水量为零时水泵的轴功率约为额定功率的（   ），符合电机轻载起动的要求。

A. 100%   B. 70%   C. 30%   D. 10%

4-17 电动机起动时要求轻载起动，所以离心泵起动前应处于（   ）的状态。

A. 出水阀门全开   B. 出水阀门全闭

C. 吸水阀门全闭   D. 吸水阀门或出水阀门全闭

4-18 从离心泵 $Q-N$ 曲线上可看出，在 $Q=0$ 时，$N \neq 0$，这部分功率将消耗在水泵的机械损失中，变为（   ）而消耗掉，其结果将使泵壳内水温上升，泵壳、轴承会发热，而严重时会导致泵壳变形。所以，起动后出水阀门不能关太久。

    A. 扬程   B. 热能   C. 动能   D. 势能

4-19 叶片泵 $Q - \eta$ 曲线是一条只有 η 极大值的曲线，它从最高效率点向两侧下降，离心泵的 $Q - \eta$ 曲线比轴流泵的 $Q - \eta$ 曲线（   ），尤其在最高效率点两侧最为显著。

    A. 变化较陡   B. 数值更大   C. 变化较平缓   D. 数值更小

4-20 离心泵的允许吸上真空高度 H_s，是指水泵在标准状况（即水温为 20℃，表面压力为一个标准大气压）下运转时，水泵所允许的最大的吸上真空高度，它反应（   ）。

    A. 离心泵的吸水性能   B. 离心泵的吸水地形高度

    C. 离心泵的进水口位置   D. 叶轮的进水口位置

4-21 水泵的泵壳铭牌上简明列出了水泵在设计转速下运转且（   ）时的流量、扬程、轴功率及允许吸上真空高度或气蚀余量值。

    A. 转速为最高   B. 流量为最大   C. 扬程为最高   D. 效率为最高

4-22 某泵供水量 $Q = 86\ 400\text{m}^3/\text{d}$，扬程 $H = 30\text{m}$，水泵及电机的效率均为 70%，传动装置效率为 100%，则该水泵工作 10h 的耗电量为（   ）$\text{kW} \cdot \text{h}$。

    A. 600   B. 6000   C. 60 000   D. 6 000 000

4-23 反映流量与管道系统所需能量之间关系的曲线方程 $H = H_{ST} + SQ^2$，称为（   ）方程。

    A. 水头损失特性曲线   B. 阻力系数与流量

    C. 管道系统特性曲线   D. 流量与管道局部阻力

4-24 离心泵装置的工况就是装置的工作状况。工况点就是水泵装置在（   ）状况下的流量、扬程、轴功率、效率以及允许吸上真空度等。

    A. 出厂销售   B. 实际运行   C. 起动   D. 水泵设计

4-25 离心泵装置的工况点是（   ）。

    A. 离心泵特性曲线上效率最高的点

    B. 管道系统性能曲线上流量最大的点

    C. 离心泵性能曲线与管道系统性能曲线的交点

    D. 离心泵特性曲线与等效率曲线的交点

4-26 如果图 4-10 中水泵装置运行时管道上的所有阀门为全开状态，则水泵特性曲线与管道系统特性曲线的交点 M 就称为该水泵装置的（   ）。

    A. 并联工况点   B. 极限工况点   C. 相对工况点   D. 绝对工况点

4-27 如果在定速运行的水泵供水系统中，阀门开启度不变，则引起工况点发生变化的主要因素是（   ）的改变。

    A. H_{ST} B. 温度   C. SQ^n D. 时间

4-28 当水泵的吸水井水位下降时，工况点会向出水量（   ）的方向移动。

    A. 增大   B. 减小   C. 不变   D. 增大或减小

4-29 离心泵装置的工况有时可用阀门来调节，也就是通过改变水泵出水阀门的开启度进行调节。关小阀门，管道局部阻力值加大，（   ），出水量减小。

    A. 管道特性曲线变陡   B. 水泵特性曲线变陡

    C. 等效率曲线变陡   D. 效率曲线变陡

4-30 在泵站的运行管理中，水泵工况点的调节通常是指（　　），以使水泵在高效区内运行。

A. 手动调节出水阀门的开启度

B. 水泵自身自动改变出水流量

C. 通过自动控制系统改变水泵工作参数

D. 人为对工况点进行改变和控制

4-31 若两台水泵满足几何相似和（　　）的条件，则称为工况相似的水泵，对应的工况点符合叶轮的相似定律。

A. 形状相似　　　　B. 条件相似　　　　C. 水流相似　　　　D. 运动相似

4-32 水泵叶轮相似定律的第一定律（流量相似定律）可以简化为（　　）。

A. $\dfrac{Q}{Q_m} = \left(\dfrac{D_2}{D_{2m}}\right)\left(\dfrac{n}{n_m}\right)^2$　　　　B. $\dfrac{Q}{Q_m} = \left(\dfrac{D_2}{D_{2m}}\right)^2\left(\dfrac{n}{n_m}\right)^2$

C. $\dfrac{Q}{Q_m} = \left(\dfrac{D_2}{D_{2m}}\right)^2\left(\dfrac{n}{n_m}\right)$　　　　D. $\dfrac{Q}{Q_m} = \left(\dfrac{D_2}{D_{2m}}\right)^3\left(\dfrac{n}{n_m}\right)$

4-33 两台水泵运动相似的条件是指（　　）。

A. 两水泵叶轮对应点尺寸成比例，对应角相等

B. 两水泵叶轮对应点尺寸相等，对应角相等

C. 两水泵叶轮对应点上水流同名速度方向一致，大小相等

D. 两水泵叶轮对应点上水流同名速度方向一致，大小互成比例

4-34 离心泵调速运行的理论依据是（　　）。

A. 比例律　　　　　　　　　B. 切削律

C. 几何相似条件　　　　　　D. 运动相似条件

4-35 某泵铭牌参数为 $n = 2000\text{r/min}$，$Q = 0.17\text{m}^3/\text{s}$，$H = 104\text{m}$，$N = 184\text{kW}$。另有一相似的水泵，其叶轮直径是上述水泵叶轮的 2 倍，转速为 1500r/min，则该泵的高效点流量为（　　）m^3/s。

A. 0.06　　　　　B. 0.12　　　　　C. 1.02　　　　　D. 0.51

4-36 离心泵的切削抛物线也可称为（　　）。

A. 管道特性曲线　　　　　　B. 水头损失特性曲线

C. 等效率曲线　　　　　　　D. 相似工况抛物线

4-37 比例律和切削律公式形式类似，均（　　）。

A. 为理论公式　　　　　　　B. 为经验公式

C. 适用于等效率曲线上的两个点　　D. 适用于改变工况前、后两个点

4-38 在产品试验中，一台模型离心泵尺寸为实际泵的 1/4，在转速 $n = 730\text{r/min}$ 时进行试验，此时量出模型泵的设计工况出水量为 $Q_0 = 11\text{L/s}$，扬程为 $H_0 = 0.8\text{m}$。如果模型泵与实际泵的效率相等，则实际水泵在 $n = 960\text{r/min}$ 时的设计工况流量和扬程分别为（　　）。

A. $Q = 1040\text{L/s}$，$H = 20.6\text{m}$　　　　B. $Q = 925\text{L/s}$，$H = 22.1\text{m}$

C. $Q = 840\text{L/s}$，$H = 26.5\text{m}$　　　　D. $Q = 650\text{L/s}$，$H = 32.4\text{m}$

4-39 某一单级单吸泵，铭牌流量 $Q = 45\text{m}^3/\text{h}$，扬程 $H = 33.5\text{m}$，转速 $n = 2900\text{r/min}$，则该泵的比转数为（　　）。

A. 120　　　　　B. 100　　　　　C. 80　　　　　D. 60

4-40　某单级双吸离心泵铭牌上显示，流量 $Q = 790\text{m}^3/\text{h}$，扬程 $H = 19\text{m}$，转速 $n = 1450\text{r/min}$，则该泵的比转数 $n_s = $（　　）。

A. 160　　　　　　B. 190　　　　　　C. 240　　　　　　D. 270

4-41　有一台多级泵（八级），性能表中显示流量 $Q = 45\text{m}^3/\text{h}$，$H = 160\text{m}$，转速 $n = 2900\text{r/min}$，则该泵的比转数 $n_s = $（　　）。

A. 150　　　　　　B. 120　　　　　　C. 80　　　　　　D. 60

4-42　同一台水泵，在运行中转速由 n_1 变为 n_2，则其比转数 n_s 值（　　）。

A. 随转速增加而增加　　　　　　　　B. 随转速减少而减少

C. 不变　　　　　　　　　　　　　　D. 增加或减少

4-43　某叶片泵的比转数为120，该泵起动时出水阀门应处于（　　）状态。

A. 全开　　　　　B. 半开　　　　　C. 全闭　　　　　D. 任意

4-44　混流泵、离心泵和轴流泵的比转数数值从大到小的顺序为（　　）。

A. 离心泵—轴流泵—混流泵　　　　　B. 轴流泵—混流泵—离心泵

C. 离心泵—混流泵—轴流泵　　　　　D. 混流泵—轴流泵—离心泵

4-45　下列关于比转数的叙述，错误的是（　　）。

A. 比转数大小可以反映叶轮的构造特点　B. 叶片泵可以根据比转数大小进行分类

C. 水泵调速运行前后比转数相同　　　　D. 水泵叶轮切削前后比转数相同

4-46　水泵在调速时应注意：提高水泵的转速，将会增加水泵叶轮中的离心应力，因而可能造成（　　），也有可能接近泵转子固有的振动频率，而引起强烈的振动现象。

A. 出水量减小　　B. 扬程降低　　C. 机械损伤　　D. 气蚀

4-47　已知：某离心泵 $n_1 = 960\text{r/min}$ 时 $(Q - H)_1$ 曲线上工况点为 A_1（$Q_1 = 42\text{L/s}$、$H_1 = 38.2\text{m}$），转速由 n_1 调整到 n_2 后，其相似工况点为 A_2（$Q_2 = 31.5\text{L/s}$、$H_2 = 21.5\text{m}$），则 $n_2 = $（　　）r/min。

A. 680　　　　　　B. 720　　　　　　C. 780　　　　　　D. 820

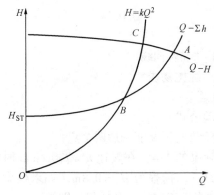

图4-50　题4-48图

4-48　如图4-50所示，已知：某离心泵 $n_1 = 950\text{r/min}$ 时 $Q - H_1$ 曲线上工况点为 A（$Q_A = 42\text{L/s}$，$H_A = 38.2\text{m}$），转速调整后，$n_2 = 720\text{r/min}$，保持静扬程不变，工况点 B 的流量 Q_B 比点 A 流量下降33.3%，扬程为 $H_B = 23.1\text{m}$，则 B 点在曲线 $Q - H_1$ 上的相似工况点 C 的流量为 $Q_C = $（　　）L/s，扬程为 $H_C = $（　　）m。

A. 28；23.1　　　　　B. 37；40

C. 38；45　　　　　　D. 42；50

4-49　根据比例律可知，不同转速下满足比例律的所有工况点都分布在 $H = kQ^2$ 这条抛物线上，此线称为相似工况抛物线，也称为（　　）。

A. 等效率曲线　　　　　　　　　　B. 管路特性曲线

C. 流量—扬程特性曲线　　　　　　D. 水泵效率曲线

4-50　两台同型号水泵在外界条件相同的情况下并联工作，则并联工况点的出水量比单独一台泵工作时的出水量（　　）。

    A. 成倍增加　　　　　　　　　　B. 增加幅度不明显

    C. 大幅度增加、但不是成倍增加　　D. 不增加

    4-51　两台同型号水泵在外界条件相同的情况下并联工作，并联时每台水泵工况点与单泵单独工作时工况点相比出水量（　　）。

    A. 增加或减少　　B. 有所增加　　C. 相同　　　　D. 有所减少

    4-52　不同型号、同水位、管路不对称布置的两台水泵并联，因为各泵的（　　），理论上不能直接将两台泵的特性曲线叠加。

    A. 设计流量不同　　B. 设计扬程不同　　C. 工况流量不同　　D. 工况扬程不同

    4-53　如图 4-51 所示，三台同型号水泵在外界条件相同的情况下并联工作，并联时水泵的效率点应为（　　）。

    A. η　　　　　　　B. η_1　　　　　　　C. η_2　　　　　　　D. η_3

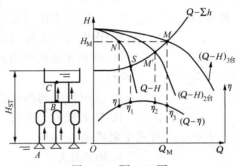

图 4-51　题 4-53 图

    4-54　两台离心泵串联工作，串联泵的设计流量应是接近的，否则就不能保证两台泵均在高效率下运行，会导致较大泵的容量不能充分发挥作用，或较小泵容易产生（　　）。

    A. 功率过高　　　　B. 转速过高　　　C. 流量过小　　　　D. 扬程过高

    4-55　下列参数中，（　　）不能用来衡量水泵的吸水性能。

    A. 允许吸上真空高度　　　　　　B. 气蚀余量

    C. NPSH　　　　　　　　　　　D. 安装高度

    4-56　如果水泵叶轮中最低压力 P_K 降低到被抽升液体工作温度下的（　　）时，泵壳内即发生气穴和气蚀现象。

    A. 饱和蒸汽压力　　B. 相对压力　　　C. 水面大气压力　　D. 环境压力

    4-57　离心泵的允许吸上真空高度大表示该泵（　　）。

    A. 内部的能量消耗高　　　　　　B. 吸水性能好

    C. 不会发生气蚀　　　　　　　　D. 扬程高

    4-58　叶片泵的气蚀余量 H_{sv} 是指水泵进口处单位重量液体所具有的（　　）的富裕能量，反映水泵的吸水性能，可用 NPSH 表示。

    A. 超过当地大气压力　　　　　　B. 小于饱和蒸汽压力

    C. 超过饱和蒸汽压力　　　　　　D. 小于当地大气压力

    4-59　必要气蚀余量低的叶片泵，其最大安装高度较（　　）。

    A. 大　　　　　B. 小　　　　　　C. 大或小　　　　D. 不变

4-60 避免水泵发生气蚀的根本措施是（　　）。

A. 减小水泵装置的管道阻力　　　　B. 降低水泵的安装高度

C. 减少并联水泵台数　　　　　　　D. 改变材质

4-61 离心泵起动前一般应进行盘车、灌泵或引水排气、（　　），然后才能打开水泵。

A. 测试水温　　　B. 检查仪表和闭闸　C. 检查轴温　　　D. 量测安装高度

4-62 轴流泵的工作是以空气动力学中机翼的（　　）为基础的，其叶片与机翼具有相似形状的截面。

A. 应用条件　　　B. 适用范围　　　　C. 几何形状　　　D. 升力理论

4-63 按调节叶片角度的可能性，可将轴流泵分为（　　）三种类型。

A. 固定式、半调节式和全调节式　　B. 立式、卧式和斜式

C. 封闭式、半敞开式和全敞开式　　D. 全角、半角和固定角

4-64 与离心泵相比，轴流泵的扬程特性曲线 $Q - H$ 是（　　）型的。

A. 直线　　　B. 抛物线　　　C. 平缓　　　D. 陡降

4-65 混流泵是利用叶轮旋转时液体受（　　）双重作用来工作的。

A. 速度与压力变化　　　　　　　　B. 作用力与反作用力

C. 离心力与轴向升力　　　　　　　D. 流动速度和流动方向的变化

4-66 混流泵按结构形式分为（　　）两种。

A. 立式与卧式　　　　　　　　　　B. 正向进水与侧向进水

C. 全调节与半调节　　　　　　　　D. 蜗壳式和导叶式

4-67 下列水泵型号中，不属于叶片式水泵的是（　　）。

A. ISL65 – 50 – 160　　　　　　　B. 300S32A

C. 200QW360 – 6 – 11　　　　　　D. LXB$_z$800 – 3

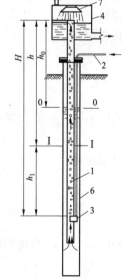

图 4-52　气升泵构造

1—扬水管；2—输气管；
3—喷嘴；4—气水分离箱；
5—排气孔；6—井管；
7—伞形钟罩

4-68 已知某射流泵抽吸流量为 5L/s，扬程为 $7mH_2O$，流量比 $\alpha = 0.20$，压头比 $\beta = 1.45$，断面比 $\gamma = 0.80$，则此射流泵的效率 $\eta = （　　）\%$。

A. 16　　　　　　　　　　　　　　B. 23

C. 29　　　　　　　　　　　　　　D. 71

4-69 气升泵装置如图 4-52 所示，已知钻井深度 125m，气升泵的提升高度（从动水位至扬水管出口的高度）$h = 60m$，扬水管出口高于静水位的高度 $h_0 = 30m$，喷嘴淹没系数 $K = 2.0$，井管直径 250mm，则气升泵正常运行时压缩空气的工作压力应为（　　）atm。

A. 13　　　　　　　　　　　　　　B. 6.5

C. 6.0　　　　　　　　　　　　　　D. 3.5

4-70 决定螺旋泵流量的参数为（　　）。

A. 泵的直径　　　　　　　　　　　B. 轴的直径

C. 叶片数量　　　　　　　　　　　D. 叶片与泵壳的间隙

4-71 给水泵站一般分为取水泵站、送水泵站、加压泵站、（　　）。

A. 二泵站　　　　　　　　　　　　B. 中间泵站

170

C. 循环泵站　　　　　　　　　　　　D. 终点泵站

4-72　给水泵站水泵的选择应符合节能的要求，当供水量或水压变化较大时宜采用叶片安装角度可调节的水泵、（　　）或更换叶轮等措施。

　　A. 阀门调节　　　B. 换泵　　　　C. 改变静扬程　　　D. 机组调速运行

4-73　根据对用电可靠性的要求，大中城市自来水厂的泵站电力负荷等级应按（　　）考虑。

　　A. 一级负荷　　　B. 二级负荷　　　C. 三级负荷　　　D. 任意等级

4-74　两个以上水厂的多水源联网供水，可通过采取适当措施在突然断电时避免发生水泵等主要设备损坏事故的电力负荷属于（　　）。

　　A. 一级负荷　　　B. 二级负荷　　　C. 三级负荷　　　D. 四级负荷

4-75　要求起动快的大型给水泵，宜采用自灌充水。非自灌充水水泵的引水时间，不宜超过（　　）min。

　　A. 5　　　　　　B. 6　　　　　　C. 3　　　　　　D. 2

4-76　给水泵站设计中，水泵吸水管的流速应根据管径的不同来考虑。当 $D < 250mm$ 时，$v = 1.0 \sim 1.2m/s$，当 $D = 250 \sim 1000mm$ 时，$v = $（　　）m/s。

　　A. $1.0 \sim 1.2$　　　B. $1.2 \sim 1.6$　　　C. $1.6 \sim 2.0$　　　D. $1.5 \sim 2.5$

4-77　进行水泵管路系统设计时，一般吸水管比压水管的流速低，这样设计的主要目的是减小吸水管的（　　）。

　　A. 管径　　　　　B. 长度　　　　C. 水头损失　　　D. 运行时间

4-78　离心泵吸水管的安装方式中，正确的是（　　）。

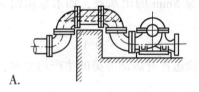
A.

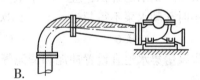
B.

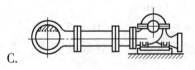
C.

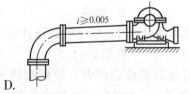
D.

4-79　泵房内压水管路上直径 300mm 及 300mm 以上的阀门因启闭频繁不宜采用（　　）阀门。

　　A. 电动　　　　　B. 气动　　　　C. 液压驱动　　　D. 手动

4-80　给水泵房一般应设 1 ~ 2 台备用水泵，且应与所有工作泵互为备用。当泵房设有不同规格水泵且规格差异不大时，备用泵的型号宜同工作泵中（　　）的泵一致。

　　A. 流量最大　　　B. 扬程最高　　　C. 启闭频繁　　　D. 效率最高

4-81　停泵水锤是指水泵机组因突然失电或其他原因，造成水泵（　　），在水泵及管路中水流速度发生递变而引起的压力递变现象。

　　A. 闭闸停车　　　B. 开阀停车　　　C. 止回阀突然关闭　　　D. 叶轮反转

4-82 向高地输水的泵房，当水泵设有普通止回阀或底阀时，应进行（ ）压力计算。

A. 静扬程　　　　　B. 停泵水锤　　　　C. 饱和蒸汽压　　　　D. 基础承载

4-83 停泵水锤的有效防护措施是在水泵出口采取（ ）措施。

A. 安装普通止回阀　B. 安装缓闭止回阀　C. 不装止回阀　　　　D. 安装压力传感器

4-84 水泵机组产生的噪声中最强的是（ ）。

A. 空气噪声　　　　B. 固体噪声　　　　C. 波动噪声　　　　D. 电磁噪声

4-85 泵站中的（ ）产生的噪声属于空气动力性噪声。

A. 电动机转子与定子的交变吸力

B. 电动机转子高速转动时，转子上某些凸出部位使空气产生冲击和摩擦

C. 轴承摩擦

D. 阀门关闭

4-86 下列措施中，（ ）不能起到噪声的防治作用。

A. 用多孔材料装饰泵房内墙　　　　　　B. 隔声罩

C. 防水电机　　　　　　　　　　　　　D. 橡胶隔振垫

4-87 排水泵站按其排水性质，一般可分为污水（生活污水、生产污水）泵站、雨水泵站、合流泵站和（ ）。

A. 提升泵站　　　　B. 污泥泵站　　　　C. 终点泵站　　　　D. 回流泵站

4-88 按泵站在排水系统中的作用，可分为中途泵站和（ ）。

A. 加压泵站　　　　B. 污泥泵站　　　　C. 终点泵站　　　　D. 循环泵站

4-89 污水泵房集水池容积，应不小于最大一台水泵 5min 的出水量，如水泵机组为自动控制时，每小时起动水泵不得超过（ ）次。

A. 3　　　　　　　　B. 6　　　　　　　　C. 9　　　　　　　　D. 12

4-90 污水泵房集水池宜设置冲泥和清泥等设施，抽送含有焦油等类的生产污水时，宜有（ ）设施。

A. 隔油　　　　　　B. 加热　　　　　　C. 除油　　　　　　D. 过滤

4-91 排水泵站设计时，吸水管的设计流速宜为（ ）m/s。

A. 0.6 ~ 0.9　　　　B. 0.7 ~ 1.5　　　　C. 1.2 ~ 1.6　　　　D. 1.5 ~ 2.0

4-92 泵房地面敷设管道时，应根据需要设置跨越设施。若架空敷设管道，则不得（ ）和阻碍通道，通行处的管底距地面不宜小于2.0m。

A. 跨越电机上方　　　　　　　　　　　B. 跨越水泵上方

C. 跨越止回阀上方　　　　　　　　　　D. 跨越闸阀上方

4-93 自灌式泵房的水泵吸水管上应设有（ ），以满足水泵检修的需要。

A. 真空表　　　　　B. 观测孔　　　　　C. 阀门　　　　　　D. 止回阀

4-94 螺旋泵的转速较低，不能由电动机直接带动，必须采取（ ）措施。

A. 传动　　　　　　B. 联动　　　　　　C. 缓冲　　　　　　D. 减速

4-95 使用螺旋泵时，可完全取消其他类型污水泵通常配用的配件、附件与设备，如（ ）、底阀、进水闸阀和出水闸阀等。

A. 轴承　　　　　　B. 导流器　　　　　C. 减速器　　　　　D. 吸水喇叭管

4-96 下列关于给水排水工程常用水泵的叙述中，不正确的是（　　）。

A. 离心泵流量较小，扬程较高

B. 轴流泵流量大，扬程低

C. 螺旋泵扬程低，流量范围较大，适用于回流活性污泥

D. 潜水泵占地面积大，管路复杂

4-97 排水泵站的设计流量一般按（　　）确定。

A. 平均日平均时污水量　　　　　B. 最高日平均时污水量

C. 平均日最高时污水量　　　　　D. 最高日最高时污水量

复习题答案与提示

4-1　D。提示：水泵的作用是把原动机的机械能转化为被输送液体的能量，液体的能量可以表现为位能、压能或动能，水泵的作用是使液体的总能量（位能、压能与动能之和）提高，最终体现可以是液体能量的任何形式，而不一定仅是选项 A、B、C 提到的动能、压能、势能（位能与压能之和）。

4-2　A。提示：叶轮是离心泵的核心部件，与泵轴和轴承一起，均属于转动部件。

4-3　C。提示：总体水泵的分类如选项 B，而叶片式水泵的进一步分类如选项 C。

4-4　B。提示：水泵的扬程是水泵对单位重量液体所做的功，即单位重量液体的能量（比能）在通过水泵后的增值，因此是液体比能从水泵（而不是叶轮）进口到出口的增值。

4-5　B。提示：液体质点的速度即液体质点的绝对速度，它是液体质点相对于叶片的相对速度（沿叶片切向）和因叶轮做圆周运动而具有的牵连速度（沿周围切向）的矢量和。

4-6　B。提示：离心泵起动前需将泵壳和吸水管路灌满水，才能使叶轮高速旋转时在叶轮进口形成足够的真空，以实现提升水的目的。

4-7　C。提示：叶轮出水角 $\beta_2 < 90°$ 时，叶片为后弯式；叶轮出水角 β_2 等于 90° 时，叶片为径向式；叶轮出水角 $\beta_2 > 90°$ 时，叶片为前弯式。如图 4-5 所示，实际工程中使用的叶轮大部分是后弯式叶片。

4-8　B。提示：叶轮出口液体质点的速度 C_2 可沿径向和切向分解为径向分速度 C_{2r} 和切向分速度 C_{2u}。

4-9　A。提示：选项 A 为叶片泵的基本方程式，选项 B 和选项 D 为实际泵的扬程计算式。

4-10　B。提示：通常叶片泵的 α_1 为 90°。当 $\alpha_1 = 90°$ 时，叶片泵的基本方程式为 $H_T = \dfrac{u_2 C_{2u}}{g}$，由叶轮出口液体质点绝对速度与相对速度和牵连速度的关系可得，H_T 随牵连速度（或称圆周运动速度）的增大而增大。而 $u_2 = \dfrac{n\pi D_2}{60}$，可见提高转速 n 和加大叶轮直径 D_2 都可以提高水泵扬程。

4-11　A。提示：叶片泵基本方程式 $H_T = \dfrac{1}{g}(u_2 C_{2u} - u_1 C_{1u})$ 只与叶轮进、出口的速度有关，与液体密度无关，所以对于仅液体密度不同其他性质相同的两种理想液体，水泵的扬程是相同的，而有效功率、轴功率、出口压力均与液体密度有关，是不同的。

4-12　C。提示：由公式 $H = H_{ST} + \sum h$，水泵装置总扬程包括静扬程和水头损失两部分组成。

4-13　D。提示：对于正在运行的水泵，其总扬程可用公式 $H = H_d + H_v + \dfrac{v_2^2 - v_1^2}{2g} + \Delta Z$ 精确计算。上式中的后两项在水泵扬程计算中所占比例很小，在简单估算时可以忽略，因此，估算水泵装置总扬程的公式为 $H = H_d + H_v$（H_v、H_d 分别为水泵进口真空表、出口压力表的读数）。

4-14　A。提示：水泵的 $Q-H$ 特性曲线反映的是水泵在不同流量下能够提供的扬程，即水泵的潜在工作能力。

4-15　C。提示：水泵的特性曲线，是在转速一定的情况下实测得出的，转速改变则曲线不同。

4-16　C。提示：由离心泵的 $Q-N$ 特性曲线可知，轴功率是随流量增大而升高的，出水量为零时水泵的轴功率最低，仅为额定功率的30%~40%。

4-17　B。提示：离心泵采用"闭闸起动"，是指在关闭压水管路上阀门的状态下起动水泵，即起动前出水阀门应处于全闭状态；吸水管路上的阀门是为水泵检修设置的，平时应处于常开的状态。

4-18　B。提示：离心泵的出水量为零时，输出功率为零，但需输入的轴功率不为零，从能量守恒的角度讲，这部分输入的机械能最终转化为热能，导致部件受热膨胀、增加不必要的磨损，所以，闭闸时间不能太长，起动后待水泵压力稳定后就应及时打开出水阀门，投入正常工作，一般闭闸时间不超过2~3min。

4-19　C。提示：离心泵的效率在高效点两侧一定范围的随流量的变化较平缓，轴流泵的效率在高效点两侧随流量的变化则较陡，因此，离心泵有一个运行的高效段，而轴流泵一般只适于在高效点稳定运行。离心泵和轴流泵无法笼统地进行效率数值大小的比较。

4-20　A。提示：反映水泵吸水性能的参数有允许吸上真空高度和气蚀余量，离心泵的吸水性能用二者之一表示。

4-21　D。提示：水泵铭牌上的参数是水泵设计工况即效率最高时的对应值。

4-22　B。提示：水泵供水量 $Q = 86\,400\,\mathrm{m^3/d} = 1\mathrm{m^3/s}$，水的容重为$9.8\mathrm{kN/m^3}$，则运行水泵的耗电量 $W = \dfrac{\rho g Q H}{\eta_泵\, \eta_机\, \eta_传} t/1000 = \dfrac{1000 \times 9.8 \times 1 \times 30}{0.7 \times 0.7 \times 1} \times 10 \times \dfrac{1}{1000}\mathrm{kW \cdot h} = 6000\mathrm{kW \cdot h}$。

4-23　C。提示：管道系统特性曲线方程式为 $H = H_{ST} + SQ^2$，反映在不用出水量下管道系统所需要的能量；水头损失特性曲线方程式为 $\sum h = SQ^2$，仅反映在不同出水量下消耗在管路上的水头损失。

4-24　B。提示：水泵装置的工况点即水泵在实际运行达到稳定时的对应参数值或对应参数在曲线上的对应点。

4-25　C。提示：离心泵装置工况点是供、需能量平衡的点，即离心泵性能曲线与管道系统特性曲线的特点。

4-26　B。管道上的所有阀门全开时的工况点流量为水泵装置的最大流量，因此对应的工况点 M 称为水泵装置的极限工况点。

4-27　A。提示：工况点变化是由水泵特性曲线或管道系统特性曲线发生变化引起的，定速运行时水泵的特性曲线是不变的，当阀门开启度不变时，静扬程 H_{ST} 的变化也会使管道系统特性曲线发生变化，导致工况点发生变化。

4-28　B。提示：由工况点图解法的原理可知，当水泵的吸水井水位下降时，静扬程加大，管道系统特性曲线上移，与水泵特性曲线的交点（即工况点）位置将向出水量减小的方向移动，如图 4-12 所示。

4-29　A。提示：管道特性曲线的方程式为 $H = H_{ST} + SQ^2$，出水阀门关小时，管道系统总阻力系数 S 会增大，因而管道系统特性曲线变陡，工况点向出水量减小的方向移动。

4-30　D。提示：对工况点的调节，是指为使水泵在高效段区内运行，而人为采取的对工况点进行改变和控制的措施，如通过手动或自动控制系统调节转速、改变叶片安装角、更换叶轮、改变阀门开启度等。选项 A 和 C 是片面地描述了部分工况调节措施。选项 B 是水泵自动适应水位变化而发生的工况变化，不属于调节范畴。

4-31　D。提示：几何相似条件和运动相似条件是两台水泵工况相似的必要条件，缺一不可。

4-32　D。提示：当实际泵与模型泵的尺寸相差不太大，且工况相似时，可将叶轮相似第一定律简化成如选项 D 即式（4-16）所示的形式，其中 $\dfrac{D_2}{D_{2m}} = \lambda$。

4-33　D。提示：运动相似描述的是流速之间的关系，如选项 D 所示。

4-34　A。提示：若两叶轮既符合几何相似条件，又符合运动相似条件，则两叶轮工况相似，符合叶轮相似定律。叶轮相似定律用于同一台水泵，可简化为比例律，比例律是解决水泵调速运行问题的理论依据。

4-35　C。提示：对两相似水泵高效点的对应参数应用叶轮相似定律，$\dfrac{Q_1}{Q_2} = \lambda^3 \dfrac{n_1}{n_2}$，$\dfrac{Q_1}{0.17} = 2^3 \times \dfrac{1500}{2000}$，得 $Q_1 = 1.02\,\mathrm{m^3/s}$。注意，本题反映两台水泵/两个叶轮之间的特性变化，不能直接应用比例律和切削律。

4-36　C。切削抛物线上的点是符合切削律的对应工况点，效率相同，故也称为等效率曲线。但因为切削抛物线上各点不符合比例律，工况不相似，所以不能称其为相似工况抛物线。

4-37　C。比例律是理论公式，切削律是经验公式，应用时均需考虑公式的应用条件，对一定范围内的等效率曲线上的两个对应工况点可应用比例律或切削律。

4-38　B。提示：直接应用叶轮相似定律，$\lambda = 4$，由第一定律可得 $\dfrac{Q}{11} = 4^3 \times \dfrac{960}{730}$，即 $Q = 925\,\mathrm{L/s}$；由第二定律可得 $\dfrac{H}{0.8} = 4^2 \times \left(\dfrac{960}{730}\right)^2$，即 $H = 22.1\,\mathrm{m}$。

 注意：本题不能应用切削律，因为切削前后两叶轮不相似。

4-39　C。提示：铭牌上参数值即为高效点对应值，可直接应用比转数计算公式，注意流量的单位应换算成"$\mathrm{m^3/s}$"，$n_s = \dfrac{3.65n\sqrt{Q}}{H^{\frac{3}{4}}} = \dfrac{3.65 \times 2900 \times \sqrt{45/3600}}{33.5^{\frac{3}{4}}} = 85 \approx 80$（比转数

通常以十位数字取整来确定，故个位数字直接删掉，不采用四舍五入原则）。

4-40　B。提示：将水泵的额定转速 $n=1450\mathrm{r/min}$、水泵效率最高时的单吸流量 $Q=\dfrac{790}{2}\times\dfrac{1}{3600}\mathrm{m^3/s}=0.11\mathrm{m^3/s}$、水泵效率最高时的单级扬程 $H=19\mathrm{m}$，代入比转数计算公式，可得 $n_\mathrm{s}=\dfrac{3.65n\sqrt{Q}}{H^{\frac{3}{4}}}=192\approx190$。

4-41　B。提示：性能表中该泵特性参数值为高效点对应值，可直接应用比转数计算公式，注意多级泵的扬程应除以水泵级数，以在公式中代入单级叶轮的相应数值，得 $n_\mathrm{s}=\dfrac{3.65n\sqrt{Q}}{H^{\frac{3}{4}}}=\dfrac{3.65\times2900\times\sqrt{45/3600}}{\left(\dfrac{160}{8}\right)^{\frac{3}{4}}}=125\approx120$。

4-42　C。提示：比转数是根据水泵设计工况对应值计算得出的，用于确定该泵属于哪个相似泵群，与实际运行中的转速无关。

4-43　C。提示：比转数为120的叶片泵属于离心泵。离心泵在出水量 $Q=0$ 时，水泵所需的轴功率最低。因此，离心泵通常采用闭闸起动，即正常起动时，出水阀门全闭，待水泵运行稳定后再打开出水阀门。

4-44　B。提示：离心泵的比转数一般小于350，轴流泵的比转数一般大于500，混流泵的比转数介于离心泵和轴流泵之间。混流泵的构造特点、性能特点与使用特点也介于离心泵和轴流泵之间。

4-45　D。提示：水泵调速运行，叶轮不变，因此，调速前后比转数相同。叶轮切削前后不相似，切削前后的水泵不属于同一相似泵群，因而比转数不同。

4-46　C。提示：水泵的调速运行通常是降低转速，一般不提高转速，因提高转速将有题中所述问题的存在特殊情况。若提高转速则不超过4%。

4-47　B。提示：直接应用比例律，可以通过 $\dfrac{Q_1}{Q_2}=\dfrac{n_1}{n_2}$ 或 $\dfrac{H_1}{H_2}=\left(\dfrac{n_1}{n_2}\right)^2$ 计算，如应用流量比例关系 $\dfrac{Q_1}{Q_2}=\dfrac{n_1}{n_2}$，即 $\dfrac{42}{31.5}=\dfrac{960}{n_2}$，得 $n_2=720\mathrm{r/min}$。

4-48　B。提示：点 B 的流量为 $Q_\mathrm{B}=(1-33.3\%)\times42=28\mathrm{L/s}$，扬程为 $H_\mathrm{B}=23.1\mathrm{m}$，点 B 与点 C 工况相似，可在这两点之间应用比例律，所以，点 C 的流量为 $Q_\mathrm{C}=\dfrac{n_1}{n_2}\times Q_\mathrm{B}=\dfrac{950}{720}\times28\mathrm{L/s}=37\mathrm{L/s}$，扬程为 $H_\mathrm{C}=\left(\dfrac{n_1}{n_2}\right)^2\times H_\mathrm{B}=\left(\dfrac{950}{720}\right)^2\times23.1\mathrm{m}=40\mathrm{m}$。

4-49　A。提示：比例律成立的前提是工况相似，工况相似的点效率相等，因此，抛物线 $H=kQ^2$ 也称为等效率曲线。

4-50　C。提示：因为管道系统特性曲线是扬程随流量增加而上升的抛物线，所以两台同型号水泵并联时总出水量会比单独一台泵工作时的出水量增加很多，但达不到2倍。

4-51　D。提示：由并联工况点的图解法过程（图4-18）可知，并联时每台水泵的工况点出水量（$Q_{1,2}$）比单泵单独工作时工况点出水量（Q'）要小。

4-52　D。提示：不同型号的水泵特性曲线不同，管路不对称布置时管道系统水头损失不同，故在任意并联工况下，各泵的工况点扬程不同，因此，不能直接使用等扬程下流量叠加的原理绘制并联特性曲线，需首先将特性曲线折引再进行叠加。

实际应用中，若泵房内不同型号泵的管路布置差异不大，水头损失差异不大进而实际扬程差异可忽略（相对于总扬程而言所占比例很小），可近似地应用等扬程下流量叠加的原理绘制并联特性曲线，以使问题简化。

4-53　A。提示：并联工作时，单泵的工况点为 N，水泵效率应为 N 点流量下的效率点 η 的对应值。图中 η_1 近似为单独一台泵工作时的效率点，η_2 和 η_3 无实际意义。

4-54　A。提示：串联水泵的流量相等，故串联时应选择额定流量接近的泵。

4-55　D。提示：水泵的吸水性能通常用允许吸上真空高度 H_s 或气蚀余量 H_{sv} 来衡量。气蚀余量即 NPSH（Net Positive Suction Head）。

4-56　A。提示：饱和蒸汽压力或汽化压力，是水泵叶轮中最低压力 p_k 的极限值，若水的压力低至此值，则泵壳内液体汽化，发生气穴现象，水泵发生气蚀现象。

4-57　B。提示：允许吸上真空高度越大，或必要气蚀余量越小，表示该泵吸水性能越好。

4-58　C。提示：气蚀余量 H_{sv} 是指水泵进口处单位重量液体所具有的超过饱和蒸汽压力（或汽化压力）的富裕能量。

4-59　A。提示：最大安装高度 H_{ss} 可根据大气压 h_a、饱和蒸汽压 h_{va}、吸水管路总水头损失 $\sum h_s$、必要气蚀余量 H_{sv}，依据公式 $H_{ss} = h_a - h_{va} - \sum h_s - H_{sv}$ 计算，因此，若叶片泵的必要气蚀余量 H_{sv} 低，则据此确定的最大安装高度值大。

4-60　B。提示：降低水泵的安装高度，甚至将泵站设计成自灌式，可改善水泵的吸水条件，从根本上加大水泵的实际气蚀余量，从而避免气蚀的发生。

4-61　B。提示：离心泵起动前压水管路的阀门、水泵进出口的压力仪表应处于关闭的状态。

4-62　D。提示：轴流泵的叶片具有与机翼相似的截面，以机翼的升力理论为基础，使叶轮出水沿轴向。

4-63　A。提示：轴流泵的叶片分为固定式、半调节式和全调节式三种。

4-64　D。轴流泵 $Q-H$ 特性曲线是陡降的，且线上有拐点。轴流泵若在小于拐点流量的情况下工作，则运行不稳定，而且效率很低，因此，轴流泵需在大于拐点流量的情况下工作才能运行稳定。

4-65　C。提示：混流泵的工作原理和结构形式均介于离心泵和轴流泵之间，液体受离心力和轴向升力共同作用，斜向流出叶轮。

4-66　D。提示：混流泵的结构形式有蜗壳式和导叶式两种，蜗壳式的性能更接近离心泵，导叶式则更接近轴流泵。

4-67　D。提示：D 为支座式安装的螺旋泵，按作用原理不属于叶片式水泵。选项 A 的单级单吸立式离心泵、选项 B 的单级双吸卧式离心泵及选项 C 的潜污泵均属于叶片式水泵。

4-68　C。提示：如图 4-53 所示，射流泵抽吸流量为 Q_2，扬程为 H_2，喷嘴前流量为 Q_1，工作液体比能为 H_1，射流泵工作性能参数的定义分别为

$$流量比\ \alpha = \frac{被抽升液体流量}{工作液体流量} = \frac{Q_2}{Q_1};$$

$$压头比 \beta = \frac{射流泵扬程}{工作压力} = \frac{H_2}{H_1 - H_2};$$

$$断面比 \ m = \frac{喷嘴断面面积}{混合室断面面积} = \frac{F_1}{F_2};$$

$$射流泵的效率 \ \eta = \frac{\rho g Q_2 H_2}{\rho g Q_1 (H_1 - H_2)} = \alpha\beta = 0.20 \times 1.45 \times 100\% = 0.29 \times 100\% = 29\%.$$

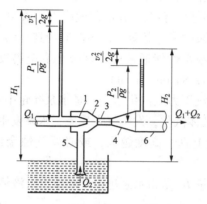

图 4-53　射流泵工作原理

1—喷嘴；2—吸入室；3—混合管；4—扩散管；5—吸水管；6—压出管

4-69　B。提示：图中 H 为喷嘴至出水管口的距离；h_1 为喷嘴的淹没深度（动水位与喷嘴的高差），$h_1 = H - h$。喷嘴淹没系数 $K = H/h = 2$，可知 $H = 120m$，$h_1 = H - h = 60m$。

气升泵正常运行时压缩空气的风压称为压缩空气的工作压力 p，等于喷嘴至动水位之间的水柱压力（h_1）与空气管路内压头损失之和（在空气压缩机距管井不远时压头损失不超过 5m，一般可取 5m），即

$$p = H - h + 5 = h_1 + 5 = 60 + 5 = 65 \ (mH_2O) = 6.5 \ (atm) = 0.65 \ (MPa)$$

4-70　A。提示：螺旋泵的流量取决于泵的直径，因为螺旋泵是利用螺旋推进原理提水的，泵直径（叶片外径）、轴直径、叶片与泵壳的间隙等均影响螺旋泵的提升效率，影响泵流量，但决定其流量的最根本因素是泵直径。

螺旋泵的流量可用叶片外径 D（单位：m）、泵轴直径 d（单位：m）、螺距 S（单位：m）、转速 n（单位：r/min）表示，即 $Q = \frac{\pi}{4}(D^2 - d^2)\alpha S n \ (m^3/min)$，其中 α 为叶片扬水断面率。

注意：对于叶片泵以外的射流泵、气升泵、往复泵、螺旋泵等常用水泵，其相关内容在考试大纲中未明确列出，但在给排水工程中应用较广，故相应的工作原理、特点及设计计算应了解。

4-71　C。提示：按泵站在给水系统中的功能，可将其分为取水泵站、送水泵站、加压泵站和循环泵站。

4-72　D。提示：降速调节、变角调节、换轮调节是节能的工况调节方式，采用阀门节流调节虽可调节流量，但不符合节能的要求。

4-73　A。提示：根据用电设备对供电可靠性的要求，大中城市的水厂及钢铁厂、炼油厂等重要工业企业的净水厂均应按一级电力负荷考虑。

4-74　B。提示：电力负荷一般分为三级。一级负荷是指突然停电将造成人身伤亡危险，或重大设备损坏且长期难以修复，因而给国民经济带来重大损失的电力负荷。一级负荷的供电方式，应有两个独立电源供电。二级负荷是指突然停电产生大量废品，大量原材料报废或将发生主要设备破坏事故，但采用适当措施后能够避免的电力负荷。三级负荷指所有不属一级及二级负荷的电力负荷。

4-75　A。提示：大型泵站往往采用自灌充水，以便及时起动水泵且简化自动控制程序；对非自灌充水的水泵，规定单泵抽气引水时间不宜超过 5min，以方便管理，使水泵能按需要及时调度，参见《室外给水设计标准》（GB 50013）。

4-76　B。提示：根据技术经济因素的考虑，规定水泵吸水管的流速采用值，参见《室外给水设计标准》（GB 50013）。

4-77　C。提示：吸水管路一般不长，采用较小的流速（管径可能较压水管大）可以减小水头损失，利于水泵吸水，同时，水泵的安装高度可以增加，泵房的建设费用可以降低。

4-78　D。选项 A、B、C 的布置容易使水泵吸水管中出现积气现象，形成气囊，影响过水能力，甚至会破坏真空吸水。为了使水泵能及时排走吸水管路内的空气，吸水管应有沿水流方向连续上升的坡度，使吸水管线的最高点在水泵吸入口的顶端，如选项 D 所示，以避免产生气囊。

4-79　D。泵房内阀门的驱动方式需根据阀门的直径、工作压力、启闭时间要求及操作自动化等因素确定。压水管路上的阀门启闭频繁，若直径在 300mm 及 300mm 以上，宜采用电动、气动或液压驱动阀门，但为运行安全，应配有手动的功能。

4-80　A。提示：备用泵设置的数量，应考虑供水的安全要求、工作泵的台数以及水泵检修的频率和难易等因素，一般设 1~2 台，在提升含沙量较高的水时，应适当增加备用能力。备用水泵的规格应根据泵房内水泵规格配置的情况确定。由于备用泵不是固定备用，应与工作泵互为备用、交替运行。因此为保障所有水泵能高效、安全、稳定地运行，当泵房设有不同规格水泵且规格差异不大时，备用水泵的规格宜与大泵（出水量大）一致，当水泵规格差异较大时，宜分别设置备用泵。

4-81　B。提示：水泵出水阀门开的状态下停车，会造成停泵水锤，危害泵站及管路的安全，正常停泵是采用闭闸停车，即先关闭出水阀门后停泵，不会造成停泵水锤。

4-82　B。提示：向高地输水的泵房，当水泵设有普通止回阀或底阀时，若电源突然中断或电机发生故障，会产生由降压开始的水锤压力，故需进行压力计算，根据需要采取水锤消除措施。

4-83　B。提示：开阀停泵会造成停泵水锤，引起管路中压力递变，因此，可通过在压水管路设置水锤消除器、空气缸/空气阀、缓闭止回阀/多功能控制阀或者取消止回阀等措施，以避免水锤危害。

4-84　A。提示：泵站中的噪声包括电机、风机的空气振动噪声，阀门、水泵轴承的固体振动噪声及电机电磁作用引起的噪声，其中最强的噪声是电机转子高速转动时引起与定子间的空气振动而发出的高频噪声。

4-85　B。空气动力性噪声是由于气体振动产生的，当气体中产生了涡流或发生了压力突变时，就会引起对气体的扰动，产生空气动力性噪声，通风机、鼓风机、空气压缩机等产生的噪声属于空气动力性噪声，电动机转子高速旋转时，引起空气振动会发出高频噪声，也属于空气动力性噪声。电动机转子与定子的交变吸力产生的噪声、轴承质量问题产生的噪声、阀件关闭产生的噪声等属于机械性噪声。

4-86　C。吸声、隔声、隔振等均是防止泵站噪声的有效措施，但防水电机通常与潜水泵配套使用，目的是防水而不是防噪声。

4-87　B。提示：排水泵站分类方式有多种，按排水的性质可如题中所分。

4-88　C。提示：中途泵站，也称区域泵站，通常是为了避免排水干管埋设太深而设置的。终点泵站，也叫总泵站，将整个城镇的污水或工业企业的污水抽送到污水处理厂或将处理后的污水进行农田灌溉或直接排入水体。

4-89　B。提示：集水池容积过小，则水泵开停频繁，容积过大，则增加工程造价，污水泵房应控制单台泵每小时开停次数不超过6次。

4-90　B。提示：污水泵房集水池的冲洗设施需考虑污水水质，焦油等的积聚还需要加热清除。

4-91　B。提示：水泵吸水管流速不宜过大，以减小水头损失、保障水泵正常运行。依据《室外排水设计标准》（GB 50014），吸水管的设计流速宜为 $0.7 \sim 1.5 \text{m/s}$。

4-92　A。提示：考虑管道外壁结露对电气设备安全运行的影响，架空管道不得跨越电气设备，为方便操作，架空管道不得妨碍通道交通。

4-93　C。提示：自灌式充水的泵站，吸水管上应设有阀门，以满足水泵检修时的需要。

4-94　D。提示：螺旋泵的转速一般只有 $20 \sim 90 \text{r/min}$，故需设减速装置，也正因其转速低，用于活性污泥的提升可以减少对绒絮的破坏。

4-95　D。提示：螺旋泵工作原理的特殊性，决定了其装置系统的简便性。

4-96　D。提示：潜水泵在给排水工程中的应用很广，潜水泵的特点是机泵合一，可长期潜入水下工作，且泵站简单。

4-97　D。提示：排水泵站的设计流量一般按最高日最高时污水流量确定。

第5章 水分析化学

考试大纲

5.1 水分析化学过程的质量保证：水样的保存和预处理 水分析结果误差 数据处理

5.2 酸碱理论：酸碱平衡 酸碱滴定 水的碱度与酸度

5.3 络合滴定法：络合平衡 络合滴定 硬度及测定

5.4 沉淀滴定法：沉淀滴定原理 莫尔法测定水中氯离子沉淀滴定

5.5 氧化还原滴定法：氧化还原反应原理 指示剂滴定 高锰酸钾法滴定 重铬酸钾法滴定 碘量法滴定 高锰酸钾指数 COD BOD 总需氧量（TOD） 总有机碳（TOC）

5.6 吸收光谱法：吸收光谱法原理 比色法 分光光度法

5.7 电化学分析法：电位分析法 直接电位分析法 电位滴定法

5.1 水分析化学过程的质量保证

5.1.1 水样的保存和预处理

1. 水样的采集

采样原则：水样能真正代表要分析的水的成分，同时保存时不受污染。

（1）采样断面布设。较真实、全面反映水质及污染物的空间分布和变化规律。

对江、河水系，应在污染源的上、中、下游布设三种断面，包括：①对照断面（反映进入本地区河流水质的初始情况，设在城市、工业废水排放口的上游）；②检测断面（控制断面）（反映本地区排放的废水对河段水质的影响，设在排污口的中游）；③结果断面（消减断面）（反映河流对污染物的稀释净化情况，设在控制断面的下游）。

湖泊、水库出入口处及河流入海口处均应设采样断面。

（2）采样点的布设。据河流的宽度和深度而定。

1）选择中泓垂线：水面宽 50m 以下，设一条；水面宽 50～100m，设左、右 2 条；水面宽大于 100m，设左、中、右 3 条。

2）每条垂线上设点：①表层水样（水面下 0.5～1m 处）；②深层水样（距底质以上 0.5～1m 处）；③中层水样（表层和深层之间的中心位置）；④工业废水（在车间或车间设备出口布采样点；在工厂排污口布点；在废水处理设施的入水口、出水口布点，以便掌握排水水质和废水处理效果）。

（3）采样器。

玻璃采样瓶（G）：含油类或其他有机物的水样须采用玻璃采样瓶。

塑料采样瓶（P）：测定水中的微量金属离子、硅、硼、氟等项目须采用塑料采样瓶。

深水采样时用采样瓶吊取。

采样器洗涤：洗涤剂清洗→自来水冲净→10% 硝酸或盐酸浸泡 8h→自来水冲净→蒸馏水清洗干净→贴标签。采样前用水样洗涤 2～3 次。

（4）采样方法。

1）自来水的采集：自来水或抽水机设备的水样，应先放水数分钟再采集。

2）河、湖、水库水的采集：浸入水面下 20～50cm 处；距岸边 1～2m 处。

3）工业废水和生活污水的采集：瞬时废水样：浓度和流量都比较恒定，可随机采样；平均混合废水样：浓度变化但流量恒定，可在 24h 内每隔相同时间，采集等量废水样，最后混合成平均水样；平均按比例混合废水样：当排放量变化时，24h 内每隔相同时间，流量大时多取，流量少时少取，然后混合而成。

2. 水样的保存

水样采集后应尽快分析，有些要求现场分析，如温度、嗅味、色度、浊度、电导率、总悬浮物、pH 值等。不能现场分析的，应采取一定的保护措施。

（1）水样保存的目的。尽量减少存放时因水样变化而造成的损失，使样品真实地反映水质情况，为此尽可能做到：

1）减缓生物作用（生物降解）；

2）减缓化学作用（化学降解）；

3）减少组分挥发。

（2）水样的保存时间。

水样最长储存时间一般为：清洁水样为 72h；轻污染水样为 48h；严重污染水样为 12h。水样的储存期限与多种因素有关，如组分的稳定性、浓度、水样的污染程度等。

（3）水样的保存方法。

1）冷藏：水样冷藏时的温度应低于采样的温度，水样采集后应立即放在冰箱或冰水浴中，置于暗处保存，一般于 2～5℃冷藏。冷藏不适于长期保存，对废水保存时间应更短。

2）冷冻（-20℃）：能延长保存期，但要掌握熔融和冻结技术，以便样品溶解时能迅速地、均匀地恢复原状。水样结冰时，体积膨胀，应选用塑料容器，且水样不能充满容器。

3）加入保护剂。

①加入生物抑制剂：测氨氮、硝酸盐氮、化学需氧量的水样中加入 $HgCl_2$，以抑制生物的氧化分解；对测定酚的水样，用 H_3PO_4 调节至 pH = 4，加入适量 $CuSO_4$，可抑制苯酚菌的分解活动。一些有机物质也可以作为生物抑制剂，如苯、甲苯、氯仿等。

②调节 pH 值：测定金属离子，加入 HNO_3 以调节 pH 值至 1～2，可防止水解沉淀，以及被器壁吸附；测定氰化物或挥发性酚的水样，加入 NaOH 调节 pH 值到 12，使之生成稳定的氰盐或酚盐；测 COD 和脂肪的水样也需要酸化保存。

③加入氧化剂或还原剂：如测定汞，加入 HNO_3（pH < 1）和 $K_2Cr_2O_7$（0.05%）保持汞高价态；测定硫化物，加入抗坏血酸，以防止氧化。测定溶解氧 DO 则需加少量 $MnSO_4$ 和碱性碘化钾，通过氧化还原反应固定溶解氧。

一些常规指标的水样保存方法与保存时间见表 5-1。

表 5-1　　　　　　　　一些常规指标的水样保存方法与保存时间

序号	待测项目	采样容器	保存方法	最长保存时间	备注
1	pH	G 或 P	4℃冷藏	6h	最好现场测定
2	SS	G 或 P	4℃冷藏	7d	

序号	待测项目	采样容器	保存方法	最长保存时间	备注
3	酸度 碱度	G 或 P	4℃冷藏	24h	最好现场测定
4	硬度	G 或 P	4℃冷藏	7d	
5	DO	G	现场加入 $MnSO_4$ 和碱性 KI	4~8h	现场固定
6	BOD_5	G 或 P	4℃冷藏	6h	
7	COD_{Cr}	G 或 P	加 H_2SO_4酸化至 pH<2，冷冻	7d	
			4℃冷藏	24h	
8	TOC	G	加 H_2SO_4酸化至 pH<2，冷冻	7d	
9	氨氮 总氮	G 或 P	加 H_2SO_4酸化至 pH<2	24h	
10	可溶性 磷酸盐	G	现场过滤4℃冷藏	24h	
11	总磷	G 或 P	加 H_2SO_4酸化至 pH<2	24h	

注：P 为聚乙烯容器；G 为玻璃容器。

注意：加入保存剂不应干扰以后的测定，保存剂的纯度最好是优级，还应做空白试验，对测定结果进行校正。

3. 水样的预处理

（1）过滤。水样浊度较高或带有明显的颜色，可采用滤膜、离心、滤纸或砂芯漏斗来处理样品，它们阻留不可滤残渣的能力大小顺序为滤膜>离心>滤纸>砂芯漏斗。

有颜色的水样不要用滤纸，因为滤纸能吸附色素。

（2）浓缩。低含量组分，可通过蒸发、溶剂萃取或离子交换等措施浓缩。

（3）蒸馏。利用水中各污染组分具有不同沸点而使其彼此分离的方法。例如，测定挥发酚、氰化物、氟化物时，均需要在酸性物质中进行预蒸馏分离。

（4）消解：分为酸式消解、干式消解。

1）酸式消解：当水样中同时存在无机结合态和有机结合态金属，可加 H_2SO_4—HNO_3 或 HCl，HNO_3—$HClO_4$ 等，经过强烈的化学消解作用，破坏有机物，使金属离子释放出来，再进行测定。

2）干式消解：通过高温灼烧去除有机物后，将灼烧后残渣（灰分）用2% HNO_3溶解后测定。高温易挥发损失的 As、Hg、Cd、Se、Sn 等元素，不宜用干式消解。

4. 水质分析结果的表示方法

（1）mmol/L、μmol/L。

（2）mg/L，ppm。

$1mg/L = 1 \times 10^{-6} = 1ppm$。

（3）μg/L，ppb。

$1\mu g/L = 1 \times 10^{-9} = 1ppb$。

5.1.2 水分析结果误差

1. 准确度和精密度

准确度和精密度是分析结果的衡量指标。

（1）准确度：分析结果与真实值的接近程度。准确度的高低用误差的大小来衡量。

$$绝对误差 = 测量值 - 真实值$$

$$相对误差 = \frac{绝对误差}{真实值} \times 100\%$$

在实际应用中，常采用加标回收率表示方法的准确度

$$加标回收率 = \frac{加标水样测定值 - 水样测定值}{加标量} \times 100\%$$

$$平均加标回收率（\%）= \frac{1}{n}\sum_{i=1}^{n}加标回收率$$

平均加标回收率处于97%~103%可以认为分析方法可靠。

由表5-2可见：

1）相对误差更能反映测定结果的准确度。

2）称量物质的重量（或量取的体积）较大时，相对误差较小，准确度高。

表5-2　　　　　　　　　　分　析　结　果

物质	测定值/g	真值/g	绝对误差	相对误差（%）
A	0.4143	0.4144	-0.0001	-0.024
B	0.0414	0.0415	-0.0001	-0.24

【例5-1】 滴定分析法要求相对误差为0.1%，若称取试样的绝对误差为0.0002g，则一般至少称取试样（　　）g。

A. 0.1　　　　　　　　B. 0.2　　　　　　　　C. 0.3　　　　　　　　D. 0.4

【答案】 B

【分析】 根据相对误差的表示式，$0.1\% = \frac{0.0002g}{W} \times 100\%$，可求得 $W = 0.2g$。

【例5-2】 滴定管的读数误差为±0.02mL，若滴定时用去滴定液20.00mL，则相对误差是（　　）。

A. ±0.1%　　　　　B. ±0.01%　　　　　C. ±1.0%　　　　　D. ±0.2%

【答案】 A

【分析】 相对误差 $= \frac{\pm 0.02}{20.00} \times 100\% = \pm 0.1\%$

【例5-3】 万分之一分析天平，可准确称至0.0001g，如果分别称取100mg、50mg、

30mg、10mg 样品，其中准确度最高为（　　）mg 样品。

　　A. 100　　　　　　 B. 30　　　　　　 C. 50　　　　　　 D. 10

【答案】　A

【分析】　在绝对误差相同的前提下，称量样品质量越大，相对误差越小，准确度越高。

（2）精密度：几次平行测定结果相互接近的程度。

精密度的高低用偏差来衡量，偏差是指测定值与平均值之间的差值。

$$绝对偏差 = 测定值 - 平均值$$

$$d = X - \overline{X} \tag{5-1}$$

$$\overline{X} = \frac{\sum X_i}{n} \tag{5-2}$$

$$相对偏差 = \frac{绝对偏差}{平均值} \times 100\% , \quad d(\%) = \frac{d}{\overline{X}} \times 100\%$$

$$相对平均偏差 \qquad \overline{d} = \frac{d}{n}$$

$$标准偏差 \qquad s = \sqrt{\frac{\sum (X - \overline{X})^2}{n-1}} \tag{5-3}$$

相对标准偏差，又称变异系数，用 CV 表示：

$$CV = \frac{s}{X} \times 100\% \tag{5-4}$$

标准偏差和相对标准偏差，更能较好地反映测定结果的精密度。

【例5-4】　对某试样进行多次平行测定，获得其中硫的平均含量为 3.25%，则其中某个测定值与此平均值之差，称为该次测定的（　　）。

　　A. 绝对误差　　　 B. 相对误差　　　 C. 相对偏差　　　 D. 绝对偏差

【答案】　D

【分析】　根据绝对偏差定义，绝对偏差是指测定值与平均值之间的差值。

（3）精密度是保证准确度的先决条件。精密度高不一定准确度高，但准确度高，精密度一定高。两者的差别是由于系统误差的存在。只有精密度高、准确度也高的测定才可信。

【例5-5】　当你的水样分析结果被夸奖为准确度很高时，则意味着你的分析结果（　　）。

　　A. 相对误差小　　　 B. 标准偏差小　　　 C. 绝对误差小　　　 D. 相对偏差小

【答案】　A

【分析】　准确度是分析结果与真实值的接近程度。准确度的高低用误差的大小来衡量。误差分为绝对误差和相对误差。相对误差能更好地反映测定结果的准确度，相对误差越小，准确度越高。因此答案为 A。

【例5-6】　在标定 NaOH 溶液浓度时，某同学的四次测定结果分别为 0.1023mol/L、0.1024mol/L、0.1022mol/L、0.1023mol/L，而实际结果应为 0.1048mol/L，该学生的测定结果（　　）。

　　A. 准确度较好，但精密度较差　　　　　 B. 准确度较好，精密度也好

　　C. 准确度较差，但精密度较好　　　　　 D. 准确度较差，精密度也较差

【答案】　C

【分析】 这4个测定结果的平均值为0.1023，可见4个测定结果比较集中，说明精密度较好，但绝对误差 = 0.1048mol/L − 0.1023mol/L = 0.0025mol/L，相对误差 = 0.0025/0.1048 = 2.39%，相对误差较大，可见准确度较差。

2. 误差的种类、性质、产生的原因

（1）系统误差：由某些固定的原因造成，使测定结果系统偏高或偏低。

1）系统误差特点：对分析结果的影响比较恒定；在同一条件下，重复测定，重复出现；影响准确度，不影响精密度，可以消除。即恒定性、单向性、重复性，增加测定次数不能使之减小，大小、方向可以测出来。

2）系统误差产生的原因：①方法误差（选择的方法不够完善。例如重量分析中沉淀的溶解损失，滴定分析中指示剂选择不当）。②仪器误差（仪器本身的缺陷。例如天平两臂不等，砝码未校正，滴定管、容量瓶未校正）。③试剂误差［所用试剂（包括蒸馏水及去离子水）有杂质。例如不合格去离子水、试剂纯度不够（含待测组分或干扰离子）］。④主观误差［操作人员主观因素造成（系统误差包括操作误差）。例如对指示剂颜色辨别偏深或偏浅、滴定管读数不准］。

（2）偶然误差（随机误差）。由一些不确定的偶然因素造成的误差。

1）偶然误差特点：①随机性、不可测性——有时大，有时小，有时正，有时负。又称不定误差，因此是无法避免的；②难以校正；③服从正态分布（统计规律）：绝对值相等的正、负误差出现的概率相等；绝对值小的误差出现的概率大，绝对值大的误差出现的概率小。

2）偶然误差产生的原因：① 偶然因素：如水温、气压的微小波动；② 仪器的微小波动及操作技术上的微小差别：如分析天平最小一位读数（0.0001g）、滴定管最小一位读数（0.01mL）的不确定性。

（3）过失误差。操作人员主观原因、粗心大意及违反操作规程造成。

在没有过失误差的前提下，准确度由系统误差和偶然误差决定；精密度由偶然误差决定。

3. 误差的减免

（1）系统误差的减免。

1）校准仪器：对滴定管、容量瓶、移液管、砝码以及精密仪表定期进行矫正。

2）做空白实验：在进行水质分析时，以蒸馏水代替水样，按照与水样相同的分析过程进行测定，求得空白值；然后从水样测定值中扣除空白值。

3）做对照试验：水样与标准物质同时进行分析对照；同一水样不同人员、不同单位之间分析对照。

4）对分析结果进行校正：如用重量法测定溶液中硫酸根，对溶液中未沉淀完全残留在溶液中的硫酸根可以采用仪器分析法进行测定，硫酸根的结果为重量法和仪器法测定结果之和。

（2）偶然误差的减免：增加平行测定的次数，测定次数越多，平均值越接近真值。

（3）选择合适的分析方法：对常量组分（含量 > 1%）宜采用化学法分析，灵敏度不高，但准确度高；对于微量组分（含量0.01% ~ 1%）和痕量组分（含量 < 0.01%）宜采用仪器分析法，允许有较大的相对误差，但灵敏度高。

【例5-7】 偶然误差产生的原因不包括（   ）。

A. 温度的变化   B. 称量中受到震动

C. 气压的变化   D. 实验方法不当

【答案】 D

【分析】 实验方法不当是方法误差，属于系统误差。

【例 5-8】 下列可引起系统误差的情况是（   ）。

A. 加错试剂   B. 滴定时溅失少许滴定液

C. 天平零点突然有变动   D. 滴定终点和计量点不吻合

【答案】 D

【分析】 选项 A、B、C 都属于偶然因素，引起的是偶然误差，选项 D 滴定终点和计量点不吻合，属于方法误差，引起系统误差。

【例 5-9】 下列属于对照试验的是（   ）。

A. 标准液 + 试剂的试验   B. 样品液 + 试剂的试验

C. 纯化水 + 试剂的试验   D. 只加试剂的试验

【答案】 A

【分析】 样品与标准物质同时做对照实验，可以减少结果的系统误差。

【例 5-10】 空白试验能减少（   ）。

A. 偶然误差   B. 仪器误差   C. 操作误差   D. 试剂误差

【答案】 D

【分析】 空白试验可消除试剂和蒸馏水带来的系统误差。

【例 5-11】 可用于减小测定过程中偶然误差的方法是（   ）。

A. 对照实验   B. 空白实验

C. 校正仪器   D. 增加平行测定次数

【答案】 D

【分析】 减少偶然误差的措施就是增加平行测定的次数。

5.1.3 标准溶液

1. 基准物质

可以准确称量，直接用于配制标准溶液的一类物质，称为基准物质。

（1）基准物质的要求

1）组成与它的化学式严格相符。若含结晶水，其结晶水的含量也应该与化学式相符合，如 $H_2C_2O_4 \cdot 2H_2O$。

2）纯度足够高。主成分含量在 99.9% 以上，一般可用基准试剂或优级纯试剂。

3）性质稳定。例如，不易吸收空气中的水分、二氧化碳以及不易被空气中的氧所氧化。

4）参加反应时，按反应式定量地进行，不发生副反应。

5）最好有较大的摩尔质量，在配制标准溶液时可以称取较多的量，以减少称量的相对误差。

（2）常用的基准物质。

1）酸碱滴定常用的基准物质：碳酸钠、邻苯二甲酸氢钾、草酸、硼砂。

2）络合滴定常用的基准物质：碳酸钙、锌、氧化锌。

3）氧化还原滴定常用的基准物质：草酸钠、重铬酸钾、碘、三氧化二砷、溴酸钾。

4）沉淀滴定常用的基准物质：硝酸银、氯化钠。

2. 标准溶液

已知准确浓度的溶液，即为标准溶液。配制方法分为直接法和间接法（标定法）。

1）直接法：基准物质直接称量配制。

2）间接法或标定法：非基准物质先配制近似所需要浓度，然后用其他基准物质或标准溶液标定其准确浓度。例如，盐酸标准溶液的配制，先用浓盐酸稀释粗略配制所需要的浓度，然后用碳酸钠标准溶液对其进行标定；又如高锰酸钾标准溶液的配制，先用高锰酸钾粗略配制所需要的浓度，然后用草酸钠标准溶液对其进行标定。

3. 物质量的浓度

c_A（mol/L）：单位溶液中所含溶质的物质的量称为物质量的溶度，用 c_A 表示，单位为 mol/L。

$$c_A = \frac{n_A}{V}$$

说明：（1）表示物质量浓度，必须指明基本单元。

（2）基本单元：自然原子、离子、分子及其他粒子或这些粒子的特定组合。

1）酸碱物质以得失质子数确定基本单元，如 $c(1/2H_2SO_4)$、$c(1/2Na_2CO_3)$；

2）氧化还原物质以得失电子数确定基本单元，如 $c(1/2H_2SO_4)$、$c(1/2Na_2CO_3)$、$c(1/2Na_2C_2O_4)$、$c(1/6K_2Cr_2O_7)$、$c(Na_2S_2O_3)$

确定基本单元后，可利用等物质量定律进行有关计算

（3）等物质量定律：滴定反应完全时，消耗的待测物质和滴定剂的物质的量相等。

利用碳酸钠标定盐酸或利用草酸钠标定高锰酸钾时，可利用等物质定律计算配制的盐酸或高锰酸钾溶液的浓度，计算等式为：

$$c(HCl) \cdot V(HCl) = c(1/2Na_2CO_3) \cdot V(Na_2CO_3)$$

$$c(1/5KMnO_4) \cdot V(KMnO_4) = c(1/2Na_2C_2O_4) \cdot V(Na_2C_2O_4)$$

4. 滴定度 $T_{X/S}$

1mL 标准溶液相当于被测组分的质量（g）。若 S 为标准溶液，X 为待测物质，单位为 g/mL。给定滴定度，可以给分析计算带来很多方便，例如：$AgNO_3$ 标准溶液 $T_{Cl/AgNO_3}$ = 0.003545g/mL，滴定某水样，消耗15.60mL，则 Cl^- 的含量为 $m(Cl^-)$ = 0.003 545g/mL × 15.60mL = 0.055 30g

【例5-12】 以下物质能作为基准物质的是（   ）

A. 优级纯的 NaOH

B. 100℃ 干燥过的 CaO

C. 化学纯的高锰酸钾

D. 99.99% 的纯锌

【答案】 D

【分析】 NaOH、CaO 均易吸收空气中的水分，高锰酸钾不稳定，都不能做基准物质，99.99% 的纯锌常用作基准物质。

【例5-13】 标定 $KMnO_4$ 溶液的浓度时，合适的基准物质是（   ）。

A. KI   B. $Na_2S_2O_3$ C. $Na_2C_2O_4$ D. Na_2CO_3

【答案】 C

【分析】 高锰酸钾本身不稳定，高锰酸钾的标准溶液要现用现配，并用 $Na_2C_2O_4$ 基准物质配制的标准溶液进行标定。

5.1.4 有效数字

1. 有效数字

实际上能测到的数字。在有效数字中，只最后一位数字是可疑的，其他各数字都是确定的。数据的位数与测定准确度有关。记录的数字不仅表示数量的大小，而且要正确地反映测量的准确程度。例：

结果	绝对误差	相对误差	有效数字位数
0.518 00	±0.000 01	±0.002%	5
0.5180	±0.0001	±0.02%	4
0.518	±0.001	±0.2%	3

2. 数据中零的作用

数字零具有双重作用。

（1）作普通数字用，如0.5180，4 位有效数字可表示为 5.180×10^{-1}。

（2）作定位用，如0.0518，3 位有效数字可表示为 5.18×10^{-2}。

3. 改变单位不改变有效数字的位数

如24.01mL，24.01×10^{-3}L，2.401×10^{-2}L。

> 注意：容量器皿（滴定管、移液管、容量瓶）用 4 位有效数字表示，如 15.10mL；分析天平（万分之一）用 4 位有效数字表示，如 0.5000g；标准溶液的浓度用 4 位有效数字表示，如 0.1000mol/LNaOH 标准溶液。

4. 运算规则

（1）加减运算：以绝对误差最大（小数点位数最少）的数据为依据，使结果只有一位可疑数字，如0.0121 + 25.64 + 1.057 = 26.71。

（2）乘除运算：有效数字的位数取决于相对误差最大（有效数字位数最少）的数据的位数，如 $(0.0325 \times 5.103 \times 60.0)/139.8 = 0.0711$。

> 注意：pH 值及对数值计算，有效数字按小数点后的位数保留（小数点后的数字位数为有效数字位数）。如 pH = 2.299，三位有效数字，可表示为 $[H^+] = 5.02 \times 10^{-3}$mol/L；$\lg X = 2.38$，两位有效数字，可表示为 $X = 2.4 \times 10^2$。

5. 有效数字的修约规则

四舍六入五留双。当被修改的数≤4 时，则舍去，当被修改的数≥6 时，则进位，数字等于 5 时，如进位后末位数为偶数则进位，舍去后，末位数为偶数则舍去。若5 后面有不为零的数，无论奇偶都进位。如6.275 修约为6.28；5.325 修约为5.32；5.3251 修约为5.33。

> 注意：在确定修约位数后，应一次修约到位，不能多次连续修约。如 15.4546 修约为整数是 15。

【例 5-14】 万分之一的分析天平进行称量时，结果应记录到以克为单位小数点后几位（   ）。

A. 1 位   B. 2 位   C. 3 位   D. 4 位

【答案】 D

【分析】 万分之一的分析天平可记录至小数点后 4 位。

【例 5-15】 某学生在酸碱滴定法中记录消耗的标准溶液体积，合理的数据是（   ）。

A. 10mL   B. 10.0mL   C. 10.00mL   D. 10.000mL

【答案】 C

【分析】 滴定分析中滴定管读数可以准确读到小数点后第一位，小数点后第二位是估读的，根据有效数字定义，消耗的体积有效数字应记录到小数点后两位，因此消耗 10mL 体积应记录为四位有效数字 10.00mL。

【例 5-16】 按"四舍六入五留双"规则，将下列数据修改为四位有效数字（0.1058）的是（   ）。

A. 0.105 74   B. 0.105 749   C. 0.105 85   D. 0.105 851

【答案】 C

【分析】 0.105 85，将最后一位舍去为 0.1058，故应选 C。

【例 5-17】 lg10.00 的结果用有效数字表示为（   ）。

A. 1.0   B. 1.00   C. 1.000   D. 1.0000

【答案】 D

【分析】 lg10.00 是 4 位有效数字，对于对数值前面的整数不算有效数字，1.0000 代表 4 位有效数字。

5.2 酸碱理论

5.2.1 酸碱平衡

1. 酸碱质子理论

（1）酸：凡是能给出 H^+ 的物质即是酸。K_a 越大，酸性越强。碱：凡是能接受 H^+ 的物质是碱。K_b 越大，碱性越强

$$HA \rightleftharpoons H^+ + A^-$$

$$\underbrace{}_{\text{共轭酸}} \quad \underbrace{}_{\text{共轭碱}}$$

例如共轭酸碱对：$HAc - NaAc$、$HF - NH_4F$、$NH_4Cl - NH_3$、$H_2CO_3 - HCO_3^-$、$HCO_3^- - CO_3^{2-}$、$H_2PO_4^- - HPO_4^{2-}$ 等。

（2）酸碱反应的本质。酸碱之间的质子转移，是两个共轭酸碱对共同作用的结果。

（3）共轭酸碱对 K_a 与 K_b 的关系。

$$K_a K_b = K_W = 1.0 \times 10^{-14}(25℃); pK_a + pK_b = 14; pK_a = -\lg K_a, pK_b = -\lg K_b$$

已知酸或碱的解离常数，可以求其共轭酸碱的解离常数。

例如：已知 HAc 的 $K_a = 1.8 \times 10^{-5}$，则 Ac^- 的解离常数 $K_b = \dfrac{K_W}{K_G} = \dfrac{1.0 \times 10^{-14}}{1.8 \times 10^{-5}} = 5.6 \times 10^{-10}$

注意：对于多元酸碱，在水中是分步离解的。

$$H_2CO_3 + H_2O \rightleftharpoons HCO_3^- + H_3O^+ \qquad K_{a1}$$
$$HCO_3^- + H_2O \rightleftharpoons CO_3^{2-} + H_3O^+ \qquad K_{a2}$$
$$CO_3^{2-} + H_2O \rightleftharpoons HCO_3^- + OH^- \qquad K_{b1}$$
$$HCO_3^- + H_2O \rightleftharpoons H_2CO_3 + OH^- \qquad K_{b2}$$
$$K_{a1}K_{b2} = K_{b1}K_{a2} = K_W = 10^{-14}$$

一个酸的酸性越强，K_a 越大，其共轭碱的碱性越弱，K_b 越小；反之一个碱的碱性越强，K_b 越大，其共轭酸的酸性越弱，K_a 越小。

（4）水的质子自递。

$$H_2O + H_2O \rightleftharpoons H_3O^+ + OH^-$$

水的质子自递常数即水的离子积 $K_W = [H^+][OH^-]$，$(25℃)K_W = 1.0 \times 10^{-14}$

（5）溶剂的拉平效应与区分效应。

溶剂的拉平效应：将不同强度的酸拉平到溶剂化质子水平的效应。例如水是 HCl、HNO_3、$HClO_4$、H_2SO_4 的拉平溶剂，这四种酸在水溶液中被拉平到 H_3O^+（H^+）的水平；液氨是 HCl 和 HAc 的拉平溶剂二者均被拉平剂 NH_4^+ 水平。

溶剂的区分效应：区分出酸碱强弱的效应。如冰醋酸溶剂是 HCl、HNO_3、$HClO_4$、H_2SO_4 的区分溶剂。在冰醋酸的溶剂中，四种酸的强弱顺序为：$HClO_4 > H_2SO_4 > HCl > HNO_3$；水是 HCl 和 HAc 的区分溶剂，在水溶液中，酸性 HCl > HAc。

【例 5-18】 浓度相同的下列物质水溶液的 pH 值最高的是（　　）。

A. NaCl　　　　　B. NH_4Cl　　　　　C. $NaHCO_3$　　　　　D. Na_2CO_3

【答案】 D

【分析】 NaCl 溶液呈中性，NH_4Cl 溶液呈酸性，$NaHCO_3$ 溶液呈两性，Na_2CO_3 溶液呈碱性，Na_2CO_3 溶液 pH 值最高。

【例 5-19】 已知下列各物质在水溶液中的 K_a，①$K_{HCN} = 4.93 \times 10^{-10}$；②$K_{HS^-} = 7.1 \times 10^{-15}$；③$K_{H_2S} = 1.3 \times 10^{-7}$；④$K_{HF} = 3.53 \times 10^{-4}$；⑤$K_{HAc} = 1.76 \times 10^{-5}$。

其中碱性最强的是（　　）。

A. CN^-　　　　　B. S^{2-}　　　　　C. F^-　　　　　D. Ac^-

【答案】 B

【分析】 一个碱的碱性越强，其共轭酸的酸性越弱。根据其共轭酸的解离常数，$K_{HF} > K_{HAc} > K_{H_2S} > K_{HCN} > K_{HS^-}$ 可知，酸性 HF > HAc > H_2S > HCN > HS^-，因此其共轭碱的碱性 $S^{2-} > CN^- > HS^- > Ac^- > F^-$。

【例 5-20】 将 0.1mol/L HA（$K_a = 1.0 \times 10^{-5}$）与 0.1mol/L HB（$K_a = 1.0 \times 10^{-9}$）等体积混合，该溶液的 pH 值为（　　）。

A. 3.0　　　　　B. 3.2　　　　　C. 5.0　　　　　D. 7.0

【答案】 A

【分析】 根据解离常数，$K(HA) \gg K(HB)$，忽略 HB，只考虑 HA 的解离，HA 为一

元弱酸，其 H⁺ 浓度及 pH 值的计算为：

$$C(H^+) = \sqrt{Ka \cdot C}$$
$$= \sqrt{K(HA) \cdot C}$$
$$= \sqrt{1.0 \times 10^{-5} \times 0.1}$$
$$= 10^{-3} \text{mol/L}$$
$$pH = -lgC(H^+)$$
$$= 3$$

2. 溶液 pH 值计算

（1）一元弱酸。最简式：应用条件，$c/K_a \geqslant 500$，$cK_a \geqslant 20K_W$

$$[H^+] \approx \sqrt{K_a c_{\text{酸}}}, \alpha = \sqrt{\frac{K_a}{c_{\text{酸}}}}(\alpha \text{ 为酸的解离度}) \tag{5-5}$$

（2）多元弱酸。二级解离比一级解离弱，近似按一级解离处理。

$$H_2S(aq) = H^+(aq) + HS^-(aq), K_{a1} = 1.3 \times 10^{-7}$$
$$HS^-(aq) = H^+(aq) + S^{2-}(aq), K_{a2} = 7.1 \times 10^{-15}$$

$K_{a1} \gg K_{a2}$，忽略二级解离，按一级解离处理：

最简式：应用条件，$c/K_{a1} \geqslant 500$，$cK_{a1} \geqslant 20K_W$

$$[H^+] \approx \sqrt{K_{a1} c_{\text{酸}}} \tag{5-6}$$

（3）两性物质。如 NaHCO₃。

最简式：应用条件，$c/K_{a1} > 20$，$cK_{a2} \geqslant 20K_W$

$$[H^+] \approx \sqrt{K_{a1}K_{a2}} \tag{5-7}$$

（4）缓冲溶液。由弱酸及其共轭碱或弱碱及其共轭酸所组成的溶液，能抵抗外加少量强酸、强碱而使本身溶液 pH 值基本保持不变，这种对酸和碱具有缓冲作用的溶液称缓冲溶液。

最简式

$$[H^+] \approx K_a \frac{c_a}{c_b} \tag{5-8}$$

$$pH = pK_a - lg\frac{c_a}{c_b} \tag{5-9}$$

$$pK_a = -lgK_a \tag{5-10}$$

式中 c_a——共轭酸的浓度；

     c_b——共轭碱的浓度。

5.2.2 酸碱指示剂

1. 酸碱指示剂作用原理

酸碱指示剂是一种有机弱酸碱或两性物质，其共轭酸碱对结构不同，颜色也不同。当溶液的 pH 值改变时，随质子转移，由酸式变碱式（或由碱式变酸式），结构变化，颜色也随之变化。

酸式色⇌碱式色

2. 指示剂的变色范围

$$HIn \rightleftharpoons H^+ + In^-$$

$$K_{HIn} = \frac{[H^+][In^-]}{[HIn]}$$

$$[H^+] = K_{HIn}\frac{[HIn]}{[In^-]}$$

$$pH = pK_{HIn} - \lg\frac{[HIn]}{[In^-]}$$

（1）当 $[HIn]:[In^-] = 1$ 时，$pH = pK_{HIn}$ 时，为指示剂的理论变色点。

（2）当 $[HIn]:[In^-] \geqslant 10$ 时，$pH \leqslant pK_{HIn} - 1$ 时，呈酸式色。

（3）当 $[HIn]:[In^-] \leqslant 1/10$ 时，$pH \geqslant pK_{HIn} + 1$ 时，呈碱式色。

（4）溶液 $pK_{HIn} - 1 \leqslant pH \leqslant pK_{HIn} + 1$ 时，呈混合色。

（5）指示剂的变色范围 $pH = pK_{HIn} \pm 1$。

理论上酸碱指示剂变色范围为 2 个 pH 单位，但指示剂实际变色范围是通过实验来确定的，通常比理论变色范围要窄，见表 5 - 3。

表 5 - 3　　　　　　　　　　　指示剂变色范围的 pH 值

指示剂	变色范围	酸色	碱色
甲基橙	3.1 ~ 4.4	红色	黄色
甲基红	4.4 ~ 6.2	红色	黄色
酚酞	8.0 ~ 9.8	无	红色

5.2.3　酸碱滴定

1. 强碱滴定强酸

0.1000mol/L NaOH 标准溶液滴定 20.00mL 0.1000mol/L HCl 溶液的滴定曲线及指示剂的选择：

绘制滴定曲线（图 5-1），滴定前：加入滴定剂（NaOH）体积为 0.00mL 时，0.1000mol/L 盐酸溶液的 pH = 1.00。

化学计量点前：溶液 $[H^+]$ 取决于剩余 HCl 的量

$$[H^+] = c(HCl)_{剩余} = c(HCl) \times \frac{V(HCl) - V(NaOH)_{加入}}{V(HCl) + V(NaOH)_{加入}}$$

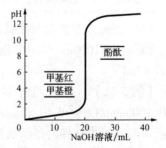

图 5-1　强碱滴定强酸的滴定曲线

加入滴定剂 NaOH 体积为 19.98mL 时（误差为 -0.1%）：

$$[H^+] = c \times V_{HCl}/V = 0.1000 \times (20.00 - 19.98)/(20.00 + 19.98) = 5.00 \times 10^{-5} mol/L$$

溶液 pH = 4.30

化学计量点：加入滴定剂体积为 20.00mL 反应完全，达到计量点为 NaCl 溶液

$$[H^+] = 1.00 \times 10^{-7} mol/L, 溶液 pH = 7.00$$

化学计量点后：溶液 pH 值取决于过量的 NaOH 的量。$[OH^-] = \dfrac{c_{NaOH} \times V_{过量NaOH}}{V_{HCl} + V_{加入NaOH}}$。

加入滴定剂体积为 20.02mL, 过量 0.02mL(+0.1%)

$$[OH^-] = n_{NaOH}/V = (0.1000 \times 0.02)/(20.00 + 20.02) = 5.00 \times 10^{-5} mol/L$$

$$pOH = 4.3, \quad pH = 14 - 4.3 = 9.7$$

讨论：

(1) 滴定突跃：计量点前后，滴定剂微小体积的变化所引起的 pH 值的突跃范围。0.1000mol/L NaOH 溶液滴定 0.1000mol/L HCl 溶液，滴定突跃范围为 4.3 ~ 9.7，ΔpH = 5.4。

> 注意：滴定突跃范围对应的滴定误差为 ±0.1%，如果指示剂能在实际范围内变色停止滴定（终点），则滴定误差可以控制在 ±0.1% 范围内。

(2) 选择指示剂的原则：指示剂的变色范围应部分或全部落在滴定突跃范围内。

指示剂的选择

甲基红（pH = 4.4 ~ 6.2，红 ~ 黄，变色点 5.2）

酚酞（pH = 8.0 ~ 9.8，无色 ~ 红，变色点 9.1）

甲基橙（pH = 3.1 ~ 4.4，红 ~ 黄，变色点 3.4）

根据选择指示剂的原则，以上三种指示剂都可以选。

选甲基红，滴至红色变为黄色即达终点；选酚酞，滴至无色变为粉红；选甲基橙滴至红色变为黄色。

(3) 滴定突跃大小与滴定剂和被滴定液的浓度有关，若等浓度的强酸碱相互滴定，滴定起始浓度增加（或减少）一个数量级，则滴定突跃增大（或缩小）两个 pH 单位。例如：

1.000mol/L NaOH 溶液滴定 1.000mol/L HCl 溶液，突跃范围 3.3 ~ 10.7，ΔpH = 7.4。

0.0100mol/L NaOH 溶液滴定 0.0100mol/L HCl 溶液，突跃范围 5.3 ~ 8.7，ΔpH = 3.4。

> 滴定突跃范围越大，对滴定反应越有利，可选择的指示剂越多，滴定误差越小。

(4) 强酸滴定强碱与强碱滴定强酸的滴定曲线类同，只是位置相反。

例如，0.1000mol/L HCl 溶液滴定 0.1000mol/L NaOH 溶液，滴定突跃范围为 9.7 ~ 4.3，ΔpH = 5.4。

【例 5-21】 下列四种不同浓度的 NaOH 标准溶液①1.000mol/L；②0.5000mol/L；③0.1000mol/L；④0.0100mol/L，滴定相同浓度 HCl 标准溶液，得到滴定曲线，其中滴定突跃最宽，可供选择的指示剂最多的是（　　）。

A. ①　　　　　B. ②　　　　　C. ③　　　　　D. ④

【答案】 A

【分析】 酸碱滴定突跃的范围与酸碱的浓度成正比，酸碱的浓度越大，滴定突跃越宽，可供选择的指示剂越多。

2. 强碱滴定弱酸

0.1000mol/L NaOH 标准溶液滴定 20.00mL 0.1000mol/L HAc 溶液的滴定曲线及指示剂的选择。

绘制滴定曲线（图 5-2）时，通常用最简式来计算溶液的 pH 值。

滴定开始前：0.1000mol/HAc，一元弱酸

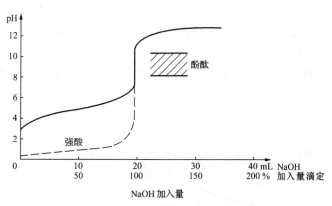

图 5-2 弱酸溶液的滴定曲线

$$H^+ = \sqrt{c_a K_a} = \sqrt{0.1000 \times 10^{-4.74}} = 10^{-2.87}$$

pH $= 2.87$；与强酸相比，滴定开始点的 pH 值抬高。

化学计量点前：开始滴定后，溶液即变为 HAc(c_a) – NaAc(c_b) 缓冲溶液。

按缓冲溶液的 pH 值进行计算

$$pH = pK_a - \lg \frac{c_a}{c_b} = pK_a - \lg \frac{c_{HAc,剩余}}{c_{Ac^-,生成}}$$

加入滴定剂体积 19.98mL（ – 0.1% 误差）时：$pH = 4.74 - \lg \dfrac{0.1000 \times \dfrac{20.00 - 19.98}{20.00 + 19.98}}{0.1000 \times \dfrac{19.98}{20.00 + 19.98}}$

$= 7.74$。

化学计量点：HAc 与 NaOH 完全反应，生成 NaAc，因此化学计量点时的溶液为 0.0500mol/L NaAc 溶液

$$K_b = \frac{K_W}{K_a} = \frac{1.0 \times 10^{-14}}{1.8 \times 10^{-5}} = 5.6 \times 10^{-10}$$

$$[OH^-] = \sqrt{K_b c_b} = \sqrt{0.0500 \times 5.6 \times 10^{-10}} = 5.27 \times 10^{-6} mol/L$$

溶液 pOH $= 5.28$，pH $= 14 - 5.28 = 8.72$。

化学计量点后：过量的 NaOH 和生成的 NaAc 溶液，pH 值取决于过量的 NaOH

$$[OH^-] = \frac{c_{NaOH} \times V_{过量NaOH}}{V_{HCl} + V_{加入NaOH}}$$

加入滴定剂体积 20.02mL（ +0.1% 误差）

$$[OH^-] = (0.1000 \times 0.02)/(20.00 + 20.02) = 5.00 \times 10^{-5} mol/L$$

$$pOH = 4.30，pH = 14 - 4.30 = 9.70$$

滴加体积从 19.98 ~ 20.02mL；$\Delta pH = 9.7 - 7.7 = 2$。

弱酸相对于强酸，滴定开始点 pH 值抬高，滴定突跃范围变小。

（1）强碱滴定弱酸滴定突跃范围 $\Delta pH = 9.7 - 7.7 = 2$；计量点 pH $= 8.72$。

（2）可选指示剂。酚酞（8.0 ~ 9.8），无色变为粉红；百里酚蓝（8.0 ~ 9.6），黄色变为蓝色。

（3）K_a 越大，滴定突跃越大；酸的浓度越大，滴定突跃越大（图5-3）。

（4）弱酸弱碱能被准确滴定的条件（误差 ≤ ±0.1%）。$c_{sp} \cdot K_a \geq 10^{-8}$；$c_{sp} \cdot K_b \geq 10^{-8}$。（$c_{sp}$ 为计量点时所取浓度）。

（5）不满足准确滴定条件的可采用非水滴定法；电位滴定法；利用化学反应对弱酸弱碱进行强化。

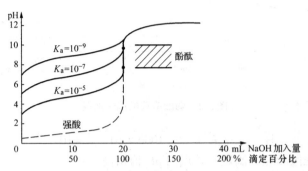

图 5-3　NaOH 滴定不同弱酸溶液的滴定曲线

3. 多元酸碱的滴定

多元酸碱，如 H_2S、H_2CO_3、H_3PO_4、Na_2CO_3。

（1）多元酸碱分级滴定的条件。分级条件为

$$\frac{K_{a,i}}{K_{a,i+1}} \geq 10^4; \quad \frac{K_{b,i}}{K_{b,i+1}} \geq 10^4 \tag{5-11}$$

（2）分级直接滴定条件。

$$cK_{ai} \geq 10^{-8}, \quad cK_{bi} \geq 10^{-8}, \quad 误差 \leq \pm 0.1\% $$
$$cK_{ai} \geq 10^{-10}, \quad cK_{bi} \geq 10^{-10}, \quad 误差 \leq \pm 1\% \tag{5-12}$$

例如：0.1000mol/L H_3PO_4 溶液 $K_{a1} = 7.5 \times 10^{-3}$；$K_{a2} = 6.3 \times 10^{-8}$；$K_{a3} = 4.4 \times 10^{-13}$

$$\frac{K_{a,i}}{K_{a,i+1}} > 10^4$$

$cK_{a1} = 7.5 \times 10^{-4}$，第一级能准确滴定。用甲基作指示剂，终点产物为 NaH_2PO_4。

$cK_{a2} = 6.3 \times 10^{-9}$，第二级能准确滴定。用酚酞作指示剂，终点产物为 Na_2HPO_4。

$cK_{a3} = 4.4 \times 10^{-14}$，第三级不能准确滴定。

0.1000mol/L HCl 标准溶液滴定 20.00mL 的 0.1000mol/L Na_2CO_3 溶液的滴定曲线及指示剂的选择。

$$H^+ + CO_3^{2-} \rightleftharpoons HCO_3^-$$

$$K_{b1} = \frac{K_W}{K_{a2}} = \frac{1.0 \times 10^{-14}}{5.6 \times 10^{-11}} = 1.8 \times 10^{-4}$$

$$H^+ + HCO_3^- \rightleftharpoons H_2CO_3$$

$$K_{b2} = \frac{K_W}{K_{a1}} = \frac{1.0 \times 10^{-14}}{4.2 \times 10^{-7}} = 2.4 \times 10^{-8}$$

$$\frac{K_{b1}}{K_{b2}} \approx 10^4; \quad cK_b \geq 10^{-10}, \quad 可分级滴定$$

滴定开始前：0.1000mol/L Na$_2$CO$_3$ 溶液，[OH$^-$] = $\sqrt{K_{b1}c}$

$$pH = 14 - pOH = 11.62$$

第一个化学计量点：Na$_2$CO$_3$ + H$^+$ = NaHCO$_3$ + Na$^+$，NaHCO$_3$ 溶液

$$[H^+] = \sqrt{K_{a2}K_{a1}} = \sqrt{4.2 \times 10^{-7} \times 5.6 \times 10^{-11}}\,mol/L = 4.8 \times 10^{-9}\,mol/L$$

pH = 8.31

可选指示剂：酚酞（8~9.8），由红色变为无色；甲酚红 – 百里酚蓝（pH = 8.3），由黄色变紫色。

第二个化学计量点：NaHCO$_3$ + H$^+$ $\rightleftharpoons$ H$_2$CO$_3$ + Na$^+$，此时为 H$_2$CO$_3$ 饱和溶液，浓度为 0.04mol/L

$$[H^+] = \sqrt{K_{a1}c_a} = \sqrt{4.2 \times 10^{-7} \times 0.040}\,mol/L = 1.3 \times 10^{-4}\,mol/L$$

pH = 3.89

第二终点时，加热赶走过饱和的 CO$_2$，避免形成过饱和溶液。

可选指示剂：甲基橙（3.3~4.4），由黄色变为橙色。滴定曲线如图 5-4 所示。

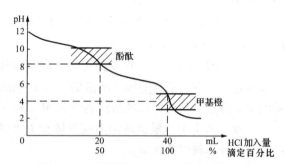

图 5-4　HCl 滴定 Na$_2$CO$_3$ 的滴定曲线

【例 5-22】 用 0.1mol/L 的 NaOH 滴定 0.1mol/L 的 HAc（pK_a = 4.74）的 pH 值突跃范围为 7.7~9.7，则用 0.1mol/L 的 NaOH 滴定 0.1mol/L pK_a = 3.74 的某弱酸，其 pH 值突跃范围为（　　）。

A. 6.7~9.7　　　　B. 8.7~9.7　　　　C. 7.7~8.7　　　　D. 7.7~10.7

【答案】 A

【分析】 计量点前

$$pH = pK_a - \lg\frac{c_a}{c_b} = pK_a - \lg\frac{c_{HAC,剩余}}{c_{Ac^-,生成}}$$

可见，pK_a 每减少一个单位，pH 值减少一个单位，由 pH = 7.7 变为 6.7。

计量点后，pH 值由过量 NaOH 决定，与 pK_a 无关。故 pH 值突跃范围为 6.7~9.7。

【例 5-23】 用 0.1000mol/L NaOH 滴定 0.1000mol/L 的甲酸（pK_a = 3.74），适用的指示剂为（　　）。

A. 甲基橙（3.46）　B. 百里酚蓝（1.65）　C. 甲基红（5.00）　D. 酚酞（9.1）

【答案】 D

【分析】 滴定突跃为 6.7~9.7，只有酚酞在突跃范围内。

【例 5-24】 下列弱酸或弱碱能用酸碱滴定法直接准确滴定的是（　　）。

A. 0.1000mol/L 的苯酚，$K_a = 1.0 \times 10^{-10}$　　　B. 0.1000mol/L 的 H$_3$BO$_3$，$K_a = 7.3 \times 10^{-10}$

C. 0.1000mol/L 的羟胺，$K_b = 1.07 \times 10^{-8}$　　　D. 0.1000mol/L 的 HF，$K_a = 3.5 \times 10^{-4}$

【答案】 D

【分析】 根据一元弱酸碱能被准确直接滴定的条件：

$$cK_a \geqslant 10^{-8};\ cK_b \geqslant 10^{-8}$$

题中 0.1000mol/L 一元弱酸碱，只有 HF 符合。

5.2.4 水的碱度与酸度

1. 碱度

水中碱度指水中所含能接受质子的物质的总量，即水中所有能与强酸定量作用的物质的总量。

（1）碱度的组成。水中的碱度主要有三类：

1）强碱，如 $Ca(OH)_2$、$NaOH$ 等，在水中全部离解成 OH^- 离子。

2）弱碱，如 NH_3、$C_6H_5NH_2$ 等，在水中部分离解成 OH^- 离子。

3）强碱弱酸盐，如 Na_2CO_3、$NaHCO_3$ 等在水中部分水解产生 OH^- 离子。

天然水中的碱度主要是碳酸盐碱度（CO_3^{2-}）、重碳酸盐碱度（HCO_3^-）和氢氧化物碱度（OH^-）。

假设重碳酸盐碱度 HCO_3^- 和氢氧化物碱度 OH^- 不能同时存在，因为它们进行下列反应 $OH^- + HCO_3^- = CO_3^{2-} + H_2O$。

故水中的碱度有 5 种存在形式：OH^- 碱度、OH^- 和 CO_3^{2-} 碱度、CO_3^{2-} 碱度、CO_3^{2-} 和 HCO_3^- 碱度、HCO_3^- 碱度。

（2）碱度的测定——连续滴定法。取一定体积水样，首先以酚酞为指示剂，用酸标准溶液滴定至终点，消耗酸标准溶液的量为 P（mL），接着以甲基橙为指示剂，再用酸标准溶液滴定至终点，消耗酸标准溶液的量为 M（mL）。

在碱度测定中，根据滴定消耗的体积 P 和 M 的关系，分析碱度的组成，然后根据消耗的体积，计算碱度的含量。

1）水样中只有 OH^- 碱度：一般 pH > 10。

$$OH^- + H^+ \xrightarrow[P]{酚酞} H_2O$$

则 $P > 0$，$M = 0$；$OH^- = P$；总碱度 $T = P$。

2）水样中有 OH^- 和 CO_3^{2-} 碱度：一般 pH > 10。

$$\begin{matrix} OH^- \\ CO_3^{2-} \end{matrix} + H^+ \xrightarrow[P]{酚酞} \begin{matrix} H_2O \\ HCO_3^- \end{matrix} + H^+ \xrightarrow[M]{甲基橙} H_2CO_3$$

$P > M$，$OH^- = P - M$；$CO_3^{2-} = 2M$；$T = P + M$。

3）水样中只有 CO_3^{2-} 碱度：一般 pH > 9.5。

$$CO_3^{2-} + H^+ \xrightarrow[P]{酚酞} HCO_3^- + H^+ \xrightarrow[M]{甲基橙} H_2CO_3$$

$P = M$；$CO_3^{2-} = 2P = 2M$；$T = 2P = 2M$。

4）水样中有 CO_3^{2-} 和 HCO_3^- 碱度：一般 pH = 8.5 ~ 9.5 之间。

$$CO_3^{2-} + H^+ \xrightarrow[P]{酚酞} \begin{matrix} HCO_3^- \\ HCO_3^- \end{matrix} + H^+ \xrightarrow[M]{甲基橙} H_2CO_3$$

$P < M$，$HCO_3^- = M - P$；$CO_3^{2-} = 2P$；$T = P + M$。

5）水样中只有 HCO_3^- 碱度：一般 pH < 8.3。

$$HCO_3^- + H^+ \xrightarrow[M]{甲基橙} H_2CO_3$$

$P = 0$，$M > 0$；$HCO_3^- = M$；$T = M$。

（3）碱度单位及其表示方法。

1）碱度以 CaOmg/L 和 $CaCO_3$ mg/L 表示。

$$总碱度（CaOmg/L）= \frac{c(P+M)28.04}{V_水} \times 1000$$

$$总碱度（CaCO_3 mg/L）= \frac{c(P+M)50.05}{V_水} \times 1000$$

P、M、$V_水$ 单位均为 mL。

2）碱度以 mmol/L 表示。应注明 OH^- 碱度（OH^-，mmol/L）、CO_3^{2-} 碱度（$1/2 CO_3^{2-}$，mmol/L）、HCO_3^- 碱度（HCO_3^-，mmol/L）。

3）以 mg/L 表示。OH^- 为 17g/mol，$1/2 CO_3^{2-}$ 为 30g/mol，HCO_3^{2-} 为 61g/mol。

> 说明：P 相当的碱度也叫酚酞碱度。
>
> 如果直接在水中加入甲基橙，用 HCl 滴定相应的碱度，叫作甲基橙碱度，也叫总碱度。

【例 5-25】 取水样 100.0mL，用 0.1000mol/HCl 溶液滴定至酚酞无色时，用去 15.00mL；接着加入甲基橙指示剂，继续用 HCl 标准溶液滴定至橙红色出现，又用去 3.00mL。问水样有何种碱度，其含量各为多少？（分别以 CaOmg/L、$CaCO_3$ mg/L 表示）和（mmol/L、mg/L 表示）。

解：$P = 15.00$ mL，$M = 3.00$ mL，$P > M$

所以，水中有 OH^- 碱度和 CO_3^{2-} 碱度，$OH^- = P - M$，$CO_3^{2-} = 2M$。

$$OH^- 碱度（CaOmg/L）= \frac{c_{HCl} \times (P-M) \times 28.04 \times 1000}{100}$$

$$= \frac{0.1000(15.00 - 3.00) \times 28.04 \times 1000}{100} = 336.48 mg/L$$

$$OH^- 碱度（CaCO_3 mg/L）= \frac{c_{HCl} \times (P-M) \times 50.05 \times 1000}{100} = 600.60 mg/L$$

$$OH^- 碱度（OH^-\ mmol/L）= \frac{c_{HCl} \times (P-M) \times 1000}{100} = 12.0 mmol/L$$

$$OH^- 碱度（OH^-\ mg/L）= \frac{c_{HCl} \times (P-M) \times 17 \times 1000}{100} = 204.0 mg/L$$

$$CO_3^{2-} = 2M = 6.00 mL$$

$$CO_3^{2-} 碱度（CaOmg/L）= \frac{c_{HCl} \times 2M \times 28.04}{100} \times 1000 = 168.24 mg/L$$

$$CO_3^{2-} 碱度（CaCO_3 mg/L）= \frac{c_{HCl} \times 2M \times 50.05}{100} \times 1000 = 300.3 mg/L$$

$$CO_3^{2-} 碱度（1/2 CO_3^{2-}\ mmol/L）= \frac{c_{HCl} \times 2M}{100} \times 1000 = 6.0 mmol/L$$

$$CO_3^{2-} 碱度（CO_3^{2-}\ mg/L）= \frac{c \times 2M \times 30}{100} \times 1000 = 180.0 mg/L$$

2. 酸度

水中的酸度指水中所含能够给出质子的物质的总量。即水中所有能与强碱定量作用的物质的总量。

（1）酸度的组成。组成水中酸度的物质可归纳为以下几种：

1）强酸：如 HCl、H_2SO_4、HNO_3 等。

2）弱酸：如 CO_2、H_2CO_3、H_2S 及单宁酸等各种有机弱酸。

3）强酸弱碱盐：如 $FeCl_3$ 和 $Al_2(SO_4)_3$ 等三大类。

（2）酸度的测定。以甲基橙为指示剂，用 NaOH 标准溶液滴定至终点 pH = 3.7 的酸度，称为甲基橙酸度，代表一些较强的酸——强酸酸度。适用于废水和严重污染水中的酸度测定；以酚酞为指示剂，用 NaOH 标准溶液滴定至终点 pH = 8.3 的酸度称为酚酞酸度，又叫总酸度（或弱酸酸度），主要用于未受工业废水污染或轻度污染水中酸度的测定。

【例 5-26】 某水样用连续酸碱滴定法测碱度时，$V_甲 > 0$，$V_酚 = 0$，则碱度组成为（　　）。

A. CO_3^{2-}　　　　　　B. $HCO_3^- + OH^-$　　　　C. HCO_3^-　　　　D. $OH^- + CO_3^{2-}$

【答案】 C

【分析】 $V_酚 = 0$，说明溶液中无 OH^- 和 CO_3^{2-} 碱度；甲基橙在里面是黄色的，$V_甲 > 0$，说明溶液中有 HCO_3^-。

【例 5-27】 某水样 100mL，用 0.1000mol/L 盐酸标准溶液测定碱度，以酚酞为指示剂用去 8.00mL 盐酸标准溶液滴定至终点，继续以甲基橙为指示剂又用去 12.00mL 盐酸标准溶液，则水样的碱度组成为（　　）。

A. CO_3^{2-}　　　　　　B. $CO_3^{2-} + HCO_3^-$　　　C. OH^-　　　　D. $OH^- + CO_3^{2-}$

【答案】 B

【分析】 $P = 8.00mL$，$M = 12.00mL$，$M > P$

水中含 $CO_3^{2-} + HCO_3^-$ 碱度

$$CO_3^{2-} + H^+ \xrightarrow[\quad P \quad]{\text{酚酞 } HCO_3^-} HCO_3^-$$

$$HCO_3^- + H^+ \xrightarrow[\quad M \quad]{\text{甲基橙}} H_2CO_3$$

5.3 络合滴定法

5.3.1 络合平衡

金属离子与络合剂（配合剂）形成络合物（配合物）的反应称为络合反应（配合反应）。最常用的络合剂是氨羧络合剂。

1. 氨羧络合剂

含有氨基二乙酸基团 $-N \begin{array}{c} CH_2-COOH \\ \\ CH_2-COOH \end{array}$ 的有机化合物，其分子中含有氨氮和羧氧两种络合能力很强的配位原子，可以和许多金属离子形成环状结构的络合物。

最常用：乙二胺四乙酸（EDTA）。

2. EDTA 及性质

（1）EDTA 结构。

$$\begin{array}{c}
\text{HOOCH}_2\text{C} \diagdown \overset{H}{\underset{+}{N}} - \text{CH}_2 - \text{CH}_2 - \overset{H}{\underset{+}{N}} \diagdown \text{CH}_2\text{COO}^- \\
{}^-\text{OOCH}_2\text{C} \diagup \qquad\qquad\qquad \diagup \text{CH}_2\text{COOH}
\end{array}$$

（2）EDTA 性质。EDTA（H_4Y）获得两个质子，生成六元弱酸 H_6Y^{2+}；溶解度较小，常用其二钠盐 $Na_2H_2Y \cdot 2H_2O$，溶解度较大。

（3）EDTA 在溶液中的存在形式。在高酸度条件下，EDTA 是一个六元弱酸，在溶液中存在有六级离解平衡和七种存在形式，即

$$H_6Y^{2+} \underset{+H}{\overset{-H}{\rightleftharpoons}} H_5Y^+ \underset{+H}{\overset{-H}{\rightleftharpoons}} H_4Y \underset{+H}{\overset{-H}{\rightleftharpoons}} H_3Y^- \underset{+H}{\overset{-H}{\rightleftharpoons}} H_2Y^{2-} \underset{+H}{\overset{-H}{\rightleftharpoons}} HY^{3-} \underset{+H}{\overset{-H}{\rightleftharpoons}} Y^{4-}$$

在 $pH > 12$ 时，全部以 Y^{4-} 形式存在；Y^{4-} 形式是配位的有效形式。

3. EDTA 与金属离子的络合物

EDTA 与金属离子的络合物的特点：

（1）与金属离子能形成 5 个 5 元环的配合物，配合物的稳定性高。

金属离子与 EDTA 的配位反应，略去电荷，可简写成

$$M + Y \rightleftharpoons MY$$

$$K_{MY} = \frac{[MY]}{[M][Y]} \tag{5-13}$$

K_{MY} 即络合物的 MY 稳定常数，也常以 $K_{稳}$ 表示，K_{MY} 越大，络合物越稳定，络合反应越容易发生。

（2）与大多数金属离子 1:1 配位，计算方便。

（3）易溶于水。

（4）与无色金属离子形成无色络合物，有利于指示剂确定终点；与有色金属离子一般生成颜色更深的络合物。

【例 5-28】 以 $FeCl_3$ 溶液滴定 0.010 00mol/L 的 EDTA 溶液，当滴定到终点时，溶液的体积恰为原来的 2 倍，则 $FeCl_3$ 溶液的浓度为（　　　）。

A. 0.005 00mol/L

B. 0.010 00mol/L

C. 0.015 00mol/L

D. 0.020 00mol/L

【答案】 B

【分析】 Fe^{3+} 与 EDTA 的配比为 1:1，终点时体积加倍，说明 $FeCl_3$ 与 EDTA 消耗体积相等，故浓度也相等。

4. 酸度对络合滴定的影响

（1）酸效应：由于 H^+ 的存在，使络合剂参加主体反应能力降低的效应称为酸效应。

主反应：$M + Y \rightleftharpoons MY$

副反应：$Y \rightleftharpoons HY \rightleftharpoons H_2Y \rightleftharpoons \cdots\cdots H_6Y^{2+}$

（2）酸效应系数：一定 pH 溶液中，EDTA 的各种存在形式的总浓度 $[Y']$，与能参加配位反应的有效存在形式 Y^{4-} 的平衡浓度 $[Y^{4-}]$ 的比值，其定义式为

$$\alpha_{Y(H)} = \frac{[Y]_总}{[Y^{4-}]} \tag{5-14}$$

$$\alpha_{Y(H)} = \frac{[Y]_{总}}{[Y^{4-}]}$$

$$= \frac{[Y^{4-}] + [HY^{3-}] + [H_2Y^{2-}] + [H_3Y^-] + [H_4Y] + [H_5Y^+] + [H_6Y^{2+}]}{[Y]}$$

$$= 1 + \frac{[H^+]}{K_{a6}} + \frac{[H^+]^2}{K_{a6}K_{a5}} + \frac{[H^+]^3}{K_{a6}K_{a5}K_{a4}} + \frac{[H^+]^4}{K_{a6}K_{a5}K_{a4}K_{a3}} + \frac{[H^+]^5}{K_{a6}K_{a5}K_{a4}K_{a3}K_{a2}} + \frac{[H^+]^6}{K_{a6}K_{a5}K_{a4}K_{a3}K_{a2}K_{a1}}$$

酸效应系数 $\alpha_{Y(H)}$ 用来衡量酸效应大小的值。一定 pH 值下，对应一定 $\alpha_{Y(H)}$。pH - $\lg\alpha_{Y(H)}$ 的关系曲线称为酸效应曲线。

讨论：

（1）酸效应系数随溶液酸度增加（即随 pH 值减小）而增大，随溶液 pH 值增大而减小。即 pH↓，$\alpha_{Y(H)}$↑，$[Y^{4-}]$↓；pH↑，$\alpha_{Y(H)}$↓，$[Y^{4-}]$↑

（2）$\alpha_{Y(H)}$ 的数值越大，表示酸效应引起的副反应越严重。

（3）通常 $\alpha_{Y(H)} > 1$，$[Y]_{总} > [Y^{4-}]$。

（4）当 $\alpha_{Y(H)} = 1$ 时，表示 $[Y]_{总} = [Y^{4-}]$。

总有 $\alpha_{Y(H)} \geq 1$，由于酸效应的影响，EDTA 与金属离子形成配合物的稳定常数不能反映不同 pH 条件下的实际稳定性，因而需要引入条件稳定常数。

【例 5-29】 在 EDTA 配位滴定中，下列有关 EDTA 酸效应的叙述，（　　）是正确的。

A. 酸效应系数越大，配合物的稳定性越高

B. 酸效应系数越小，配合物越稳定

C. 反应的 pH 值越大，EDTA 酸效应系数越大

D. EDTA 的酸效应系数越大，滴定曲线的 pM 值突跃范围越宽

【答案】 B

【提示】 $[H^+]$ 越大，pH 值越小，酸效应系数越大，EDTA 有效浓度 $[Y^{4-}]$ 越小，配合物越不稳定，pM 值突跃范围越窄。

5. 络合滴定中的副反应及条件稳定常数

络合滴定中的副反应

考虑副反应的影响，引入条件稳定常数 K'_{MY}（$K_{稳}$），以描述在客观条件下的络合物的实际稳定性。

$$K'_{MY} = \frac{[MY]}{[M][Y]_{总}} \tag{5-15}$$

（1）考虑酸效应影响。

由 $K_{MY} = \frac{[MY]}{[M][Y]}$，$K'_{MY} = \frac{[MY]}{[M][Y]_{总}}$，$\alpha_{Y(H)} = \frac{[Y]_{总}}{[Y^{4-}]}$

可得
$$K'_{MY} = \frac{K_{MY}}{\alpha_{Y(H)}}$$

$$\lg K'_{MY} = \lg K_{MY} - \lg \alpha_{Y(H)}$$

利用这两个公式可以求不同 pH 值下络合物的条件稳定常数 K'_{MY}。

K'_{MY} 反映在一定 pH 条件下络合物的实际稳定性。pH 值越大，$\alpha_{Y(H)}$ 越小，K'_{MY} 越大，络合物越稳定；pH 值越小，$\alpha_{Y(H)}$ 越大，K'_{MY} 越小，络合物越不稳定。

（2）对金属离子发生的副反应。也进行同样的处理，引入副反应系数。

副反应系数：$\alpha_M = \dfrac{[M']}{[M^{n+}]}$

$$K'_{MY} = \frac{K_{MY}}{\alpha_{Y(H)} \alpha_M}$$

条件稳定常数：$\lg K'_{MY} = \lg K_{MY} - \lg \alpha_{Y(H)} - \lg \alpha_M$

虽然 pH 值增大，酸效应系数减小，对配位反应有利，但并不是 pH 值越大越好，pH 值太大，金属离子易水解沉淀，使反应不完全。

由于酸度的影响是主要的，通常金属离子无水解效应，且不存在金属离子的副反应，只考虑酸效应。

【例 5-30】 EDTA 滴定 Ca^{2+} 离子反应的 $\lg K_{CaY} = 10.69$，若该反应在某酸度条件下的 $\lg K'_{CaY} = 8.00$，则该条件下 Y^{4-} 离子的酸效应系数 $\lg \alpha_{Y(H)}$ 等于（　　）。

A. 8.00　　　　　　　B. 2.69　　　　　　　C. 10.69　　　　　　　D. −2.69

【答案】 B

【提示】 $\lg K'(MY) = \lg K(MY) - \lg \alpha_{Y(H)}$，$\lg \alpha_{Y(H)} = \lg K(MY) - \lg K'(MY) = 10.69 - 8.00 = 2.69$。

6. 络合滴定对条件稳定常数的要求

据允许的误差和检测终点的准确度，若允许的相对误差 $TE \leqslant \pm 0.1\%$，则根据终点误差公式可得金属离子能被准确滴定的条件为

$$\lg c_M K'_{MY} \geqslant 6$$

当 $c_M = 1.00 \times 10^{-2}$ mol/L 时，$\lg K'_{MY} \geqslant 8$，由此可以判断络合反应的完全程度。

【例 5-31】 判断在 pH = 2.0 和 pH = 5.0 时 EDTA 能否准确滴定 Zn^{2+}（或判断反应是否完全）。

解：查表得　　$\lg K_{ZnY} = 16.5$

$$\lg K'_{MY} = \lg K_{MY} - \lg \alpha_{Y(H)}$$

pH = 5.0 时，$\lg \alpha_{Y(H)} = 6.6$，$\lg K'_{ZnY} = 16.5 - 6.6 = 9.9 > 8$，络合反应完全，能被准确滴定。

pH = 2.0 时，$\lg \alpha_{Y(H)} = 13.51$，$\lg K'_{ZnY} = 16.5 - 13.5 = 3.0 < 8$，络合反应不完全，不能被准确滴定。

由此例子可以看出，随着酸度的增大，酸效应系数增大，络合物稳定性降低。

7. 最小 pH 值的计算及酸效应曲线

最小 pH 值的计算

$$\lg K'_{MY} \geqslant 8，\lg K_{MY} - \lg \alpha_{Y(H)} \geqslant 8$$

$$\lg\alpha_{Y(H)} \leqslant \lg K_{MY} - 8$$

$\lg\alpha_{Y(H)} = \lg K_{MY} - 8$ 对应的 pH 值即为最小 pH 值

实际控制 pH 值通常比最小 pH 大 1 ~ 2 个单位，因为络合反应会释放出 H^+。

$$H_2Y^{2-} + M = 2H^+ + M$$

但不是 pH 值越大越好，还要保证金属离子稳定，不水解，通常加入缓冲溶液控制溶液的 pH 值。

【例 5-32】 求 EDTA 滴定 Fe^{3+} 和 Al^{3+} 时的最小 pH 值。

解： 已知：$\lg K_{FeY} = 25.1$；$\lg K_{AlY} = 16.13$

滴定 Fe^{3+}：$\lg\alpha_{Y(H)} = \lg K_{FeY} - 8 = 25.1 - 8 = 17.1$，最小 pH = 1.1 ~ 1.2；

滴定 Al^{3+}：$\lg\alpha_{Y(H)} = \lg K_{AlY} - 8 = 16.13 - 8 = 8.13$，最小 pH = 4.1 ~ 4.2。

酸效应曲线：将各种金属离子的 $\lg K_{MY}$ 与其最小 pH 值绘成曲线，最小 pH – $\lg K_{MY}$ 曲线称为 EDTA 的酸效应曲线或林旁曲线。

5.3.2 络合滴定

1. 络合滴定曲线

在络合滴定中，随着 EDTA 滴定剂的不断加入，被滴定金属离子的浓度不断减少，在计量点附近，溶液的 pM（金属离子浓度的负对数）发生突跃，以被测金属离子浓度的 pM 对应滴定剂加入体积作图 pM – V，可得配位滴定曲线。

【例 5-33】 计算 0.0100mol/L EDTA 溶液滴定 20mL 0.0100mol/L Ca^{2+} 溶液的滴定曲线。

解： 溶液在 pH > 12 进行滴定时：酸效应系数 $\alpha_{Y(H)} = 1$；$K_{MY}' = K_{MY}$

滴定前：溶液中 Ca^{2+} 离子浓度为

$$[Ca^{2+}] = 0.01\text{mol/L}, \text{pCa} = -\lg[Ca^{2+}] = -\lg 0.01 = 2.00$$

化学计量点前：已加入 19.98mL EDTA（剩余 0.02mL 钙溶液，−0.1% 误差）

$$[Ca^{2+}] = 0.0100 \times 0.02/(20.00 + 19.98) = 5.0 \times 10^{-6}\text{mol/L}, \text{pCa} = 5.3$$

化学计量点：此时 Ca^{2+} 全部与 EDTA 络合，$[CaY] = 0.01/2\text{mol/L} = 0.005\text{mol/L}$

$[Ca^{2+}]_{sp} = [Y^{4-}]_{sp}$；$K_{CaY} = 4.9 \times 10^{10}$

$$K_{sp} = \frac{[CaY]}{[Ca^{2+}]_{sp}[Y]_{sp}} = \frac{c_{Ca}/2}{[Ca^{2+}]_{sp}^2} \quad [Ca^{2+}]_{sp} = \sqrt{\frac{c_{Ca}}{2K_{CaY}}} = \sqrt{\frac{0.0100}{2 \times 4.9 \times 10^{10}}}\text{mol/L} = 3.2 \times 10^{-7}\text{mol/L}$$

pCa = 6.49

化学计量点后：EDTA 溶液过量 0.02mL（+0.1% 误差）

$$[Y] = \frac{0.0100 \times 0.02}{20.00 + 20.02}\text{mol/L} = 5.00 \times 10^{-6}\text{mol/L} \quad [CaY] = \frac{0.0100 \times 20.00}{20.00 + 20.02}\text{mol/L} = 5.00 \times 10^{-3}\text{mol/L}$$

$$K_{sp} = \frac{[CaY]}{[Ca^{2+}][Y]} \quad [Ca^{2+}] = 2.00 \times 10^{-8}\text{mol/L}, \text{pCa} = -\lg 2.00 \times 10^{-8} = 7.69$$

滴定突跃范围为 pCa = 5.3 ~ 7.69；化学计量点 pCa = 6.49。

当溶液 pH < 12 进行滴定时，存在酸效应，以 K'_{MY} 代替 K_{MY} 计算。

2. 影响滴定突跃的主要因素

（1）络合物的条件稳定常数。K'_{MY} 越大，滴定突跃越大。

（2）被滴定金属离子的浓度。c_M 越大，滴定突跃越大。

3. 金属指示剂

（1）作用原理：金属指示剂是一种有颜色的有机络合剂（In，A 色），能与金属离子生成另一种颜色的有色络合物（MIn，B 色），且指示剂络合物 MIn 稳定性小于 EDTA 络合物 MY 稳定性（$K'_{MIn} < K'_{MY}$）。达到计量点时，稍过量的 EDTA 便置换出指示剂络合物 MIn 中的金属离子，释放出游离的金属指示剂，溶液随之由 B 色变为 A 色。即

加入指示剂，溶液呈指示剂络合物 MIn 的颜色，即 B 色：

$$M + In \Longrightarrow MIn$$
$$A\,色 \qquad B\,色$$

终点溶液呈指示剂本身 In 的颜色，即 A 色：

$$MIn + Y \Longrightarrow MY + In$$
$$B\,色 \qquad\qquad\quad A\,色$$

例如：铬黑 T 指示剂 EBT，本身为蓝色，滴定前加入指示剂 EBT，EBT 与金属离子形成紫红色的络合物 M – EBT。

$$M + EBT \Longrightarrow M - EBT$$
$$蓝色 \qquad 紫红色$$

滴定时，不断加入 EDTA，接近终点时，EDTA 夺取 M – EBT 中 M，释放出 EBT，溶液由紫红色变为蓝色

$$M - EBT + Y \Longrightarrow MY + EBT$$
$$紫红色 \qquad\qquad\qquad 蓝色$$

起始：指示剂络合物 MIn 颜色。

终点：指示剂本身 In 颜色。

（2）金属指示剂应具备的条件。

1）在滴定的 pH 范围内，游离指示剂（In）与其金属络合物（MIn）之间应有明显的颜色差别，使用时应注意金属指示剂的适用 pH 范围。

如铬黑 T 在不同 pH 时的颜色变化如下：

$$H_2I_n^- \Longrightarrow HI_n^{2-} \Longrightarrow I_n^{3-}$$
$$pH < 6 \quad pH = 8 \sim 11 \quad pH > 12$$
$$紫红色 \qquad 蓝色 \qquad\quad 橙色$$

其指示剂络合物（M – EBT）为紫红色，故适用范围 pH = 8 ~ 11。

选择络合指示剂 pH 范围，指示剂与其络合物有明显的颜色差别。

2）指示剂与金属离子生成的络合物稳定性要适当。

不能太小：否则未到终点时指示剂游离出来，终点提前。

不能太大：要求 $K'_{MIn} < K'_{MY}$，至少相差两个数量级，保证终点时 EDTA 能置换出指示剂。

指示剂封闭现象：指示剂与金属离子生成了稳定的配合物（即 $K'_{MIn} > K'_{MY}$），终点时不能被滴定剂置换出来的现象。

解决方法：加掩蔽剂。例如铬黑 T 能被 Fe^{3+}、Al^{3+}、Cu^{2+}、Ni^{2+} 封闭，可加三乙醇胺掩蔽 Fe^{3+}、Al^{3+}，加 KCN 或 Na_2S 掩蔽 Cu^{2+}、Ni^{2+}。

3）指示剂与金属离子生成的配合物应易溶于水。

指示剂僵化现象：如果指示剂与金属离子生成不溶于水的络合物、胶体或沉淀，在滴定时，指示剂与 EDTA 的置换作用进行缓慢导致终点拖后变长的现象发生。例如 PAN 指示剂在温度较低时易发生僵化，可通过加有机溶剂及加热的方法避免。

【例 5-34】 配位滴定中，指示剂的封闭现象是由（　　）引起的。

A. 指示剂与金属离子生成的络合物不稳定

B. 被测溶液的酸度过高

C. 指示剂与金属离子生成的络合物稳定性小于 MY 的稳定性

D. 指示剂与金属离子生成的络合物稳定性大于 MY 的稳定性

【答案】 D

【分析】 当指示剂与金属离子生成的络合物稳定性大于 MY 的稳定性，滴定终点时，EDTA 无法从指示剂络合物中夺取金属离子，也就无法释放出指示剂，使终点拖后或终点没有颜色转变。

【例 5-35】 有关 EDTA 配位滴定中控制 pH 值的说法，正确的是（　　）。

A. 控制的 pH 值越高，配位滴定反应就越完全

B. pH 值越小，EDTA 的酸效应越明显

C. 金属指示剂的使用范围与 pH 值无关

D. 只要滴定开始的 pH 值合适，就无须另加缓冲溶液

【答案】 B

【分析】 酸效应是由于 H^+ 的存在，使络合剂参加主体反应能力降低的现象。溶液酸性越强，pH 值越小，EDTA 的酸效应越明显，因此 B 是正确的；虽然随着 pH 值增大，酸效应减少，配位物稳定性增加，但 pH 值过大，金属离子容易水解沉淀，对配位反应不利，因此不能说 pH 值越大，配位滴定反应就越完全，所以 A 不正确；另外金属指示剂的颜色变化也与溶液 pH 值有关，所以 C 错误；由于随着滴定的进行，配位滴定反应本身也会释放出 H^+ 使溶液 pH 值降低，为了保持溶液 pH 值的稳定，通常需要加入缓冲溶液，因此 D 错误。

5.3.3　提高络合滴定的选择性

1. 控制溶液的 pH 值

例如：Ca^{2+}、Mg^{2+}、Fe^{3+} 共存时，测定 Fe^{3+}，可调节 pH＝2，根据最低 pH 值，只能满足 Fe^{2+} 的最低 pH 值要求，而达不到 Ca^{2+}，Mg^{2+} 的最低 pH 值要求，所以控制 pH＝2，可测定 Fe^{2+}，而 Ca^{2+}，Mg^{2+} 不干扰测定。

2. 掩蔽技术

（1）络合掩蔽法。例如，测定 Ca^{2+}、Mg^{2+} 时，Al^{3+}、Fe^{3+} 有干扰，可用三乙醇胺或 NH_4F 掩蔽；测定 COD 时，加入 $HgCl_2$ 掩蔽氯离子干扰。

（2）沉淀掩蔽法。例如，Ca^{2+}、Mg^{2+} 共存时，测定 Ca^{2+}，可加入 NaOH 调节 pH＞12.5，使 Mg^{2+} 生成 $Mg(OH)_2$ 沉淀，消除 Mg^{2+} 干扰；测定高锰酸盐指数时，加入 Ag_2SO_4，使氯离子生成 AgCl 沉淀，消除氯离子的干扰。

（3）氧化还原遮蔽法。利用氧化还原反应，来改变干扰离子的价态，以消除干扰。

例如：$\lg K (FeY^-) ＝25.1$；$\lg K (FeY^{2-}) ＝14.33$

表明 Fe^{3+} 与 EDTA 形成的络合物比 Fe^{2+} 与 EDTA 形成的络合物要稳定得多。如果 Fe^{3+}

有干扰，可加入还原剂将 Fe^{3+} 转化为 Fe^{2+}。例如，Fe^{3+} 干扰 Zr^{2+} 的测定，加入盐酸羟胺等还原剂使 Fe^{3+} 还原生成 Fe^{2+}，达到消除干扰的目的。

【例 5-36】 在 Fe^{3+}、Al^{3+}、Ca^{2+}、Mg^{2+} 的混合液中，用 EDTA 测定 Ca^{2+}、Mg^{2+}，要消除 Fe^{3+}、Al^{3+} 的干扰，在下列方法中最简便的方法是（　　）。

A. 控制酸度法　　　B. 络合掩蔽法　　　C. 沉淀分离法　　　D. 溶剂萃取法

【答案】　B

【分析】　加三乙醇胺，通过 Fe^{3+}、Al^{3+} 与三乙醇胺形成络合物进行掩蔽以消除干扰，三乙醇胺为络合掩蔽剂。

【例 5-37】 在 Ca^{2+}、Mg^{2+} 的混合液中，用 EDTA 法测定 Ca^{2+} 要消除 Mg^{2+} 的干扰，宜用（　　）。

A. 控制酸度法　　　B. 络合掩蔽法　　　C. 氧化还原掩蔽法　　　D. 沉淀掩蔽法

【答案】　D

【提示】　测定 Ca^{2+} 为了消除 Mg^{2+} 的干扰，通常采用加入强碱 NaOH，调节溶液强碱性，使 Mg^{2+} 形成 $Mg(OH)_2$ 沉淀。

【例 5-38】 在含 Ca^{2+}、Mg^{2+}、Fe^{3+} 的混合溶液中，以 EDTA 滴定 Fe^{3+}，要消除 Ca^{2+}、Mg^{2+} 干扰，最简便的方法是（　　）。

A. 控制酸度法　　　B. 络合掩蔽法　　　C. 氧化还原掩蔽法　　　C. 沉淀掩蔽法

【答案】　A

【分析】　根据最低 pH 值计算，最低 pH 值：Ca^{2+} 为 7.5；Mg^{2+} 为 10；Fe^{3+} 为 1。
控制 pH 值在 1~2 测定 Fe^{3+}，Ca^{2+}、Mg^{2+} 没有达到最低 pH 值要求，对 Fe^{3+} 没有干扰。

5.3.4　硬度及测定

1. 硬度及分类

（1）硬度。指水中钙、镁、铁、锰、铝等金属离子的含量。由于铁、锰、铝在天然水中含量较低，因此水的总硬度一般指钙硬度（Ca^{2+}）和镁硬度（Mg^{2+}）浓度的总和。

（2）分类。

按致硬阳离子：总硬度 = 钙硬度 [Ca^{2+}] + 镁硬度 [Mg^{2+}]。

按阴离子组成：总硬度 = 碳酸盐硬度 + 非碳酸盐硬度。

碳酸盐硬度：包括碳酸盐如 $MgCO_3$，$CaCO_3$ 和重碳酸盐如 $Ca(HCO_3)_2$、$Mg(HCO_3)_2$ 的总量，一般加热煮沸可以除去，因此称为暂时硬度。

非碳酸盐硬度：非碳酸盐硬度主要包括 $CaSO_4$、$MgSO_4$、$CaCl_2$、$MgCl_2$ 等的总量，经加热煮沸不能除去，故称为永久硬度。

2. 硬度的单位

（1）mmol/L。

（2）mg/L。

mg Ca^{2+}/L；mgMg^{2+}/L；

mg$CaCO_3$/L；1mmol/L = 100.1$CaCO_3$mg/L；

mg CaO/L；1mmol/L = 56.1CaOmg/L。

（3）德国度（简称度）。1 度 = 10mgCaO/L。

（4）法国度。1 法国度 = 10mg $CaCO_3$/L。

3. 硬度的测定

（1）测定 Ca^{2+}、Mg^{2+} 总量——总硬度。测定方法：在一定体积的水样中，加入一定量的 $NH_3 - NH_4Cl$ 缓冲溶液，调节 $pH = 10.0$，加入铬黑 T 指示剂，溶液呈紫红色，用 EDTA 标准溶液滴定至由紫红色变为蓝色，消耗 EDTA 标准液体积为 V_{EDTA}。

$$总硬度(mmol/L) = \frac{c_{EDTA}V_{EDTA}}{V_水} \times 1000 \tag{5-16}$$

（2）Ca^{2+} 的测定。

测定方法：一定体积水样，用 NaOH（沉淀掩蔽剂）调节 $pH > 12$，此时 Mg^{2+} 以沉淀形式被掩蔽，加入钙指示剂，溶液呈紫红色，用 EDTA 标准溶液滴定至由紫红色变为蓝色，消耗标准溶液体积为 V'_{EDTA}。

$$Ca^{2+}(mg/L) = \frac{c_{EDTA}V'_{EDTA} \times M_{Ca}}{V_水} \times 1000; M_{Ca} 为钙的摩尔质量(Ca, 40.08g/mol)$$

$$Mg^{2+}(mg/L) = \frac{c_{EDTA}(V_{EDTA} - V'_{EDTA}) \times M_{Mg}}{V_水} \times 1000; M_{Mg} 为镁的摩尔质量(Mg, 24.30g/mol)$$

以上公式中：c_{EDTA}：EDTA 标准溶液浓度，mol/L；V_{EDTA}：EDTA 标准溶液体积，mL；$V_水$：水样体积，mL。

> 紫红色：指示剂络合物颜色。
> 蓝色：指示剂本身的颜色。

4. 天然水中硬度与碱度的关系

（1）总碱度 < 总硬度：$c(HCO_3^-) < c(1/2Ca^{2+}) + c(1/2Mg^{2+})$

碳酸盐硬度 = 总碱度；非碳酸盐硬度 = 总硬度 - 总碱度

（2）总碱度 > 总硬度：$c(HCO_3^-) > c(1/2Ca^{2+}) + c(1/2Mg^{2+})$

碳酸盐硬度 = 总硬度；无非碳酸盐硬度，而有负硬度，负硬度 = 总碱度 - 总硬度

其中 $NaHCO_3$、$KHCO_3$、Na_2CO_3、K_2CO_3 等钠盐碱度称为负硬度。

（3）总硬度 = 总碱度：$c(HCO_3^-) = c(1/2Ca^{2+}) + c(1/2Mg^{2+})$

只有碳酸盐硬度，且碳酸盐硬度 = 总硬度 = 总碱度。

【例 5-39】某水样，取一份 100mL，在 $pH = 10$ 的条件下，以铬黑 T 为指示剂，用 0.0100mol/L 的 EDTA 滴定至终点，用去 8.60mL；另取水样 100mL，调节 $pH = 12$，加钙指示剂，用同浓度 EDTA 滴至终点用去 2.50mL，分别求：

（1）总硬度，以 CaO mg/L 表示。

（2）钙、镁硬度，分别以 mg/L 表示。

（3）若水样中 HCO_3^- 含量为 120mg/L，试分析硬度的组成及含量。

解：（1）总硬度 $= \dfrac{c_{EDTA}V_{EDTA}M_{CaO}}{V_水} \times 1000 = \dfrac{0.0100 \times 8.60 \times 56.1 \times 1000}{100} mgCaO/L = 42.25mgCaO/L$

（2）$Ca^{2+} = \dfrac{c_{EDTA}V'_{EDTA}M_{Ca} \times 1000}{V_水} = \dfrac{0.0100 \times 2.50 \times 40 \times 1000}{100} mgCa/L = 10mgCa/L$

$Mg^{2+} = \dfrac{c_{EDTA}(V_{EDTA} - V'_{EDTA})M_{Mg} \times 1000}{V_水}$

$$= \frac{0.0100 \times (8.60 - 2.50) \times 24 \times 1000}{100} mgMg/L = 14.64 mgMg/L$$

（3）$HCO_3^- = \frac{120}{61} mmol/L = 1.97 mmol/L$

$$c\left(\frac{1}{2}Ca^{2+}\right) = \frac{10.00}{20} mmol/L = 0.50 mmol/L$$

$$c\left(\frac{1}{2}Mg^{2+}\right) = \frac{14.64}{12} mmol/L = 1.22 mmol/L$$

$$c\left(\frac{1}{2}Ca^{2+}\right) + c\left(\frac{1}{2}Mg^{2+}\right) = 1.72 mmol/L < c(HCO_3^-)$$

水样中只有碳酸盐硬度，无非碳酸盐硬度。

碳酸盐硬度 = 1.72mmol/L；负硬度 = （1.97 - 1.72）mmol/L = 0.25mmol/L。

【例 5-40】 某水样，取 100mL，在 pH = 10 下，以铬黑 T 为指示剂，用 0.0100mol/L 的 EDTA 滴定至终点，用去 20.00mL，另取水样 100mL，调节 pH = 12，加钙指示剂，用同浓度 EDTA 滴至终点用去 12.00mL，则该水样中 Mg^{2+} 含量为（Mg 原子量为 24.00）（   ）mg/L。

A. 48.00   B. 28.8   C. 19.2   D. 76.8

【答案】 C

【提示】 Mg^{2+}（mg/L）$= \frac{(20.00 - 12.00) \times 0.0100 \times 24.00 \times 1000}{100} mg/L = 19.2 mg/L$。

5.4 沉淀滴定法

5.4.1 莫尔法

以铬酸钾 K_2CrO_4 为指示剂的银量法称为莫尔法。

（1）莫尔法的原理：以 $AgNO_3$ 标准溶液为滴定剂，用 K_2CrO_4 为指示剂，测定水中 Cl^- 时，根据分步沉淀原理，首先生成沉淀的是 AgCl 沉淀，即 $Ag^+ + Cl^- \rightleftharpoons AgCl \downarrow$（白色）。

当达到计量点时，水中 Cl^- 已被全部滴定完毕，稍过量的 Ag^+ 便与 CrO_4^{2-} 生成砖红色 Ag_2CrO_4 沉淀，而指示滴定终点，即 $2Ag^+ + CrO_4^{2-} \rightleftharpoons Ag_2CrO_4 \downarrow$（砖红色）。

根据 $AgNO_3$ 标准溶液的浓度和用量，便可求得水中 Cl^- 的含量。

（2）滴定条件。

1）指示剂 K_2CrO_4 用量。

计量点时指示剂的理论用量：$[Ag^+][Cl^-] = K_{SP,AgCl} = 1.77 \times 10^{-10}$

$$[Ag^+]_{sp} = [Cl^-]_{sp} = \sqrt{K_{sp,(AgCl)}} = \sqrt{1.77 \times 10^{-10}} mol/L = 1.34 \times 10^{-5} mol/L$$

$$[Ag^+]^2[CrO_4^{2-}] = K_{sp,Ag_2CrO_4} = 1.1 \times 10^{-12}$$

$$[CrO_4^{2-}] = \frac{K_{sp,AgCrO_4}}{[Ag^+]^2} = \frac{1.1 \times 10^{-12}}{(1.34 \times 10^{-5})^2} mol/L = 6.1 \times 10^{-3} mol/L$$

理论上生成 Ag_2ArO_4 砖红色沉淀需 $[CrO_4^{2-}] = 6.1 \times 10^{-3} mol/L$。

实际上加入指示剂的量一般为 $[CrO_4^{2-}] = 5.0 \times 10^{-3} mol/L$ 为宜，比理论略低，以防止指示剂颜色太深，影响终点的观察。由此造成终点 $AgNO_3$ 标准溶液要稍多消耗一点，使测定结果偏高（+0.006% 正误差），可用蒸馏水做空白试验扣除（系统误差）。

莫尔法要求必须带空白以消除系统误差。

2）滴定应控制溶液的 pH 值：在中性或弱碱性溶液中，pH = 6.5 ~ 10.5。

$$2CrO_4^{2-} + 2H^+ \rightleftharpoons Cr_2O_7^{2-} + H_2O$$

当 pH 值偏低，pH < 6.5，平衡向右移动，$[CrO_4^{2-}]$ 减少，导致终点拖后使测定结果偏高，从而引起较大的正误差。当 pH 值增大，pH > 10.5，Ag^+ 将生成 Ag_2O 沉淀，使测定结果偏高。

说明：如有 NH_4^+ 存在，需控制 pH = 6.5 ~ 7.2，因碱性条件下 Ag^+ 与 NH_3 易形成 $Ag(NH_3)_2^+$ 配离子，使测定结果偏高。

$$NH_4^+ + OH^- \rightleftharpoons NH_3 \cdot H_2O$$

$$Ag^+ + 2NH_3 \rightleftharpoons [Ag(NH_3)_2]^+$$

若铵根离子大量存在，则先加入过量的碱，除去铵根离子，再用硝反酸化至所需浓度。

莫尔法测定中 pH 值偏低或偏高都能使测定结果偏高，产生正误差。

3）反应在室温下进行，滴定速度不能太快，同时，滴定时必须剧烈摇动，析出的 AgCl 会吸附溶液中过量的构晶离子 Cl^-，使溶液中 Cl^- 浓度降低，导致终点提前（负误差）。所以滴定时必须剧烈摇动滴定瓶，防止 Cl^- 被 AgCl 吸附。

4）应用：莫尔法只适用于 $AgNO_3$ 直接滴定 Cl^- 和 Br^-，而不适用于滴定 I^- 和 SCN^-，由于 AgI 和 AgSCN 沉淀更强烈地吸附 I^- 和 SCN^-，使终点变色不明显，误差较大。

莫尔法只能用于测定水中的 Cl^- 和 Br^- 的含量，但不能用 Cl^- 标准溶液直接滴定 Ag^+。

5）凡能与 Ag^+ 生成沉淀的阴离子（如 PO_4^{3-}、CO_3^{2-}、$C_2O_4^{2-}$、S^{2-}、SO_3^{2-}）；能与指示剂 CrO_4^{2-} 生成沉淀的阳离子（如 Ba^{2+}、Pb^{2+}）有色离子以及能发生水解的金属离子（如 Al^{3+}、Fe^{3+}、Bi^{3+}、Sn^{4+}）干扰测定。

【例 5-41】 Mohr 法适用的 pH 范围一般为 6.5 ~ 10.5，但应用于 NH_4Cl 中氯含量时，其适用 pH = 6.5 ~ 7.2，这主要是由于碱性稍强时，（   ）。

A. 易形成 Ag_2O 沉淀   B. 易形成 AgCl 配离子

C. 易形成 $Ag(NH_3)_2^+$ 配离子   D. Ag_2CrO_4 沉淀提早形成

【答案】 C

【提示】 在碱性溶液中，$NH_4^+ + OH^- \rightleftharpoons NH_3 + H_2O$

$$Ag^+ + 2NH_3 \rightleftharpoons Ag(NH_3)_2^+$$

【例 5-42】 莫尔法测定 Cl^-，所用标准溶液、pH 条件和选择的指示剂是（   ）。

A. $AgNO_3$，碱性，K_2CrO_4 B. $AgNO_3$，碱性，$K_2Cr_2O_7$

C. $AgNO_3$，中性弱碱性，K_2CrO_4 D. KSCN，酸性，K_2CrO_4

【答案】 C

【分析】 莫尔法是以 $AgNO_3$ 标准溶液为滴定剂，用 K_2CrO_4 为指示剂，测定水中 Cl^- 时，根据分步沉淀原理，首先生成沉淀的是 AgCl 白色沉淀，当达到计量点时，水中 Cl^- 已被全部滴定完毕，稍过量的 Ag^+ 便与 CrO_4^{2-} 生成砖红色 $AgCrO_4$ 沉淀，而指示滴定终点。根据 $AgNO_3$ 标准溶液的浓度和用量，便可求得水中 Cl^- 的含量，且为了减少测定的误差，需要控制在中性或弱碱性溶液中进行。

【例 5-43】 在 pH = 4 的介质中，莫尔法滴定 Cl^- 时，所得分析结果（　　）。

A. 偏高　　　　　　B. 偏低　　　　　　C. 不影响　　　　　　D. 无法确定

【答案】 A

【分析】 莫尔法要求在中性或弱酸性范围内滴定，即 pH = 6.5 ~ 10.5，若酸性偏强，发生反应：$2CrO_4^{2-} + 2H^+ \Longrightarrow Cr_2O_7^{2-} + H_2O$，指示剂减少，计量点时须加过量 $AgNO_3$ 才能出现 $AgCrO_4$ 沉淀，由此使终点拖后，产生正误差，测定结果偏高。

5.4.2 莫尔法测定水中氯离子

1. 测定方法

（1）取一定量水样加入少许 K_2CrO_4 指示剂，用 $AgNO_3$ 标准溶液滴定至砖红色出现，记下消耗的 $AgNO_3$ 体积。

（2）取同体积空白水样（不含 Cl^- 的蒸馏水），加入少许 $CaCO_3$ 粉末作为陪衬，加入少许 K_2CrO_4 指示剂，用 AgN_3 标准溶液滴至砖红色，消耗 $AgNO_3$ 体积为 V。

> 说明：①因水样滴定中产生 AgCl 白色沉淀，空白水样加入 $CaCO_3$ 的目的是减少空白与水样终点的颜色差异，减少误差。
>
> ②要用基准物质 NaCl 配制标准溶液，标定 $AgNO_3$ 溶液的准确浓度。

2. 计算

$$氯离子(Cl^-, mg/L) = \frac{c_{AgNO_3}(V - V_0) \times 35.45 \times 1000}{V_水} \tag{5-17}$$

式中　V——水样消耗 $AgNO_3$ 标准溶液量（mL）；

　　　V_0——空白样消耗 $AgNO_3$ 标准溶液量（mL）；

　　　$V_水$——水样体积（mL）。

5.5　氧化还原滴定法

5.5.1　氧化还原反应原理

1. 氧化还原反应与电极电位

在氧化还原滴定反应中，存在着两个电对。可以用能斯特方程来计算各电对的电极电位。

电极反应

$$Ox + ne \Longrightarrow Red \tag{5-18}$$

25℃，电极电位的能斯特方程为：

$$\varphi_{Ox/Red} = \varphi_{Ox/Red}^\ominus + \frac{0.059}{n} \lg \frac{a_{ax}}{a_{Red}} \tag{5-19}$$

（1）标准电极电位 $\varphi_{Ox/Red}^\ominus$：在 25℃，氧化态和还原态的活度 a 均为 1mol/L 时的电极电位。

标准电极电位只与电对本性和温度有关。

但在实际应用时，存在着两个问题：

1）活度未知：$\alpha_{Ox} = \gamma_{Ox}[Ox]$，$\alpha_{Red} = \gamma_{Red}[Red]$，$\gamma$ 为活度系数，与溶液离子强度有关。$[Ox]$、$[Red]$ 分别为氧化态和还原态的平衡浓度。

2）离子在溶液中可能发生络合、沉淀等副反应。

副反应系数：$\alpha_{Ox} = \dfrac{c_{Ox}}{[Ox]}$ $\alpha_{Red} = \dfrac{c_{Red}}{[Red]}$

其中，c_{Ox}、c_{Red}分别为氧化态和还原态的总浓度。

考虑离子强度及副反应的影响，能斯特公式为

$$\varphi_{Ox/Red} = \varphi_{Ox/Red}^{\ominus} + \frac{0.059}{n}\lg\frac{\gamma_{Ox}\alpha_{Red}}{\gamma_{Red}\alpha_{Ox}} + \frac{0.059}{n}\lg\frac{c_{Ox}}{c_{Red}}$$

$$= \varphi_{Ox/Red}^{\ominus\,\prime} + \frac{0.059}{n}\lg\frac{c_{Ox}}{c_{Red}}$$

$$\varphi_{Ox/Red}^{\ominus\,\prime} = \varphi^{\ominus} + \frac{0.059}{n}\lg\frac{\gamma_{Ox}\alpha_{Red}}{\gamma_{Red}\alpha_{Ox}}$$

（2）条件电极电位：在特定的条件下，氧化态和还原态的总浓度 $c_{Ox} = c_{Red} = 1\text{mol/L}$ 时的实际电极电位。以 $\varphi^{\ominus\prime}$ 表示。条件电极电位除了与电对本性、温度有关外，还与介质条件有关。

（3）外界条件对电极电位的影响。外界条件对电极电位的影响主要表现在：

1）温度。

2）离子强度。

3）有 H^+（或 OH^-）参与反应时，pH 对条件电极电位有影响。

4）配位、沉淀等副反应使有效浓度降低。电对的氧化态（c_{Ox}）生成沉淀（或配合物）时，电极电位降低；还原态（c_{Red}）生成沉淀（或配合物）时，电极电位增加。

【例5-44】 曝气法除铁的反应为

$$4Fe(HCO_3)_2 + O_2 + H_2O \Longrightarrow 4Fe(OH)_3\downarrow + 8CO_2\uparrow$$

$$\varphi^{\ominus}(O_2/OH^-) = 0.40V < \varphi^{\ominus}(Fe^{3+}/Fe^{2+}) = 0.77V$$

根据 $\varphi^{\ominus\prime}$ 理论上反应不能正向进行，但由于 $Fe(OH)_3$ 沉淀的生成，实际上

$$\varphi^{\ominus}[Fe(OH)_3/Fe^{2+}] = -1.5V$$

$\varphi^{\ominus}(O_2/OH^-) > \varphi^{\ominus}[Fe(OH)_3/Fe^{2+}]$，上述反应能够正向进行，这就是曝气法除铁的原理。

2. 氧化还原反应进行的程度

氧化还原反应的平衡常数 $n_2Ox_1 + n_1Red_2 = n_2Red_1 + n_1Ox_2$

$$\lg K' = \frac{(\varphi_1^{\ominus\prime} - \varphi_2^{\ominus})n_1n_2}{0.059} = \frac{(\varphi_1^{\ominus\prime} - \varphi_2^{\ominus})n}{0.059}, \quad n = n_1 \times n_2$$

可见两电对的条件电极电位极差越大，平衡常数 K' 越大，反应越完全。

当 $\lg K' \geq 6$，反应完全程度达99.9%。

①对于 $n_1 = n_2 = 1$ 反应则要求 $\varphi_1^{\ominus\prime} - \varphi_2^{\ominus\prime} \geq 0.36 \approx 0.4V$。

②对于 $n_1 \neq n_2$ 的反应，则要求

$$\lg K' \geq 3(n_1 + n_2) \quad \text{或} \quad \varphi_1^{\ominus\prime} - \varphi_2^{\ominus\prime} \geq 3(n_1 + n_2) \times \frac{0.059}{n_1 \times n_2}$$

【例5-45】 氧化还原反应，两电对电子转移数 $n_1 = n_2 = 1$，为使反应完全程度达到99.9%，则两电对的电极电位差至少应大于（　　）。

A. 0.09V   B. 0.18V   C. 0.27V   D. 0.36V

【答案】 D

【分析】 当 $n_1 = n_2 = 1$，要求 $\varphi_1^{\ominus\prime} - \varphi_2^{\ominus\prime} \geqslant 0.36V$，达到 $\lg K' \geqslant 6$，反应完全程度达到 99.9%。

3. 氧化还原反应进行的速度及影响因素

影响反应速度的主要因素有：

（1）反应物浓度：增加反应物浓度可以加速反应的进行。

（2）催化剂：改变反应过程，降低反应的活化能，加快反应速度。

（3）温度：通常，温度每升高 10℃，反应速度可提高 2 ~ 3 倍。

注意：有些反应不能通过加热加快反应速率，如用 $K_2Cr_2O_7$ 标定 $Na_2S_2O_3$，由于 I_2 易挥发，故不能通过加热提高反应速度，而只能通过提高酸度；又如还原性离子如 Fe^{2+}，Sn^{2+} 加热易被空气氧化，如 $K_2Cr_2O_7$ 标定 $(NH_4)_2Fe(SO_4)_2$。

在高锰酸钾法滴定中，$5C_2O_4^{2-} + 2MnO_4^- + 16H^+ \xrightarrow{70 \sim 85℃} 2Mn^{2+} + 10CO_2\uparrow + 8H_2O$

1）反应需要在 70 ~ 85℃ 下进行，以提高反应速度。但温度大于 85℃，草酸将分解。

2）在反应开始时速度较慢，随反应的进行速度加快。如 $KMnO_4$ 滴定 $C_2O_4^{2-}$，开始粉红色消失缓慢，但随反应的进行，粉红色消失加快。其原因在于反应生成的 Mn^{2+} 起催化剂作用，该反应为自动催化反应。

3）自动催化：反应产物本身所引起的催化作用。

4）诱导反应：由于一种氧化还原反应的发生而促进另一氧化还原反应进行的现象，称为诱导作用，反应称为诱导反应。如：

诱导反应：$MnO_4^- + 5Fe^{2+} + 8H^+ \Longrightarrow Mn^{2+} + 5Fe^{3+} + 4H_2O$

受诱反应：$MnO_4^- + 10Cl^- + 16H^+ \Longrightarrow 2Mn^{2+} + 5Cl_2 + 8H_2O$

故在盐酸介质中滴定 Fe^{2+}，由于 MnO_4^- 氧化 Cl^-，可产生较大的正误差（消耗较多的 $KMnO_4$）。可加入 $MnSO_4 - H_3PO_4 - H_2SO_4$ 混合液，防止副反应发生。

【例 5-46】在酸性介质中，用 $KMnO_4$ 溶液滴定草酸盐时，滴定速度应控制（　　）。

A. 像酸碱滴定那样快速进行　　　　　　B. 开始是缓慢进行，以后逐渐加快

C. 始终缓慢进行　　　　　　　　　　　D. 开始时快，然后缓慢

【答案】 B

【分析】 刚开始产物比较少，自动催化不明显，反应速度比较慢，但随着反应的进行，产物增多，自动催化作用明显，反应速度加快，滴定速度可以逐渐加快。

【例 5-47】 用 $H_2C_2O_4 \cdot 2H_2O$ 标定 $KMnO_4$ 溶液时，溶液的温度一般不超过（　　）。

A. 60℃　　　　　　B. 75℃　　　　　　C. 40℃　　　　　　D. 85℃

【答案】 D

【分析】 为了加快反应速度，同时又防止草酸分解，温度控制在 70 ~ 85℃。

【例 5-48】 电极电位对判断氧化还原反应的性质很有用，但它不能判断（　　）。

A. 氧化还原反应的完全程度　　　　　　B. 氧化还原反应速率

C. 氧化还原反应的方向　　　　　　　　D. 氧化还原能力的大小

【答案】 B

【分析】 电极电位大小反映了氧化态和还原态物质得失电子的能力，同时可以利用两个电对电极电位判断反应的方向、反应进行的程度，但不能判断反应进行的速度。

【例 5-49】 $KMnO_4$ 滴定 Fe^{2+} 时，采用 $H_2SO_4 - H_3PO_4$ 介质，其中加入 H_3PO_4 的主要作用是（　　）。

A. 增大溶液酸度   B. 增大滴定的突跃范围

C. 保护 Fe^{2+} 不被空气氧化   D. 可以形成缓冲溶液

【答案】 B

【提示】 H_3PO_4 可以一方面降低 Fe^{3+}/Fe^{2+} 电对的电位，增大滴定突跃范围，另外还可以与 Fe^{3+} 形成无色络合物，消除 Fe^{3+} 的黄色干扰。

5.5.2 氧化还原滴定

1. 氧化还原指示剂

（1）自身指示剂：由于本身的颜色变化起着指示剂的作用，所以被称为自身指示剂。例如，高锰酸钾法，$KMnO_4$ 的浓度约为 2×10^{-6} mol/L 时，就可以看到溶液呈粉红色以判断终点，无须再加其他指示剂。

（2）专属指示剂：有些物质本身并不具有氧化还原性质，但它能与氧化剂或还原剂产生特殊颜色，因而可指示滴定终点。这类特殊物质称为专属指示剂。例如淀粉指示剂，是碘量法的专属指示剂，淀粉可检出 1×10^{-5} mol/L 碘溶液显蓝色。

（3）氧化还原指示剂。

1）氧化还原指示剂的变色原理：本身是氧化剂或还原剂，其氧化态和还原态具有不同的颜色。在计量点前后，由氧化态变为还原态或由还原态变为氧化态而发生颜色突变指示终点。

例如，试亚铁灵指示剂

$$Fe(phen)_3^{2+}（红色）\longrightarrow Fe(phen)_3^{3+}（蓝色）$$
$$\qquad 还原态 \qquad\qquad\qquad\qquad 氧化态$$

2）氧化还原指示剂的理论变色电位及变色范围。

$$In_{Ox} + ne \Longrightarrow In_{Red}$$

$$\varphi_{In,Ox/In,Red} = \varphi_{In,Ox/In,Red}^{\ominus\prime} + \frac{0.059}{n}\lg\frac{c_{In,Ox}}{c_{In,Red}}$$

指示剂的理论变色电位：$\qquad \varphi_{In,Ox/In,Red} = \varphi_{In,Ox/In,Red}^{\ominus\prime}$

指示剂的理论变色范围：$\qquad \varphi_{In,Ox/In,Red}^{\ominus\prime} \pm \frac{0.059}{n}$

3）选择氧化还原指示剂原则：指示剂的变色电位应在滴定的电位突跃范围内，且应尽量使指示剂的变色电位与计量点电位一致或接近。

2. 氧化还原滴定曲线

氧化还原滴定过程，随着滴定剂的加入，氧化态和还原态的浓度逐渐改变，两个电对的电极电位不断发生变化，化学计量点附近有一电位的突跃。以滴定剂的体积为横坐标，电对的电极电位为纵坐标绘制氧化还原滴定曲线。

滴定过程中存在着两个电对：滴定剂电对和被滴定物电对。滴定在等当点前，常用被滴定物电对进行计算；滴定在等当点后，常用滴定剂电对进行计算。

在 1.0mol/L 硫酸溶液中，用 0.1000mol/L $Ce(SO_4)_2$ 溶液滴定 0.1000mol/L Fe^{2+} 溶液的滴定曲线及指示剂的选择。

两电对

$$Fe^{2+} - e \Longrightarrow Fe^{3+}$$

$$\varphi_{Fe^{3+}/Fe^{2+}} = \varphi_{Fe^{3+}/Fe^{2+}}^{\ominus\prime} + 0.059\lg\frac{c_{Fe^{3+}}}{c_{Fe^{2+}}}; \quad \varphi_{Fe^{3+}/Fe^{2+}}^{\ominus\prime} = 0.68V$$

$$Ce^{4+} + e \Longrightarrow Ce^{3+}$$

$$\varphi_{Ce^{4+}/Ce^{3+}} = \varphi_{Ce^{4+}/Ce^{3+}}^{\ominus\prime} + 0.059\lg\frac{c_{Ce^{4+}}}{c_{Ce^{3+}}}; \quad \varphi_{Ce^{4+}/Ce^{3+}}^{\ominus\prime} = 1.44V$$

滴定反应

$$Ce^{4+} + Fe^{2+} \Longrightarrow Ce^{3+} + Fe^{3+}$$

化学计量点前：由于 Ce^{4+} 量很少。常用被滴定物电对 Fe^{3+}/Fe^{2+} 进行计算，当有 99.9% Fe^{2+} 被滴定时 （-0.1% 误差）

$$\varphi_{Fe^{3+}/Fe^{2+}} = \varphi_{Fe^{3+}/Fe^{2+}}^{\ominus\prime} + 0.059\lg\frac{c_{Fe^{3+}}}{c_{Fe^{2+}}} = 0.68 + 0.059\lg\frac{99.9}{0.1} = 0.86V$$

化学计量点

$$\varphi_{sp} = \varphi_{Ce^{4+}/Ce^{3+}}^{\ominus\prime} + \frac{0.059}{n_1}\lg\frac{c_{Ce^{4+}}}{c_{Ce^{3+}}} = \varphi_{Fe^{3+}/Fe^{2+}}^{\ominus\prime} + \frac{0.059}{n_2}\lg\frac{c_{Fe^{3+}}}{c_{Fe^{2+}}}$$

$$n_1\varphi_{sp} = n_1\varphi_{Ce^{4+}/Ce^{3+}}^{\ominus\prime} + 0.059\lg\frac{c_{Ce^{4+}}}{c_{Ce^{3+}}}$$

$$n_2\varphi_{sp} = n_2\varphi_{Fe^{3+}/Fe^{2+}}^{\ominus\prime} + 0.059\lg\frac{c_{Fe^{3+}}}{c_{Fe^{2+}}}$$

$$(n_1 + n_2)\varphi_{sp} = n_1\varphi_{Ce^{4+}/Ce^{3+}}^{\ominus\prime} + n_2\varphi_{Fe^{3+}/Fe^{2+}}^{\ominus\prime} + 0.059\lg\frac{c_{Ce^{4+}} \cdot c_{Fe^{3+}}}{c_{Ce^{3+}} \cdot c_{Fe^{2+}}}$$

计量点时

$$c_{Fe^{3+}sp} = c_{Ce^{3+}sp}; \quad c_{Ce^{4+}sp} = c_{Fe^{2+}sp}$$

对于可逆、对称的反应，化学计量点时的溶液电位通式

$$(n_1 + n_2)\varphi_{sp} = n_1\varphi_1^{\ominus\prime} + n_2\varphi_2^{\ominus\prime}$$

$$\varphi_{sp} = \frac{n_1\varphi_1^{\ominus\prime} + n_2\varphi_2^{\ominus\prime}}{n_1 + n_2}$$

当 $n_1 = n_2$，化学计量点电位

$$\varphi_{sp} = (\varphi_1 + \varphi_2)/2 = (0.68 + 1.44)/2 = 2.12/2 = 1.06V$$

化学计量点后：$c_{Fe^{2+}}$ 很小，计量点后，常用滴定剂电对 Ce^{4+}/Ce^{3+} 进行计算，当 Ce^{4+} 当过量 0.1% 时，$\varphi_{Ce^{4+}/Ce^{3+}} = \varphi_{Ce^{4+}/Ce^{3+}}^{\ominus\prime} + 0.059\lg\frac{c_{Ce^{4+}}}{c_{Ce^{3+}}} = 1.44 + 0.059\lg\frac{0.1}{100} = 1.26V$。

可见滴定突跃为：$\Delta\varphi = 0.86 \sim 1.26V$，计量点 $\varphi_{sp} = 1.06V$。

氧化还原滴定曲线的滴定突跃大小与两电对的条件电极电位（或标准电极电位）及得失电子数有关，而与氧化还原剂起始浓度无关。

3. 说明

（1）两电对条件电极电位相差越大，滴定突跃越大。

（2）当 $n_1 = n_2$，则 φ_{sp} 正好位于突跃范围的中点，$\varphi_{sp} = \dfrac{\varphi'_1 + \varphi'_2}{2}$；若 $n_1 \neq n_2$ 则 φ_{sp} 不处于滴定突跃的中点，而靠近 n 值较大电对一方。

（3）选择氧化还原指示剂时应使指示剂的变色电位在滴定的电位突跃范围内，且应尽量使指示剂的变色电位（$\varphi_{In}^{\ominus}{}'$）与计量点电位（$\varphi_{sp}$）一致或接近。

【例 5-50】 下述两种情况的滴定突跃是（　　　）。

（1）用 0.1000mol/L 的 Ce（SO_4）$_2$ 溶液滴定 0.1000mol/L $FeSO_4$ 溶液

（2）用 0.0100mol/L 的 Ce（SO_4）$_2$ 溶液滴定 0.0100mol/L $FeSO_4$ 溶液

A. 一样大　　　　B.（1）＞（2）　　　　C.（2）＞（1）　　　　D. 无法判断

【答案】 A

【分析】 氧化还原滴定的滴定突跃范围与两电对条件电极电位及得失电子数有关，而与氧化还原剂起始浓度无关。

【例 5-51】 氧化还原滴定的主要依据是（　　　）。

A. 滴定过程中氢离子浓度发生变化　　　　B. 滴定过程中金属离子浓度发生变化

C. 滴定过程中电极电位发生变化　　　　D. 滴定过程中有络合物生成

【答案】 C

【分析】 氧化还原滴定中，随着滴定剂的加入，电对的电极电位在不断变化，根据计量点附近电极电位的突变，选择指示剂指示滴定终点。

【例 5-52】 已知在 1mol/L H_2SO_4 溶液中，$E_{MnO_4^-/Mn^{2+}}^{\ominus} = 1.45V$，$E_{Fe^{3+}/Fe^{2+}}^{\ominus} = 0.68V$，在此条件下用 $KMnO_4$ 标准溶液滴定 Fe^{2+}，其化学计量点时电位值是（　　　）。

A. 0.77V　　　　B. 1.06V　　　　C. 1.32V　　　　D. 1.45V

【答案】 C

【分析】 化学计量点的电极电位

$$\varphi_{eg} = \frac{n_1 \varphi_1^{\ominus} + n_2 \varphi_2^{\ominus}}{n_1 + n_2}$$

$$MnO_4^- + 8H^+ + 5e^- \xrightarrow{\quad\quad} Mn^{2+} + 4H_2O$$

$$Fe^{3+} + e^- \xrightarrow{\quad\quad} Fe^{2+}$$

$$\varphi_{eg} = \frac{5 \times 1.45 + 0.68}{5 + 1}V$$

$$= 1.32V$$

【例 5-53】 滴定曲线对称且其滴定突跃大小与反应物浓度无关的反应为（　　　）。

A. $Ce^{4+} + Fe^{2+} = Ce^{3+} + Fe^{3+}$

B. $Sn^{2+} + 2Fe^{3+} = Sn^{4+} + 2Fe^{2+}$

C. $MnO_4^- + 5Fe^{2+} + 8H^+ = Mn^{2+} + 5Fe^{3+} + 4H_2O$

D. $I_2 + S_2O_3^{2-} = 2I^- + S_4O_6^{2-}$

【答案】 A

【分析】 氧化还原滴定突跃的大小与电极电位和得失电子数有关，而与反应物浓度无关，当两个点对得失电子数相同时，计量点在突跃范围的中点。只有选项 A 反应 $n_1 = n_2 = 1$。

5.5.3 高锰酸钾法

以高锰酸钾 $KMnO_4$ 作滴定剂的滴定方法。

1. 高锰酸钾的强氧化性

高锰酸钾化学式 $KMnO_4$，暗紫色菱柱状闪光晶体，易溶于水，它的水溶液具有强的氧化性，遇还原剂时反应产物视溶液的酸碱性而有差异。

（1）在强酸溶液中。

$$MnO_4^- + 8H^+ + 5e^- = Mn^{2+} + 4H_2O \qquad \varphi_{MnO_4^-/Mn^{2+}}^{\ominus} = 1.51V$$

（2）在弱酸性、中性或弱碱性溶液中。

$$MnO_4^- + 2H_2O + 3e^- = MnO_2 + 4OH^- \qquad \varphi_{MnO_4^-/MnO_2}^{\ominus} = 0.588V$$

（3）在大于 $2mol/L$ 的强碱性溶液中。

$$MnO_4^- + e^- = MnO_4^{2-} \qquad \varphi_{MnO_4^-/MnO_4^{2-}}^{\ominus} = 0.564V$$

高锰酸钾的氧化能力在酸性溶液中比在碱性溶液中大，但反应速度则在碱性溶液中比在酸性溶液中快。强碱性溶液中这一反应，常用于测定有机物，如甲酸、甲醇、甲醛、苯酚、甘油、酒石酸、柠檬酸、柠檬酸和葡萄糖等，这些有机物一般被氧化成 CO_2。

2. 高锰酸钾法特点

（1）优点：

1）氧化能力很强，可直接滴定还原性物质，如 Fe^{2+}、$C_2O_4^{2-}$、H_2O_2、ANO_2^- 等。

2）可作自身指示剂，利用自身粉红色的生成与消失确定终点。

（2）缺点：

1）强氧化性，导致干扰物质多，选择性较差；

2）高锰酸钾溶液稳定性差，因此，高锰酸钾标准溶液保存需要放在避光、低温及棕色瓶中，防止高锰酸钾的分解，最好现用现配，使用前用 $Na_2C_2O_4$ 或 $H_2C_2O_4$ 标定其准确浓度。

3. 高锰酸盐指数的测定

高锰酸盐指数：是指在一定条件下，每升水中还原性物质被高锰酸钾氧化所消耗的高锰酸钾的量，以氧的"$O_2 mg/L$"表示（常以 OC 或 COD_{Mn} 表示）。

高锰酸钾指数的测定可采用酸性高锰酸钾法和碱性高锰酸钾法。

（1）酸性高锰酸钾法。

1）一定量水样，加入过量 $KMnO_4$ 标准溶液（V_1，mL）和一定量浓 H_2SO_4，加热一定时间（沸水浴加热 30min；电炉沸腾煮 10min），使 $KMnO_4$ 与有机物充分反应。

$$4MnO_4^- + 5C + 12H^+ = 4Mn^{2+} + 5CO_2 \uparrow + 6H_2O$$

2）再加入过量的 $Na_2C_2O_4$ 标准溶液（V_2，mL）还原剩余的 $KMnO_4$，紫红色消失。

3）最后再用 $KMnO_4$ 标准溶液回滴剩余的 $Na_2C_2O_4$，滴定至粉红色。在 $0.5 \sim 1min$ 内不消失为止，消耗 $KMnO_4$ 标准溶液（V'_1，mL）。

$$5C_2O_4^{2-} + 2MnO_4^- + 16H^+ \xrightarrow{70 \sim 85℃} 2Mn^{2+} + 10CO_2 \uparrow + 8H_2O$$

4）计算公式为

$$高锰酸盐指数(O_2 mg/L) = \frac{[(V_1 + V'_1)c_1 - V_2 c_2] \times 8 \times 1000}{V_水 (mL)}$$

式中　8——$\dfrac{1}{4}O_2$（g/mol）；

　　　c_1——$\dfrac{1}{5}KMnO_4$ 浓度（mol/L）；

　　　c_2——$\dfrac{1}{2}Na_2C_2O_4$ 浓度（mol/L）。

注意：$c\left(\dfrac{1}{5}KMnO_4\right)=5c(KMnO_4)$

　　　$c\left(\dfrac{1}{2}Na_2C_2O_4\right)=5c(Na_2C_2O_4)$

（2）酸性高锰酸钾法测定中应注意事项。

1）酸性高锰酸钾法测定中应严格控制反应的条件。

沸水浴 100℃加热 30min；加过量 $KMnO_4$；滴定反应控制温度 80℃左右；Mn^{2+} 起催化剂的作用，自动催化。

2）水样中 Cl^- 的浓度大于 300mg/L 时，发生诱导反应，使测定结果偏高。

$$2MnO_4^- + 10Cl^- + 16H^+ \longrightarrow 2Mn^{2+} + 5Cl_2 + 8H_2O$$

防止 Cl^- 干扰的方法：①可加 Ag_2SO_4 生成 $AgCl$ 沉淀，沉淀掩蔽 Cl^- 后再行测定；②加蒸馏水稀释，降低 Cl^- 浓度后再行测定；③改用碱性高锰酸钾法测定。

（3）碱性高锰酸钾法。在碱性条件下反应，可加快 $KMnO_4$ 与水中有机物（含还原性无机物）的反应速度，且由于在此条件下 $\varphi_{MnO_4^-}^{\ominus}(0.588V)<\varphi_{Cl_2/Cl^-}^{\ominus}(1.395V)$，$Cl^-$ 的含量较高，也不干扰测定。水样在碱性溶液中，加入一定量 $KMnO_4$ 与水中的有机物和某些还原性无机物反应完全，以后同酸性高锰酸钾法。高锰酸盐指数的测定方法只用于较清洁的水样。

碱性高锰酸钾法的特点是反应速度快，且不受氯离子干扰，可用于测定一些简单有机物。

【例 5-54】　高锰酸钾法在测定以下哪些物质时要选择在碱性介质中进行？（　　）

A. 有机物质　　　　　B. 无机盐　　　　　C. 矿物质　　　　　D. 强还原性物质

【答案】　A

【提示】　高锰酸钾氧化性在强碱性介质中氧化速度较快，经常用来氧化一些简单的有机物。

【例 5-55】　采用酸性高锰酸钾滴定法测定耗氧量时，酸度只能用（　　）来维持。

A. 盐酸　　　　　　　B. 硝酸　　　　　　　C. 硫酸　　　　　　　D. 磷酸

【答案】　C

【提示】　酸性高锰酸钾滴定法要求在强硫酸介质中进行。

【例 5-56】　关于高锰酸钾标定的说法，错误的是（　　）。

A. 用草酸钠作基准物质

B. 为防止高锰酸钾分解，溶液要保持室温

C. 滴入第一滴时反应较慢，需充分摇动等颜色褪去

D. 无须另外加入指示剂

【答案】 B

【分析】 高锰酸钾溶液稳定性差，因此，高锰酸钾标准溶液保存需要避光、低温并放在棕色瓶中，因此选项 B 是错误的；为了防止高锰酸钾的分解，最好现用现配，并用草酸钠作为基准物质进行标定准确浓度，因此选项 A 正确；高锰酸钾溶液滴定反应，在反应开始时速度较慢，需充分摇动等红色褪去，但随反应的进行，粉红色消失加快。其原因在于反应生成的 Mn^{2+} 起催化剂作用，所以选项 C 正确；高锰酸钾是自身指示剂，可以利用自身的颜色变化指示终点，不需要外加指示剂，因此选项 D 正确。

5.5.4 重铬酸钾法

1. 重铬酸钾法

以重铬酸钾 $K_2Cr_2O_7$ 为滴定剂的滴定方法叫作重铬酸钾法。

$K_2Cr_2O_7$ 是一种强氧化剂。在酸性溶液中，$K_2Cr_2O_7$ 与还原性物质作用时，CrO_7^{2-} 获得 6mol 电子而被还原为 Cr^{3+}，半反应式为

$$Cr_2O_7^{2-} + 14H + 6e^- \rule[0.5ex]{2em}{0.4pt} 2Cr^{3+} + 7H_2O, \quad \varphi^{\ominus}_{Cr_2O_7^{2-}/Cr^{3+}} = 1.33V$$

重铬酸钾 $K_2Cr_2O_7$，橙红色晶体，溶于水。它的主要特点是：

（1）$K_2Cr_2O_7$ 固体或试剂易纯制并且很稳定，可作基准物质，在 120℃ 干燥 2~4h，可直接配制标准溶液，而不需标定。

（2）$K_2Cr_2O_7$ 标准溶液非常稳定，只要保存在密闭容器中，浓度可长期保持不变。

（3）滴定反应速度较快，通常可在常温下滴定，一般不需要加入催化剂。

（4）需外加指示剂，不能根据自身颜色的变化来确定滴定终点。常用二苯胺磺酸钠或试亚铁灵作指示剂。

2. 化学需氧量的测定

（1）化学需氧量（COD）。在一定条件下，每升水中还原性物质被 $K_2Cr_2O_7$ 氧化所消耗的 $K_2Cr_2O_7$ 的总量，以 "mgO_2/L" 表示。COD 是水体中有机物污染综合指标之一。

（2）COD 测定方法（回流法）：向一定体积水样中加入过量重铬酸钾标准溶液，一定量浓 H_2SO_4 和 Ag_2SO_4 催化剂，加热回流 2h，使 $K_2Cr_2O_7$ 和有机物充分氧化冷却后，用水稀释，以试亚铁灵为指示剂，用 $[(NH_4)_2Fe(SO_4)_2]$ 硫酸亚铁铵标准溶液回滴剩余的重铬酸钾，终点至由橙黄色最终变为棕红色即为终点。同时取蒸馏水做空白试验。反应式如下：

$$2Cr_2O_7^{2-} + 3C + 16H^+ \rule[0.5ex]{2em}{0.4pt} 4Cr^{3+} + 3CO_2 \uparrow + 7H_2O$$

$$Fe^{2+} + Cr_2O_7^{2-} + 14H^+ \rule[0.5ex]{2em}{0.4pt} Fe^{3+} + 2Cr^3 + 7H_2O$$

$$COD(mgO_2/L) = \frac{(V_0 - V_1) \times c \times 8 \times 1000}{V_{水}} \tag{5-20}$$

式中 V_0——空白试验消耗 $(NH_4)_2Fe(SO_4)_2$ 标准溶液的量（mL）；

V_1——滴定水样时消耗 $(NH_4)_2Fe(SO_4)_2$ 标准溶液的量（mL）；

c——硫酸亚铁铵标准溶液的浓度 $[(NH_4)_2Fe(SO_4)_2, mol/L]$；

8——氧的摩尔质量 $\left(\frac{1}{4}O_2, g/mol\right)$；

$V_{水}$——水样的量（mL）。

应该指出，在滴定过程中，所用 $K_2Cr_2O_7$ 标准溶液的浓度是 $c\left(\frac{1}{6}K_2Cr_2O_7\right), mol/L$。

回流法测定中应注意的事项：

1）水样中有 Cl^- 干扰测定，可加入 $HgSO_4$，使 Hg^{2+} 与 Cl^- 生成可溶性络合物 $[HgCl_4]^{2-}$ 而消除干扰络合掩蔽。

2）为了保证有机物的充分氧化，加热回流后 $K_2Cr_2O_7$ 的剩余量应为原加量的 1/2 ~ 4/5，浓 H_2SO_4 的用量是水样和 $K_2Cr_2O_7$ 溶液的体积之和。

3）加 $AgSO_4$ 作催化剂，加快反应速度。

4）加热回流后，溶液呈强酸性，应加蒸馏水稀释，否则酸性太强，指示剂失去作用。

5）加热回流后，溶液应呈橙黄色（若显绿色，说明加入的 $K_2Cr_2O_7$ 量不足，应补加），以试亚铁灵为指示剂，终点由橙黄色经蓝绿色逐渐变为蓝色后，立即转为棕红色即达终点。

6）同时应取蒸馏水做空白试验，以消除试剂和蒸馏水中还原性物质的干扰所引起的系统误差。

7）回流法缺点：水样和试剂消耗大，成本高，环境污染严重。

（3）密闭法。

取少量水样于消化管中，加入消化液和催化液，消化管置于 COD 消解炉，在150℃恒温消化 2h 后冷却至室温，加蒸馏水稀释滴定，滴定原理同回流法。

密闭法说明：

1）密闭法所用水样和试剂比回流法少，约为回流法十分之一，成本低，环境污染少，简单快捷。

2）消化液：含 $HgSO_4$ 和浓 H_2SO_4 的 $K_2Cr_2O_7$ 标准溶液。

3）催化液：含 $AgSO_4$ 和浓 H_2SO_4 溶液。

【例5-57】 COD 的测定方法是属于 （　　）。

A. 直接滴定法　　　　B. 间接滴定法　　　　C. 返滴定法　　　　D. 置换滴定法

【答案】 C

【提示】 测定 COD 时，先加入过量的重铬酸钾氧化有机物，然后用硫酸亚铁铵标准溶液返滴定，属于返滴定法。

【例5-58】 在测定化学需氧量时，加入硫酸汞的目的是去除 （　　）物质的干扰。

A. 亚硝酸盐　　　　B. 亚铁盐　　　　C. 硫离子　　　　D. 氯离子

【答案】 D

【提示】 水样中有 Cl^- 干扰反应：$Cr_2O_7^{2-} + 6Cl^- + 14H^+ \rightleftharpoons 2Cr^{3+} + 3Cl_2\uparrow + 7H_2O$。通过加入 $HgSO_4$，Hg^{2+} 与 Cl^- 生成可溶性络合物而消除干扰。

5.5.5 碘量法

$$I_2 + 2e^- \rightleftharpoons 2I^-, \quad \varphi^\ominus (I_2/I^-) = 0.536V$$

1. 直接碘量法

利用 I_2 标准溶液，直接滴定 S^{2-}、As^{3+}、SO_3^{2-}、Sn^{2+} 等还原性物质。由于 I_2 是较弱的氧化剂，只能测定少数还原性较强的物质，所以直接碘量法的应用受到限制。

2. 间接碘量法

由于 I^- 是较强的还原剂，一般说的碘量法通常指间接碘量法。在酸性条件下，水中氧化性物质与 KI 作用，定量释放出 I_2，溶液为红棕色（生成的 I_2 越多，溶液颜色越深），以

$Na_2S_2O_3$ 为标准溶液进行滴定，滴至溶液为淡黄色时，滴加淀粉指示剂，溶液呈深蓝色，继续用 $Na_2S_2O_3$ 标准溶液滴至蓝色消失，利用 $Na_2S_2O_3$ 标准溶液消耗量求出氧化性物质的量。

反应：$[氧化性物质] + 2I^- \Longrightarrow 2I_2$，$I_2 + 2S_2O_3^{2-} \Longrightarrow 2I^- + S_4O_6^{2-}$

3. 碘量法注意事项

（1）碘量法要求中性或弱酸性条件（pH = 4 ~ 8.5）。

强酸性副反应：$S_2O_3^{2-} + 2H^+ \Longrightarrow S\downarrow + SO_2 + H_2O$

碱性中副反应

1）$23I_2 + 6OH^- \Longrightarrow IO_3^- + 5I^- + 3H_2O$

2）$S_2O_3^{2-} + 4I_2 + 10OH^- \Longrightarrow 2SO_4^{2-} + 8I^- + 5H_2O$

（2）防止 I_2 的挥发。

1）加入 KI，I_2 与 I^- 形成 I_3^-：$I_2 + I^- \Longrightarrow I_3^-$

2）暗处保存在碘量瓶或带塞的玻璃容器中。

（3）防止 I^- 的氧化。I^- 易被空气中 O_2 氧化成 I_2，反应速度随 $[H^+]$ 的增加而加快；

1）避免日光照射、微量 NO_2^-、Cu^{2+} 等的催化作用。

2）立即滴定，且速度应适当加快。

（4）淀粉指示剂。I_2 与淀粉形成蓝色络合物，根据蓝色的出现或消失来指示终点。

1）选结构无分枝的淀粉，配制 0.5% 的淀粉指示剂（0.5g 淀粉溶于 100mL 沸水中）。

2）新鲜配制，切勿放置过久。

3）在接近终点前加入（滴至溶液为淡黄色时再加入淀粉指示剂），否则淀粉加入过早，大量的 I_2 与淀粉形成络合物使终点置换还原困难。

4. 溶解氧及其测定

溶解氧：是指溶解于水中的分子态氧，用 DO 表示，单位为"mgO_2/L"。

DO 的测定原理：

（1）水样中加入硫酸锰 $MnSO_4$ 和碱性 KI 溶液（KI + NaOH），有白色沉淀生成，方程式为：$Mn^{2+} + 2OH^- \Longrightarrow Mn(OH)_2\downarrow$（白色）。

（2）水中的 O_2 将 Mn^{2+} 氧化成水合氧化锰 $[MnO(OH)_2]$ 棕色沉淀，将水中全部溶解氧固定起来，$Mn(OH)_2 + \frac{1}{2}O_2 \Longrightarrow MnO(OH)_2\downarrow$（棕色）。

（3）加入浓 H_2SO_4，在酸性条件下，$MnO(OH)_2$ 与 KI 作用，释放出等化学计量的 I_2，溶液呈棕色，$MnO(OH)_2 + 2I^- + 4H^+ \Longrightarrow Mn^{2+} + I_2 + 3H_2O$。

（4）以淀粉为指示剂，用 $Na_2S_2O_3$ 标准溶液滴定至蓝色消失，指示终点到达。根据 $Na_2S_2O_3$ 标准溶液的消耗量，计算水中 DO 的含量。滴定反应 $I_2 + 2S_2O_3^{2-} \Longrightarrow 2I^- + S_4O_6^{2-}$。

计算式

$$DO(mgO_2/L) = \frac{c \times V \times 8 \times 1000}{V_水} \qquad (5-21)$$

式中 c——$Na_2S_2O_3$ 标准溶液浓度（mol/L）；

$V_水$——水样体积（mL）；

V——消耗 $Na_2S_2O_3$ 标准溶液体积（mL）。

说明：碘量法测定 DO，适于清洁的地面水和地下水；不能让采集的水样含有气泡，并进行现场溶解氧的固定；水样中如有氧化还原性物质，将影响测定结果；干扰物质太多、有色的水样，不宜采用碘量法直接测定，必须采用修正的碘量法或膜电极法；含 NO_2^- 的水样，可采用叠氮化钠修正法。

5. 生物化学需氧量的测定

（1）生物化学需氧量：在规定条件下，微生物分解水中的有机物所进行的生物化学反应，所消耗的溶解氧的量称为生物化学需氧量，用 BOD 表示，单位为"mgO_2/L"。

（2）生物氧化过程可分为两个阶段。第一阶段为碳化过程：有机物在好氧微生物的作用下转变为 CO_2、H_2O、NH_3 等无机物。

有机物 $\xrightarrow[\text{微生物}]{O_2}$ $CO_2 + H_2O + NH_3$；此阶段在 20℃下，可在 20d 内完成。

第二阶段为硝化阶段：有机物在好氧微生物的作用下分解出的 NH_3，进一步转化为 NO_2^- 和 NO_3^- 的过程。

$$2NH_3 + 3O_2 \longrightarrow 2HNO_2 + 2H_2O + E$$
$$2HNO_2 + 2O_2 \longrightarrow 2HNO_3 + E$$

该阶段在 20℃下，约需 100 天才能完成。硝化阶段大约在 5~7d 后开始，碳化阶段在 5d 内消耗的总氧量约为第一阶段的 70%~80%，且不受硝化阶段的影响，因此各国规定 5d 作为标准时间。

（3）五日生化需氧量（BOD_5）：水样在（20±1）℃下培养 5d，5d 内消耗的溶解氧量称五日生化需氧量，以 BOD_5 表示。

> 为了保证生物氧化过程的进行，必备的条件：温度控制在（20±1）℃（培养温度增减 1℃，引进的误差约为 4.7%）；必须有充足的溶解氧；必须含有一定量的微生物，没有的应接种；有微生物必需的营养物质如铁、钙、镁、钾、氮、磷等物质；保持 pH 值在 6.5~8.5 范围内，强酸或强碱应提前中和；无有毒物质，有毒的应稀释至无毒。

（4）五日生化需氧量（BOD_5）的测定。

1）直接测定法：对水中溶解氧含量较高、有机物含量较少的清洁地面水，一般 BOD_5 小于 $7mgO_2/L$ 时，可不经稀释，直接测定。首先将水样快速加热至 20℃左右，用曝气法使水中溶解氧接近饱和，直接以虹吸法将水样转移入数个溶解氧瓶内，转移过程中应注意不产生气泡，水样充满后并溢出少许，加塞，瓶内不应留有气泡。

其中至少有一瓶当天测定水中的溶解氧，其余的瓶口进行水封后，放入培养箱中，在（20±1）℃培养 5d。在培养期间注意添加封口水。5d 后弃去封口水，测定剩余的溶解氧，则培养 5d 前后溶解氧的减少量即为 BOD_5

$$BOD_5(mgO_2/L) = DO_1 - DO_2$$

2）稀释测定法：对于 BOD_5 大于 $7mgO_2/L$ 的水样，则在培养前需用有溶解氧的稀释水稀释，据培养前后的溶解氧及稀释比，求出五日生化需氧量。

稀释水：含有一定养分和饱和溶解氧的水为稀释水。

对稀释水有如下要求：用蒸馏水配制合成稀释水；稀释水的 pH 值应保持在 6.5~8.5 范围内，加入磷酸盐缓冲溶液；稀释水加入营养物质，如 $FeCl_3$、$MgSO_4$、$CaCl_2$ 等，以保证微生物正常生长；稀释水与水样的比例要适中，在（20±1）℃培养 5d 后，稀释水样的剩余

溶解氧在 $1.0mgO_2/L$ 以上；而培养期间，稀释水样中的溶解氧消耗在 $2mgO_2/L$ 以上，否则都不会得到满意的结果。

对于生活污水和工业废水，可以通过水样的 COD 值来估算合适的稀释倍数。一般可通过稀释倍数 = 样品 COD 值 × 系数（如 0.04、0.075、0.15 等）来计算，具体系数可根据水样的污染程度选择。

废水 BOD_5/COD 的比值是判断废水生化效率的标志。一般来说，当 $BOD_5/COD = 0.7$ 时，可认为废水中有机物几乎全部可生化法去除；$BOD_5/COD > 0.5$ 时，用生化法处理是适宜的；$BOD_5/COD < 0.2$ 时，这种废水就不宜采用生化法处理。

【例 5-59】 用重铬酸钾标定硫代硫酸钠的反应方程式如下：

$$K_2Cr_2O_7 + 6KI + 14HCl = 8KCl + 2CrCl_3 + 7H_2O + 3I_2$$

$$2Na_2S_2O_3 + I_2 = Na_2S_4O_6 + 2NaCl$$

则每消耗 1 个 $K_2Cr_2O_7$ 相当于消耗 $Na_2S_2O_3$ 的个数为（　　　）。

A. 3 个　　　　　　　B. 4 个　　　　　　　C. 5 个　　　　　　　D. 6 个

【答案】　D

【分析】　根据反应：

$$K_2Cr_2O_7 + 6KI + 14HCl = 8KCl + 2CrCl_3 + 7H_2O + 3I_2$$

$$2Na_2S_2O_3 + I_2 = Na_2S_4O_6 + 2NaCl$$

$K_2Cr_2O_7$——$3I_2$；I_2——$2Na_2S_2O_3$；

可见，$K_2Cr_2O_7$——$6Na_2S_2O_3$，因此答案是 D。

【例 5-60】 碘量法中常在生成 I_2 的溶液中加入过量 KI，其作用是（　　　）。

A. 催化作用　　　B. 防止空气氧化　　　C. 防止 I_2 挥发　　　D. 防止反应过于猛烈

【答案】　C

【提示】　在生成 I_2 的溶液中加入过量 KI，$I_2 + I^- = I_3^-$，可防止 I_2 挥发。

【例 5-61】 取 100mL 水样，用碘量法测定其溶解氧，消耗 0.1000mol/L $Na_2S_2O_3$ 标准溶液 15.00mL，则水中的溶解氧为（　　　）mgO_2/L。

A. 120　　　　　　　B. 240　　　　　　　C. 360　　　　　　　D. 480

【答案】　A

【提示】　溶解氧 $DO = \dfrac{0.1000 \times 15.00 \times 8 \times 1000}{100}mgO_2/L = 120mgO_2/L$。

5.5.6　总需氧量

1. 总需氧量

水中有机物和还原性无机物在高温下燃烧生成稳定的氧化物时的需氧量，以 TOD 表示，单位 mgO_2/L。

2. 测定

TOD 分析仪

TOD 分析仪测定的 TOD 氧化率很高，尤其含氮的有机物氧化率更为突出，是 COD 与

BOD_5 无法媲美的，故有机物污染综合指标 $TOD > COD > BOD_5 > OC（COD_{Mn}）$。

5.5.7 总有机碳

1. 总有机碳

水样中有机物质总的含碳量，用 TOC（mgC/L）表示。

2. 测定原理

将水样中所有有机物的碳转化成二氧化碳，然后测定。

使用 TOC 分析仪：TOC（总有机碳）= TC（总碳）－ IC（无机碳）

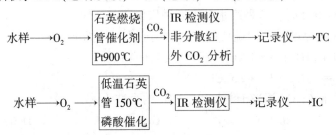

TOC 采用燃烧法，能将有机物全部氧化，TOC 测定值与理论值非常接近，被用来评价水体有机物污染程度。

DO、COD_{Mn}、COD_{Cr}、BOD_5、TOD 单位均为 mgO_2/L，只有 TOC 单位为 mgC/L。

5.6 吸收光谱法

5.6.1 吸收光谱法原理

1. 吸收光谱法

在光谱分析中，依据物质对光的选择性吸收而建立起来的分析方法，又称吸光光度法。

吸收光谱法主要有：①红外吸收光谱法：吸收光波长范围 750～1000nm，主要用于有机化合物结构鉴定；②可见吸收光谱法：吸收光波长范围 400～750nm，主要用于有色物质的定量分析；③紫外吸收光谱法：吸收光波长范围 200～400nm（近紫外区），可用于结构鉴定和定量分析。

2. 物质的颜色与光吸收的关系

（1）互补色光：若两种颜色的光按某适当的强度比例混合后可成为白光，则这两种色光成为互补色光。如黄光和蓝光。

（2）物质的颜色与光吸收的关系：物质之所以呈现不同的颜色是物质对光选择性吸收造成的。溶液在日光的照射下，如果可见光几乎均被吸收，则溶液呈黑色；如果全不吸收，则呈无色透明；若吸收了白光中的某种色光，则呈现透射光的颜色，即呈现被吸收光的互补色，如 $KMnO_4$ 溶液吸收波长 500～560nm 的绿色光，呈现互补色—紫色；$K_2Cr_2O_7$ 溶液吸收蓝紫色光，而呈现互补色—橙色，$CuSO_4$ 溶液吸收黄色光，而呈现互补色—蓝色。

（3）吸收曲线：在同样的条件下，依次将各种波长的单色光通过某物质溶液，并分别测定每个波长下溶液对光的吸收程度（吸光度 A），以波长为横坐标，吸光度为纵坐标得到

的 $A - \lambda$ 曲线，成为该溶液的吸收曲线，又称吸收光谱。

不同浓度高锰酸钾溶液的吸收曲线如图 5 - 5 所示。

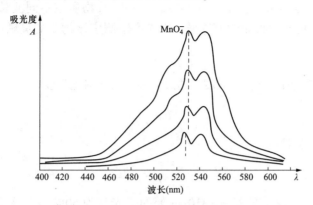

图 5 - 5　不同浓度高锰酸钾溶液的吸收曲线

吸收曲线的讨论：

①吸收曲线中吸光度最大处对应的波长为最大吸收波长 λ_{max}。λ_{max} 与溶质的本性和溶液的化学性质如溶液的温度、酸碱度、溶剂等有关，而与浓度无关。

②不同浓度同一物质，吸收曲线形状相似，λ_{max} 不变。

③不同物质，吸收曲线形状和 λ_{max} 则不同——定性分析的依据之一。

④最大吸收波长入射光处，吸光度最强，灵敏度最高，吸收曲线是选择入射光波长的依据。

随着浓度的增大或减少，吸光度随着增大或减少，但最大吸收波长的位置不变。

【例 5-62】　吸收曲线的最大吸收峰位置与下列哪个因素无关？（　　）

A. 溶液浓度　　　　B. 溶液温度　　　　C. 溶液酸碱度　　　　D. 溶液的溶剂

【答案】　A

【提示】　最大吸收波长位置与溶液的化学性质，如溶剂、酸碱度、温度有关，而与浓度无关，浓度只会影响吸光度值的大小。

3. 光的吸收定律

（1）朗伯—比耳定律。当一束平行的单色光通过均匀溶液时，溶液的吸光度与溶液浓度（c）和液层厚度（b）的乘积成正比。是吸光光度法定量分析的依据。

其表达式为

$$A = kbc \qquad (5\text{-}22)$$

式中　A——吸光度，$A = \lg \dfrac{I_0}{I_t}$，I_0 为入射光强度，I_t 为透过光强度；

　　　　k——吸光系数，当 b 以 "cm" 为单位、c 以 "mol/L" 为单位，$k = \varepsilon$。

$$A = \varepsilon bc$$

式中　ε——摩尔吸光系数［单位，L/（mol·cm）］，在数值上等于浓度为 1mol/L、液层厚度为 1cm 时该溶液在某一波长下的吸光度。

（2）摩尔吸光系数 ε 的讨论：吸收物质在一定波长和溶剂条件下的特征常数。

当温度和波长等条件一定时，ε 仅与吸收物质本身的性质有关，与待测物浓度 c 和光程长度 b 无关；可作为定性鉴定的参数。同一吸收物质在不同波长下的 ε 值是不同的。ε 越大表明该物质的吸光能力越强，用光度法测定该物质的灵敏度越高。ε 代表测定方法的灵敏度。

（3）透光度（透光率）T：透光度为透过光强度与入射光强度之比，取值范围 0~100%。

$$T = \frac{I_t}{I_o}$$

A 与透光度 T 的关系

$$A = \lg \frac{1}{T} = -\lg T$$

【例 5-63】 有一溶液，在 $\lambda_{max} = 310nm$ 处的透光率为 50%，在该波长处时的吸光度为多少？

解： $T = 87\%$

$$A = -\lg T = -\lg 0.5 = 0.301$$

【例 5-64】 某符合比尔定律的有色溶液，当浓度为 C_0 时，其透光率为 T_0；若浓度增大一倍，则溶液的透光率为（　　）。

A. $T_0/2$ B. $2T_0$ C. T_0^2 D. $-2\lg T_0$

【答案】 C

【分析】 $A_0 = \varepsilon b c_0$，$A_0 = -\lg T_0$

$A = \varepsilon b c$，$A = -\lg T$

$c = 2c_0$

$A = 2A_0$

$-\lg T = -2\lg T_0$，$\lg T = \lg T_0^2$

$T = T_0^2$

【例 5-65】 一有色溶液遵守光吸收定律，当选用 2.0cm 时，测得透光率 T，若改用 1.0cm 比色皿时，透光率应为（　　）。

A. $2T$ B. $T/2$ C. T^2 D. $\sqrt{r}$

【答案】 D

【分析】 $A = \varepsilon b c$，$A = -\lg T$

$b = 2cm$，$2 \times \varepsilon \cdot c = -\lg T$

$b = 1cm$，$1 \times \varepsilon \cdot c = -\lg T'$

$$\frac{\lg T}{\lg T'} = 2$$

$$\lg T' = \frac{1}{2}\lg T$$

$$T' = \sqrt{T}$$

【例 5-66】 符合朗伯—比耳定律的某有色溶液，当有色物质的浓度增加时，最大吸收波长和吸光度分别是（　　）。

A. 不变、增加　　　B. 不变、减少　　　C. 增加、不变　　　D. 减少、不变

【答案】　A

【分析】　λ_{max} 与浓度无关，是物质的特征常数，吸光度 A 与浓度成正比。

【例 5-67】　有色络合物的摩尔吸光系数 ε 与下列因素有关的是（　　　）。

A. 比色皿厚度　　　B. 有色络合物浓度　　C. 入射光波长　　　D. 络合物稳定性

【答案】　C

【分析】　当温度和波长条件一定时，ε 只与物质的本性有关。

4. 偏离朗伯—比耳定律的原因

朗伯—比耳定律知，吸光度与溶液的浓度成正比，即 $A-C$ 呈线性关系，标准曲线法测定未知溶液的浓度时发现：标准曲线常发生弯曲（尤其当溶液浓度较高时），这种现象称为对朗伯—比耳定律的偏离。引起这种偏离的因素（两大类）：

（1）物理性因素：朗伯—比耳定律的前提条件之一是入射光为单色光。分光光度计只能获得近乎单色的狭窄光带。复合光可导致对朗伯—比耳定律的正或负偏离。

（2）化学性因素：朗伯—比耳定律假定，所有的吸光质点之间不发生相互作用。故朗伯—比耳定律只适用于稀溶液。溶液中存在着离解、聚合、互变异构、配合物的形成等化学平衡时，使吸光质点的浓度发生变化，影响吸光度。

5. 测定条件的选择

（1）选择适当的入射光波长。一般应该选择 λ_{max} 为入射光波长。如果 λ_{max} 处有共存组分干扰时，则应考虑选择灵敏度稍低但能避免干扰的入射光波长。

（2）选择合适的参比溶液。选择参比溶液的目的：测得的吸光度真正反映待测溶液吸光强度。参比溶液的选择一般遵循以下原则：若仅待测组分与显色剂反应产物在测定波长处有吸收，其他所加试剂均无吸收，用纯溶剂（水）作参比溶液；若显色剂或其他所加试剂在测定波长处略有吸收，而试液本身无吸收，用"试剂空白"（不加试样溶液）作参比溶液；若待测试液在测定波长处有吸收，而显色剂等无吸收，则可用"试样空白"（不加显色剂）作参比溶液；若显色剂、试液中其他组分在测量波长处有吸收，则可在试液中加入适当掩蔽剂将待测组分掩蔽后再加显色剂，作为参比溶液。

（3）控制适宜的吸光度（读数范围）在最佳读数范围。用仪器测定时应尽量使溶液透光度值在 $T=15\% \sim 65\%$；吸光度 $A=0.80 \sim 0.20$。

最佳值：相对误差最小时的透光度 $T_{min}=36.8\%$，$A_{min}=0.434$。

【例 5-68】　在一般的分光光度法测定中，被测物质浓度的相对误差（$\Delta c/c$）大小（　　　）。

A. 与透光度（T）成反比

B. 与透光度（T）成正比

C. 与透光度的绝对误差（ΔT）成反比

D. 只有透光度在 $15\% \sim 65\%$ 范围之内时才是最小的

【答案】　D

【分析】　分光光度法控制吸光度 $A=0.8 \sim 0.2$；透光度 $T=15\% \sim 65\%$，测定相对误差小，准确度高。

5.6.2　目视比色法

采用直接用眼睛比较标准溶液与被测溶液颜色的深浅，来测定物质含量的方法称为目视比色法。测量的是透过光的强度。

5.6.3　分光光度法

利用分光光度计测定溶液吸光度并进行定量分析的方法称为分光光度法。

1. 分光光度计组成

分光光度计由以下几部分组成：

$$光源 \rightarrow 单色器 \rightarrow 比色皿 \rightarrow 光电池 \rightarrow 检流计$$

（1）光源：常用钨灯（发射可见光）和氢灯（发射紫外光）。

（2）单色器：即分光系统，是将混合的光波按波长顺序分散为不同波长的单色光的装置。其主要部件是棱镜或衍射光栅。

（3）比色皿。盛试液和空白溶液的吸收池。有玻璃和石英两种，常用规格有 0.5cm、1cm、3cm、5cm。

（4）光电池。将光信号转换成电信号的装置。常用硒光电池。

（5）检流计。测量光电流的仪器，通常有透光度（$T\%$）和吸光度（A）两种刻度。

2. 分光光度法特点

（1）采用棱镜或光栅等分光器将复合光变为单色光，可获得纯度较高的单色光，提高了准确度和灵敏度。

（2）扩大了测量的范围，测量范围由可见光区扩展到紫外光区和红外光区。

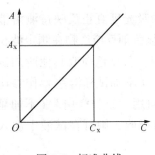

图 5-6　标准曲线

3. 分光光度计类型

（1）可见分光光度计（工作范围 360~800nm）。

（2）紫外可见分光光度计（工作范围 200~800nm）。

（3）红外分光光度计（工作范围 760~1000nm）。

4. 定量方法

（1）常用标准曲线法：配制不同浓度的标准溶液，分别测定各浓度的吸光度，以浓度为横坐标，吸光度为纵坐标，绘制标准曲线（图5-6）。待测试液在相同条件下显色，并测定吸光度，然后在工作曲线上求出其浓度。

（2）比较法：配制与待测试样浓度相近的标准溶液，在同样的入射光线与测定条件下，测定试样与标准液，

$$A_{标} = \varepsilon b C_{标}$$

$$A_{试样} = \varepsilon b C_{试样}$$

$$\frac{A_{标}}{A_{试样}} = \frac{C_{标}}{C_{试样}}$$

由测得：$A_{标}$、$A_{试样}$和已知的 $C_{标}$，可求 $C_{试样}$。

【例5-69】　在分光光度法中，标准曲线的斜率与下列哪个因素无关（　　　）。

A. 溶液浓度　　　　B. 摩尔吸光吸数　　　C. 比色皿厚度　　　　D. 光源强度

【答案】　D

【提示】　标准曲线是根据标准溶液的 A 与 C 测定。$A = \varepsilon b C$，与 ε、b、C 有关。

5.7 电化学分析法

5.7.1 电位分析法

1. 电位分析法

通过测定工作电池的电位差，直接或间接求取溶液中的离子活度或浓度的方法。

（1）直接电位法：根据电极电位与待测组分的活度之间的关系，通过测定工作电池的电位差来确定待测离子活度的方法。

（2）电位滴定法：通过测定滴定过程中工作电池的电位差的变化来确定滴定终点，并由滴定剂的用量来求出被测物质含量的方法。又称间接电位分析法。

2. 电位分析法的原理

在电位分析法中，工作电池是由一个指示电极和一个参比电极共同浸入待测溶液中构成。测量电池的结构可简单表示为：（－）指示电极｜待测溶液｜参比电极（＋），（正负极视实际情况而定）。

工作电池的电位差 $E = \varphi_{指示} - \varphi_{参比} + \varphi_{液接}$

式中　$\varphi_{指示}$——参比电极电位；

　　　$\varphi_{参比}$——指示电极电位；

　　　$\varphi_{液接}$——液接电位，是由两个组成不同或浓度不同的电解质溶液相接触而产生的界面间的电位差。

在一个确定的体系中，参比电极和液接电位可视为常数，用 K 表示，则有：

$$E = K + \varphi_{指示}$$

指示电极电位服从能斯特方程

对于电极反应：$Ox + ne^- = Red$；

在 25℃时，$\varphi_{指示} = \varphi^{\ominus} + \dfrac{0.059}{n}\lg\dfrac{a_{Ox}}{a_{Red}}$

式中　$\varphi^{\ominus}$——标准电极电位在一定温度下也为常数，将其与 K 合并为常数项 K'，得

$$E = K' + \dfrac{0.059}{n}\lg\dfrac{a_{Ox}}{a_{Red}}$$

这就是电位法中，工作电池电位差和待测离子含量的基本关系式。

3. 指示电极

电极电位随待测物质含量变化而变化。

分为两大类：

（1）金属基电极。

1）金属/金属离子电极。

$$Mn^{n+} + ne^- = M$$

$$\varphi_{M^{n+}/M} = \varphi^{\ominus} + \dfrac{0.059}{n}\lg a_{M^{n+}}$$

如 Cu^{2+}/Cu、Ag^+/Ag、Zn^{2+}/Zn、Hg^{2+}/Hg 等。

2）金属/金属难溶盐电极。

如银—氯化银电极　$Ag, AgCl(固) | Cl^- (a_{Cl^-})$

$$AgCl(固) + e^- \rlap{=}{=} Ag + Cl^-$$

$$\varphi_{AgCl/Ag} = \varphi^{\ominus}_{AgCl/Ag} - 0.059 \lg a_{Cl^-}$$

甘汞电极 Pt | Hg, H_2Cl_2(固) | $Cl^-(a_{Cl^-})$ Hg, Hg_2Cl_2(固) | $Cl^-(a_{Cl^-})$

$$Hg_2Cl_2(固) + 2e^- \rlap{=}{=} 2Hg + 2Cl^-$$

$$\varphi_{Hg_2Cl_2/Hg} = \varphi^{\ominus}_{Hg_2Cl_2/Hg} - 0.059 \lg a_{Cl^-}$$

3）均相氧化还原电极（惰性电极）。由惰性金属（铂或金），插入溶液中，和氧化态及还原态共同构成。

如铂丝插入 Fe^{3+} 和 Fe^{2+} 溶液中，其电极表示为

$$Pt | Fe^{3+}, Fe^{2+}$$

$$\varphi_{Fe^{3+}/Fe^{2+}} = \varphi^{\ominus}_{Fe^{3+}/Fe^{2+}} + 0.059 \lg \frac{a_{Fe^{3+}}}{a_{Fe^{2+}}}$$

（2）膜电极——离子选择性电极。膜电极：以固态或液态膜为传感器的电极。膜电极的薄膜并不能给出或得到电子，而是有选择性地让某种特定离子渗透或交换并产生膜电位，其膜电位与溶液中离子的活度（或浓度）成正比，故可做指示电极。

分为：

1）玻璃电极：如 pH 值玻璃电极。

浸泡后的玻璃膜示意图：

内部溶液 | 水合硅胶层 | 干玻璃层 | 水合硅胶层 | 外部溶液

   H^+ $H^+ + Na^+$ Na^+ $Na^+ + H^+$ H^+

另外还有 Na^+、K^+、Ag^+ 等玻璃电极。

2）微溶盐晶体膜电极：如 F^- 选择电极。

F^- 试液 | 膜（LaF_3）| 0.1mol/LNaF, 0.1mol/LNaCl | AgCl | Ag。

3）液体离子交换膜电极：如钙电极。

目前我国已研制出十几种离子选择电极，还有 NH_3、HCN、SO_2 等气敏电极，专门用于测定气体。

4. 参比电极

电极电位在测定过程中保持不变，且再现性好。

常用参比电极为饱和甘汞电极（SCE）。

25℃时

$$\varphi_{Hg_2Cl_2/Hg} = 0.2415V$$

另外，银—氯化银电极常被用作玻璃电极或离子选择电极的内参比电极。

电位分析法分为直接电位法和电位滴定法（间接电位法）。

5.7.2 直接电位分析法

将指示电极和参比电极两个电极共同浸入被测溶液中构成原电池，通过测定原电池的电动势，可得被测溶液的离子活度或浓度。

1. pH 的测定

（1）pH 测定原理。

指示电极：pH 玻璃膜电极（内参比电极为 Ag, AgCl 电极）。

参比电极：饱和甘汞电极。

玻璃电极与饱和甘汞电极和被测溶液组成工作电池，可表示为

（ – ）Ag，AgCl | HCl | 玻璃膜 | 水样 ‖ KCl（饱和）| Hg_2Cl_2（固），Hg（ + ）

　　　　玻璃电极　　　　　$\varphi_{不对称}$　　$\varphi_{液接}$　　　　甘汞电极

电池电动势为

$$E = \varphi_{甘汞} + \varphi_{液接} + \varphi_{不对称} - \varphi_{玻璃}$$
$$= \varphi_{Hg_2Cl_2/Hg} + \varphi_L + \varphi_{不对称} - (\varphi_{AgCl/Ag} + \varphi_{膜})$$
$$= \varphi_{Hg_2Cl_2/Hg} + \varphi_L + \varphi_{不对称} - \varphi_{AgCl/Ag} - \varphi_{膜}$$

式中　$\varphi_{不对称}$——玻璃电极薄膜内外两表面不对称引起的电位差；

　　　$\varphi_{液接}$——两种组成或浓度不同的溶液界面上由于离子扩散通过界面的迁移率不同而引起的接界电位。

其中，$\varphi_{Hg_2Cl_2/Hg}$、$\varphi_{AgCl/Ag}$、φ_L、$\varphi_{不对称}$ 在一定条件下都是常数，将其合并为 K，则在 25℃ 时

$\varphi_{膜} = 0.059 \lg a^{H^+} = -0.059 pH$

$$E = K + 0.059 pH \tag{5-23}$$

$$pH = \frac{E - K}{0.059} \tag{5-24}$$

pH 计上已将测得的 E 换算成 pH 的数值，故可以在 pH 计上直接读取 pH 值。

K 常数中所包括的参比电极电位，膜内表面电位，液接电位等因素要保持恒定，另外在整个测定过程中，要严格控制试验条件。

（2）酸度计。由电极和电位计两部分组成，电极和试液组成工作电池；电池的电动势用电位计测量。测定溶液 pH 时，先调节温度钮对温度进行补偿，然后用已知 pH 值的标准缓冲溶液对 pH 进行校正。我国标准计量局颁发了六种标准溶液及其在 0 ~ 60℃ 的 pH 值。直接在酸度计上读出 pH 值，可对酸度计进行校正。

注意事项：

①使用前电极要浸泡 24h：使不对称电位处于稳定值。

②测定时先对玻璃电极进行校正：选用与待测溶液 pH 值接近的标准溶液。

③测量过程中要保持恒温，并搅拌溶液。

④长期使用后，电极精度会有所下降。

2. 离子活度（或浓度）的测定

离子选择性电极是测定溶液中某一特定离子的活度（或浓度）的指示电极。

将离子选择性电极（指示电极）和参比电极（常用饱和甘汞电极）插入试液可以组成测定各种离子活度的电池。

例如氟离子选择电极测定水样中的 F^- 离子时，电池组成为：

（ – ）Hg，Hg_2Cl_2（固）| 饱和氯化钾 ‖ F^- 水样 | LaF_3 | 0.1mol/LNaF，0.1mol/LNaCl | AgCl，Ag（ + ）

电池电位差为

$$E = K \pm \frac{2.303RT}{n_i F} \lg a_i \tag{5-25}$$

在 25℃ 时

$$E = K \pm \frac{0.059}{n_i} \lg a_i \tag{5-26}$$

电池的电位差与被测离子的活度的对数成正比，通过测量电池的电动势，便可求得被测离子的活度。

若水样中有干扰离子存在，则有

$$E = K \pm \frac{0.059}{n_i} \lg [a_i + K_{ij}(a_j)^{n_i/n_j}] \tag{5-27}$$

式中 K_{ij}——离子选择性常数；

a_j——干扰离子 j 的活度；

n_i、n_j——被测离子和干扰离子的电荷数。

其中，通常 $K_{ij} < 1$，表示 i 离子选择电极对干扰离子 j 的响应的相对大小，用于估计干扰离子给测定带来的误差。

K_{ij} 越小表明电极的选择性越高。如 pH 玻璃电极对 Na^+ 的选择性常数 $K_{H^+/Na^+} = 10^{-11}$，表明此电极对 H^+ 响应比对 Na^+ 响应灵敏 10^{11} 倍。要求离子选择电极主要对水中某一特定离子活度响应。K_{ij} 为 10^{-4} 就可以认为干扰离子不干扰测定。

3. 测定方法

（1）标准曲线法：用测定离子的纯物质配制一系列不同活度的标准溶液，将指示电极和参比电极插入组成工作电池，工作电池电位差 E 与活度的对数 $\lg a$ 成直线关系，只有在溶液的离子强度保持不变的情况下，电位差 E 与浓度的对数 $\lg c$ 呈直线关系，即为

$$E = K \pm \frac{2.303RT}{nF} \lg \gamma_i c_i = K' \pm \frac{2.303RT}{nF} \lg c_i \tag{5-28}$$

用总离子强度调节缓冲溶液（Total Ionic Strength Adjustment Buffer，TISAB）保持溶液的离子强度相对稳定，并缓冲和掩蔽干扰离子。不同离子可选用不同的总离子强度调节剂，如氟离子选择电极测定水样中 F^- 离子时，采用的 TISAB 为：0.1mol/L NaCl + 0.25mol/L HAc + 0.75mol/L NaAc + 0.001mol/L 柠檬酸钠（pH = 5~5.5，总离子强度为 1.75）。其中 NaCl 使溶液的离子强度保持一定值，HAc–NaAc 为缓冲溶液，控制溶液的 pH 值，柠檬酸钠掩蔽 Fe^{3+}，Al^{3+}。

分别测定各溶液的电位值，并绘制 E–$\lg c_i$ 关系曲线。

注意：离子活度系数保持不变时，电动势才与 $\lg c_i$ 呈线性关系。

（2）标准加入法：主要用于测定水样中离子的总浓度（含游离的和络合的）。

设某一试液体积为 V_0，其待测离子的浓度为 c_x，工作电池先测定待测试样的电位差，测定的工作电池电位差为 E_1。往试液中准确加入一小体积 V_s（约为 V_0 的 1/100）的用待测离子的纯物质配制的标准溶液，浓度为 c_s（约为 c_x 的 100 倍）。由于 $V_0 > V_s$，可认为溶液体积基本不变。

浓度增量为 $\quad\quad\quad\quad\quad\quad \Delta c = c_s V_s / V_0 \tag{5-29}$

再次测定工作电池的电位差为 E_2。

$$\Delta E = E_2 - E_1 = \frac{2.303RT}{nF} \lg \left(1 + \frac{\Delta c}{c_x}\right)$$

只要测出电位差变化量 ΔE，便可计算出被测离子的浓度 c_x。

标准加入法优点是不需做标准曲线，只需一种标液便可求出待测离子的总浓度，是离子选择电极测定一种离子总浓度的有效方法。

标准曲线法适用于标准曲线的基体和样品的基本大致相同的情况，优点是速度快，标准曲线法可在样品很多的时候使用，缺点是当样品基体复杂时误差很大。

标准加入法把样品和标准混在一起同时测定，优点是可以有效克服标准曲线和样品基体不同产生的误差，缺点是速度慢，适合样品数量少的时候用。

4. 影响电位测定准确性的因素

（1）测量温度：影响主要表现在对电极的标准电极电位、直线的斜率和离子活度的影响上。

注意：在测量过程中应尽量保持温度恒定。

（2）线性范围和电位平衡时间：一般线性范围在（$10^{-6} \sim 10^{-1}$）mol/L；平衡时间越短越好。

测量时可通过搅拌使待测离子快速扩散到电极敏感膜，以缩短平衡时间。

（3）溶液特性：溶液特性主要是指溶液离子强度、pH 及共存组分等。

通过总离子强度调节缓冲溶液 TISA 控制溶液离子强度和 pH 恒定。

（4）电位测量误差：当电位读数误差为 1mV 时，一价离子，相对误差为 3.9%，二价离子，相对误差为 7.8%。

电位分析多用于测定低价离子。误差相对较少。

5.7.3　电位滴定法

以指示电极、参比电极与试液组成工作电池，向水样中滴加能与被测物质进行化学反应的滴定剂，利用化学计量点时电位的突变来确定滴定终点的滴定方法。酸碱滴定、络合滴定、沉淀滴定、氧化还原滴定都适用。

电位滴定的用途：

（1）无合适的指示剂。

（2）有色、浑浊、有胶体物覆盖指示剂产生的颜色。

（3）混合离子的连续滴定。

如：Cl^-、Br^-、I^- 不可用分步沉淀滴定，可使用电位滴定连续测定，被滴定的先后次序为 I^-、Br^-、Cl^-。

（4）非水滴定（滴定体系不含水，但大多数指示剂都是水溶液）。

1. 滴定曲线

每滴加一次滴定剂，平衡后测量电动势，直到超过化学计量点，滴定剂用量 V 和相应的电动势数值 E，作图得到滴定曲线。达到化学计量点时，电动势有一突跃，即可确定终点。通常采用三种方法来确定电位滴定终点（图 5-7）。

2. 电位滴定仪

近年来，普遍应用自动电位滴定仪，简便，快速。

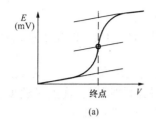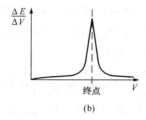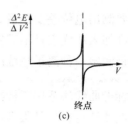

图 5-7　滴定曲线

（a）$E - V$曲线；（b）$\Delta E / \Delta V - V$曲线；（c）$\Delta^2 E / \Delta V^2 - V$曲线

3. 电位滴定法的电极（表 5-4）

电位滴定法对于酸碱滴定、络合滴定、沉淀滴定、氧化还原滴定都适用。根据不同的反应选择不同的指示电极，然后根据电位的突跃确定终点。

表 5-4　　　　　　　　　　　　　　电 位 滴 定 法 的 电 极

滴 定 方 法	参 比 电 极	指 示 电 极
酸碱滴定	甘汞电极	玻璃电极
沉淀滴定	甘汞电极、玻璃电极	银电极、硫化银薄膜电极、离子选择电极
氧化还原滴定	甘汞电极、玻璃电极、钨电极	铂电极
络合滴定	甘汞电极	铂电极、汞电极、银电极、钙离子等离子选择电极

【例 5-70】　有关对离子选择性电极的选择性系数 K_{ij} 的描述，正确的是（　　　）。

A. K_{ij} 的值与溶液活度无关

B. K_{ij} 的值越小表明电极选择性越低

C. K_{ij} 的值越小表明电极选择性越高

D. K_{ij} 的值越大表明电极选择性越高

【答案】　C

【分析】　K_{ij} 代表离子选择性常数，其值越小表明电极的选择性越高，因此答案为 C。

【例 5-71】　氟离子选择电极法中，使用的离子强度调节剂通常含有醋酸盐，其 pH 值为（　　　）。

A. $4.5 \sim 5.5$　　　　　B. $5.0 \sim 5.5$　　　　　C. $5.5 \sim 6.0$　　　　　D. $6.0 \sim 6.5$

【答案】　B

【提示】　氟离子选择电极中的总离子强度调节剂，采用 HAc-NaAc 为缓冲溶液，调节 pH = $5.0 \sim 5.5$。

【例 5-72】　下列滴定体系应选用（　　　）电极做指示电极。

（1）用 Ag^+ 滴定 Cl^-（Br^-、I^-、S^{2-}、CN^-）；

（2）用 NaOH 滴定 $H_2C_2O_4$；

（3）用 F^- 滴定 Al^{3+}；

（4）用 Ce^{4+} 滴定 Fe^{2+}。

A. Pt 电极　　　　　B. 氟电极　　　　　C. 玻璃电极　　　　　D. 银电极

【答案】　（1）D；（2）C；（3）B；（4）A

复习题

5-1 下列情况中，引起系统误差的是（　　）。

A. 称量时，试样吸收空气中水

B. 天平零点稍有波动

C. 读取滴定管读数时，最后一位数字估值不准

D. 试剂中含有被测物质

5-2 下列算式中，每个数据的最后一位都有 1 的绝对误差。哪个数据在计算结果中引入的相对误差最大？（　　）

A. 0.6070　　　　　B. 30.25　　　　　C. 45.82　　　　　D. 0.2028

5-3 下列说法中，错误的是（　　）。

A. 绝对误差是测定值与真实值之差　　　　B. 偏差是测定值与平均值之差

C. 标准偏差是测定结果准确度的标志　　　D. 相对标准偏差又称为变异系数

5-4 下列说法错误的是（　　）。

A. 偶然误差具有随机性

B. 偶然误差的数值大小、正负出现的机会均等

C. 偶然误差是可测的

D. 偶然误差在分析中是无法避免的

5-5 可用下述哪种方法减小测定过程中的偶然误差？（　　）

A. 进行空白试验　　　　　　　　　　　B. 进行仪器校准

C. 增加平行测定次数　　　　　　　　　D. 进行分析结果校正

5-6 下列各项中，会造成偶然误差的是（　　）。

A. 使用未经矫正的滴定管　　　　　　　B. 试剂纯度不够高

C. 天平砝码未矫正　　　　　　　　　　D. 称量时环境有震动干扰源

5-7 欲测量某水样 Ca^{2+} 含量，由五个人分别进行测量，试样移取量皆为 10.0mL，五人报告测定结果如下，其中结果合理的是（　　）。

A. 5.086%　　　　　B. 5.1%　　　　　C. 5.09%　　　　　D. 5%

5-8 下列说法不正确的是（　　）。

A. 方法误差属于系统误差　　　　　　　B. 系统误差包括操作误差

C. 系统误差又称可测误差　　　　　　　D. 系统误差呈正态分布

5-9 对某试样进行三次平行测定，得 CaO 平均含量为 30.6%，而真实含量为 30.3%，则 30.6% − 30.3% = 0.3% 为（　　）。

A. 相对误差　　　　B. 相对偏差　　　　C. 绝对误差　　　　D. 绝对偏差

5-10 有 5 个学生从滴定管读同一体积，得到下面 5 个数据，读得合理的是（　　）mL。

A. 25　　　　　B. 25.1　　　　　C. 15.10　　　　　D. 25.100

5-11 已知某溶液的 pH 值为 12.35，其氢离子浓度的正确值为（　　）mol/L。

A. 4.467×10^{-13}　　B. 4.47×10^{-13}　　C. 4.5×10^{-13}　　D. 4×10^{-13}

5-12 标定盐酸溶液，全班同学测定结果平均值为 0.1000mol/L，某同学为 0.1002mol/L，则（　　）。

235

A. 相对误差 +0.2%　　　　　　　　　　B. 相对误差 -0.2%

C. 相对偏差 +0.2%　　　　　　　　　　D. 相对偏差 -0.2%

5-13　以下情况产生的误差属于系统误差的是（　　　）。

A. 指示剂变色点与化学计量点不一致　　B. 滴定管读数最后一位估测不准

C. 称样时砝码数值记错　　　　　　　　D. 称量过程中天平零点稍有变动

5-14　常量滴定管的读数误差为 ±0.01mL，如果要求滴定的相对误差小于 0.05%，滴定时至少耗用标准溶液的体积为（　　　）mL。

A. 2　　　　　　　　B. 5　　　　　　　　C. 20　　　　　　　　D. 50

5-15　NaOH 标准溶液滴定 HAc 至化学计量点时，H^+ 浓度计算依据的公式是（　　　）。

A. $\sqrt{K_a c}$　　　　　B. $\sqrt{\dfrac{K_a c}{K_w}}$　　　　　C. $\dfrac{K_a c_a}{c_b}$　　　　　D. $\sqrt{\dfrac{K_a K_w}{c}}$

5-16　用 c（HCl）= 0.1000mol/L 的标准溶液滴定①$K_b = 10^{-2}$；②$K_b = 10^{-3}$；③$K_b = 10^{-5}$；④$K_b = 10^{-7}$的弱碱溶液，得到 4 条滴定曲线，其中滴定突跃最长的是（　　　）。

A. ①　　　　　　　　B. ②　　　　　　　　C. ③　　　　　　　　D. ④

5-17　用 0.10mol/L HCl 溶液滴定 0.10mol/L NaOH 溶液，其 pH 值突跃范围为 4.3 ~ 9.7，如果用 0.010mol/L HCl 溶液滴定 0.010mol/L NaOH 溶液，估计其突跃范围是（　　　）。

A. 4.3 ~ 9.7　　　B. 3.3 ~ 10.7　　　C. 3.3 ~ 8.7　　　D. 5.3 ~ 8.7

5-18　某溶液，酚酞在里面是无色的，甲基橙在里面是黄色的，它可能含有哪些碱度？（　　　）

A. OH^-　　　　　B. CO_3^{2-}　　　　　C. HCO_3^-　　　　　D. $HCO_3^- + CO_3^{2-}$

5-19　用盐酸测定某水样的碱度，以酚酞为指示剂，消耗 HCl 标准溶液 20mL，接着以甲基橙为指示剂时又用去 HCl 标准溶液 30mL，则水样中碱度组成为（　　　）。

A. $OH^- + CO_3^{2-}$　　　B. OH^-　　　C. CO_3^{2-}　　　D. $HCO_3^- + CO_3^{2-}$

5-20　某 NaOH 标准溶液，在保存过程中吸收了少量的 CO_2，若用此标准溶液来标定 HCl 溶液浓度，以酚酞为指试剂，所测得的 HCl 溶液浓度结果（　　　）。

A. 偏高　　　　　　B. 偏低　　　　　　C. 不影响　　　　　　D. 不确定

5-21　某酸碱指示剂的 $K = 1.0 \times 10^{-5}$，则从理论上推断其变色范围是（　　　）。

A. 4 ~ 5　　　　　B. 5 ~ 6　　　　　C. 4 ~ 6　　　　　D. 5 ~ 7

5-22　用盐酸标准溶液滴定混合碱，以 ln1 为指示剂，滴定至变色，继以 ln2 为指示剂，滴定至变色。这两种指示剂是（　　　）。

A. ln1 为酚酞，颜色由红变无色　　　　　B. ln1 为酚酞，颜色由无色变红

C. ln1 为甲基橙，颜色由橙黄变黄　　　　D. ln1 为甲基橙，颜色由红变黄色

5-23　已知下列各物质的 K_b：

①Ac^-（5.9×10^{-10}）

②NH_2NH_2（3.0×10^{-8}）

③NH_3（1.8×10^{-5}）

④S^{2-}（$K_{b1} = 1.41$，$K_{b2} = 7.7 \times 10^{-8}$）

其共轭酸酸性由强到弱的次序是（　　　）。

A. ① > ② > ③ > ④   B. ④ > ③ > ② > ①

C. ① > ② ≈ ④ > ③   D. ③ > ② ≈ ④ > ①

5-24 用 HCl 标准溶液滴定某碱度溶液，以酚酞作指示剂，消耗 HCl 标液 V_1 mL，再用甲基橙作指示剂，消耗 HCl 标液 V_2 mL，若 $V_1 < V_2$，则碱度的组成为（   ）。

A. NaOH   B. Na_2CO_3

C. $NaOH + Na_2CO_3$ D. $Na_2CO_3 + NaHCO_3$

5-25 某水溶液中含 Ca^{2+} 为 40mg/L，设其溶液密度（25℃）为 1g/mL，则 Ca^{2+} 的浓度为（   ）mol/L（已知 Ca 的摩尔质量为 40.08g/mol）。

A. 1.0   B. 0.10   C. 0.010   D. 1.0×10^{-3}

5-26 下列滴定中，不能准确进行的是（   ）。

A. 0.01mol/L HCl 滴定 0.01mol/L NaOH

B. 0.1mol/L HCl 滴定 0.1mol/L NaCN（HCN 的 $K_a = 4.9 \times 10^{-10}$）

C. 0.1mol/L NaOH 滴定 0.1mol/L NH_4Cl（NH_3 的 $K_b = 1.8 \times 10^{-5}$）

D. 0.1mol/L NaOH 滴定 0.01mol/L 氯乙酸（$K_a = 4.2 \times 10^{-4}$）

5-27 某水样碱度组成为含 CO_3^{2-} 碱度为 0.0010mol/L，HCO_3^- 碱度为 0.0020mol/L，则总碱度以 $CaCO_3$ 计为（   ）mmol/L。

A. 2.0   B. 1.5   C. 0.84   D. 1.4

5-28 某碱样为 NaOH 和 Na_2CO_3 的混合液。用 HCl 标准溶液滴定。先以酚酞为指示剂，耗去 HCl 溶液体积为 V_1，继以甲基橙为指示剂，又耗去 HCl 溶液体积为 V_2。V_1 与 V_2 的关系是（   ）。

A. $V_1 = 2V_2$ B. $2V_1 = V_2$ C. $V_1 > V_2$ D. $V_1 < V_2$

5-29 只考虑酸度的影响，下列叙述正确的是（   ）。

A. 酸效应系数越大，配位反应越完全

B. 酸效应系数越大，条件稳定常数越大

C. 酸效应系数越小，滴定曲线的突跃范围越大

D. 酸效应系数越小，滴定曲线的突跃范围越小

5-30 下列因素中，使配位滴定突越范围变小的原因是（   ）。

A. 增大金属离子浓度   B. 增大 EDTA 浓度

C. 增大溶液中氢离子浓度   D. 增大指示剂浓度

5-31 在络合滴定中，金属离子与 EDTA 形成络合物越稳定，在滴定时，允许的 pH 值（   ）。

A. 越高   B. 越低   C. 中性   D. 不要求

5-32 EDTA 滴定法是目前测定总硬度的常用方法，请指出本法所用的指示剂为（   ）。

A. 铬黑 T   B. 酸性铬蓝 K   C. 酚酞络合剂   D. 甲基百里酚酞

5-33 国家标准规定标定 EDTA 溶液的基准试剂是（   ）。

A. MgO   B. ZnO   C. Mg 片   D. Cu 片

5-34 产生金属指示剂僵化现象是因为（   ）。

A. 指示剂不稳定   B. MIn 溶解度小   C. $K'_{MIn} < K'_{MY}$ D. $K'_{MIn} > K'_{MY}$

5-35 已知 0.1000mol/L EDTA 溶液，在某酸度下 Y^{4-} 离子的酸效应系数的对数为 $\lg\alpha_{Y(H)} = 7.24$，则该溶液中 $[Y^{4-}]$ 等于（　　） mol/L。

  A. $10^{-7.24}$ B. $10^{7.24}$ C. $10^{-8.24}$ D. $10^{-6.24}$

5-36 以 EDTA 滴定 Ca^{2+}，若已知 K_{CaY} 和 $\alpha_{Y(H)}$，则该滴定反应的酸效应平衡常数 K'_{CaY} 为（　　）。

  A. $\alpha_{Y(H)}K_{CaY}$ B. $\alpha_{Y(H)}/K_{CaY}$ C. $K_{CaY}/\alpha_{Y(H)}$ D. $\alpha_{Y(H)}/[Ca^{2+}]$

5-37 用 EDTA 滴定 Ca^{2+} 离子反应的 $\lg K_{CaY} = 10.69$。当 pH = 9.0 时，Y^{4-} 离子的 $\lg\alpha = 1.29$，则该反应的 $\lg K'_{CaY}$ 等于（　　）。

  A. 1.29   B. -9.40   C. 10.69   D. 9.40

5-38 当络合物的稳定常数符合下列哪种情况时，才可以用于络合滴定（$C_M = 10^{-2}$mol/L）?（　　）

  A. $\lg K'_稳 > 6$ B. $\lg K'_稳 < 6$ C. $\lg K'_稳 < 8$ D. $\lg K'_稳 > 8$

5-39 pH = 3 时，EDTA 的酸效应系数为 $10^{10.60}$，若某金属离子的浓度为 0.01mol/L，则该离子被准确滴定的条件为（　　）。

  A. $\lg K'_稳 \geqslant 16.60$ B. $\lg K'_稳 < 16.60$ C. $\lg K'_稳 \geqslant 18.60$ D. $\lg K'_稳 < 18.60$

5-40 已知 pH = 12 时，Y^{4-} 离子在 EDTA 总浓度中占 98.04%，则酸效应系数为（　　）。

  A. 0.98   B. 98.04   C. 1.02×10^2 D. 1.02

5-41 Fe^{3+}、Al^{3+} 对铬黑 T 有（　　）。

  A. 催化作用   B. 氧化作用   C. 沉淀作用   D. 封闭作用

5-42 在 pH = 10 的条件下，用 EDTA 滴定水中的 Ca^{2+}、Mg^{2+} 时，Al^{3+}、Fe^{3+}、Ni^{2+}、Co^{2+} 对铬黑 T 指示剂有什么作用？如何屏蔽？（　　）

  A. 封闭作用，KCN 掩蔽 Al^{3+}、Fe^{3+}，三乙醇胺掩蔽 Ni^{2+}、Co^{2+}

  B. 封闭作用，KCN 掩蔽 Ni^{2+}、Co^{2+}，三乙醇胺掩蔽 Al^{3+}、Fe^{3+}

  C. 僵化作用，KCN 掩蔽 Al^{3+}、Fe^{3+}，三乙醇胺掩蔽 Ni^{2+}、Co^{2+}

  D. 僵化作用，KCN 掩蔽 Ni^{2+}、Co^{2+}，三乙醇胺掩蔽 Al^{3+}、Fe^{3+}

5-43 某溶液主要含 Ca^{2+}、Mg^{2+} 及少量 Fe^{3+}、Al^{3+}，在 pH = 10 时，加入三乙醇胺后以 EDTA 滴定，用铬黑 T 为指示剂，则测出的是（　　）。

  A. Mg^{2+} B. Ca^{2+} C. Ca^{2+}、Mg^{2+} D. Fe^{3+}、Al^{3+}

5-44 下列方法中，适用于测定水的硬度的是（　　）。

  A. 碘量法   B. $K_2Cr_2O_7$ 法   C. EDTA 法   D. 酸碱滴定法

5-45 Mohr 不能用于 I^- 离子的测定，主要是因为（　　）。

  A. AgI 的溶解度太小   B. AgI 的沉淀速度太快

  C. AgI 的吸附能力太强   D. 没有合适的指示剂

5-46 Mohr 法适用的 pH 范围一般为 6.5~10.5，但应用于 NH_4Cl 中氯含量时，其适用的 pH 为 6.5~7.2，这主要是由于碱性稍强时（　　）。

  A. 易形成 Ag_2O 沉淀   B. 易形成 AgCl 配离子

  C. 易形成 $Ag(NH_3)_2^+$ 配离子   D. Ag_2CrO_4 沉淀提早形成

5-47 莫尔法测 Cl^- 时，若酸度过高，则（　　）。

A. AgCl 沉淀不完全   B. Ag_2CrO_4 沉淀不易形成

C. 终点提前出现   D. AgCl 沉淀吸附 Cl^- 增多

5-48 下列方法中，最适合用于测定海水中 Cl^- 的测定方法是（   ）。

A. $AgNO_3$ 沉淀 – 电位滴定法   B. $KMnO_4$ 氧化还原滴定法

C. EDTA 络合滴定法   D. 目视比色法

5-49 测定 0.2173g 某含氯试样时，耗去 0.1068mol/L $AgNO_3$ 溶液 28.66mL。则该试样中的 Cl% 为（   ）。

A. 14.09   B. 49.93   C. 99.86   D. 24.97

5-50 以 $Na_2C_2O_4$ 为基准物标定 $KMnO_4$ 溶液时，标定条件正确的是（   ）。

A. 加热沸腾，然后滴定   B. 用 H_3PO_4 控制酸度

C. H_2SO_4 控制酸度   D. 用二苯胺磺酸钠作指示剂

5-51 不影响条件电极电位的因素有（   ）。

A. 溶液的离子强度   B. 溶液中有配位体存在

C. 待测离子浓度   D. 溶液中存在沉淀剂

5-52 以下所列哪种物质可以用于配制化学需氧量的标准溶液？（   ）

A. 盐酸羟胺   B. 邻苯二甲酸氢钾

C. 亚硝酸钠   D. 硫代硫酸钠

5-53 已知 $E^{\ominus}_{I_2/I^-} = 0.54V$，$E^{\ominus}_{cu^{2+}/cu^+} = 0.16V$，从两个电对的电位来看，下列反应 $2Cu^{2+} + 4I^- = 2CuI + I_2$ 应该向左进行，而实际是向右进行，其主要原因是（   ）。

A. 由于生成 CuI 稳定配合物，使 Cu^{2+}/Cu^+ 电对电位升高

B. 由于生成 CuI 难溶化合物，使 Cu^{2+}/Cu^+ 电对电位升高

C. 由于 I_2 难溶于水，使反应向右进行

D. 由于 I_2 具有挥发性，使反应向右进行

5-54 测定水样中 F^- 离子时采用的总离子强度调节缓冲溶液中，不可能存在的是（   ）。

A. NaCl   B. NH_4Cl C. NaAc   D. HAc

5-55 测定化学需氧量的水样应如何保存？（   ）

A. 过滤   B. 蒸馏   C. 加酸   D. 加碱

5-56 耗氧量为每升水中在一定条件下被氧化剂氧化时消耗氧化剂的量，折算为氧的毫克数表示（   ）。

A. 有机物   B. 有机污染物   C. 氧化性物质   D. 还原性物质

5-57 在酸性介质中，用 $KMnO_4$ 溶液滴定草酸盐，滴定应是（   ）。

A. 像酸碱滴定那样快速进行   B. 开始缓慢进行，以后逐渐加快

C. 始终缓慢地进行   D. 开始快，然后缓慢

5-58 重铬酸钾法的终点，由于 Cr^{3+} 的绿色影响观察，常采取的措施是（   ）。

A. 加掩蔽剂   B. 使 Cr^{3+} 沉淀后分离

C. 加有机溶剂萃取除去   D. 加较多的水稀释

5-59 含 Cl^- 的介质，用 $KMnO_4$ 滴定 Fe^{2+}，加入 $MnSO_4$ 的目的（   ）。

A. 抑制 MnO_4^- 氧化 Cl^- 的副反应发生　　　　B. 作为滴定反应的指示剂

C. 增大滴定的突跃区间　　　　　　　　　　　　D. 同时滴定 Fe^{2+} 和 Mn^{2+}

5-60　下列污水水质指标，由大到小的顺序是（　　）。

A. $TOD > COD_{Mn} > TOC > BOD_5$　　　　B. $TOD > COD_{Cr} > BOD_5 > TOC$

C. $COD_{Cr} > TOD > BOD_5 > TOC$　　　　D. $TOD > COD_{Cr} > TOC > BOD_5$

5-61　测定 5 天生化需氧量，水样的培养温度应控制在（　　）℃。

A. 18 ± 1　　　　　　B. 20 ± 1　　　　　　C. 25 ± 1　　　　　　D. 28 ± 1

5-62　在间接碘量法中，若滴定开始前加入淀粉指示剂，测定结果将（　　）。

A. 偏低　　　　　　　B. 偏高　　　　　　　C. 无影响　　　　　　D. 无法确定

5-63　水中有机物污染综合指标不包括（　　）。

A. TOD　　　　　　　B. TCD　　　　　　　C. TOC　　　　　　　D. COD

5-64　在 COD 的测定中加入 $AgSO_4$ 的作用是（　　）。

A. 催化剂　　　　　　B. 沉淀剂　　　　　　C. 消化剂　　　　　　D. 指示剂

5-65　$KMnO_4$ 法测定 H_2O_2，为了加速反应，可（　　）。

A. 加热　　　　　　　B. 增大浓度　　　　　C. 加 Mn^{2+}　　　　　D. 开始多加 $KMnO_4$

5-66　酸性 $KMnO_4$ 法测定化学耗氧量（高锰酸盐指数）时，用作控制酸度的酸应使用（　　）。

A. 盐酸　　　　　　　B. 硫酸　　　　　　　C. 硝酸　　　　　　　D. 磷酸

5-67　测定 COD 的方法属于（　　）。

A. 直接滴定法　　　　B. 返滴定法　　　　　C. 间接滴定法　　　　D. 置换滴定法

5-68　分光光度检测器直接测定的是（　　）。

A. 入射光强度　　　　B. 吸收光强度　　　　C. 透过光强度　　　　D. 蔽射光强度

5-69　今有甲乙两个不同浓度的同一有色物质的溶液，用同一波长的光，同一厚度的比色皿测得吸光度为：甲为 0.2，乙为 0.3，如果甲的浓度为 4.0×10^{-4} mol/L，则乙的浓度为（　　）mol/L。

A. 2.0×10^{-4}　　　B. 4.0×10^{-4}　　　C. 6.0×10^{-4}　　　D. 8.0×10^{-4}

5-70　在分光光度法中，吸光度和透光度的关系是下列四个中的（　　）。

A. $A = \lg T$　　　　B. $A = \lg(1/T)$　　　C. $T = \lg A$　　　　D. $A = \ln(1/T)$

5-71　下列说法错误的是（　　）。

A. 摩尔吸光系数随浓度增大而增大　　　　　B. 吸光度随浓度增大而增大

C. 透光度 T 随浓度增加而减小　　　　　　D. 透光度 T 随比色皿加厚而减小

5-72　在分光光度法中，宜选用的吸光度读数范围为（　　）。

A. $0 \sim 0.2$　　　　　B. $0.1 \sim 0.3$　　　　C. $0.3 \sim 1.0$　　　　D. $0.2 \sim 0.8$

5-73　某物质的摩尔吸光系数 ε 很大，则表明（　　）。

A. 该物质溶液的浓度很大　　　　　　　　　B. 光通过该物质溶液的光程长

C. 测定该物质的灵敏度低　　　　　　　　　D. 测定该物质的灵敏度高

5-74　在吸光光度法测定中，浓度的相对误差最小时的 A 值为（　　）。

A. 0.378　　　　　　　B. 0.434　　　　　　　C. 0.500　　　　　　　D. 1.00

5-75　某符合比耳定律的有色溶液，当浓度为 c 时，其透光度为 T_0；若浓度增大 1 倍，则此溶液的透光度的对数为 (　　)。

A. $T_0/2$　　　　　　　B. $2T_0$　　　　　　　C. $2\lg T_0$　　　　　　　D. $1/2\lg T$

5-76　符合比尔定律的某有色溶液稀释时，其最大吸收峰的波长位置 (　　)。

A. 向短波方向移动　　　　　　　　B. 向长波方向移动

C. 不移动，但高峰值降低　　　　　　D. 不移动，但高峰值增大

5-77　分光光度法中，吸光度与 (　　) 无关。

A. 入射光波长　　　B. 液层厚度　　　C. 液层高度　　　D. 溶液浓度

5-78　甲、乙两份不同浓度的有色溶液，甲溶液用 1cm 的吸收池进行测定，乙溶液用 2cm 的吸收池进行测定，结果在同一个波长下测定的吸光度相同，他们的浓度关系是 (　　)。

A. 甲是乙的 1/2 倍　　　　　　　　B. 甲和乙相等

C. 甲是乙的 lg2 倍　　　　　　　　D. 甲是乙的 2 倍

5-79　有甲、乙两个不同浓度的同一有色物质水样，用同一波长进行测定。当甲水样用 1cm 比色皿，乙用 2cm 比色皿，测定的吸光度相同，则它们的浓度关系是 (　　)。

A. 甲是乙的 1/2　　B. 甲是乙的 4 倍　　C. 乙是甲的 1/2　　D. 乙是甲的 4 倍

5-80　Fe 和 Cd 的摩尔质量分别是 55.85g/L 和 112.4g/L，分别反应后，用吸收光谱法测定。同样质量的两元素显色成相同体积的溶液，前者用 2cm 比色皿，后者用 1cm 比色皿，测定吸光度相同。则两种显色反应产物的摩尔吸收系数为 (　　)。

A. Cd 的约为 Fe 的 4 倍　　　　　　B. Fe 的约为 Cd 的 4 倍

C. Cd 的约为 Fe 的 2 倍　　　　　　D. Fe 的约为 Cd 的 2 倍

5-81　若两电对的电子转移数分别为 1 和 2，为了使反应的完全度达到 99.9%，两电对的条件电极电位差至少应大于 (　　) V。

A. 0.09　　　　　　　B. 0.18　　　　　　　C. 0.24　　　　　　　D. 0.27

5-82　电位分析法主要用于低价离子测定的原因是 (　　)。

A. 低价离子的电极易制作，高价离子的电极不易制作

B. 高价离子的电极还未研制出来

C. 能斯特方程对高价离子不适用

D. 测定高价离子的灵敏度低，测量的误差大

5-83　直接电位法测定溶液中离子浓度时，通常采用的定量方法是 (　　)。

A. 内标法　　　B. 外标法　　　C. 标准加入法　　　D. 比较法

5-84　离子选择电极的一般组成分为 (　　)。

A. 内参比电极、饱和 KCl 溶液、功能膜、电极管

B. 内参比电极、内参比溶液、功能膜、电极管

C. 内参比电极、pH 缓冲溶液、功能膜、电极管

D. 内参比电极、功能膜、电极管

5-85　电位分析法中，离子活度变化为 10 倍时，根据能斯特方程，25℃时其对应电位变化 (　　)。

A. $\dfrac{0.059}{n}\mathrm{V}$　　　　　B. $\dfrac{0.059}{nF}\mathrm{V}$　　　　　C. $\dfrac{0.059}{F}\mathrm{V}$　　　　　D. 0.059V

5-86 测定水中 F⁻ 含量时，加入总离子强度调节缓冲溶液，其 NaCl 的作用是（　　）。

A. 控制溶液的 pH 值在一定的范围内　　　　B. 使溶液的离子强度保持一定值

C. 掩撒 Al^{3+}，Fe^{3+} 干扰离子　　　　D. 加快响应时间

5-87 测定溶液 pH 值时，所用的指示电极是（　　）。

A. 氢电极　　　　B. 铂电极　　　　C. 玻璃电极　　　　D. 银—氯化银电极

5-88 玻璃电极在使用前，需在去离子水中浸泡 24h 以上，目的是（　　）。

A. 消除不对称电位　　　　　　　　B. 消除液接电位

C. 清洗电极　　　　　　　　　　　D. 使不对称电位处于稳定值

5-89 在实际测定溶液 pH 值时，矫正电极及仪器都用（　　）。

A. 标准缓冲溶液　　B. 电位计　　C. 标准电池　　D. 标准电极

5-90 用 NaOH 滴定 $H_2C_2O_4$ 应选用（　　）电极做指示电极。

A. Pt 电极　　　　B. 氟电极　　　　C. 玻璃电极　　　　D. 银电极

5-91 在下列四种表述中，说明随机误差小的是（　　）。

（1）空白试验的结果可忽略不计；

（2）用标准试样做对照试验结果没有显著误差；

（3）平行测定的标准偏差小；

（4）高精密度

A.（1），（2）　　B.（3），（4）　　C.（1），（3）　　D.（2），（4）

5-92 进行分析测定时，怀疑所用试剂变质，则应进行（　　）。

A. 反复试验　　B. 分离试验　　C. 空白试验　　D. 对照实验

5-93 用双硫腙光度法测定 1.0×10^{-5} mol/L Pb^{2+} 溶液，用 1cm 比色皿在 520nm 下测得透光度为 10%，则此化合物的摩尔吸光系数为（　　）L/（mol·cm）。

A. 1.0×10^2　　　　B. 1.0×10^3　　　　C. 1.0×10^4　　　　D. 1.0×10^5

5-94 用同一高锰酸钾溶液分别滴定容积相等的 $FeSO_4$ 和 $H_2C_2O_4$ 溶液，消耗的容积相等，则说明两溶液的浓度 c（单位：mol/L，下同）的关系是（　　）。

A. $c(FeSO_4) = c(H_2C_2O_4)$　　　　B. $c(FeSO_4) = 2c(H_2C_2O_4)$

C. $c(H_2C_2O_4) = 2c(FeSO_4)$　　　　D. $c(FeSO_4) = 4c(H_2C_2O_4)$

5-95 下列基准物质中，既可标定 NaOH，又可标定 $KMnO_4$ 溶液的是（　　）。

A. ⬡—COOK, COOH　　　　　　B. $Na_2C_2O_4$

C. $H_2C_2O_4 \cdot 2H_2O$　　　　　　D. $Na_2B_4O_7 \cdot 10H_2O$

5-96 一般认为适于生化法处理的污水，其 BOD_5/COD 的比值应大于（　　）。

A. 0. 1　　　　B. 0. 2　　　　C. 0. 3　　　　D. 0. 4

5-97 已知在 1mol/L H_2SO_4 溶液中，$\varphi^{\ominus'}(MnO_4^-/Mn^{2+}) = 1.45V$，$\varphi^{\ominus'}(Fe^{3+}/Fe^{2+}) = 0.68V$。在此条件下用 $KMnO_4$ 标准溶液滴定 Fe^{2+}，其计量点的电位值为（　　）V。

A. 0. 38　　　　B. 0. 73　　　　C. 0. 89　　　　D. 1. 32

5-98 电位分析法中，指示电极的电位与待测离子的活度有以下关系，即（　　）。

A. 电位与活度的对数呈线性关系　　　　B. 线性关系

C. 正比关系　　　　　　　　　　　　D. 指数关系

5-99　离子选择性电极电位选择性系数可用于（　　）。

A. 估计电极的检出限　　　　　　　　B. 估计共存离子的干扰程度

C. 校正方法误差　　　　　　　　　　D. 计算电极的反应斜率

5-100　以下离子中会对氟离子选择电极的测定产生显著干扰的是（　　）。

A. Al^{3+}　　　　　　B. I^-　　　　　　C. Na^+　　　　　　D. La^+

5-101　玻璃膜电极能用于测定溶液的 pH 值，是因为（　　）。

A. 在一定的温度下，玻璃膜电极的膜电位与溶液的 pH 值呈直线关系

B. 在一定的温度下，玻璃膜电极的膜电位与溶液中的 H^+ 值呈直线关系

C. 在一定的温度下，玻璃膜电极的膜电位与溶液中的 ［H^+］ 值呈直线关系

D. 玻璃膜电极的膜电位与溶液的 pH 值呈直线关系

复习题答案与提示

5-1　D。提示：系统误差是由固定因素引起，重复出现，具有单向性。试样吸收空气中水、天平零点稍有波动及读取滴定管读数时，最后一位数字估值不准都是一些偶然因素，会产生偶然误差，试剂包括蒸馏水引起的误差是固定因素引起，会产生系统误差。

5-2　D。提示：

根据相对误差定义：

A 相对误差 $= \dfrac{|\pm 0.0001|}{0.6070} \times 100\% = 0.016\%$；

B 相对误差 $= \dfrac{|\pm 0.01|}{30.25} \times 100\% = 0.033\%$；

C 相对误差 $= \dfrac{|\pm 0.01|}{45.82} \times 100\% = 0.022\%$；

D 相对误差 $= \dfrac{|\pm 0.0001|}{0.2028} \times 100\% = 0.049\%$。

可见 D 的相对误差最大。

5-3　C。提示：标准偏差是测定结果精密度的标志。

5-4　C。提示：偶然误差具有随机性（无法避免）、不可测性、统计性（呈正态分布—绝对值相等的正、负误差出现概率相等）。

5-5　C。提示：增加平行测定的次数可减少偶然误差。空白试验、仪器校准、分析结果校正可减少系统误差。

5-6　D。提示：系统误差是由固定性原因引起的，使测定结果系统偏高或偏低。系统误差具有恒定性、单向性、重复性特点。系统误差产生的原因主要是方法误差、仪器误差、试剂误差及操作误差，因此 A、B、C 均是系统误差。偶然误差是由某些偶然不确定因素引起的，其大小、正负无法测定。称量时环境的震动是不可控随机因素，因此属于偶然误差。

5-7　C。提示：试样移取量为 10.0mL，说明实验数据记录采用 3 位有效数字，因此测定结果也只需要保留 3 位效数字，答案选 C。

5-8　D。提示：偶然误差呈正态分布，而系统误差具有恒定性、单向性、重复性、可测性。

5-9　C。提示：绝对误差 = 测定值 − 真值。

5-10　C。提示：滴定管可估读至小数点后第二位，即最多可记录 4 位有效数字。

5-11　C。提示：pH 及对数值计算，有效数字按小数点后的位数保留，pH = 12. 35，两位有效数字。

5-12　C。提示：相对偏差 $= \dfrac{测定值 − 平均值}{平均值} \times 100\%$。

5-13　A。提示：指示剂变色点和计量点不一致导致终点误差，是滴定分析法的方法误差，属于系统误差。

5-14　C。提示：$V = \dfrac{0.01}{0.05\%} = 20\text{mL}$。

5-15　D。提示：NaOH 滴定 HAc 至化学计量点生成的产物是 NaAc，NaAc 为 HAc 的共轭碱，根据一元弱碱的计算公式：

$$K_a \cdot K_b = K_w, \quad K_b = \frac{K_w}{K_a}$$

$$c(\text{OH}^-) = \sqrt{K_b \cdot c}$$

$$= \sqrt{\frac{K_w}{K_a} \cdot c}$$

$$c(\text{H}^+) \cdot c(\text{OH}^-) = K_w$$

$$c(\text{H}^+) = \frac{K_w}{c(\text{OH}^-)}$$

$$= \frac{K_w}{\sqrt{\dfrac{K_w}{K_a} \cdot c}}$$

$$= \sqrt{\frac{K_a \cdot K_w}{c}}$$

5-16　A。提示：强酸滴定弱碱，影响滴定突跃的因素有两个，一个是酸碱的浓度，酸碱浓度越高，滴定突跃越长；另一个是酸碱的强弱，当酸碱的浓度一定时，碱的强度（K_b）越大，滴定突跃越长，因此应选 A。

5-17　D。提示：强酸碱相互滴定时，强酸碱浓度增大（或减少）一个数量级，则滴定突跃增大（或减少）两个 pH 单位。

5-18　C。提示：酚酞在里面是无色的，说明溶液中无 OH^- 和 CO_3^{2-} 碱度；甲基橙在里面是黄色的，说明溶液中有 HCO_3^-。

5-19　D。提示：连续滴定法测定水样的碱度时，若 $V_甲 > V_酚$，则碱度的组成必为 $\text{HCO}_3^- + \text{CO}_3^{2-}$。

$$\text{CO}_3^{2-} + \text{H}^+ \xrightarrow[V_酚]{酚酞} \begin{array}{c}\text{HCO}_3^- \\ \text{HCO}_3^-\end{array} + \text{H}^+ \xrightarrow[V_甲]{甲基橙} \text{H}_2\text{CO}_3$$

5-20　A。提示：NaOH 标准溶液吸收 CO_2 的反应：

$$2\text{NaOH} + \text{CO}_2 = \text{Na}_2\text{CO}_3 + \text{H}_2\text{O}, \quad 2\text{NaOH} \sim \text{Na}_2\text{CO}_3$$

该 NaOH 标准溶液标定 HCl 溶液，以酚酞为指试剂所发生的反应：

$$NaOH + HCl = H_2O + NaCl \qquad\qquad NaOH \sim HCl$$
$$Na_2CO_3 + HCl = NaHCO_3 + NaCl \qquad 2NaOH \sim Na_2CO_3 \sim HCl$$

可见由于 NaOH 标准溶液吸收 CO_2，消耗 NaOH 标准溶液量要多，据 $c(NaOH)V(NaOH) = c(HCl)V(HCl)$，得 HCl 溶液浓度偏高。

5-21　C。提示：酸碱指示剂的理论变色范围为：
$$pH = pK_a \pm 1 = -\lg 1.0 \times 10^{-5} \pm 1 = 5 \pm 1$$

5-22　A。提示：连续滴定法测定溶液的碱度，首先以酚酞为指示剂，滴定至红色消失，继续以甲基橙为指示剂，滴定至由黄色变红色。因此 ln1 为酚酞，由红变无色；ln2 为甲基橙，由黄变红。

5-23　A。提示：一个碱的碱性越强，其共轭酸的酸性越弱。根据其共轭碱的解离常数，④ > ③ > ② > ①可知，其共轭酸酸性① > ② > ③ > ④。

5-24　D。提示：根据碱度分析，若水样中有 CO_3^{2-} 和 HCO_3^- 碱度 $CO_3^{2-} + H^+ \xrightarrow[P]{\text{酚酞}} HCO_3^- + H^+ \xrightarrow[M]{\text{甲基橙}} H_2CO_3$

$P < M$，$HCO_3^- = M - P$；$CO_3^{2-} = 2P$

$P = V_1$，$M = V_2$，$P < M$，即 $V_1 < V_2$，因此答案为 D。

5-25　D。提示：$40mg/L = 40 \times 10^{-3}g/L$　$Ca^{2+} \ mol/L = \dfrac{40 \times 10^{-3}}{40.08} \approx 1.0 \times 10^{-3} mol/L$。

5-26　C。提示：一元弱酸碱能被直接准确滴定的条件是 $cK_a \geq 10^{-8}$ 或 $cK_b \geq 10^{-8}$。

NH_4Cl 的 $K_a = \dfrac{K_w}{K_b} = \dfrac{1.0 \times 10^{-14}}{1.8 \times 10^{-5}} = 5.56 \times 10^{-10}$

$cK_a < 10^{-10}$，不能被滴定。

5-27　A。提示：$CO_3^{2-} \sim CaCO_3$；$2HCO_3^- \sim CaCO_3$。

总碱度为 $0.0010mol/L \times 10^3 + 1/2 \times 0.0020mol/L \times 10^3 = 2.0mmol/L \ CaCO_3$。

5-28　C。提示：
$$\begin{matrix} OH^- \\ CO_3^{2-} \end{matrix} + H^+ \xrightarrow[V_1]{\text{酚酞}} \begin{matrix} H_2O \\ HCO_3^- \end{matrix} + H^+ \xrightarrow[V_2]{\text{甲基橙}} H_2CO_3$$

V_1 是滴定 OH^- 碱度和一半 CO_3^{2-} 碱度消耗的 HCl 标准溶液体积；V_2 只是一半 CO_3^{2-} 碱度消耗的 HCl 标准溶液体积，故 $V_1 > V_2$。

5-29　C。提示：酸效应系数越小，酸度引起的副反应越小，条件稳定常数越大，滴定曲线的突跃范围越大。

5-30　C。提示：氢离子浓度越大，pH 越低，酸效应系数越大。条件稳定常数越小，滴定突越就越小。

5-31　B。提示：$\lg K' = \lg K - \lg \alpha$，当 $\lg K' \geq 8$ 可被准确滴定，即 $\lg \alpha = \lg K - 8$，对应的 pH 为最低 pH 值，当 $\lg K$ 值越大，络合物越稳定，对应的最低 pH 越低，金属离子抵抗酸干扰能力越强。

5-32　A。提示：见总硬度测定方法。

5-33　B。提示：标定 EDTA 的基准物质常用 ZnO 或 $CaCO_3$。

5-34　B。提示：金属指示剂僵化就是因为金属指示剂与金属离子生成物 MIn 是难溶于水的胶体或沉淀，使终点拖后的现象。

5-35　C。提示：$\lg\alpha_{Y(H)} = 7.24$，$\alpha_{Y(H)} = 10^{7.24}$，$\alpha_{Y(H)} = \dfrac{[Y]_{总}}{[Y^{4-}]}$，$[Y]_{总} = 0.1000\text{mol/L}$，$[Y^{4-}] = 10^{-8.24}\text{mol/L}$。

5-36　C。提示：考虑酸效应影响，Ca^{2+} 与 EDTA 络合物的实际稳定常数即条件稳定常数为 $K'_{CaY} = K_{CaY}/\alpha_{Y(H)}$。

5-37　D。提示：$\lg K'_{CaY} = \lg K_{CaY} - \lg a = 10.69 - 1.29 = 9.40$。

5-38　D。提示：金属离子能被准确滴定的条件是 $\lg c_M K'_{稳} \geqslant 6$，当 $C_M = 10^{-2}\text{mol/L}$，要求 $\lg K'_{稳} \geqslant 8$。

5-39　C。提示：$\lg K'_{稳} = \lg K_{稳} - \lg\alpha_{Y(H)} \geqslant 8$
$$\lg K_{稳} \geqslant 8 + \lg\alpha_{Y(H)} \geqslant 8 + \lg 10.60 \geqslant 8 + 10.60 \geqslant 18.60$$

5-40　D。提示：$98.04\% = \dfrac{Y^{4-}}{Y_{总}}$；$\alpha_{Y(H)} = \dfrac{Y_{总}}{Y^{4-}}$。

5-41　D。提示：Fe^{3+}、Al^{3+} 可与指示剂铬黑 T 形成稳定络合物，使指示剂在终点时无法进行颜色的转变。

5-42　B。提示：测定水中 Ca^{2+} 和 Mg^{2+} 时，Al^{3+}、Fe^{3+}、Ni^{2+}、Co^{2+} 对铬黑 T 指示剂有封闭作用，干扰测定，因此要加入 KCN 与 Ni^{2+}、Co^{2+} 离子形成络合物进行掩蔽，而加入三乙醇胺与 Al^{3+}、Fe^{3+} 离子形成络合物进行掩蔽。

5-43　C。提示：在 $pH = 10$ 时，加入三乙醇胺掩蔽 Fe^{3+}、Al^{3+} 后，用 EDTA 作标准溶液，以铬黑 T 为指示剂可以测定 Ca^{2+} 和 Mg^{2+} 合量。

5-44　C。提示：碘量法和 $K_2Cr_2O_7$ 法属于氧化还原滴定法，用于滴定水中氧化还原性物质，酸碱滴定法用于滴定水中酸碱性物质，EDTA 法即络合滴定法，以 EDTA 作标准溶液，用于滴定水中金属离子，络合滴定法可用于测定水中硬度即 Ca^{2+} 和 Mg^{2+}，因此答案应选 C。

5-45　C。提示：AgI 容易吸附包夹构晶离子，造成很大的误差。因此摩尔法不能用于 I^- 离子的测定。

5-46　C。提示：在碱性溶液中，$NH_4^+ + OH^- =\!=\!= NH_3 + H_2O$
$$Ag^+ + 2NH_3 =\!=\!= Ag(NH_3)_2^+$$

5-47　B。提示：酸度偏高，部分指示剂 K_2CrO_4 转化为 $Cr_2O_7^{2-}$，指示剂浓度降低，Ag_2CrO_4 沉淀不易形成，终点拖后，结果偏高。

5-48　A。提示：水中 Cl^- 的测定方法常用沉淀法或电位滴定法，海水中 Cl^- 含量高，干扰物质多，可采用沉淀 - 电位滴定法，该方法以 $AgNO_3$ 做标准溶液，通过电位的突跃确定终点，可避免其他离子的干扰；$KMnO_4$ 滴定法常用于比较清洁水中还原性物质测定；EDTA 络合滴定法常用于测定水中金属离子浓度；目视比色法是利用微量元素显色后，根据颜色的深浅比较测定。

5-49　B。提示：$Cl\% = \dfrac{0.1068 \times 28.66 \times 35.45 \times 10^{-3}}{0.2173} \times 100\% = 49.93\%$。

5-50　C。提示：$Na_2C_2O_4$ 与 $KMnO_4$ 反应，需要在强酸性 H_2SO_4 介质中进行，加热温度

不能过高，$KMnO_4$ 作为自身指示剂，不需要另加其他指示剂。

5-51　C。提示：影响条件电极电位的因素有温度、离子强度、副反应（配位体存在、沉淀剂存在等）。

5-52　B。提示：用于配制化学需氧量标准溶液的物质应为含碳（代表有机物）的可溶物质。

5-53　B。提示：碘量法测定水中 Cu^{2+}，在被还原成后，又与生成沉淀，使电极电位由原来的 $0.16V$ 上升到 $0.87V$，此时 $E_{12/1^-}^{\ominus} = 0.54V$，$E_{Cu^{2+}/CuI}^{\ominus} = 0.87$，$E_{12/1^-}^{\ominus} < E_{Cu^{2+}/CuI}^{\ominus}$，因此反应向右进行。

5-54　B。提示：离子选择电极法测定水中 F^- 时，采用的总离子强度调节缓冲溶液 TISAB 中含有：$NaCl$、$NaAc$、HAc、柠檬酸钠，不含有 NH_4Cl。

5-55　C。提示：在碱性介质中易造成有机物的损失。

5-56　D。提示：高锰酸钾氧化性很强，无机和有机还原性物质均能被氧化。

5-57　B。提示：反应产物有催化作用即自动催化，开始反应产物少，催化作用不明显，反应速度慢，随着反应进行，产物增多，催化作用明显，速度加快。

5-58　D。提示：重铬酸钾返滴定法中，通常加水稀释一方面降低酸度，另一方面通过稀释减少 Cr^{3+} 的绿色对终点颜色的影响。

5-59　A。提示：加 $MnSO_4$，降低 MnO_4^-/Mn^{2+} 电对的电极电位，供 MnO_4^- 不能氧化 Cl^-，避免 Cl^- 的干扰。

5-60　D。提示：TOD 代表总需氧量，所有无机物和有机物均被氧化，COD_{Cr} 是代表被重铬酸钾氧化的有机物和无机物，氧化率可达 $80\% \sim 90\%$，TOC 只代表有机碳，其值低于 TOD 和 COD_{Cr}，BOD_5 只代表能被微生物氧化的有机物，其值最低。

5-61　B。见 5 日生化需氧量测定。

5-62　A。提示：碘量法中，淀粉指示剂要求在接近终点前加入，如果淀粉指示剂在滴定开始前加入，则淀粉会吸附包夹单质碘，会使测定结果偏低。

5-63　B。提示：见有机物综合污染指标。

5-64　A。提示：见 COD 测定。

5-65　C。提示：Mn^{2+} 可以催化 $KMnO_4$ 氧化 H_2O_2 加度。

5-66　B。提示：酸性 $KMnO_4$ 法测定化学耗氧量利用的是在强酸性条件下，$KMnO_4$ 的强氧化性，测定水中还原性物质含量，常采用硫酸控制溶液酸度，硫酸酸性强，比较稳定，不易被氧化，对测定没有干扰；盐酸中的 Cl^- 容易被 $KMnO_4$ 氧化而产生干扰；硝酸本身有挥发性，且对测定也有干扰；磷酸酸性较弱，可能降低 $KMnO_4$ 氧化能力，因此盐酸、硝酸及磷酸不适合酸性 $KMnO_4$ 法，可选硫酸。

5-67　B。提示：COD 的测定原理是利用 $K_2Cr_2O_7$ 返滴定法，即先加入一定量过量的 $K_2Cr_2O_7$，充分氧化水中的还原性物质，然后用硫酸亚铁铵返滴定过量的 $K_2Cr_2O_7$，消耗的 $K_2Cr_2O_7$ 量以 O_2（mg/L）表示。

5-68　C。提示：有色溶液吸收了部分入射光，透过光通过光电池转换成电信号，被检测器测量强弱。

5-69　C。提示：$A_1 = \varepsilon bc_1$，$A_2 = \varepsilon bc_2$，$\dfrac{A_1}{A_2} = \dfrac{c_1}{c_2}$，$c_2 = 6.0 \times 10^{-4}$。

5-70　B。提示：根据

$$A = \lg \frac{I_o}{I_t} \qquad T = \frac{I_t}{I_o}$$

5-71　A。提示：据朗伯—比耳定律，A 与浓度成正比，与液层厚度成正比，因此透光度 T 与浓度成反比，与液层厚度成反比。

5-72　D。提示：分光光度计的最佳读数范围为 $T = 15\% \sim 65\%$，吸光度 $A = 0.20 \sim 0.80$。

5-73　D。提示：摩尔吸光系数 ε 代表了测定方法的灵敏度，摩尔吸光系数 ε 越大，测定灵敏度越高。

5-74　B。提示：分光光度测定法相对误差最小时的透光度为 $T = 36.8\%$，吸光度为 $A = 0.434$。

5-75　C。提示：$A = \varepsilon b c$，$\lg(1/T_0) = \varepsilon b c_0$，$c' = 2c_0$，则 $\lg(1/T') = \varepsilon b c' = 2\varepsilon b c_0 = 2\lg(1/T_0)$，$\lg T' = 2\lg T_0$。

5-76　C。提示：不同浓度的同一物质，其最大吸收峰的波长位置不变；但浓度不同，最大波长处吸光度不同；浓度越稀，吸光度越小，峰值越低。

5-77　C。提示：分光光度法的吸光度与入射光波长、液层厚度、溶液浓度有关，而与液层高度无关。

5-78　D。提示：根据光吸收定律：$A = \varepsilon b c$。

甲溶液：$A_1 = \varepsilon b_1 c_1$；

乙溶液：$A_2 = \varepsilon b_2 c_2$；

由于 $A_1 = A_2$，$b_1 = 1\text{cm}$；$b_2 = 2\text{cm}$，可得 $c_1 = 2c_2$；故选答案 D。

5-79　C。提示：据 $A = \varepsilon b c$ 计算。

5-80　A。提示：$\varepsilon_{Fe} = \dfrac{A}{bc} = \dfrac{A}{bm/M} = \dfrac{A}{2m/55.85}$；$\varepsilon_{Cd} = \dfrac{A}{bc} = \dfrac{A}{bm/M} = \dfrac{A}{1m/112.4}$。

5-81　D。提示：使反应的完全度达到 99.9%，这就要求在计量点时，$\lg K' \geq 6$，这就要求 $\varphi_1^{\ominus'} - \varphi_2^{\ominus'} \geq 3 \times (n_1 + n_2) \times \dfrac{0.059}{n_1 \times n_2} = 3 \times (1 + 2) \times \dfrac{0.059}{1 \times 2} = 0.27$，因此两电对的条件电极电位差至少应大于 0.27。

5-82　D。提示：电位分析测定低价离子相对误差较小，测定高价离子的相对误差较大，故多用于低价离子的测定。

5-83　C。提示：标准加入法只需一种标液便可求出待测离子的总浓度，是离子选择电极测定一种离子总浓度的有效方法。

5-84　B。提示：见内参比电极的组成。

5-85　A。提示：25℃时能斯特方程为 $\varphi = \varphi^{\theta} + \dfrac{0.059}{n} \lg \dfrac{a_{氧化态}}{a_{还原态}}$。

5-86　B。提示：测定水中 F^- 含量，加入的总离子强度调节缓冲溶液组成含有 NaCl + HAc + NaAc + 柠檬酸钠，其中 NaCl 使溶液的离子强度保持一定值，HAc + NaAc 为缓冲溶液，调节溶液 pH，柠檬酸钠用于掩蔽 Al^{3+}，Fe^{3+} 干扰离子。

5-87　C。提示：见 pH 值测定原理。玻璃膜电极是测定 pH 值的指示电极。

5-88　D。提示：测量 pH 时要保持参比电极电位、不对称电位、液接电位等因素的恒定，玻璃电极在使用前，需在去离子水中浸泡 24h 以上，目的就是保持不对称电位的恒定。

5-89　A。提示：酸度计测定酸度时，测定前要选用与待测溶液 pH 接近的标准缓冲溶液定位才能测定准确。

5-90　C。提示：见电位滴定法的电极。

5-91　B。提示：标准偏差小，说明测定结果的精密度高，平行测定结果的离散度小，随机误差小。

5-92　C。提示：空白试验可以减少试剂和蒸馏水带来的系统误差。

5-93　D。提示：$A = \varepsilon bc$

已知：$T = 10\%$，$A = -\lg T = -\lg 10\% = 1$

$c = 1.2 \times 10^{-5}\text{mol/L}$，$b = 1\text{cm}$

$$\varepsilon = \frac{A}{bc} = \frac{1}{1 \times 1.0 \times 10^{-5}}\text{L/(mol} \cdot \text{cm)} = 1.0 \times 10^{5}\text{L/(mol} \cdot \text{cm)}$$

5-94　B。提示：$5n(\text{KMnO}_4) = 2c(\text{H}_2\text{C}_2\text{O}_4)V$；$5n(\text{KMnO}_4) = c(\text{FeSO}_4)V$。

5-95　C。提示：可与 NaOH 反应，说明具有酸性，其中 A、C 有酸性，可与 KMnO_4 反应，只有 C。

5-96　B。提示：废水的 BOD_5 与 COD 的比值是表示废水中可被微生物降解的有机物占总有机物量的比例。因此，BOD_5/COD 比值是判断废水是否有生化条件或生化效率的标志。一般说来，当 BOD_5/COD = 0.7 时，可认为废水中的有机物几乎全部可用生化法去除。BOD_5/COD > 0.5 时，用生化法处理是适宜的；BOD_5/COD < 0.2 时，这种废水就不宜采用生化法处理。因此适于生化法处理的污水，其 BOD_5/COD 的比值应大于 0.2。

5-97　D。提示：

$$\varphi_{\text{eq}} = \frac{5 \times 1.45 + 0.68}{5 + 1} = 1.32$$

5-98　A。提示：根据能斯特方程，电位与活度的对数呈线性关系。

5-99　B。提示：离子选择性电极电位选择性系数 K_{ij} 代表共存离子的干扰程度，离子选择性常数值越小表明电极对待测离子的选择性越高。

5-100　A。提示：由于 Al^{3+} 能与 F^{-} 形成 AlF_6^{3-} 络离子而干扰测定。

5-101　A。提示：酸度计测定溶液 pH 的原理是利用玻璃膜电极做指示电极，甘汞电极作参比电极组成工作电池，其中玻璃膜电极的膜电位与溶液的 pH 的关系，在 25℃时，$\varphi_{膜} = 0.059\lg a_{\text{H}^+} = -0.059\text{pH}$，可见在一定温度下，玻璃膜电极的膜电位与 pH 值呈直线关系，故答案选 A。

第6章 工 程 测 量

考试大纲

6.1　测量误差基本知识：测量误差分类与特点　评定精度　观测值精度评定　误差传播定律

6.2　控制测量：平面控制网定位与定向　导线测量　交会定点　高程控制测量

6.3　地形图测绘：地形图基本知识　地物平面图测绘　等高线地形图测绘

6.4　地形图的应用：建筑设计中的地形图应用　城市规划中的地形图应用

6.5　建筑工程测量：建筑工程控制测量　施工放样测量　建筑安装测量　建筑工程变形观测

6.1　测量误差基本知识

6.1.1　测量误差分类与特点

MZ)]]

1. 测量误差产生的原因

测量工作的实践表明：当对某量进行多次观测时，无论测量仪器多么精密，观测进行得多么仔细，测量结果总是存在差异。这种差异实际上表现为观测值与其真实值（简称真值）之间的差异，称为观测误差或测量误差。若用 l_i 表示观测值，X 表示真值，则有

$$\Delta_i = l_i - X \tag{6-1}$$

式中　Δ_i——观测误差，通常称为真误差，简称误差。

测量误差产生的原因是多方面的。由于任何一个观测值都是由观测者用测量仪器在外界条件下观测得到的，因此，测量误差的产生主要是由于测量仪器的构造不可能十分完善、观测者感觉器官的鉴别能力有限和观测时外界条件的影响三个方面的原因。由于测量误差主要来源于上述三个方面，所以，将上述三个方面的综合影响统称为"观测条件"。在相同的观测条件下所进行的各次观测称为等精度观测，在不同观测条件下所进行的各次观测，称为非等精度观测。

在实际测量工作中，无论如何控制观测条件，其对观测成果质量的影响总是客观存在的。因此，测量成果中的观测误差是不可避免的。

2. 测量误差分类与特点

测量误差按其对测量结果影响的性质可分为系统误差和偶然误差。

（1）系统误差。在相同的观测条件下，对某量进行一系列的观测，若误差在符号、大小上表现出一致的倾向，即按一定规律变化或保持为常数，这种误差称为系统误差。

钢尺的尺长不准、水准仪 i 角误差的影响等均属于系统误差。系统误差具有累积性，对测量成果影响较大。但由于它的符号与大小有一定的规律性，所以，系统误差可以用计算改正数或采用一定的观测程序等方法来消除其影响，或者将其影响削弱到最小限度。

（2）偶然误差。在相同的观测条件下，对某量进行一系列的观测，若误差出现的符号

和大小均不一定，且从表面看没有任何规律性，这种误差称为偶然误差。

读数误差、照准误差、对中误差等均属于偶然误差。偶然误差的产生，往往是由于观测条件中不稳定的和难于严格控制的多种随机因素引起的，因此，观测之前无法预知偶然误差出现的符号与大小，即偶然误差具有偶然性，故无法像系统误差那样通过各种手段来消除或减弱其影响。但就偶然误差总体而言，则具有一定的统计规律。

一般而言，由于测量仪器的结构不完善而产生的误差多为系统误差；由于观测者感觉器官的鉴别能力有限而产生的误差多为偶然误差。

3. 偶然误差的特性

为研究偶然误差的特性，需在相同的观测条件下进行多次观测。通过对大量观测结果的统计分析表明偶然误差具有如下特性：

（1）在一定的观测条件下，偶然误差的绝对值不会超过一定的限值。

（2）绝对值较小的误差比绝对值较大的误差出现的概率大。

（3）绝对值相等的正、负误差出现的概率相同。

（4）当观测次数无限增大时，偶然误差的算术平均值趋近于零。即偶然误差具有抵偿性，即

$$\lim_{n \to \infty} \frac{\Delta_1 + \Delta_2 + \cdots + \Delta_n}{n} = \lim_{n \to \infty} \frac{[\Delta]}{n} = 0 \tag{6-2}$$

式中 $[\quad]$ ——取括号中数值的代数和。

6.1.2 评定精度

MZ)]] 评定精度，就是要衡量测量成果的质量。为此，首先必须建立评定精度的统一指标。在测量工作中所采用的评定精度的指标有很多，这里仅介绍常用的几种。

1. 中误差

在相同的观测条件下，对某量进行 n 次观测，其观测值为 l_i，真值为 X，由式（6-1）可计算真误差 Δ_i，$i = 1, 2, \cdots, n$。则独立真误差的平方之算术平均值的极限，称为中误差的平方，即

$$\sigma = \lim_{n \to \infty} \sqrt{\frac{\Delta_1^2 + \Delta_2^2 + \cdots + \Delta_n^2}{n}} = \lim_{n \to \infty} \sqrt{\frac{[\Delta\Delta]}{n}} \tag{6-3}$$

式（6-3）是在 $n \to \infty$ 的情况下中误差的理论公式。由于在测量实际工作中观测次数 n 总是有限的，此时可取 σ 的估值 $\hat{\sigma}$ 作为评定精度的指标，即

$$\hat{\sigma} = \pm \sqrt{\frac{\Delta_1^2 + \Delta_2^2 + \cdots + \Delta_n^2}{n}} = \pm \sqrt{\frac{[\Delta\Delta]}{n}} \tag{6-4}$$

其中，$\hat{\sigma}$ 用常用符号 m 代替，m 称为中误差。

2. 相对误差

在某些情况下，仅用中误差还不能完全表达测量成果的精度，此时可以用相对误差来表示精度。

相对误差：中误差的绝对值与相应观测值之比，称为相对误差。即

$$k = \frac{|m|}{D} = \frac{1}{D/|m|} \tag{6-5}$$

在距离测量中还可以用往返测量观测值的较差来计算相对误差，即

$$k = \frac{|D_{往} - D_{返}|}{D_{平均}} = \frac{|\Delta D|}{D_{平均}} = \frac{1}{D_{平均}/|\Delta D|} \tag{6-6}$$

3. 极限误差和容许误差

由偶然误差的特性（1）可知，在一定的观测条件下，偶然误差的绝对值不会超过一定的限值。这个限值就是极限误差。

根据概率论的理论可计算出真误差落在区间（-2σ，2σ）及（-3σ，3σ）的概率分别为：

$$P\{-2\sigma \angle \Delta \angle 2\sigma\} = \int_{-2\sigma}^{2\sigma} f(\Delta) \mathrm{d}\Delta \approx 0.955$$

$$P\{-3\sigma \angle \Delta \angle 3\sigma\} = \int_{-3\sigma}^{3\sigma} f(\Delta) \mathrm{d}\Delta \approx 0.997$$

式中 $f(\Delta)$ ——误差分布的概率密度函数。

由此可知，绝对值大于三倍中误差的真误差出现的概率很小，故常以三倍中误差作为极限误差，即 $\Delta_{极限} = 3\sigma$。

在实际工作中，测量规范要求测量的观测值不容许出现较大的误差，通常取两倍或三倍中误差作为偶然误差的容许值，称为容许误差，即 $\Delta_{容} = 2\sigma \approx 2m$ 或 $\Delta_{容} = 3\sigma \approx 3m$。

若观测值中出现了大于所规定的容许误差的偶然误差，则认为该观测值不可靠，应舍去不用或重新观测。

6.1.3 观测值精度评定

1. 算术平均值

在相同的观测条件下，对某未知量进行了 n 次观测，其观测值分别为 l_1，l_2，$\cdots$，l_n，其真值为 X，相应的真误差为 Δ_1，Δ_2，$\cdots$，Δ_n。根据概率论的理论可知：这些观测值的算术平均值 x 是该未知量的最或是值，即

$$x = \frac{l_1 + l_2 + \cdots + l_n}{n} = \frac{[l]}{n} \tag{6-7}$$

2. 观测值的改正数

算术平均值与观测值之差，称为观测值的改正数 v，即

$$v_i = x - l_i \tag{6-8}$$

3. 用观测值的改正数计算观测值的中误差

按公式 $m = \pm \sqrt{\dfrac{[\Delta\Delta]}{n}}$ 求中误差，需要知道真误差 Δ_i，但在通常情况下，观测值的真值

X 是未知的，因此，真误差 Δ_i 也就无法求得。所以，在实际计算中，多用观测值的改正数 v_i 计算观测值的中误差，即

$$m = \pm \sqrt{\frac{[vv]}{n-1}} \tag{6-9}$$

注意：式（6-9）与式（6-4）的异同。相同点是：所求出的均为观测值的中误差 m；不同点是：式（6-9）是由改正数 v 求 m，而式（6-4）是由真误差 Δ 求 m。

4. 算术平均值的中误差

算术平均值 x 的中误差为

$$M = \frac{m}{\sqrt{n}} \tag{6-10}$$

注意：式（6-10）中 M 与 m 的区别。且有：算术平均值的中误差（M）是观测值中误差（m）的 $\frac{1}{\sqrt{n}}$ 倍。

设对某段距离进行了 6 次等精度观测，观测结果列于表 6-1 中。观测值精度评定实例见表 6-1。

表 6-1 观测值精度评定实例

观测序号	观测值/m	改正数/mm	vv	精　度　计　算
1	119.935	+5	25	算术平均值 $x = 119.940\text{m}$
2	119.948	-8	64	观测值中误差 $m = \pm \sqrt{\dfrac{[vv]}{n-1}} = \pm 9.9\text{mm}$
3	119.924	+16	256	
4	119.946	-6	36	算术平均值中误差 $M = \dfrac{m}{\sqrt{n}} = \pm 4.0\text{mm}$
5	119.950	-10	100	算术平均值相对中误差 $k = \dfrac{|M|}{x} = 1/29\,900$
6	119.937	+3	9	
Σ	719.640	0	490	最终结果 $D = x \pm M = 119.940\text{m} \pm 4.0\text{mm}$

6.1.4 误差传播定律

6.1.2 及 6.1.3 分别讨论了根据一组等精度观测值的真误差或改正数求观测值中误差的计算公式。但在实际测量工作中，常常需要计算非直接观测值的精度，而非直接观测值通常是观测值的某种函数。因此，需要研究如何根据观测值的中误差计算观测值函数中误差的问题。反映观测值的中误差与观测值函数的中误差之间关系的公式称为误差传播定律。

1. 倍数函数

设有函数

$$Z = kx \tag{6-11}$$

式中　x——观测值，其中误差为 m；

k——任意常数。

则函数 Z 称为倍数函数。

倍数函数的中误差为

$$m_Z = km \tag{6-12}$$

2. 和差函数

设有函数

$$Z = x_1 \pm x_2 \tag{6-13}$$

式中 x_1、x_2——独立观测值，其中误差分别为 m_1 和 m_2，则函数 Z 称为和差函数。

和差函数的中误差为
$$m_Z = \pm \sqrt{m_1^2 + m_2^2} \tag{6-14}$$

> 注意：不管函数式 ［式（6-13）］ 中符号为 "正" 或 "负"，和差函数的中误差 ［式（6-14）］ 中符号恒为正。

3. 线性函数

设有函数
$$Z = k_1 x_1 + k_2 x_2 + \cdots + k_n x_n + k_0 \tag{6-15}$$

式中 k_1，k_2，$\cdots$，k_n，k_0——任意常数；

x_1，x_2，$\cdots$，x_n——独立观测值，其中误差分别为 m_1，m_2，$\cdots$，m_n。

则函数 Z 称为线性函数。

线性函数的中误差为
$$m_Z = \pm \sqrt{k_1^2 m_1^2 + k_2^2 m_2^2 + \cdots + k_n^2 m_n^2} \tag{6-16}$$

4. 一般函数

设有函数

$$Z = f(x_1, x_2, \cdots, x_n) \tag{6-17}$$

式中 x_1，x_2，$\cdots$，x_n——独立观测值，其中误差分别为 m_1，m_2，$\cdots$，m_n。

则函数 Z 称为一般函数。

一般函数的中误差为

$$m_Z = \pm \sqrt{\left(\frac{\partial f}{\partial x_1}\right)^2 m_1^2 + \left(\frac{\partial f}{\partial x_2}\right)^2 m_2^2 + \cdots + \left(\frac{\partial f}{\partial x_n}\right)^2 m_n^2} \tag{6-18}$$

> 注意：式（6-18）是误差传播定律的一般形式，以上其他函数都是一般函数的特例。

6.2 控制测量

6.2.1 平面控制网定位与定向

1. 控制测量概述

测量工作必须遵循 "从整体到局部，先控制后碎部" 的原则，以避免测量误差累积，保证测量精度。控制测量的目的是以较高的精度测定地面上少数控制点的空间位置，为地形测量和各种工程测量提供依据。控制测量又分为平面控制测量和高程控制测量。平面控制测量确定控制点的平面位置；高程控制测量确定控制点的高程。由控制点所构成的几何图形称为控制网，控制网又分为平面控制网和高程控制网。

2. 国家和城市平面控制网

在全国范围内建立的控制网，称为国家控制网。它是测绘全国各种比例尺地形图和各种工程测量的基本控制。国家平面控制网由国家测绘部门使用精密仪器和精密的测量方法依照有关测量规范的要求，由高级到低级逐级加密点位建立。近年来，全球导航卫星系统（GNSS）以其精度高、速度快、全天候、高效率、多功能、操作简便等优势被广泛应用到控制测量中。

在城市或厂矿等地区，一般应在上述国家控制网的基础上，根据测区的大小和城市建设发展的需要，布设不同等级的城市平面控制网，作为城市大比例尺地形测量控制基础和各种工程测量的依据。

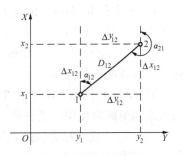

图 6-1　坐标增量、边长和坐标方位角

3. 地面点的坐标和两点间的坐标增量

在城市测量和工程测量中，为了确定地面上点的位置，常采用高斯平面直角坐标系。高斯平面直角坐标系以中央子午线方向为 X 轴，向北为正；赤道在投影面上的投影作为 Y 轴，向东为正；它们的交点即为坐标原点。象限按顺时针顺序排列。地面上任意一点的平面位置即可用一对平面直角坐标（x、y）来表示。如图 6-1 所示，若 1、2 为直线的两个端点，其坐标分别为（x_1，y_1）和（x_2，y_2），则 1、2 两点坐标值之差称为坐标增量，即

$$\left.\begin{aligned} \Delta x_{12} = x_2 - x_1 = D_{12}\cos\alpha_{12} \\ \Delta y_{12} = y_2 - y_1 = D_{12}\sin\alpha_{12} \end{aligned}\right\} \tag{6-19}$$

式中　α_{12}——直线 12 的坐标方位角；

　　　D_{12}——直线 12 的水平距离。

若已知直线一个端点的坐标及两点间的坐标增量，则可计算另一端点的坐标，即

$$\left.\begin{aligned} x_2 = x_1 + \Delta x_{12} \\ y_2 = y_1 + \Delta y_{12} \end{aligned}\right\} \tag{6-20}$$

注意：测量坐标系中坐标轴的定义、象限的排列顺序及方位角的定义等均与数学坐标系不同。

4. 两点间的水平距离

地面上两点间的连线在水平面上的投影长度称为水平距离 D。在已知两点坐标时，可按下式计算水平距离，即

$$D_{12} = \sqrt{(x_2 - x_1)^2 + (y_2 - y_1)^2} \tag{6-21}$$

5. 直线定向

确定地面上两点之间的相对位置，仅知道两点之间的水平距离是不够的，还必须确定此直线与标准方向之间的水平角度。确定直线与标准方向之间的水平角度称为直线定向。

（1）标准方向的种类。

1）真子午线方向：通过地球表面某点的真子午线的切线方向，称为该点的真子午线方向。真子午线方向可以用天文测量的方法测定。

2）磁子午线方向：磁针在地球磁场作用下，自由静止时其轴线所指的方向称为磁子午线方向。磁子午线方向可以用罗盘仪测定。

3）坐标纵轴方向：过地面某点平行于该高斯投影带中央子午线的方向，称为坐标纵轴方向。

（2）直线方向的表示方法。在测量工作中常用方位角表示直线方向。由标准方向的北端起，顺时针方向量至某直线的水平角度，称为该直线的方位角。方位角的取值范围为 $0° \sim 360°$。

1）真方位角（A）：由真子午线方向的北端起，顺时针方向量至某直线的水平角度，称为该直线的真方位角。

2）磁方位角（A_m）：由磁子午线方向的北端起，顺时针方向量至某直线的水平角度，称为该直线的磁方位角。

3）坐标方位角（α）：由坐标纵轴的北端起，顺时针方向量至某直线的水平角度，称为该直线的坐标方位角。工程测量通常采用坐标方位角进行直线定向。

（3）正、反坐标方位角之间的关系。如图 6-1 所示，直线 12 有两个坐标方位角 α_{12} 和 α_{21}，分别称为直线 12 的正、反坐标方位角。由图 6-1 可知，正、反坐标方位角之间的关系为

$$\alpha_{21} = \alpha_{12} \pm 180° \tag{6-22}$$

其中，"$\pm$"号的选择取决于由此式计算出的坐标方位角是否在 $0° \sim 360°$ 之间。即当 $\alpha_{正} > 180°$ 时，减 $180°$；当 $\alpha_{12} < 180°$ 时，加 $180°$。

（4）坐标方位角的推算。如图 6-2 所示，在测量工作中经常会遇到由一条直线的坐标方位角及直线的折角，推算另一条直线的坐标方位角的运算，称为坐标方位角的推算。

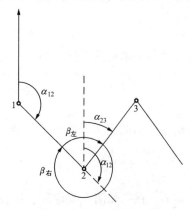

图 6-2　坐标方位角的推算

由图 6-2 可知

$$\alpha_{23} = \alpha_{12} + 180° + \beta_{左} - 360°$$

由此可推导出坐标方位角推算的一般公式，即

按左角推算各边坐标方位角时

$$\alpha_{前} = \alpha_{后} + \beta_{左} + 180° \tag{6-23}$$

按右角推算各边坐标方位角时

$$\alpha_{前} = \alpha_{后} - \beta_{右} + 180° \tag{6-24}$$

式中　$\alpha_{后}$——已知坐标方位角；

$\alpha_{前}$——待推算的坐标方位角；

$\beta_{左}$（$\beta_{右}$）——位于方位角推算前进方向左（右）侧的水平角。

注意：由于 α 的取值范围为 $0° \sim 360°$，故若按上式推算出的 $\alpha > 360°$ 时，减 $360°$；$\alpha < 0°$ 时，加 $360°$。

6.2.2　导线测量

导线测量是建立平面控制网的常用方法。

1. 导线及其布设形式

（1）导线。由控制点组成的连续折线或闭合多边形，称为导线，如图 6-3 所示。

（2）导线的布设形式。

1）闭合导线。起讫于同一已知点的导线，称为闭合导线。如图 6-3（a）所示，从已知控制点 B 和已知方向 AB 出发，经过导线点 P_1、P_2、P_3、P_4，又回到起点 B。

2）附合导线。布设在两个已知点之间的导线，称为附合导线。如图 6-3（b）所示，从

已知控制点 B 和已知方向 AB 出发，经过导线点 P_1、P_2、P_3，最后附合到另一已知点 C 和已知方向 CD。

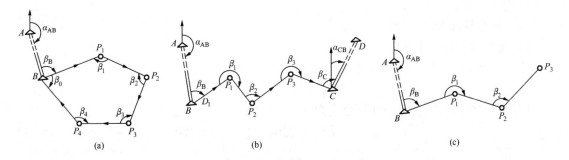

图 6-3　导线的布设形式

（a）闭合导线；（b）附合导线；（c）支导线

3）支导线。从一已知点和一已知方向出发，既不闭合也不附合，称为支导线，如图 6-3（c）所示。

2. 导线测量的外业工作

（1）踏勘选点。选点的基本要求是相邻点间通视良好，便于测角和量边。总的原则是既能保证导线点位的精度，又便于在碎部测量中使用。为此，导线点应选在地面平坦、视野开阔、便于测绘周围的地物和地貌、土质坚实并便于保存之处。点要布置均匀，便于控制整个测区。

（2）导线边长测量。导线边长可用电磁波测距仪测定，测量时要同时观测竖直角，以便进行倾斜改正。若用钢尺丈量，应使用检定过的钢尺。对于一、二、三级导线，应按钢尺量距的精密方法进行丈量。对于图根导线，可用一般方法丈量。

（3）导线折角测量。用测回法施测导线左角或右角。

采用电磁波测距导线测量方法布设平面控制网的主要技术指标参见表 6-2。

表 6-2　　　采用电磁波测距导线测量方法布设平面控制网的主要技术指标

等级	闭合环或附合导线长度（km）	平均边长（m）	测距中误差（mm）	方位角闭合差（"）	测角中误差（"）	导线全长相对闭合差
三等	≤15	3000	≤18	$\pm 3\sqrt{n}$	≤1.5	$\leqslant \dfrac{1}{60\,000}$
四等	≤10	1600	≤18	$\pm 5\sqrt{n}$	≤2.5	$\leqslant \dfrac{1}{40\,000}$
一级	≤3.6	300	≤15	$\pm 10\sqrt{n}$	≤5	$\leqslant \dfrac{1}{14\,000}$
二级	≤2.4	200	≤15	$\pm 16\sqrt{n}$	≤8	$\leqslant \dfrac{1}{10\,000}$
三级	≤1.5	120	≤15	$\pm 24\sqrt{n}$	≤12	$\leqslant \dfrac{1}{6000}$

注：1. n 为转折角个数。

2. 本表摘自《城市测量规范》（CJJ/T 8—2011）。

（4）连测。为使导线与高级控制点连接，必须测量连接角和连接边，作为传递坐标方位角和坐标之用。

3. 导线测量的内业计算

（1）闭合导线的内业计算。

1）角度闭合差的计算与调整。

角度闭合差的计算：因为闭合导线内角和的理论值为

$$\sum \beta_{理} = (n-2) \times 180°$$

则闭合导线角度闭合差的计算公式为

$$f_{\beta} = \sum \beta_{测} - \sum \beta_{理} = \sum \beta_{测} - (n-2) \times 180° \tag{6-25}$$

注意：闭合差等于观测值减理论值，通常用 f 表示

角度闭合差的调整：不同等级导线的角度闭合差的容许值（$f_{\beta容}$）参见表6-2。若 $f_{\beta} < f_{\beta容}$，说明角度测量精度合格，可将角度闭合差反符号平均分配到各观测角中，改正后的角值之和 $\sum \beta_{改}$ 应等于 $(n-2) \times 180°$，作为计算的检核。若 $f_{\beta} > f_{\beta容}$，则应重新检测角度观测值。

2）推算坐标方位角。根据起始边坐标方位角 $\alpha_{后}$ 及改正后的导线折角即可推算导线各边的坐标方位角 $\alpha_{前}$。坐标方位角的推算见式（6-23）及式（6-24）。

3）坐标增量的计算及其闭合差的调整。

坐标增量的计算：根据边长和坐标方位角计算各边的坐标增量 Δx，Δy，计算公式见（6-19）。

坐标增量闭合差的计算：闭合导线纵、横坐标增量闭合差的计算式为

$$\left. \begin{array}{l} f_x = \sum \Delta x_{测} - \sum \Delta x_{理} = \sum \Delta x_{测} \\ f_y = \sum \Delta y_{测} - \sum \Delta y_{理} = \sum \Delta y_{测} \end{array} \right\} \tag{6-26}$$

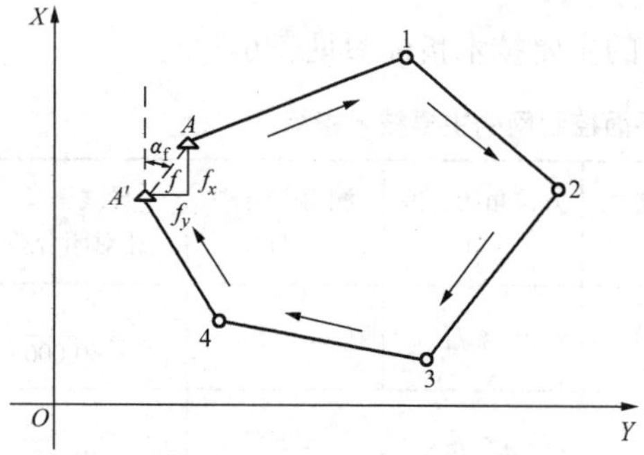

图6-4 闭合导线坐标增量闭合差

导线全长闭合差的计算：如图6-4所示，导线全长闭合差 f 的计算式为

$$f = \sqrt{f_x^2 + f_y^2} \tag{6-27}$$

导线全长相对闭合差的计算：

将导线全长闭合差除以导线全长 $\sum D$，并以分子为"1"的分式表示，称为导线全长相对闭合差，即

$$K = \frac{f}{\sum D} = \frac{1}{\dfrac{\sum D}{f}} \tag{6-28}$$

不同等级导线的全长相对闭合差容许值参见表6-2。

坐标增量闭合差的调整：当导线全长相对闭合差在容许范围以内时，可将 f_x、f_y 按边长反符号成比例地分配到各坐标增量中，其改正数为

$$V_{x_i} = -\frac{f_x}{\sum D} D_i \left. \right\}$$
$$V_{y_i} = -\frac{f_y}{\sum D} D_i$$

(6-29)

改正后的纵、横坐标增量的代数和应等于零。

4）导线点坐标计算：根据起始点坐标和改正后的坐标增量依次计算各导线点的坐标，即

$$x_{前} = x_{后} + \Delta x_{改} \left. \right\}$$
$$y_{前} = y_{后} + \Delta y_{改}$$

(6-30)

按上式求出的导线已知点的坐标应与其已知坐标值相同。

（2）附合导线的内业计算。附合导线的内业计算步骤与闭合导线完全相同，仅在计算角度闭合差和坐标增量闭合差时的计算公式有所不同，故这里仅讨论二者的不同之处。

1）角度闭合差的计算与调整。

角度闭合差的计算：首先根据起始边坐标方位角及导线右角或左角，计算终边坐标方位角的观测值 $\alpha'_{终}$，即

$$\alpha'_{终} = \alpha_{始} - \sum \beta_{右} + n \times 180° \left. \right\}$$
$$\alpha'_{终} = \alpha_{始} + \sum \beta_{左} + n \times 180°$$

(6-31)

则附合导线的角度闭合差的计算公式为

$$f_{\beta} = \alpha'_{终} - \alpha_{终}$$

(6-32)

式中　$\alpha_{终}$——终边坐标方位角理论值。

角度闭合差的调整：不同等级附合导线角度闭合差的容许值同闭合导线。若 $f_{\beta} < f_{\beta容}$，说明角度测量精度合格，可将角度闭合差反符号平均分配到各观测角中（若导线折角为左角时）或将角度闭合差同符号平均分配到各观测角中（若导线折角为右角时）。若 $f_{\beta} > f_{\beta容}$，则应重新检测角度观测值。

2）坐标增量闭合差的计算。

附合导线坐标增量闭合差的计算公式为

$$f_x = \sum \Delta x_{测} - \sum \Delta x_{理} = \sum \Delta x_{测} - (x_{终} - x_{始}) \left. \right\}$$
$$f_y = \sum \Delta y_{测} - \sum \Delta y_{理} = \sum \Delta y_{测} - (y_{终} - y_{始})$$

(6-33)

附合导线的精度要求和其他内业计算步骤和方法同闭合导线。

> 注意：闭合导线和附合导线的内业计算步骤及需要达到的精度要求等完全相同，二者的区别仅在于计算角度闭合差和坐标增量闭合差时的计算公式有所不同。

6.2.3　交会定点

当控制点尚不能满足测图或测设要求，而需增设个别加密点时，可采用前方交会、后方交会、侧方交会、测边交会等方法。前三种方法统称为测角交会法。

1. 前方交会

从相邻的两个已知点 A、B 向待定点 P 观测水平角 α，β，以计算待定点 P 的坐标，称为前方交会，如图6-5所示。

2. 测边交会

随着电磁波测距仪的应用，测边交会也成为加密控制点的常用方法。如图 6-6 所示，测量已知点 A、B 至待定点 P 的边长 b、a，以计算 P 点的坐标，称为测边交会。

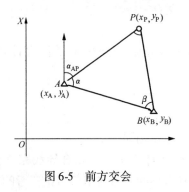

图 6-5　前方交会　　　　　　　　图 6-6　测边交会

6.2.4　高程控制测量

高程控制测量的方法有水准测量、电磁波测距的三角高程测量及 GNSS 拟合高程测量等。

1. 三、四等水准测量

三、四等水准测量除用于国家高程控制网的加密外，还可以建立小地区首级高程控制网，以及用于城市建设，工程建设和地形测图的高程基本控制。三、四等水准点的高程应从附近的一、二等水准点引测。三、四等水准测量应在通视良好、成像清晰的气候条件下进行观测，一般用双面水准尺，为了减弱仪器下沉的影响，在每一测站上应按"后—前—前—后"或"前—后—后—前"的观测程序进行测量。

2. 小地区高程控制测量

小地区高程控制测量，是以国家三、四等水准测量为测区的首级高程控制，在此基础上再进行图根水准测量、三角高程测量等，以满足小地区地形测图和各种工程测量的需要。

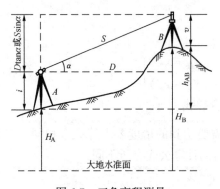

图 6-7　三角高程测量

3. 三角高程测量

在山地测定控制点的高程，由于地形高低起伏比较大，若用水准测量，则速度慢、困难大，因此在上述地区或对高程精度要求不高的地区，可采用三角高程测量的方法测定两点间的高差进而求出待定点的高程。

三角高程测量是根据两点间的水平距离 D（或斜距 S）和竖直角 α 计算两点间的高差。根据测量距离方法的不同，三角高程测量又分为电磁波测距的三角高程测量和经纬仪测距的三角高程测量，前者可以替代四等水准测量，后者用于山区图根高程控制。

如图 6-7 所示，已知 A 点的高程为 H_A，欲求 B 点高程 H_B。将仪器安置在 A 点，B 点安置觇标，量取仪器高 i 和觇标高 v，测定垂直角 α 及水平距离 D 或斜距 S。

则 A、B 两点间的高差计算公式为

$$\left.\begin{array}{l} h_{AB} = D\tan\alpha + i - v \\ h_{AB} = S\sin\alpha + i - v \end{array}\right\} \tag{6-34}$$

B 点高程的计算公式为

$$H_B = H_A + h_{AB} \tag{6-35}$$

三角高程测量，一般应进行往返测量，即由 A 向 B 观测，又由 B 向 A 观测，这样的观测，称为对向观测。对向观测可以消除地球曲率和大气折光的影响。

6.3 地形图测绘

6.3.1 地形图基本知识

地面上固定性的物体称为地物；地面上自然形成的高低起伏形态称为地貌；地物和地貌的总和称为地形。按一定程序和方法，用符号、注记及等高线表示地物、地貌及其他地理要素平面位置和高程的正射投影图，称为地形图。在图上仅表示地物平面位置的图称为平面图。

1. 地形图比例尺

（1）比例尺定义。地形图上任一线段的长度与地面上相应线段的实际水平长度之比，称为地形图的比例尺。比例尺分为数字比例尺和图示比例尺（直线比例尺）两种。

（2）比例尺精度。图上 0.1mm 所代表的实地水平距离称为地形图比例尺精度。

（3）比例尺精度的含义。根据比例尺精度，可以确定在测图时量距应准确到什么程度；当设计规定需在图上能量出的实地最短长度时，根据比例尺精度，可以确定测图比例尺。

2. 地形图图式

实地的地物和地貌是用各种符号表示在图上的，这些符号总称为地形图图式。图式由国家测绘部门统一制定，它是测绘和使用地形图的重要依据。

（1）地物符号。地物符号分为比例符号、非比例符号、半比例符号和地物注记。对于轮廓较大的地物，可将其形状、大小直接按比例尺缩绘在图纸上，并用规定的符号表示，这种符号称为比例符号；某些轮廓较小的地物，无法将其形状按比例尺缩绘在图纸上，只能用特定的符号表示出它的中心位置，称为非比例符号；对于带状地物，其长度能按比例尺缩绘，而宽度不能按比例尺缩绘，这种长度按比例尺缩绘、宽度不按比例尺缩绘的符号，称为半比例符号。除此之外，有时还需用文字、数字等对地物加以说明，称为地物注记。

（2）地貌符号。在测量工作中，常用等高线配合其他符号表示地貌。

3. 等高线

（1）等高线、等高距和等高线平距。

1）等高线：地面上高程相等的相邻点所连成的闭合曲线。

2）等高距：相邻等高线之间的高差称为等高距，常用 h 表示。在同一幅地形图上，等高距相同。

3）等高线平距：相邻等高线之间的水平距离称为等高线平距，常用 d 表示。由于在同一幅地形图上等高距是相同的，所以等高线平距 d 的大小与地面的坡度有关。

设地面两点的水平距离为 D，高差为 h，则高差与水平距离之比称为坡度，用 i 表示，坡度一般用百分率表示，即

$$i = \frac{h}{D} \times 100\% = \frac{h}{dM} \times 100\% \qquad (6\text{-}36)$$

式中　d——两点间图上长度；

　　　M——地形图比例尺分母。

（2）等高线的特性。同一条等高线上各点的高程相等；等高线是闭合曲线，如不在本幅图内闭合，则必定在相邻图幅内闭合；除在悬崖或绝壁处外，等高线在图上不能相交或重合；等高线与山谷线、山脊线成正交；等高线平距小表示坡度陡，平距大表示坡度缓，平距相等则坡度相等。

（3）等高线的分类。

1）首曲线（基本等高线）：按规定的等高距绘制的等高线。

2）计曲线（加粗等高线）：每隔四条首曲线加粗描绘的等高线。

3）间曲线和助曲线。

当首曲线不能显示地貌特征时，按 1/2 等高距描绘的等高线称为间曲线，用长虚线表示。如有需要，还可以按 1/4 等高距描绘等高线，称为助曲线，用短虚线表示。

4. 地形图的分幅与编号

为便于测绘、管理和使用地形图，需要将各种比例尺的地形图进行统一的分幅和编号。地形图分幅的方法有两类：一类是按经纬线分幅的梯形分幅法；另一类是按坐标格网分幅的矩形分幅法。前者用于中、小比例尺的国家基本图的分幅，后者用于工程建设大比例尺图的分幅。

图幅编号方法与地形图的分幅方法相对应。采用矩形分幅时，大比例尺地形图的编号，一般用图幅西南角点坐标值的千米数作为编号。

5. 图廓和图廓外注记

（1）图廓。图廓是地形图的边界，矩形图幅只有内、外图廓之分。外图廓是装饰线，用粗实线表示；内图廓是坐标格网线，也是图幅的边界线，用细线表示。

（2）图廓外注记。图名，即本幅图的名称，通常以图幅内重要的地名命名。本幅图的编号即为图号。图名和图号均注记在图廓上方中央。图廓左上方绘有接图表，上面注明本幅图与其四邻各图幅的图名或图号，便于查找。

6.3.2　地物平面图测绘

通常称比例尺为 1:500、1:1000、1:2000 及 1:5000 的地形图为大比例尺地形图。城市和工程建设一般需要测绘大比例尺地形图。大比例尺地形图的测绘方法可分为模拟法和数字法两种。传统地形图测绘主要采用模拟法，如平板仪测图、小平板仪测图、经纬仪测图等方法。目前，地形图测绘主要采用数字法，如全站仪测图、GNSS 实时动态（GNSS RTK）测图等方法。

1. 测图前的准备工作

（1）图根控制点布设。图根控制点是直接供测图时使用的平面和高程控制点，一般用图根导线、交会定点、普通水准测量等方法测定。

（2）图纸准备。地形测图一般选用一面打毛的乳白色半透明的聚酯薄膜作图纸。

（3）绘制坐标格网。为了准确地将图根控制点展绘在图纸上，首先应在图纸上精确绘制 $10\text{cm} \times 10\text{cm}$ 的直角坐标格网。

（4）展绘控制点。将图根控制点按其坐标值展绘在图上，点旁注以点名及高程。展点后要用两点间的边长进行检查。

2. 地物点平面位置测绘方法

在测站点上测绘点的平面位置的方法有很多，主要有极坐标法、距离交会法、直角坐标法和方向交会法等。在测绘地形图时，仅用一种方法是不够的，一般是以极坐标法为主，其他方法配合使用。

3. 传统地形图测绘常用方法

（1）平板仪测图。

平板仪测图是以相似图形为依据的模拟测图方法。平板仪是在野外直接测绘地形图的一种仪器。平板仪又分为大平板仪和小平板仪。这里仅简单介绍用小平板仪测图的方法。

如图 6 - 8 所示，将小平板仪安置在测站点 A 后，将照准器的直尺靠于图上测站点 a，瞄准地面上的地物点 1，沿直尺画出方向线 $a1$。同时用皮尺量出测站点 A 到地物点 1 的水平距离 D_{A1}，最后按测图比例尺在 $a1$ 方向线上截取距离 D_{A1}，即可在图上确定地物点 1 的位置。

（2）经纬仪测图。

经纬仪测图的实质是按极坐标法测定地物点。测图时将经纬仪安置在测站上，绘图板安置在测站旁，用经纬仪测

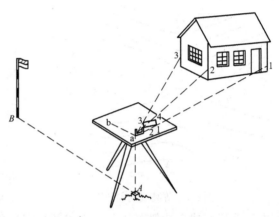

图6-8　小平板法测绘地物点

定地物点的方向与已知方向之间的夹角和测站点至地物点的水平距离，然后根据测定数据用量角器和比例尺将地物点展绘到图纸上，即可确定地物点的位置。用经纬仪测定测站点至地物点的水平距离时，需测量尺间隔、竖直角，然后按视线倾斜时的视距测量公式计算水平距离，即

$$D = kl\cos^2\alpha \tag{6-37}$$

式中　k——视距乘常数，在仪器设计时常取 $k = 100$；

　　　l——尺间隔，即上、下丝读数之差；

　　　α——竖直角。

4. 高程点的测定

在平坦地区的地物平面图上，还需加测一些点的高程，称为高程注记点。点的高程可以用视距测量或水准测量方法测定。用视距测量方法测定高程时，高差及高程的计算公式见式（6 - 38），即

$$\left.\begin{array}{l} h_{AB} = \dfrac{1}{2}kl\sin2\alpha + i - v \\[2mm] H_B = H_A + h_{AB} \end{array}\right\} \tag{6-38}$$

式中　i——仪器高；

v——觇标高。

其余符号含义与式（6-37）相同。

6.3.3 等高线地形图测绘

1. 地形特征点

地形特征点也称碎部点，包括地物特征点和地貌特征点。测绘地物时，地物轮廓的转折点、交叉点、独立地物的中心点等就是地物特征点，如房屋的转角、道路中心线的交叉点等。测绘地貌时，各类地貌的坡度变换点就是地貌特征点，如山顶点、鞍部点、山脊线和山谷线的坡度变化点、山脚与平地的相交点等。

2. 地形点的测定

地形点的测定方法与地物点的测定方法相同，除了按前述方法测定地形点的平面位置外，还需测量地形点的高程，并标记在地形点旁，以便内业绘图时勾绘等高线用。

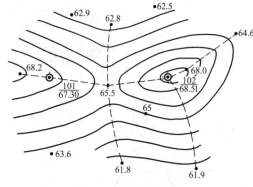

图6-9　等高线的勾绘

3. 等高线勾绘

在两相邻地形点之间，先按等坡度平距与高差成正比的关系，内插出两点间各条等高线通过的位置，再用光滑曲线连接相邻的高程相等的点，即可完成等高线的勾绘，如图6-9所示。

4. 数字法测图

数字法测图是一种全解析、机助的测图方法。全站仪数字法测图有数字测记和电子平板等作业模式。数字测记模式是利用全站仪与电子手簿（或全站仪存储卡）组成的数据采集系统进行数据采集，内业利用图形编辑软件进行数据处理，制作数字地形图；电子平板模式是全站仪与便携式计算机（或掌上电脑）、数据处理软件组成数字测图系统——电子平板，全站仪采集的数据实时传输到便携机，现场编辑制作数字地形图。

GNSS RTK 测图方法与全站仪测图类似，只是利用 GNSS RTK 系统代替全站仪。

6.4　地形图的应用

6.4.1 地形图应用的基本内容

在工程建设的各阶段，一般都需要使用地形图。利用地形图可以很容易地获取工程需要的各种地形信息。例如，量测点的坐标、高程，量测点与点间的距离、方位角、坡度，按一定方向绘制断面图、剖面图，图上设计坡度线，确定汇水面积，计算水库容量，计算图形面积，根据等高线平整场地，计算挖、填土石方量等。

6.4.2 建筑设计中的地形图应用

建筑设计时应充分考虑地形特点，进行合理的竖向规划，并应根据坡度和坡向，结合建筑布置形式和朝向，确定合理的建筑日照间距。

6.4.3 城市规划中的地形图应用

城市用地在规划设计以前，首先应按建筑、交通、给水和排水等对地形的要求，分析用地的地形，并在地形图上标明不同坡度的地区的地面水流方向、分水线和集水线等，以便合理地利用地形和改造原有地形。

注意：6.4 节的重点是地形图应用的基本内容。

6.5　建筑工程测量

6.5.1　建筑工程控制测量

建筑工程测量与地形测量一样，仍要遵循"从整体到局部，先控制后碎部"的原则，即先在施工现场建立统一的平面控制网和高程控制网，然后以此为基础，测设出各个建筑物和构筑物的位置。

1. 施工平面控制网

施工测量中平面控制测量的方法很多，具体采用何种方法，需视实际情况而定。一般而言，工业厂房和民用建筑多采用沿着建筑物轴线的平行和垂直方向布设建筑基线或建筑方格网。前者适用于建筑设计总平面图布置比较简单的小型建筑场地，后者适用于按矩形布置的建筑群或大型建筑场地。

（1）建筑基线。建筑基线的布设形式可根据建筑物的分布、场地的地形等因素确定。常见的布设形式有平行于主要建筑物轴线的"一"字形、"L"形、"十"字形和"T"形建筑基线，如图 6-10 所示。

（2）建筑方格网。在大、中型建筑场地，一般布设成正方形或矩形格网，格网与建筑主轴线平行或垂直。建筑方格网常分为两级布设，首级采用"十"字形、"口"字形或"田"字形，然后再加密方格网，如图 6-11 所示。

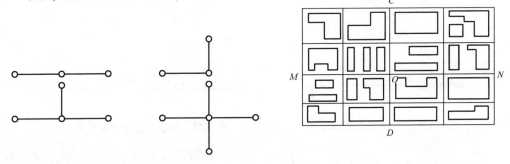

图 6-10　建筑基线　　　　　　　　　图 6-11　建筑方格网

2. 建筑施工场地的高程控制

一般情况下，施工场地平面控制点可以兼作高程控制点，只要在桩面上中心点旁边设置一个突出的半球标志即可。当场地面积较大时，可分两级布设，首级用三等水准测量，然后用四等水准测量加密。总之，在建筑场地上水准点的密度应尽可能满足安置一次仪器，即可测设出所需要的高程点。

6.5.2　施工放样测量

1. 测设的基本工作

（1）测设已知水平距离。测设已知水平距离与测量距离的程序相反。建筑场地平整后，如已知欲测设直线的起点、方向和水平距离 D，需在地面上确定直线的另一端点。此时，可根据所用钢尺的尺长改正数、测定的地面上两点间的高差和丈量时的地面温度，计算出三项改正数（尺长改正数 ΔD_1，温度改正数 ΔD_t，倾斜改正数 ΔD_h），由已知的直线长度 D 和三项改正数，即可求出钢尺在实地测设时应丈量的斜距 D'，即

$$D' = D - \Delta D_1 - \Delta D_t - \Delta D_h \tag{6-39}$$

由直线的起点沿直线方向丈量斜距 D'，即可确定直线的另一端点。

（2）测设已知水平角。测设水平角就是根据一个已知方向和已知的角值，将该角的另一方向标定在地面上，常用以下方法。

1）一般方法。当测设精度要求不高时，可采用此法。如图 6-12 所示，在 A 点安置全站仪，分别用盘左、盘右位置瞄准 B 点，测设水平角 β，在视线方向上定出 C' 及 C'' 点，取其中点 C，则 $\angle BAC$ 即为要测设的 β 角。

2）精确方法。当测设精度要求较高时，先按一般方法测设出 β 角，在地面上定出 C_1 点，如图 6-13 所示，再用测回法精确地多次测量 $\angle BAC_1 = \beta_1$，计算 $\Delta\beta = \beta - \beta_1$，式中，$\beta$ 为欲测设的角值。则根据 AC_1 的长度和 $\Delta\beta$ 可计算出应垂直改正的距离 C_1C 为

$$C_1C = AC_1 \tan\Delta\beta \approx AC_1 \times \frac{\Delta\beta''}{\rho''} \tag{6-40}$$

当 $C_1C > 0$ 时，C_1C 向外移动；

当 $C_1C < 0$ 时，C_1C 向内移动。

（3）测设已知高程。根据已知水准点在地面上标定出某设计高程的工作，称为测设已知高程，测设已知高程可采用以下方法。

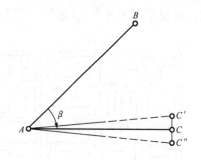

图 6-12　一般方法测设水平角

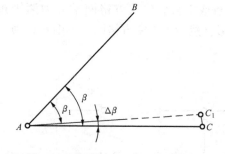

图 6-13　精确方法测设水平角

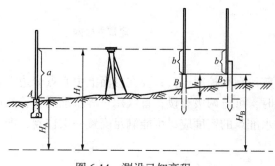

图 6-14　测设已知高程

如图 6-14 所示，在 A、B 点间安置水准仪，在水准点 A 上立水准尺读得后视读数 a，此时视线高为：$H_i = H_A + a$。要使 B 点桩顶高程为设计高程 H_B，则竖立在桩顶的尺上读数应为 $b = H_i - H_B$，或使水准尺在 B 点木桩的一侧上下移动直至读数为 b 时，沿尺底在木桩上画一横线即为欲设计高程 H_B。

注意：测设的基本工作与测量距离、角度及高差的区别。测设的基本工作的重点是测设数据的计算。

2. 点的平面位置的测设

点的平面位置的测设方法很多。实际工作中，可以根据施工控制网的形式、控制点的分布情况、地形情况及现场条件等综合考虑，选择合理的测设方法。

（1）直角坐标法。直角坐标法是根据两段互相垂直的距离测设点的平面位置的方法。此法适用于当建筑场地的施工控制网为建筑方格网或建筑基线时的情况。如图 6-15 所示，欲测设 P 点，首先由 A 点沿 AB 方向测设距离 Δy_{AP} 得 Q 点，然后在 Q 点安置全站仪测设 $90°$ 水平角，得 QP 方向，沿此方向测设距离 Δx_{AP}，即可得到 P 点的平面位置，此法即为直角坐标法。

（2）极坐标法。极坐标法是根据一个角度和一段距离测设点的平面位置的方法。该法是测设点的平面位置最常用的方法。如图 6-16 所示，首先根据控制点 A、B 的坐标和待测设点 P 的设计坐标，按下式计算测设数据，即

$$D_{AP} = \sqrt{\left(x_P - x_A\right)^2 + \left(y_P - y_A\right)^2} \tag{6-41}$$

$$\alpha_{AB} = \arctan\left(\frac{y_B - y_A}{x_B - x_A}\right), \alpha_{AP} = \arctan\left(\frac{y_P - y_A}{x_P - x_A}\right) \tag{6-42}$$

$$\alpha = \alpha_{AB} - \alpha_{AP} \tag{6-43}$$

测设时将全站仪安置在 A 点上，照准 AB 方向，逆时针测设水平角 α 得到 AP 方向线，沿此方向测设水平距离 D_{AP}，即可确定 P 点的位置，此法即为极坐标法。

（3）角度交会法。角度交会法是根据两个角度测设点的平面位置的方法。如图 6-16 所示，首先根据控制点 A、B 的坐标和待测设点 P 的设计坐标，计算出测设数据 α 及 β，然后在两个控制点 A、B 分别按逆时针和顺时针方向测设水平角 α 及 β，得到 AP 及 BP 方向，则两方向线的交点即为 P 点的平面位置，此法即为角度交会法。

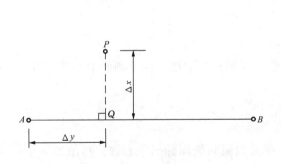

图 6-15　直角坐标法测设点位　　　　　　　　图 6-16　极坐标法和角度交会法测设点位

（4）距离交会法。距离交会法是根据两段距离测设点的平面位置的方法。如图 6-16 所示，首先根据控制点 A、B 的坐标和待测设点 P 的设计坐标，计算出测设数据 D_{AP}、D_{BP}，然后在两个控制点 A、B 分别测设距离 D_{AP}、D_{BP}，相交处即为 P 点位置，此法即为距离交会法。

（5）设计坡度的测设。在铺设管道、修筑道路路面等工程中，经常需要在地面上测设设计的坡度线。如图 6-17 所示，设 A 点的设计高程 H_A 已知，A、B 间水平距离为 D_{AB}，设计坡度为 -1%，由式（6-36）得 $h = iD$，则 B 的设计高程为

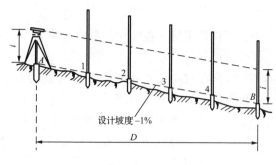

图 6-17　设计坡度测设

$$H_B = H_A - 0.01 D_{AB}$$

首先将 A、B 点的设计高程测设于地面木桩上。水准仪安置于 A 点，量取仪器高 i，安置时使一个脚螺旋在 AB 方向上。旋转 AB 方向的脚螺旋，使视线瞄准 B 尺上读数 i，此时仪器视线即平行于设计坡度线。在中间 1，2，…各点打下木桩，当各桩的尺上读数均为 i 时，各桩顶的连线即为设计坡度线。

点的平面位置的测设是 6.5.2 节的重点。需掌握的内容包括：点的平面位置的测设方法、每种测设方法所需的测设数据及测设数据的计算方法等。其中极坐标法尤为重要。

　　3. 施工放样测量

（1）建筑物定位和放样。建筑物定位，就是把建筑物外轮廓各轴线交点测设于地面，然后再根据这些点进行细部放样。建筑物定位的方法很多，根据已知条件的不同，可采用以下几种测设方法：根据规划道路红线测设；根据与已有建筑物关系测设；根据建筑方格网或控制点测设。

（2）施工控制桩的测设。建筑物定位后，即可详细测设建筑物各部位的轴线和边线，用石灰在地面上撒出基槽开挖边线。

（3）高程传递。建筑施工中，要从室内地坪层的 ±0 标高点或 "+50" 标高线逐层向上传递高程，使各层的楼板、窗台等在施工时均符合设计标高。常用的高程传递方法有皮数杆法和钢尺传递法。

6.5.3　建筑安装测量

　　1. 柱子的安装测量

（1）起吊前的准备工作。起吊前的准备工作包括：投测柱列轴线、柱子侧面中心线标定、柱长检查与杯底标高确定。

（2）柱子吊装时的垂直度校正。

　　2. 吊车梁的安装测量

（1）准备工作。吊车梁安装的准备工作是：在梁顶面和侧面标出中心线；将吊车梁中心线投测到牛腿面上；在柱子上测出梁顶面标高。

（2）吊车梁的安装。吊车梁的安装工作包括：用经纬仪进行吊车梁中心线定位；用水准仪检测梁顶标高。

（3）吊车轨道安装测量。吊车轨道安装测量有以下几项工作：用平行线法检测梁上的中心线；用钢尺检测两中心线间的跨距；安装过程中，梁上水准仪检测轨顶标高，经纬仪检查轨道中心线。

6.5.4　建筑工程变形观测

　　工程建筑物的全部重量都由地基承受，地基受压后由于土质构造不均匀和承受的荷载不同等原因，会引起建筑物随时间而发生沉降、水平位移、倾斜及裂缝等现象，这种现象称为建筑物变形。变形观测指利用测量仪器或专用仪器对变形体的变化状况进行监视、监测的测量工作。其目的是要获得变形体的空间位置随时间变化的特征，同时还要解释变形的原因。变形观测包括沉降观测、倾斜观测、位移观测和裂缝观测等。

1. 沉降观测

（1）基准点和沉降观测点的设置。基准点是变形监测的基准，应布设在变形影响区域外稳固可靠的位置。每个工程至少应布设三个基准点。变形观测点应布设在变形体的地基、基础、场地及上部结构等能反映变形特征的敏感位置。观测点的数量和位置应能全面反映建筑物的变形情况。

（2）沉降观测的时间和方法。沉降观测点埋设稳固后，采用精密水准测量进行首次观测以取得基准数据。以后随着荷载的增加、地面荷重突然加大、周围大量开挖土方、停工、复工、暴雨等均应随时进行观测。工程竣工后，一般一个月观测一次，如沉降速度减缓，可改为2~3个月观测一次，直至沉降稳定为止。

（3）成果整理。定期用精密水准仪测定基准点与沉降观测点的高程，计算两次变形观测之间的沉降量与累积沉降量，最后绘制各沉降点的时间—荷载—沉降量曲线图和等沉降曲线图等。

2. 倾斜观测

建筑物倾斜观测分为两类：一类是相对于水平面的倾斜（如建筑基础倾斜）。此类倾斜观测可采用几何水准测量方法、液体静力水准测量方法和倾斜仪测量等方法。另一类是相对于垂直面的倾斜（如建筑主体倾斜）。此类倾斜观测可采用投点法、测水平角法、前方交会法、激光铅直仪观测法、激光位移计法和正、倒垂线法等。

3. 水平位移观测

水平位移观测是测量变形体在水平方向上的移动。水平位移观测可采用地面测量方法、数字近景摄影测量方法、GNSS测量方法和特殊测量方法（如视准线法、小角度法及激光准直法）等。

复 习 题

6-1　测量误差的产生原因是（　　）。

A. 测量仪器构造不完善　　　　　　B. 观测者感觉器官的鉴别能力有限

C. 外界环境与气象条件不稳定　　　D. A、B和C

6-2　等精度观测是指（　　）条件下的观测。

A. 允许误差相同　　　　　　　　　B. 系统误差相同

C. 观测条件相同　　　　　　　　　D. 偶然误差相同

6-3　测量误差按其性质不同分为（　　）。

A. 读数误差和仪器误差　　　　　　B. 观测误差和计算误差

C. 系统误差和偶然误差　　　　　　D. 仪器误差和操作误差

6-4　水准测量时，水准仪视准轴不平行于水准管轴所引起的误差属于（　　）。

A. 偶然误差　　　B. 系统误差　　　C. 粗差　　　　D. 相对误差

6-5　用全站仪进行角度测量时，采用盘左、盘右观测取平均值的方法可以消除（　　）的影响。

A. 对中误差　　　B. 视准轴误差　　　C. 竖轴误差　　　D. 照准误差

6-6 测得两角度观测值及其中误差分别为 $\angle A = 100°14'40'' \pm 5''$ 和 $\angle B = 84°55'20'' \pm 5''$。由此可知（   ）。

A. 两个角度的测量精度相同 B. B 角的测量精度高
C. A 角的相对精度高 D. A 角的测量精度高

6-7 测得某四边形内角和为 $360°00'36''$，则内角和的真误差和每个角的改正数分别为（   ）"。

A. -36、$+9$ B. $+36$、$+9$ C. $+36$、-9 D. -36、-9

6-8 对某量进行 n 次观测，则根据公式 $M = \pm\sqrt{\dfrac{[vv]}{n(n-1)}}$ 求得的结果为（   ）。

A. 算术平均值中误差 B. 观测值误差
C. 算术平均值真误差 D. 一次观测中误差

6-9 丈量一段距离 6 次，结果分别为 365.030m，365.026m，365.028m，365.024m，365.025m 和 365.023m。则观测值的中误差及算术平均值的中误差和相对中误差分别为（   ）。

A. ± 2.4mm，± 1.0mm，1/360 000 B. ± 1.0mm，± 2.4mm，1/150 000
C. ± 1.1mm，± 2.6mm，1/140 000 D. ± 2.6mm，± 1.1mm，1/330 000

6-10 对一角度观测四测回，各测回观测值与该角度的真值之差分别为 $-9''$、$+8''$、$+7''$、$-6''$，则角度测量的中误差为（   ）。

A. 0 B. $\pm 7.5''$ C. $\pm 7.6''$ D. $\pm 8.8''$

6-11 在 1:500 的地形图上量得 A、B 两点间的距离 $d = 123.4$mm，对应的中误差 $m_d = \pm 0.2$mm。则 A、B 两点间的实地水平距离为（   ）。

A. $D = (61.7 \pm 0.1)$m B. $D = (61.7 \pm 0.1)$mm
C. $D = (61.7 \pm 0.2)$m D. $D = (61.7 \pm 0.2)$mm

6-12 用 DJ_6 型经纬仪观测水平角，要使角度平均值中误差不大于 $3''$，则应观测（   ）测回。

A. 2 B. 4 C. 6 D. 8

6-13 已知 n 边形各内角观测值中误差均为 $\pm 6''$，则内角和的中误差为（   ）。

A. $\pm 6''n$ B. $\pm 6''\sqrt{n}$ C. $\pm 6''/n$ D. $\pm 6''/\sqrt{n}$

6-14 水准路线每千米高差中误差为 ± 8mm，则 4km 水准路线的高差中误差为（   ）mm。

A. ± 32.0 B. ± 11.3 C. ± 16.0 D. ± 5.6

6-15 已知三角形各角的中误差均为 $\pm 4''$，若三角形角度闭合差的容许值为中误差的 2 倍，则三角形角度闭合差的容许值为（   ）。

A. $\pm 13.8''$ B. $\pm 6.9''$ C. $\pm 5.4''$ D. $\pm 10.8''$

6-16 观测三角形各内角 3 次，求得三角形闭合差分别为 $+8''$，$-10''$ 和 $+2''$，则三角形内角和的中误差为（   ）。

A. $\pm 7.5''$ B. $\pm 9.2''$ C. $\pm 20.0''$ D. $\pm 6.7''$

6-17 测量学中高斯平面直角坐标系，X 轴、Y 轴的定义是（   ）。

A. X 轴正向为东，Y 轴正向为北 B. X 轴正向为西，Y 轴正向为南

C. X 轴正向为南，Y 轴正向为东   D. X 轴正向为北，Y 轴正向为东

6-18　确定一直线与标准方向的水平角度的工作称为（　　）。

A. 方位角测量   B. 直线定向

C. 象限角测量   D. 直线定线

6-19　由坐标纵轴北端起顺时针方向量到所测直线的水平角，该角的名称及其取值范围分别为（　　）。

A. 象限角、$0° \sim 90°$ B. 磁方位角、$0° \sim 360°$

C. 真方位角、$0° \sim 360°$ D. 坐标方位角、$0° \sim 360°$

6-20　已知某直线两端点的坐标差分别为 $\Delta x = -61.10\text{m}$、$\Delta y = 85.66\text{m}$，则该直线的坐标方位角在第（　　）象限。

A. Ⅰ   B. Ⅱ   C. Ⅲ   D. Ⅳ

6-21　已知直线 AB 的方位角 $\alpha_{AB} = 87°$，$\beta_右 = \angle ABC = 290°$，则直线 BC 的方位角 α_{BC} 为（　　）。

A. $23°$ B. $157°$ C. $337°$ D. $-23°$

6-22　直线 AB 的正方位角 $\alpha_{AB} = 255°25'48''$，则其反方位角 α_{BA} 为（　　）。

A. $-225°25'48''$ B. $75°25'48''$ C. $104°34'12''$ D. $-104°34'12''$

6-23　已知直线 AB 的方位角 $\alpha_{AB} = 60°30'18''$，$\angle BAC = 90°22'12''$，若 $\angle BAC$ 为左角，则直线 AC 的方位角 α_{AC} 等于（　　）。

A. $150°52'30''$ B. $29°51'54''$ C. $89°37'48''$ D. $119°29'42''$

6-24　起讫于同一已知点的导线称为（　　）。

A. 附合导线   B. 结点导线网   C. 支导线   D. 闭合导线

6-25　导线测量的外业工作在踏勘选点完成后，需要进行（　　）工作。

A. 水平角测量和竖直角测量   B. 方位角测量和距离测量

C. 高程测量和边长测量   D. 水平角测量和边长测量

6-26　闭合导线和附合导线在计算（　　）时，计算公式有所不同。

A. 角度闭合差和坐标增量闭合差   B. 方位角闭合差和坐标增量闭合差

C. 角度闭合差和导线全长闭合差   D. 纵坐标增量闭合差和横坐标增量闭合差

6-27　在测量坐标计算中，已知某边 AB 水平距离 $D_{AB} = 78.000\text{m}$，该边坐标方位角 $\alpha_{AB} = 320°10'40''$，则该边的坐标增量为（　　）。

A. $\Delta X_{AB} = +60\text{m}$；$\Delta Y_{AB} = -50\text{m}$

B. $\Delta X_{AB} = -50\text{m}$；$\Delta Y_{AB} = +60\text{m}$

C. $\Delta X_{AB} = -49.952\text{m}$；$\Delta Y_{AB} = +59.907\text{m}$

D. $\Delta X_{AB} = +59.907\text{m}$；$\Delta Y_{AB} = -49.952\text{m}$

6-28　平面控制加密中，由两个相邻的已知点 A、B 向待定点 P 观测水平角 $\angle PAB$ 和 $\angle ABP$。这样求得 P 点坐标的方法称（　　）法。

A. 后方交会   B. 侧方交会   C. 方向交会   D. 前方交会

6-29　三角高程测量中，高差计算公式 $h = D\tan\alpha + i - v$，式中 v 的含义是（　　）。

A. 仪器高   B. 初算高程

C. 觇标高（中丝读数）   D. 尺间隔（中丝读数）

6-30 在进行三、四等水准测量时，为削弱水准仪下沉的影响，可采用（　　）。

A. 后—前—前—后的观测程序　　　　B. 往返测量的观测方法

C. 使前、后视距相等的观测方法　　　D. 两次同向观测的方法

6-31 已知某地形图的比例尺为 1：500，则该地形图的比例尺精度为（　　）m。

A. 50　　　　　　　　B. 5　　　　　　　　C. 0.5　　　　　　　　D. 0.05

6-32 测绘 1：1000 比例尺地形图时，根据比例尺精度可知，测量地物时的准确程度为（　　）。

A. 0.05m　　　　　　B. 0.1m　　　　　　C. 0.1mm　　　　　　D. 1m

6-33 在测绘地形图时，若要求在地形图上能表示实地地物的最小长度为 0.2m，则应选择的测图比例尺为（　　）。

A. 1/2000　　　　　　B. 1/500　　　　　　C. 1/1000　　　　　　D. 1/5000

6-34 按一定程序和方法，用符号、注记及等高线表示地物、地貌及其他地理要素平面位置和高程的正射投影图，称为（　　）。

A. 平面图　　　　　　B. 断面图　　　　　　C. 影像图　　　　　　D. 地形图

6-35 地形图上的等高线是地面上高程相等的相邻点的连线，它是一种（　　）形状的曲线。

A. 闭合曲线　　　　　B. 直线　　　　　　C. 闭合折线　　　　　D. 折线

6-36 在地形测量中，一般用（　　）表示地面高低起伏状态。

A. 不同深度的颜色　　B. 晕滃线　　　　　　C. 等高线　　　　　　D. 示坡线

6-37 同一幅地形图上，等高距是指（　　）。

A. 相邻两条等高线间的水平距离　　　　B. 两条计曲线间的水平距离

C. 相邻两条等高线间的高差　　　　　　D. 两条计曲线间的高差

6-38 在同一张地形图上等高距相等，则地形图上陡坡的等高线是（　　）。

A. 汇合的　　　　　　B. 密集的　　　　　　C. 相交的　　　　　　D. 稀疏的

6-39 在 1：5000 比例尺的地形图上量得 AB 两点的高差为 1m，两点间的图上长度为 1cm，则 AB 直线的地面坡度为（　　）。

A. 1%　　　　　　　B. 10%　　　　　　C. 2%　　　　　　　D. 5%

6-40 在视距测量的计算公式 $D = kl\cos^2\alpha$ 中，α 的含义是（　　）。

A. 竖直角　　　　　　B. 尺间隔　　　　　　C. 水平距离　　　　　D. 水平角

6-41 比例尺为 1：2000 的地形图，量得某块地的图上面积为 250cm²，则该块地的实地面积为（　　）。

A. 0.25km²　　　　　B. 0.5km²　　　　　　C. 25 公顷　　　　　　D. 150 亩

6-42 利用高程为 44.926m 的水准点，测设某建筑物室内地坪标高 ±0（45.229m）。当后视读数为 1.225m 时，欲使前视尺尺底画线即为 45.229m 的高程标志，则此时前视尺读数应为（　　）m。

A. 1.225　　　　　　B. 0.303　　　　　　C. −0.303　　　　　　D. 0.922

6-43 两红线桩 A、B 的坐标分别为 $x_A = 1000.000$m、$y_A = 2000.000$m、$x_B = 1060.000$m、$y_B = 2080.000$m；欲测设建筑物上的一点 M，$x_M = 991.000$m，$y_M = 2090.000$m。则在 A 点以 B 点为后视点，用极坐标法由 A 点测设 M 点的极距 D_{AM} 和极角 $\angle BAM$ 分别为（　　）。

A. 90.449m、42°34′50″   B. 90.449m、137°25′10″

C. 90.000m、174°17′20″   D. 90.000m、95°42′38″

6-44　施工测量中测设点的平面位置的方法有（　　　）。

A. 激光准直法、极坐标法、角度交会法、直角坐标法

B. 角度交会法、距离交会法、极坐标法、直角坐标法

C. 平板仪测设法、距离交会法、极坐标法、激光准直法

D. 激光准直法、角度交会法、平板仪测设法、距离交会法

6-45　根据一个角度和一段距离测设点的平面位置的方法，称为（　　　）。

A. 角度交会法　　　B. 距离交会法　　　C. 极坐标法　　　　D. 直角坐标法

6-46　下述测量工作中不属于变形测量的是（　　　）。

A. 竣工测量　　　B. 位移观测　　　C. 倾斜观测　　　　D. 挠度观测

复习题答案与提示

6-1　D。提示：见测量误差产生的原因。

6-2　C。提示：同题6-1解析。

6-3　C。提示：见测量误差分类与特点。

6-4　B。提示：同题6-3解析。

6-5　B。提示：全站仪视准轴误差（视准轴与水平轴正交的残存误差）可以通过盘左、盘右观测取平均值的方法消除其对角度观测值的影响。

6-6　A。提示：因为测角精度只与中误差有关，与角值大小无关，故中误差相等，则精度相同。

6-7　C。提示：真误差 $\Delta = $ 观测值 $-$ 真值 $= 360°00′36″ - 360° = 36″$；改正数 $v = -\Delta/n = -\dfrac{36″}{4} = -9″$。

6-8　A。提示：算术平均值中误差 $M = \dfrac{m}{\sqrt{n}}$；$m = \pm\sqrt{\dfrac{[vv]}{n-1}}$。

6-9　D。提示：$m = \pm\sqrt{\dfrac{[vv]}{n-1}} = \sqrt{\dfrac{34}{5}} = \pm 2.6\text{mm}$；$M = \dfrac{m}{\sqrt{n}} = \dfrac{\pm 2.6\text{mm}}{\sqrt{6}} = 1.1\text{mm}$；$K = \dfrac{|M|}{x} = \dfrac{1.1\text{mm}}{365.026\text{m}} = \dfrac{1}{330\,000}$。

6-10　C。提示：$m = \pm\sqrt{\dfrac{[\Delta\Delta]}{n}} = \pm\sqrt{\dfrac{230}{4}} = \pm 7.6″$。

6-11　A。提示：$D = 500d = 61.7\text{m}$；根据倍数函数的误差传播定律得：$m_D = km_d = 0.1\text{m}$。

6-12　D。提示：对于 DJ_6 型经纬仪，一测回的方向中误差 $m_\alpha = \pm 6″$。由 $\beta = \alpha_2 - \alpha_1$，根据和差函数的误差传播定律得：角度中误差 $m_\beta = m_\alpha\sqrt{2} = \pm 6″\sqrt{2}$；再由公式 $M = \dfrac{m}{\sqrt{n}}$，求出：$n = \dfrac{m^2}{M^2} = 8$。

6-13　B。提示：内角和 $\sum\beta = \beta_1 + \beta_2 + \cdots + \beta_n$，根据线性函数的误差传播定律得：$m_{\sum\beta} = \sqrt{n}m_\beta = \pm 6''\sqrt{n}$。

6-14　C。提示：$h_{4km} = h_{km} + h_{km} + h_{km} + h_{km}$，根据线性函数的误差传播定律得：$m_{4km} = m_{km}\sqrt{4} = \pm 16mm$。

6-15　A。提示：$w = l_1 + l_2 + l_3 - 180°$，根据线性函数的误差传播定律得：$m_w = m_\beta\sqrt{3} = \pm 6.9''$；若取 2 倍中误差为容许误差，则：$m_容 = 2 \times (\pm 6.9'') = \pm 13.8''$。

6-16　A。提示：因为三角形闭合差 $w = l_1 + l_2 + l_3 - 180°$ 是真误差，则按（6-4）式可计算三角形闭合差的中误差 $m_w = \pm\sqrt{\dfrac{[ww]}{n}} = \pm 7.5''$。而三角形内角和 $\sum\beta = l_1 + l_2 + l_3$ 与三角形闭合仅相差一个常数 $k_0 = -180°$，则根据线性函数的误差传播定律可知：$m_\Sigma = m_w = \pm 7.5°$

6-17　D。提示：测量坐标系定义是 X 轴为纵轴，向北为正；Y 轴为横轴，向东为正。

6-18　B。提示：参见直线定向。

6-19　D。提示：同题 6-18 解析。

6-20　B。提示：参考图 6-1，若 $\Delta x < 0$，$\Delta y > 0$，则该直线坐标方位角在第 Ⅱ 象限。

6-21　C。提示：$\alpha_前 = \alpha_后 + 180° - \beta_右 = -23° + 360° = 337°$。

6-22　B。提示：$\alpha_{21} = \alpha_{12} \pm 180°$，且当 $\alpha_{12} > 180°$，$\alpha_{21} = \alpha_{12} - 180°$。

6-23　A。提示：依题意绘图，由图 6-18 可知：

$\alpha_{AC} = \alpha_{AB} + \angle BAC = 150°52'30''$

或按方位角推算公式并顾及正、反方位角之间的关系求解：

$\alpha_{AC} = \alpha_{BA} + \angle BAC + 180° = (60°30'18'' + 180°) + 90°22'12'' + 180° - 360° = 150°52'30''$

6-24　D。提示：参见导线及其布设形式。

6-25　D。提示：参见导线测量的外业工作。

6-26　A。提示：参见导线测量的内业计算。

6-27　D。提示：将已知数据代入坐标增量计算公式，得：

$\Delta X_{AB} = D_{AB}\cos\alpha_{AB} = +59.907m$

$\Delta Y_{AB} = D_{AB}\sin\alpha_{AB} = -49.952m$

6-28　D。提示：参见交会定点。

6-29　C。提示：参见三角高程测量。

6-30　A。提示：参见三、四等水准测量。

6-31　D。提示：根据比例尺精度的定义有 $0.1mm \times 500 = 0.05m$。

6-32　B。提示：根据比例尺精度可以确定量距应准确到什么程度，即：量距精度 $= 0.1mm \times M = 0.1m$。

6-33　A。提示：根据比例尺精度可以确定测图比例尺，即：测图比例尺 $\dfrac{1}{M} = \dfrac{0.1mm}{0.2m} = \dfrac{1}{2000}$。

6-34　D。提示：参见地形图基本知识。

6-35　A。提示：参见等高线。

6-36　C。提示：地面上自然形成的高低起伏形态称为地貌。在测量工作中，常用等高线配合其他符号表示地貌。

6-37　C。提示：同题 6 - 35 解析。

6-38　B。提示：同题 6 - 35 解析。

6-39　C。提示：由坡度的计算公式 $i = \dfrac{h}{dM}\% = 2\%$。

6-40　A。提示：参见传统地形图测绘常用方法［见式（6 - 37）］。

6-41　D。提示：顾及 $1\mathrm{m}^2 = 10^4\mathrm{cm}^2$ 及 1 亩 $= 666.67\mathrm{m}^2$ 得：

$$S = 0.025 \times 2000^2 = 100\ 000\mathrm{m}^2 \approx 150\ 亩$$

6-42　D。提示：$H_i = H_{\mathrm{BM}} + a = 46.151\mathrm{m}$

$b = H_i - H_{\mathrm{A}} = 0.922\mathrm{m}$。

6-43　A。提示：将已知数据代入极坐标法测设数据计算公式，得：$D_{\mathrm{AM}} = \sqrt{(\Delta x_{\mathrm{AM}}^2 + \Delta y_{\mathrm{AM}}^2)} = 90.449\mathrm{m}$；$\alpha_{\mathrm{AB}} = \arctan \dfrac{\Delta y_{\mathrm{AB}}}{\Delta x_{\mathrm{AB}}}$，在第一象限，故 $\alpha_{\mathrm{AB}} = 53°07'48''$；$\alpha_{\mathrm{AM}} = \arctan \dfrac{\Delta y_{\mathrm{AM}}}{\Delta x_{\mathrm{AM}}}$，在第二象限，则 $\alpha_{\mathrm{AM}} = 95°42'38''$；故 $\angle BAM = \alpha_{\mathrm{AM}} - \alpha_{\mathrm{AB}} = 42°34'50''$。

6-44　B。提示：参见点的平面位置的测设。

6-45　C。提示：同题 6 - 44 解析。

6-46　A。提示：参见建筑工程变形测量。

模 拟 试 题

1. 某流域的集水面积为 $600km^2$，其多年平均径流总量为 5 亿 m^3，其多年平均径流深为（　　）。

    A. 1200mm   B. 833mm   C. 3000mm   D. 120mm

2. 流域大小和形状会影响到年径流量，下列叙述错误的是（　　）。

    A. 流域面积大，地面和地下径流的调蓄作用强

    B. 大流域径流年际和年内差别比较大，径流变化比较大

    C. 流域形状狭长时，汇流时间长，相应径流过程线较为平缓

    D. 支流呈扇形分布的河流，汇流时间短，相应径流过程线则比较陡峻

3. 水文统计的任务是研究和分析水文随机现象的（　　）。

    A. 必然变化特性   B. 自然变化特性

    C. 统计变化特性   D. 可能变化特性

4. 频率 $P = 2\%$ 的设计洪水，是指（　　）。

    A. 大于等于这样的洪水每隔 50 年必然会出现一次

    B. 大于等于这样的洪水每隔 50 年可能出现一次

    C. 大于等于这样的洪水正好每隔 20 年出现一次

    D. 大于等于这样的洪水平均 20 年可能出现一次

5. 减少抽样误差的途径是（　　）。

    A. 提高资料的一致性   B. 提高观测精度

    C. 改进测验仪器   D. 增大样本容量

6. 在等流时线法中，当净雨历时大于流域汇流时间时，洪峰流量是由（　　）。

    A. 部分流域面积上的全部净雨所形成

    B. 全部流域面积上的部分净雨所形成

    C. 部分流域面积上的部分净雨所形成

    D. 全部流域面积上的全部净雨所形成

7. 下列不完全是地下水补充方式的是（　　）。

    A. 大气降水，江河水的径流   B. 大气降水，凝结水

    C. 大气降水，地表水的下渗   D. 大气降水，固态水

8. 湿土重 220kg，重量含水量为 0.18，若土样的体积为 $131.0dm^3$，则土的体积含水量应为（　　）。

    A. 0.59   B. 0.26   C. 0.31   D. 0.43

9. 下列关于河谷冲积物特点正确的是（　　）。

    A. 分选性好，磨圆度高   B. 分选性差，磨圆度低

    C. 孔隙度大，透水性强   D. 孔隙度小，透水性强

10. 某地区有一承压完整井，井半径 $r = 0.21\text{m}$，过滤器长度 $L = 35.82\text{m}$；含水层为砂卵石，厚度 $M = 36.42\text{m}$；影响半径 $R = 300\text{m}$，抽水试验结果为：$s_1 = 1.00\text{m}$，$Q_1 = 4500\text{m}^3/\text{d}$；$s_2 = 1.75\text{m}$，$Q_2 = 7850\text{m}^3/\text{d}$；$s_3 = 2.50\text{m}$，$Q_3 = 11\,250\text{m}^3/\text{d}$；渗透系数 K 为（　　）。

A. 125.53m/d　　　　B. 175.25m/d　　　　C. 142.65m/d　　　　D. 198.45m/d

11. 某承压水水源地，含水层的分布面积 $A = 10\text{km}^2$，含水层厚 $M = 50\text{m}$，给水度 $\mu = 0.2$，弹性给水度 $S_s = 0.1\text{m}^{-1}$，承压水的压力水头高 $H = 60\text{m}$，该水源地的储存量为（　　）。

A. $2.0 \times 10^9 \text{m}^3$　　B. $1.5 \times 10^9 \text{m}^3$　　C. $3.0 \times 10^9 \text{m}^3$　　D. $3.5 \times 10^9 \text{m}^3$

12. 一潜水含水层厚度125m，渗透系数为5m/d，其完整井半径为1m，井内动水位至含水层底板的距离为120m，影响半径100m，则该井稳定的日出水量为（　　）。

A. 3410m³　　　　B. 4165m³　　　　C. 6821m³　　　　D. 3658m³

13. 生活饮用水加氯消毒过程中通常用氯气、漂白粉等消毒剂，原理是利用这些物质（　　）。

A. 氧化微生物细胞物质

B. 增加水的渗透压以抑制微生物活动

C. 能抑制微生物的呼吸作用

D. 起到表面活性剂的作用，抑制细菌的繁殖

14. 以下有关碳源的说法，描述错误的是（　　）。

A. 微生物可利用的碳源包括无机碳和有机碳

B. 碳源提供微生物细胞碳的骨架

C. 碳源是所有微生物生长的能源

D. 碳源是微生物代谢产物中碳的来源

15. 在抵御外界不良环境时，原生动物通常会形成（　　）。

A. 荚膜　　　　B. 孢囊　　　　C. 菌胶团　　　　D. 芽孢

16. 放线菌具有吸收营养物质功能的菌丝是（　　）。

A. 基内菌丝　　　　B. 气生菌丝　　　　C. 孢子　　　　D. 孢子丝

17. 下列关于酶的说法，错误的是（　　）。

A. 酶催化反应时，具有高度专一性　　　　B. 酶具有催化作用

C. 酶促反应只受温度和 pH 值的影响　　　　D. 酶催化反应时，条件温和

18. 高压蒸汽灭菌常采用的灭菌温度是（　　）℃。

A. 60　　　　B. 70　　　　C. 121　　　　D. 100

19. 《生活饮用水卫生标准》（GB 5749）中规定生活饮用水中总大肠菌群的标准是（　　）。

A. 不超过 3 个/L　　　　B. 不得检出

C. 100 个/mL　　　　D. 不超过 3 个/100mL

20. 细菌细胞的基本结构包括（　　）。

A. 细胞壁、细胞膜、芽孢、鞭毛　　　　B. 细胞壁、细胞膜、细胞质、核区

C. 细胞质、芽孢、细胞核、硫粒

D. 细胞核、核糖体、质粒、鞭毛

21. 反硫化作用的最终产物是（　　　）。

A. H_2S　　　　　　B. SO_4^{2-}　　　　　　C. 有机硫化物　　　　D. 单质 S

22. 厌氧呼吸的受氢体是（　　　）。

A. 单质氧

B. 基质氧化后的中间产物

C. 无机氧化物

D. 有机物

23. 题 23 图所示 1/4 圆弧形闸门，半径 $R = 1m$，门宽 4m，其所受静水总压力的大小为

A. 36.5kN

B. 9.8kN

C. 4.9kN

D. 19.6kN

24. 如题 24 图所示，下列可以列总流能量方程的断面是（　　　）。

A. 1—1 断面和 2—2 断面

B. 2—2 断面和 3—3 断面

C. 1—1 断面和 3—3 断面

D. 3—3 断面和 4—4 断面

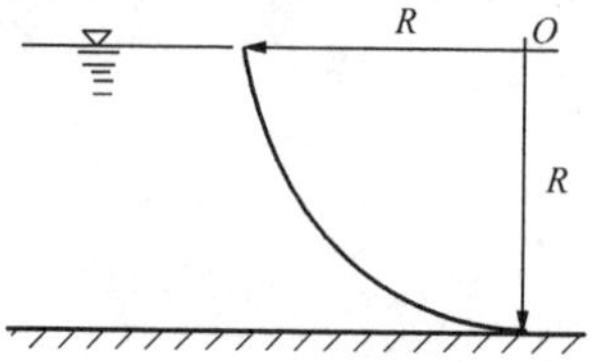

题 23 图

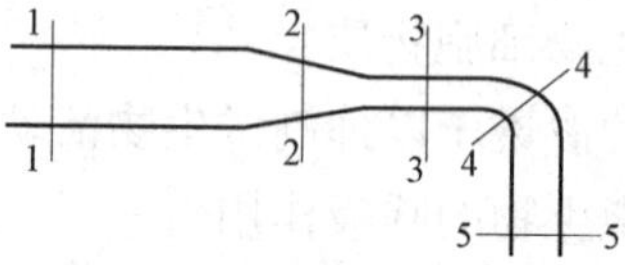

题 24 图

25. 圆管层流，其沿程损失与流速的（　　　）次方成正比。

A. 1　　　　　　　B. 1.75　　　　　　　C. 2　　　　　　　D. 2.5

26. 长度相等，管道比阻分别为 S_{01} 和 $S_{02} = 4S_{01}$ 的两条管段并联，如果用一条长度相同的管段替换并联管道，要保证总流量相等时水头损失相等，等效管段的比阻等于（　　　）。

A. $2.5S_{01}$　　　　　　B. $0.8S_{01}$　　　　　　C. $0.44S_{01}$　　　　　　D. $0.4S_{01}$

27. 流量一定，矩形渠道断面的形状、尺寸和粗糙系数一定时，随底坡的减小，则正常水深（　　　）。

A. 不变　　　　　　B. 减小　　　　　　C. 增大　　　　　　D. 不定

28. 由急流到缓流的过程，其流动弗劳德数为（　　　）的过程。

A. 由 $Fr < 1$ 到 $Fr > 1$

B. 由 $Fr = 1$ 到 $Fr > 1$

C. 由 $Fr > 1$ 到 $Fr < 1$

D. 由 $Fr > 1$ 到 $Fr = 1$

29. 堰上水头相同情况下宽顶堰的自由出流流量 Q 与淹没出流流量 Q' 比较为（　　　）。

A. $Q > Q'$　　　　　B. $Q = Q'$　　　　　C. $Q < Q'$　　　　　D. 无法确定

30. 高尔夫球表面上有很多小凹坑，与光滑表面相比，其效果是（　　　）。

A. 加大飞行阻力

B. 减小飞行阻力

C. 提高运动准确性

D. 增大球体强度

31. 下列水泵中起动前需要进行灌水的是（　　　）。

A. 28ZLB – 70　　　　B. 12Sh – 28A　　　　C. LXB_z300　　　　D. QX6 – 25 – 1.1

32. 泵的效率是容积效率、水力效率和（　　　）的乘积。

A. 传动效率　　　　　B. 电机效率　　　　　C. 泵轴效率　　　　　D. 机械效率

33. 如题 33 图所示，某离心泵特性曲线为 $Q-H$，管道系统特性曲线为 $Q-\sum H$，拟采用换轮方式使运行流量为 Q_1。对应 Q_1 流量做垂线与曲线 $Q-H$ 和 $Q-\sum H$ 分别交于 B 和 C，过 B 和 C 的等效率曲线分别为 $H=k_1Q^2$ 和 $H=k_2Q^2$，且分别与曲线 $Q-H$ 和 $Q-\sum H$ 交于点 D 和 E，则叶轮切削量计算可针对（　　）两个点运用切削律公式计算确定。

A. 点 A 和点 C　　　　B. 点 B 和点 E　　　　C. 点 A 和点 E　　　　D. 点 C 和点 D

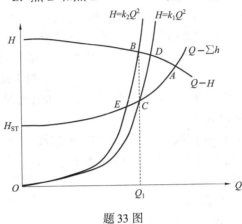

题 33 图

34. 当泵的比转数由小变大时，其特性曲线的变化趋势为（　　）。

A. 扬程曲线由平坦变得陡峭，轴功率曲线由上升变为下降

B. 扬程曲线由陡峭变得平坦，轴功率曲线由下降变为上升

C. 扬程曲线由平坦变得陡峭，轴功率曲线由下降变为上升

D. 扬程曲线由陡峭变得平坦，轴功率曲线由上升变为下降

35. 离心泵装置的管道系统特性曲线形状可用图（　　）示意。

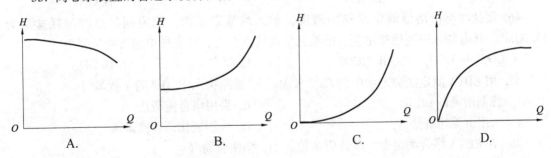

A.　　　　　　　B.　　　　　　　C.　　　　　　　D.

36. 串联运行的两台水泵，从性能上宜具有（　　）。

A. 相近的额定流量　　B. 相近的扬程　　　　C. 相等的轴功率　　　　D. 相同的转速

37. 如果某离心泵运行时水泵进口处的真空表读数小于该泵铭牌上标示的允许吸上真空高度值，则该泵（　　）会发生气蚀。

A. 一定　　　　　　　B. 一定不　　　　　　C. 可能　　　　　　　　D. 无法判断是否

38. 对离心泵装置而言，关小阀门时，管道的局部阻力（　　），管道特性曲线（　　），工况点流量（　　）。

A. 加大；变陡；增大　　　　　　　　　　B. 加大；变陡；减小

C. 减小；变平缓；减小   D. 减小；变平缓；增大

39. 下列关于同型号、同水位、管路对称布置离心泵并联运行的正确论述是（   ）。

A. 水泵并联台数增加一倍，并联出水量就增加一倍

B. 多泵并联的总效率是各泵效率的平均值

C. 某泵单独运行时的效率要比并联工作时该泵的效率高

D. 某泵单独运行时的功率要比并联工作时该泵的功率高

40. 给水泵房应设（   ）台备用水泵，且应与所备用的（   ）工作泵能互为备用。

A. 1～2；所有   B. 1～2；最大流量

C. 2～4；所有   D. 2～4；最大流量

41. 泵房设计时，当两台或两台以上水泵共用一条出水管道时，每台水泵的出水管上应设闸阀，并在闸阀和泵之间设置（   ）。

A. 排气阀   B. 止回阀   C. 检修阀   D. 泄水阀

42. 下列关于雨水泵站集水池的叙述，正确的是（   ）。

A. 横断面应采用长方形

B. 集水池需有足够的调节容积

C. 集水池容积应不小于最大一台水泵 30s 的出水量

D. 高程应适应水泵吸上式工作

43. 采用过滤方式处理样品，阻留残渣能力最强的是（   ）。

A. 滤纸   B. 离心   C. 滤膜   D. 砂心滤斗

44. 在研究报告中，反映一组平行测定数据的精密度常用（   ）。

A. 相对偏差   B. 相对平均偏差   C. 相对标准偏差   D. 回收率

45. $H_2PO_4^-$ 的共轭碱为（   ）。

A. H_3PO_4 B. HPO_4^{2-} C. PO_4^{3-} D. OH^-

46. 用盐酸标准溶液滴定水样的碱度，加入酚酞指示剂，滴定到终点时消耗盐酸为 15.00mL。接着加入甲基橙指示剂，溶液已呈现终点颜色，则水样中包含的碱度为（   ）。

A. CO_3^{2-} 和 HCO_3^- B. HCO_3^- C. CO_3^{2-} D. OH^-

47. 用 EDTA 滴定法测定水中的 Ca^{2+} 和 Mg^{2+}，欲除去水中 Al^{3+} 的干扰需（   ）。

A. 控制溶液的 pH 值   B. 采用络合掩蔽法

C. 采用沉淀掩蔽法   D. 采用氧化还原掩蔽法

48. 在 EDTA 络合滴定中，酸效应系数越小，则络合物（   ）。

A. 稳定性越小   B. 稳定性越大   C. 稳定性不受影响   D. 稳定性不确定

49. 用摩尔法测定水中 Cl^- 时，如果 pH = 3，则分析结果（   ）。

A. 偏高   B. 偏低   C. 忽高忽低   D. 紫红色

50. 重铬酸钾返滴定法测定水中的化学需氧量时，用试亚铁灵作指示剂，硫酸亚铁铵滴定至终点时的颜色变为（   ）。

A. 黄色   B. 蓝色   C. 红褐色   D. 紫红色

51. 对于 BOD_5 大于 $7mgO_2/L$ 的水样需要稀释后再培养。根据稀释前后溶解氧的变化和水样的稀释倍数，求出水样的生物化学需氧量。工业废水稀释倍数的选择主要依据水样的（   ）。

A. 溶解氧   B. 耗氧量

C. 化学需氧量   D. 耗氧量 + 化学需氧量

52. 在分光光度分析法中，当溶液浓度不变，比色皿厚度为 1cm 时，测得溶液的透光率为 T，当比色皿厚度为 2cm 时，溶液的透光率为（   ）。

    A. $T/2$ B. $2T$ C. T^2 D. $\sqrt{2}$

53. 通过静止的平均海水面并向陆地延伸所形成的封闭曲面称为（   ）。

    A. 水平面   B. 水准面   C. 大地水准面   D. 参考椭球面

54. 丈量 AB、CD 两段距离，AB 段往返丈量误差为 0.02m，平均值为 120.356m，CD 段往返丈量误差为 0.03m，平均值为 200.457m，以下说法正确的是（   ）。

    A. AB 段丈量精度比 CD 段高   B. AB 段丈量精度比 CD 段低

    C. AB 段与 CD 段丈量精度相同   D. 无法判断精度高低

55. 计算求得某导线纵、横坐标增量闭合差分别为 – 0.04m、+ 0.06m，导线全长为 409.25m，则导线全长相对闭合差为（   ）。

    A. 1/10000   B. 1/6000   C. 1/5600   D. 1/4000

56. 建筑物的沉降观测是依据埋设在建筑物附近的水准点进行的，为了防止由于某个水准点的高程变动造成差错，一般至少埋设（   ）个水准点。

    A. 3   B. 4   C. 6   D. 10

57. 若要求地形图能反映实地 0.05m 的长度，则所用地形图的比例尺不应小于（   ）。

    A. 1/500   B. 1/1000   C. 1/2000   D. 1/500

参考答案与提示

1. B。2. B。3. D。4. B。5. D。

6. B。提示：按等流时线原理，当净雨历时大于流域汇流时间时，流域上全部面积的部分净雨参与形成最大洪峰流量。

7. D。8. B。9. C。10. C。

11. C。提示：按公式 $AMHS_5$ 求储存量。

12. B。提示：按裘布依假定的有关公式推求。

13. A。提示：加氯消毒的杀菌原理是利用氯的氧化性，将微生物细胞内的细胞物质（酶等）氧化，使微生物死亡。

14. C。提示：化能异养微生物的能源来自碳源。光能自养微生物和光能异养微生物的能源来自光能。化能自养微生物通过氧化无机物过程中获得能量。

15. B。提示：胞囊是很多原生动物抵御不良环境时形成的有效适应性结构。当环境比较差，如进水中营养不足，含有毒物质，运行中温度、pH 值、溶解氧等发生较大变化时，原生动物虫体会缩成圆球形，同时，向体外分泌物质，形成一层或两层外膜包裹全身的休眠体胞囊。当环境好转时，虫体又破囊而出，恢复活性。

16. A。提示：典型的放线菌根据不同的形态和功能，可被分为基内菌丝、气生菌丝、孢子丝。基内菌丝又称营养菌丝，为吸取养料的菌丝。

17. C。提示：酶促反应不只是受到受温度和 pH 的影响，还受到底物浓度、酶的初始浓度、抑制剂等影响。

281

18. C。提示：高压蒸汽灭菌，可将微生物菌体、芽孢和孢子全部杀灭，通常采用121℃。

19. B。提示：《生活饮用水卫生标准》（GB 5749）中规定总大肠菌群、大肠埃希氏菌均不得检出（MPN/100mL 或 CFU/100mL）。

20. B。提示：细菌细胞的基本结构包括细胞壁、细胞膜、细胞质、核区和内含物。

21. A。提示：反硫化作用是在硫酸盐还原菌在氧化有机物的过程中，以 SO_4^{2-} 作为最终电子受体，使其还原为 H_2S。

22. C。提示：厌氧呼吸又称无氧呼吸，指以无机氧化物作为受氢体的生物氧化。

23. A。提示：圆弧面向水平方向做投影，投影面型心在 0.5m 水深处，压强为 $p_c = \rho g h$，水平压力为 $P_x = p_c A$，竖直压力 P_z 为压力体中水的重量 $P_z = \rho g V$，再合成合力 $P = \sqrt{P_x^2 + P_z^2}$。

24. C。提示：只有均匀流或渐变流断面可以列总流能量方程，选项中只有 1—1 断面和 3—3 断面符合这一要求，5—5 也可以，但不在选项之中。

25. A。提示：根据沿程损失计算公式 $h_f = \lambda \dfrac{1}{d} \cdot \dfrac{v^2}{2g}$，圆管层流沿程损失系数 $\lambda = \dfrac{64}{Re} = \dfrac{64v}{vd}$，代入前式，得到 $h_f = \dfrac{64v}{vd} \cdot \dfrac{l}{d} \cdot \dfrac{v^2}{2g}$，显然 h_f 与 v 的 1 次方成正比。

26. C。提示：$\dfrac{1}{\sqrt{S_0}} = \dfrac{1}{\sqrt{S_{01}}} + \dfrac{1}{\sqrt{S_{02}}} = \dfrac{2}{2\sqrt{S_{01}}} + \dfrac{1}{2\sqrt{S_{01}}} = \dfrac{3}{2\sqrt{S_{01}}}$，$S_0 = \dfrac{4}{9} S_{01}$。

27. C。提示：根据谢才公式 $Q = A \dfrac{1}{n} R^{1/6} \sqrt{Ri}$，矩形渠道 A，R 随水深加深而加大，所以坡度 i 变小后只有正常水深加大才能保持流量不变。

28. C。提示：急流对应弗劳德数 $Fr > 1$，缓流对应弗劳德数 $Fr < 1$，由急流到缓流过程为水跃。

29. A。提示：淹没出流意味着下游水位高，且对出流产生阻碍，所以淹没的流量要小一些。

30. B。提示：球的飞行速度范围内一定的表面扰动可以提早形成湍流边界层分离，减小湍流阻力系数从而减小飞行阻力。

31. B。提示：离心泵起动前需将泵壳和吸水管路灌满水，如果不灌泵，则泵内充满空气，叶轮在空气中转动，水泵吸入口处只能产生 0.075MPa 的真空值，不足以把水抽上来。灌泵后，泵内充满液体，因液体的密度比空气大，叶轮转动时，液体受到较大的离心力作用，相应地，叶轮转动时在水泵吸入口处能产生的真空值较大，一般为 60MPa 左右，因此，离心泵起动前需将泵壳和吸水管路灌满水，才能在水泵入口处造成抽吸液体所必需的真空值。选项 B 为离心泵，起动前需灌水；选项 A 为轴流泵，叶轮安装在水下，选项 C 为螺旋泵，选项 D 为潜水泵，起动前均不需灌水。

32. D。提示：泵壳内因水力损失所消耗的功率损失用水力效率来度量；由于流量泄漏和流量回流所消耗的功率损失用容积效率来度量；泵轴旋转以及密封环等部件的摩擦损失用机械效率来度量，水泵的效率即泵的总效率，是这三部分效率的乘积。

33. D。提示：切削前该泵工况点为 A，切削后工况点应为管道系统特性曲线上点 C，故利用过点 C 的等效率曲线对切削前后的对应点 D 和 C 应用切削率可解得流量为 Q_1（即工况点为 C）时叶轮的直径，从而计算切削量（切削百分数）。

类似地，如果不是采用换轮的方式，而是采用调速的方式来实现运行流量 Q_1，则可在点 C 和点 D 之间应用比例律以确定调整后的转速。

34. A。提示：比转数 n_s 越高，扬程曲线越陡峭，轴功率曲线由低比转数的上升式转变为高比转数的下降式。

35. B。提示：离心泵装置管道系统特性曲线方程为 $H = H_{ST} + SQ^2$，如选项 B 所示。

36. A。提示：串联的水泵宜具有接近的流量，以避免大泵的流量浪费和小泵的超负荷。

37. C。提示：本题需正确理解允许吸上真空高度的定义和测定方法。允许吸上真空高度 H_s 是指在标准状况（即水温 20℃，表面压力 0.1MPa）下运转时，水泵所允许的最大吸上真空高度。因此，允许吸上真空高度 H_s 也就是在标准状况下水泵进口处真空表读数的最大允许值。水泵铭牌上标注的允许吸上真空高度（或水泵样本给出的允许吸上真空高度）是水泵生产厂根据该型号泵在标准状况下的运行实验确定的，设标准状况下实测水泵进口真空表最大读数为 H_{vmax}，考虑设计泵房时安全性应留有余地，故水泵样本中标出的允许吸上真空高度值比实验实测值低 0.3m，即 $H_s = H_{vmax} - 0.3$。

若水泵实际运行时，水温为 20℃，表面压力为 1 大气压（即标准状况），泵吸水口处真空表的读数达到 $H_s + 0.3$ 时，则水泵必然发生气蚀，因此，在标准状况下，真空表读数达到 H_s 时不一定发生气蚀；若水泵实际运行时，水温不是 20℃，表面压力不是 0.1MPa（即非标准状况），则水泵的允许吸上真空高度需根据实际水温下的饱和蒸汽压和当地大气压 h_a 进行修正，再根据吸水口处真空表的读数与该修正值 H_s' [$H_s' = H_s - (10.33 - h_a) - (h_{va} - 0.24)$] 的大小判断水泵是否将发生气蚀，因此，真空表读数小于或等于 H_s 时不是一定会发生气蚀，但小于或等于 $H_s' + 0.3$ 时必然发生气蚀。

38. B。提示：离心泵装置运行时，关小阀门会使阀门处的局部阻力加大，管道系统总水头损失相应增大，管道系统特性曲线的曲率加大，曲线变陡，与水泵特性曲线的交点相应地向流量减小的方向移动，即工况点流量减小。

39. D。提示：某泵单独运行时的流量要比并联工作时该泵的流量高，因离心泵的功率曲线 $Q - N$ 是随流量增大而上升的曲线，故单独运行时水泵的功率要比并联工作时该泵的功率高。

40. A。提示：依据《室外给水设计标准》（GB 50013）确定。备用水泵的规格应根据泵房内水泵规格配置的情况确定。由于备用水泵不是固定备用，应与所备用水泵互为备用、交替运行，其既是备用泵又是工作泵，以保障所有水泵能高效、安全和稳定运行。

41. B。提示：当两台或两台以上水泵共用一条出水管道时，每台水泵的出水管上应设闸阀，并在闸阀和泵之间设置止回阀，以保障任一台水泵的检修、更换，并阻止此时出水管道中的水反向流回水泵。

42. C。提示：雨水泵站设计中，一般不考虑集水池的调节作用，只要求在保证水泵正常工作和合理布置吸水口等所必需的容积，一般采用不小于最大一台水泵 30s 的出水量，且雨水泵多为自灌式工作。

43. C。提示：水样浑浊在分析前需要进行预处理，处理样品的能力：滤膜 > 离心 > 滤纸 > 砂心滤斗。

44. C。提示：相对标准偏差是均方根偏差，更能反映数据的离散度。

45. B。提示：$H_2PO_4^-$ 的作为酸，失去一个 H^+ 变成共轭碱，即 HPO_4^{2-}。

46. D。提示：$P>0$，$M=0$，只有 OH^- 碱度。

47. B。提示：测定水中的 Ca^{2+} 和 Mg^{2+}，可加入三乙醇胺或 NH_4F 掩蔽 Al^{3+} 以消除干扰。

48. B。提示：酸效应系数越小表示酸的干扰越小，条件稳定常数越大。

49. A。提示：摩尔法测定水中 Cl^- 适宜的 pH 为 6.5～10.5，pH 偏低，指示剂减少，终点要消耗较多的标准溶液，使测定结果偏高。

50. C。提示：测定水中化学需氧量时，硫酸亚铁铵返滴定剩余的重铬酸钾，最初呈黄色，逐渐变为蓝绿色，最终变为红褐色（棕红色）即达终点。

51. C。提示：对于工业和生活污水，可通过测定水样的 COD 值估算合适的稀释倍数。

52. C。提示：根据 $A=\varepsilon bc=-\lg T$；

当 $b=1cm$，$\varepsilon c=-\lg T_1$；

当 $b=2cm$，$2\varepsilon c=-\lg T_2$

$2\lg T_1=\lg T_2$

$T_2=T_1^2$

53. C。提示：与平均海平面吻合并向大陆、岛屿内延伸所形成的闭合曲面，称为大地水准面。

54. B。提示：将已知数据代入相对误差的计算公式，得：

$$K_{AB}=\frac{|\Delta D|}{x}=\frac{1}{x/|\Delta D|}=\frac{1}{120.356/0.02}\approx\frac{1}{6000}$$

$$K_{CD}=\frac{|\Delta D|}{x}=\frac{1}{x/|\Delta D|}=\frac{1}{200.457/0.03}\approx\frac{1}{6600}$$

$K_{AB}>K_{CD}$

55. C。提示：将已知数据代入导线全长相对闭合差计算公式，得：

$$K=\frac{\sqrt{f_x^2+f_y^2}}{\sum D}=\frac{\sqrt{(-0.04)^2+0.06^2}}{409.25}\approx\frac{1}{5600}$$

56. A。提示：建筑物沉降观测工作中，为了防止由于某个水准点的高程变动造成差错，根据《建筑变形测量规范》（JGJ 8—2016）的要求，建筑物沉降监测基准点布设不少于 3 个点。

57. A。提示：由地形图比例尺精度含义可知：若要求地形图能反映实地 0.05m 的长度，则所用地形图的比例尺应为 $\frac{0.1mm}{0.05m}=\frac{1}{500}$。

参 考 文 献

[1] 詹道江, 叶守泽. 工程水文学 [M]. 北京：中国水利水电出版社, 2000.

[2] 王燕生. 工程水文学 [M]. 北京：水利电力出版社, 1992.

[3] 宋星原, 等. 工程水文学题库及题解 [M]. 北京：中国水利水电出版社, 2003.

[4] 张元禧, 施鑫源. 地下水水文学 [M]. 北京：中国水利水电出版社, 2000.

[5] 戚筱俊. 工程地质及水文地质 [M]. 2 版. 北京：中国水利水电出版社, 2011.

[6] 薛禹群, 吴吉春. 地下水动力学 [M]. 北京：地质出版社, 2010.

[7] 顾夏生, 李献文, 等. 水处理微生物学 [M]. 3 版. 北京：中国建筑工业出版社, 1998.

[8] 顾夏生, 胡洪营, 等. 水处理生物学 [M]. 6 版. 北京：中国建筑工业出版社, 2019.

[9] 周群英, 高延耀. 环境工程微生物学 [M]. 2 版. 北京：高等教育出版社, 2000.

[10] 李军, 杨秀山, 等. 微生物与水处理工程 [M]. 北京：化学工业出版社, 2002.

[11] 蔡增基, 龙天渝. 流体力学泵与风机 [M]. 6 版. 北京：中国建筑工业出版社, 2009.

[12] 闻德荪. 工程流体力学（水力学）[M]. 4 版. 北京：高等教育出版社, 2020.

[13] 许仕荣. 泵与泵站 [M]. 7 版. 北京：中国建筑工业出版社, 2021.

[14] 张朝升. 全国勘察设计注册公用设备工程师（给水排水专业）职业资格考试基础考试复习题集 [M]. 北京：中国建筑工业出版社, 2004.

[15] 室外给水设计标准（GB 50013—2018）. 北京：中国计划出版社, 2018.

[16] 室外排水设计标准（GB 50014—2021）. 北京：中国计划出版社, 2021.

[17] 上海市政工程设计研究院. 给水排水设计手册：第 3 册. 城镇给水 [M]. 3 版. 北京：中国建筑工业出版社, 2017.

[18] 北京市市政工程设计研究总院有限公司. 给水排水设计手册：第 5 册. 城镇排水 [M]. 3 版. 北京：中国建筑工业出版社, 2017.

[19] 供配电系统设计规范（GB 50052—2009）. 北京：中国计划出版社, 2010.

[20] 胡育筑. 分析化学习题集. [M]. 北京：科学出版社, 2021.

[21] 彭崇慧, 冯建章, 张锡瑜, 等. 分析化学：定量化学分析简明教程 [M]. 4 版. 北京：北京大学出版社, 2020.

[22] 吴俊森. 水分析化学精讲精练 [M]. 北京：化学工业出版社, 2010.

[23] 刘志广. 分析化学学习指导 [M]. 大连：大连理工大学出版社, 2002.

[24] 黄君礼, 吴明松. 水分析化学 [M]. 4 版. 北京：中国建筑工业出版社, 2022.

[25] 注册工程师考试复习用书编委会. 注册岩土工程师执业资格考试基础考试复习教程 [M]. 北京：人民交通出版社股份有限公司, 2020.

[26] 覃辉, 等. 土木工程测量 [M]. 5 版. 上海：同济大学出版社, 2019.